下扬子地区古生界石油地质条件及勘探潜力

胡文瑄 贾 东 姚素平 等 编著

科学出版社
北 京

内 容 简 介

下扬子地区发育多套优质烃源岩,但由于经历了多期构造运动的叠加改造,对油气藏的形成和改造作用十分强烈,因此烃源岩差异演化十分明显。由于多阶段生烃、多热源叠加变质,油气生成的显著特点表现为时空的非均一性。如何正确认识和评价构造作用对下扬子区油气保存条件的影响以及烃源岩成熟演化时空分布的非均一性是下扬子区油气勘探面临的突出问题。本书基于地层对比、沉积相变化、沉积过程、构造特征等分析,探讨了下扬子地区在新元古代以来的构造演化过程;根据区域构造剖面解析和典型区块三维地震数据解译及数值模拟,详细解析了下扬子区典型区块中新生代以来的叠加和改造过程。通过系统的野外地质和地球化学工作,比较深入地研究了下扬子地区古生界主要三套优质烃源岩(上二叠统龙潭组、下志留统高家边组和下寒武统荷塘组)的生烃潜力、热演化史以及燕山期岩浆活动对烃源岩热演化影响等,揭示了主要烃源岩的热演化现状及变化规律,分析了油气成因类型,探讨了下扬子地区的油气地质条件及成藏前景。

本书可供从事石油地质研究,特别是油气成藏研究的专家学者以及大专院校高年级学生参考。

图书在版编目(CIP)数据

下扬子地区古生界石油地质条件及勘探潜力/胡文瑄等编著. —北京:科学出版社,2016.12
ISBN 978-7-03-050940-6

Ⅰ. ①下… Ⅱ. ①胡… Ⅲ. ①下扬子区-古生代-石油地质学 Ⅳ. ①P618.130.2

中国版本图书馆CIP数据核字(2016)第283384号

责任编辑:周 丹 曾佳佳/责任校对:赵桂芬
责任印制:张 倩/封面设计:许 瑞

科学出版社 出版
北京东黄城根北街16号
邮政编码:100717
http://www.sciencep.com

北京利丰雅高长城印刷有限公司 印刷
科学出版社发行 各地新华书店经销

*

2016年12月第 一 版 开本:720×1000 1/16
2016年12月第一次印刷 印张:20 3/4
字数:410 000

定价:198.00元
(如有印装质量问题,我社负责调换)

前　言

　　下扬子区的构造位置位于扬子板块东段。北界为连云港-黄梅断裂，南界为江山-绍兴断裂，东邻环太平洋构造带，西接特提斯构造域。面积为 $22.681\times10^4 km^2$，古生界海相地层分布面积达 $13\times10^4 km^2$，厚达 3～10km，是我国海相中、古生界发育最全，保存也相对完整的地区之一。

　　下扬子区是我国东部具有油气远景的地区之一。作为扬子板块的重要组成部分，先后经历了前晋宁期阶段、晋宁运动时期板块俯冲和碰撞阶段以及晋宁运动以来板内构造演化阶段，发育了中、古生界（包括震旦系）多套烃源岩系。因此，作为重要的板块构造单元和具有长期发育历史的盆地，一直受到石油地质学家的高度重视。早在20世纪40年代末，谢家荣等地质学家就对本区的中、古生界进行过地质勘探和油气评价，至今已有半个多世纪。按1956年国家正式组建勘探队伍进行本区的油气勘探算起，苏皖下扬子区中、古生界的勘探已经经历了60年的时间，取得了一些重要成果。研究表明下扬子区中、古生界海相地层具有雄厚的成烃物质基础，也不乏优良的生储盖组合的配置。如下寒武统黑色页岩、上奥陶统—下志留统黑色页岩及上二叠统煤系地层均发育优质烃源岩；下志留统泥岩和二叠系煤系构成区内两套区域性盖层，形成下古和上古两套油气组合。此外，中—下三叠统膏盐岩封盖了上扬子盆地主要天然气田，下扬子地区也发育较大面积的膏岩层系，地表露头和钻孔揭示的中三叠统石膏、硬石膏分布在南以江苏省常州—安徽省南陵一线为界，北以郯-庐断裂为界，总面积达 $7\times10^4 km^2$ 的范围，基本覆盖了苏皖沿江地区，表明下扬子区也有可能在生、储、盖配置良好的地区形成较大规模的天然气藏。现今油气显示十分活跃，全区在海相层系中目前共发现多达几百处的油气显示，下古生界以沥青和气显示为主，上古生界油、气显示均有，并集中在石炭—二叠系，三叠系以油显示为主，一些小型油气田也正在开发之中，如黄桥油气田、句容油气田等，苏皖南部小煤矿多为高瓦斯矿井，也表明龙潭组含煤岩系非常规天然气具有一定的潜力。苏北朱家墩气田天然气的来源，一致认为主要来自下伏海相中、古生界。非常规天然气的初步评价结果表明：苏皖下扬子区页岩气资源位居全国前列。泥页岩分布面积广、厚度大、热演化程度高，不仅是盆地内常规气藏的烃源岩，而且还具备页岩气成藏的地质条件。但无论是常规油气还是非常规油气，一直未能在中、古生界海相地层取得突破性进展。这主要是由于下扬子区后期构造对地层的切割与破坏作用强烈，因为构造作用是影响油气成藏的最为重要和直接的因素，它不仅控制着沉积盆地及沉积地层的形成和演化，而且控制着油气生成、聚集、产出过程的每一环节。下扬子地区经历了加里东运动、海西运动、印支运动、燕山运动、喜马拉雅造山运动的叠加改造，对油气藏形成的生、储、盖、运、圈、保诸要素改造强烈，其中以生、保两大要素影响最甚。油气勘探实践和研究表明，保存条件是下扬子地区乃至海相油气成藏的关键要素，"高形变、差保存"是制约本区油气勘探取得突破的根本原因。如何正确认识和评价构造作用对研究区油气的保存条件的影响，是下扬子区油气勘探研究面临的突出问题。此外，烃源岩热演化程度是油气形成和成藏的重要因素。研究区主要烃源岩差异演化十分明显，由于多阶段生烃、多热源叠加变质，油气生成的显著特点表现为时空的非均一性。因此，烃源岩成熟演化的时空分布是下扬子油气勘探面临的另一重要问题。

本书是在近十年来相关科研项目成果的基础上，重点针对上述两大问题的分析编写而成的，主要涉及的科研项目有中国石油化工股份有限公司科技部海相前瞻性项目"中国东南部海相盆地差异演化与油气潜力研究"、中国石油化工股份有限公司勘探开发研究院项目"下扬子区海相盆地构造演化及其控油气作用"和华东石油分公司"下扬子区构造演化与重点选区的油气地质条件评价"、安徽煤田地质局勘查研究院项目"安徽省下扬子区页岩气资源调查评价"等，参加工作的研究人员有舒良树、王良书、尹宏伟、邱检生、陆现彩、何光玉、边立增、谢晓敏、曹剑、解国爱、王小林、李一泉、陈荣、高玉巧、李海滨、丁海、廖志伟等，对他们的辛勤付出表示诚挚的谢意。

作　者
2016 年 4 月

目　　录

前言
第一章　下扬子地区海相盆地演化与构造分区 ·· 1
  1.1　区域地质概况 ·· 1
    1.1.1　区域构造格架 ··· 1
    1.1.2　沉积地层 ··· 6
    1.1.3　火山与岩浆活动 ·· 18
  1.2　海相盆地构造演化 ·· 21
    1.2.1　华南及下扬子地区前寒武纪构造演化 ································· 21
    1.2.2　古生代以来的构造演化 ··· 27
    1.2.3　中生代以来的构造演化 ··· 35
  1.3　构造分区与典型构造建模 ··· 39
    1.3.1　区域背景及分带特征 ·· 39
    1.3.2　下扬子地区构造大剖面特征 ··· 43
    1.3.3　典型构造建模 ··· 55
  本章小结 ·· 81
第二章　海相地层沉积特征与烃源岩发育 ··· 83
  2.1　下寒武统沉积相与黑色岩系发育特征 ··· 84
    2.1.1　荷塘组黑色页岩典型剖面沉积特征 ··································· 84
    2.1.2　荷塘组黑色泥页岩沉积环境及岩相古地理 ························ 105
    2.1.3　荷塘组及相当层位黑色泥页岩分布特征 ··························· 114
  2.2　下志留统沉积相及烃源岩分布特征 ·· 117
    2.2.1　典型野外剖面（钻孔）沉积特征 ······································· 117
    2.2.2　高家边组黑色泥页岩沉积环境及岩相古地理 ····················· 124
    2.2.3　高家边组及相当层位黑色页岩分布特征 ··························· 132
  2.3　上二叠统沉积相与烃源岩分布特征 ·· 136
    2.3.1　龙潭煤系的划分和对比 ··· 136
    2.3.2　龙潭煤系沉积特征与分布 ·· 138
    2.3.3　龙潭煤系岩相与沉积环境 ·· 159
  本章小结 ··· 172
第三章　主要烃源岩生烃潜力 ·· 174
  3.1　海相地层有机质发育概况 ··· 174

3.2 下寒武统荷塘组烃源条件·····175
   3.2.1 有机质丰度·····175
   3.2.2 生源母质特征及有机质类型·····180
   3.2.3 生烃条件评价·····182

3.3 下志留统高家边组烃源条件·····191
   3.3.1 有机质丰度·····191
   3.3.2 生源母质特征及有机质类型·····192
   3.3.3 生烃条件评价·····194

3.4 上二叠统龙潭组烃源条件·····196
   3.4.1 有机质丰度·····196
   3.4.2 生源母质特征及有机质类型·····204
   3.4.3 生烃条件评价·····207

本章小结·····209

第四章 烃源岩热演化特点及控制因素分析·····210

4.1 主要烃源岩热演化规律·····210
   4.1.1 寒武系烃源岩现今热演化状态与分布规律·····212
   4.1.2 志留系烃源岩现今热演化状态与分布规律·····215
   4.1.3 二叠系烃源岩现今热演化状态与分布规律·····217

4.2 烃源岩热演化史·····222
   4.2.1 盆地热演化反演·····222
   4.2.2 盆地热演化与烃源岩成熟度史及生烃期次·····228

4.3 燕山期岩浆活动对烃源岩热演化的影响·····230
   4.3.1 下扬子地区燕山期岩浆活动概况·····230
   4.3.2 岩浆活动对龙潭组煤变质程度的影响·····235
   4.3.3 主要烃源岩热演化与燕山期岩浆活动的关系·····238

本章小结·····240

第五章 典型区块油气地质特征与勘探前景·····242

5.1 油气显示及成因类型·····242
   5.1.1 油气显示基本特征·····242
   5.1.2 古生界油气分布与成因类型·····243

5.2 皖南宣泾盆地（泾县港口-峄山地区）油气地质条件分析·····287

5.3 苏南地区龙潭组油气地质条件分析（以锡澄虞矿区为例）·····292

5.4 浙北地区龙潭组油气地质条件分析（以煤山向斜为例）·····298

本章小结·····315

主要参考文献·····317

第一章　下扬子地区海相盆地演化与构造分区

1.1　区域地质概况

1.1.1　区域构造格架

下扬子区位于扬子板块东段，介于连云港-黄梅断裂、江山-绍兴断裂之间，东邻环太平洋构造域，西凭郯-庐断裂与特提斯构造域相接（图1-1）。范围包括陆上的苏皖南部地区、浙西北地区、苏北盆地和海域中的南黄海盆地（李亚辉等，2010；叶舟等，2006），总体呈南西窄、北东宽的"V"字形。

下扬子地区是我国地质学研究开展较早、研究程度较高的地区。尽管区域构造研究起步较早，研究深入，但看法各异。目前对于扬子地区属于地台、准地台或稳定陆块，分歧不大。一般认为，下扬子地区在构造上属于扬子板块大地构造单元。

研究区区域地质特征是在扬子板块逐步演化过程中形成的一个主干构造，方向表现为地壳深部与浅部一致的北东向构造带，并可继续东延到苏北和南黄海，基本与浙闽粤沿海燕山期火山弧系外缘的海沟方向平行；向西呈舌状收拢的楔形，从平面展布轮廓上显示出拉张的特征。在区域地质构造图中位于沿江剪切强变形区，区内构造特征主要受大别山推覆体向南推覆的应力场作用。

自震旦纪，下扬子区沉积了一套连续性较好、分布范围广且相对统一的沉积盖层。但与盖层较为统一的特征不同，在下扬子区不同地区基底构造差异明显。根据基底岩石组合、变质程度和结构差异，常印佛等（1996）将下扬子基底分为三种主要类型：①南部为中元古代火山-沉积复理石组成的"江南式"基底，安徽南部出露的基底主要由两套岩石组成，下部中元古界上溪群，为一套深绿色片岩、板岩、千枚岩、千枚状粉砂岩及粉砂质泥岩组合；上部为新元古代沉积-火山岩系，两者之间为不整合接触，与上覆震旦系休宁组亦为不整合接触。②北部为"董岭式"基底，主要分布于沿江地区。在安徽怀宁出露的中、下元古界董岭群，可与江苏镇江埤城岩群相当，构成了下扬子地区"董岭式"基底。其特点是具有双层结构，下部为片麻岩，代表区内结晶基底；上部片岩段，代表褶皱基底；上覆震旦系经历了弱变质的强变形过程。③分布于扬子北缘的"张八岭式"基底，由新太古代—新元古代变质岩系组成，具多层结构。中新元古代火山岩系内发育以蓝片岩为代表的低温高压变质带，可与大别和苏鲁造山带南缘的蓝片岩带对应，同属印支期板块碰撞造山和郯-庐同造山旋扭过程中形成的高压变质带。

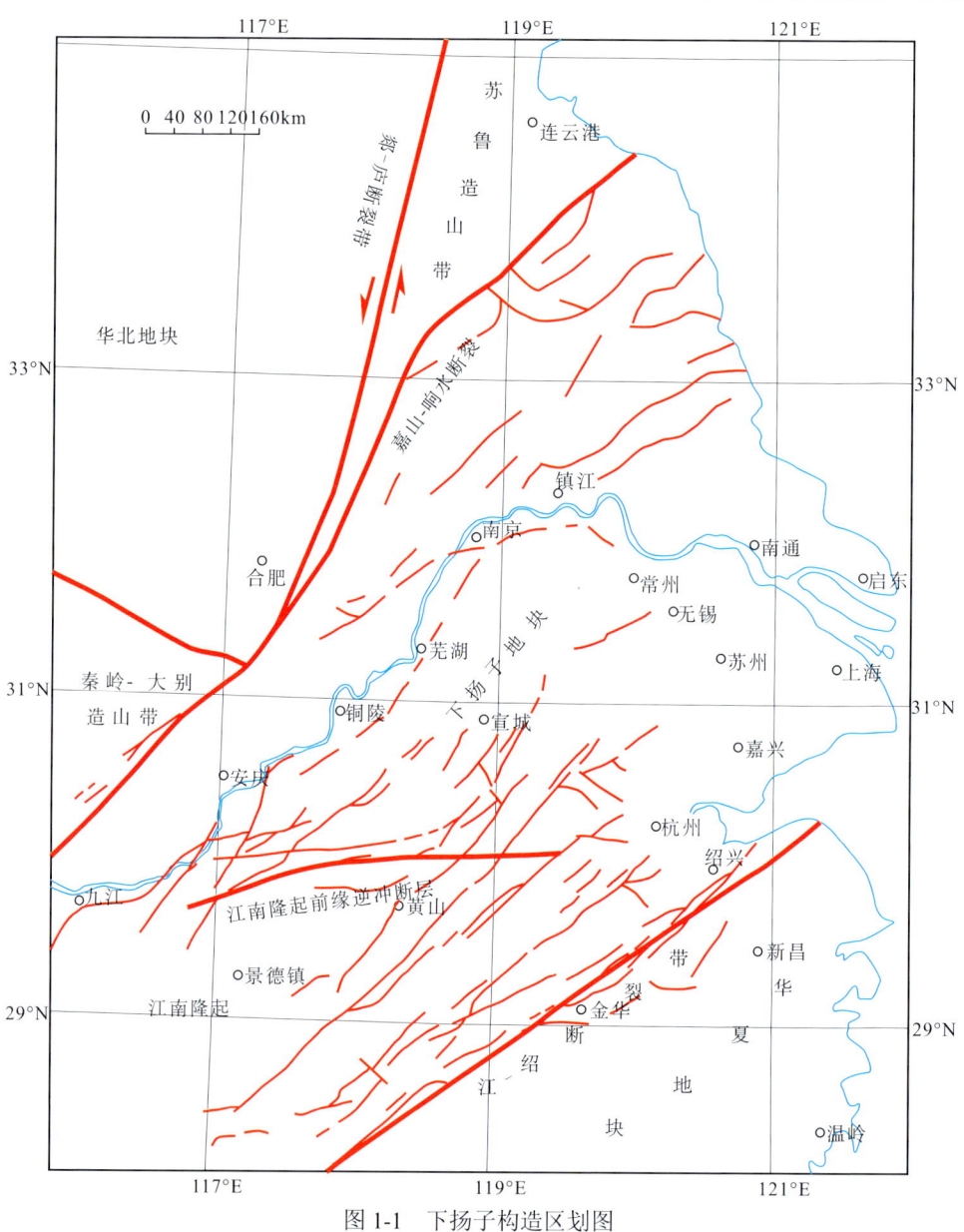

图 1-1 下扬子构造区划图

在下扬子区发育着几条重要的断裂：郯-庐断裂带、江山-绍兴断裂带、江南断裂。其中，前两条断裂带是下扬子地块的边界断裂，明显制约着下扬子地块的构造格局和盆地演化；江山-绍兴断裂带为华夏地块与扬子地块碰撞缝合带，郯-庐断裂带是下扬子地块和华北板块的边界断裂，而江南断裂为分隔扬子板块内中下扬子区和江南区的二级构造单元。这三条断裂带都是既具破坏改造，又具建设再造的断裂带，对下扬子地区构造格局的形成具有重要的控制作用。

江山-绍兴断裂带是下扬子地块与华夏地块的边界断裂，大致沿浙赣线呈北东向展布，向南西延伸与江西省萍乡-广丰深断裂连接，北东经江山穿越金衢盆地，贴靠金华大山南缘直抵绍兴富盛，继续北上潜越杭州湾（图1-2）。该断裂系由许多规模不等的断裂组成地表断裂带，断层面倾向南东或北西，以倾向北西的居多，倾角在45°~88°。断裂形迹十分明显，沿着断裂带岩层破碎、挤压牵引频频见及。该断裂产生于神功期，在晋宁期断裂又一次活动。据岩相古地理分析，在早古生代，江山-绍兴深断裂北缘，尚未出现海盆边缘相沉积，海陆界线越过江山-绍兴深断裂南侧。由此可见，此一时期，该断裂活动可能比较微弱，对于沉积不起控制作用。

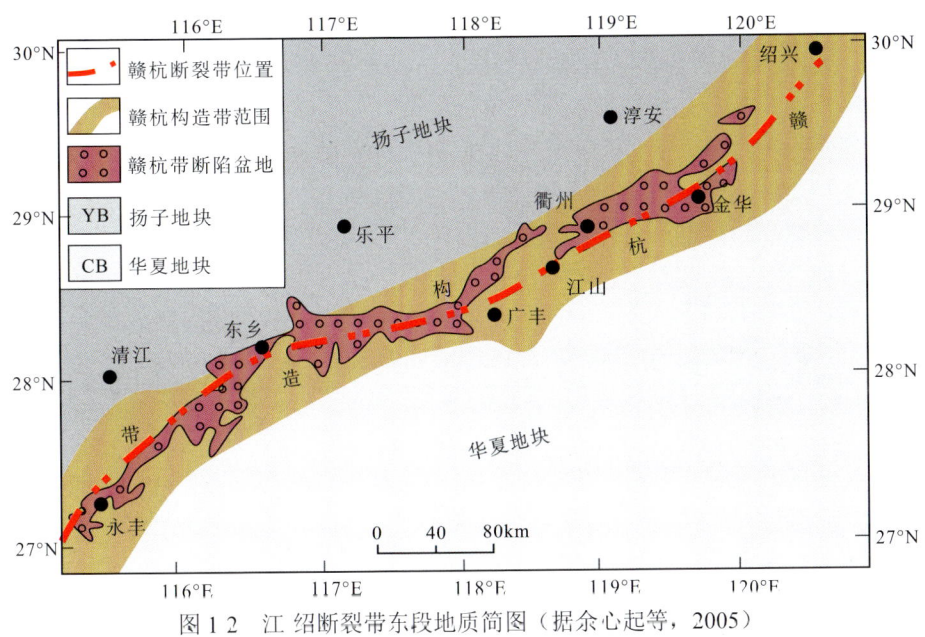

图1-2 江绍断裂带东段地质简图（据余心起等，2005）

加里东运动后，浙东南与浙西北形成统一的地台，但浙东南发生强烈的变质作用，而浙西北未受变质作用的影响，显然，江山-绍兴深断裂是难以逾越的鸿沟。印支运动，浙江全境褶皱隆起，然而就在该断裂带及其东南侧边缘，沉积了上三叠统乌灶组，印支期侵入岩也均沿着该断裂带发育。燕山期间，断裂再次强烈活动，又产生了一系列压剪和剪性断裂，但断断续续，衔接性差，它们与晋宁期前的构造线有微小的交角。燕山晚期，沿该断裂带发育了白垩纪盆地，断裂带北侧强烈沉陷，显示了"同沉积断裂的活动"。燕山期末，该断裂又出现了自南东向北西的推覆，致使在诸暨璜山至绍兴一带双溪坞群变质岩逆掩到上侏罗统火山岩之上。

郯-庐断裂带是下扬子地块和华北板块的边界断裂，宽约20~40km。在安徽境内由四条主要断裂构成，自西向东分别为五(河)-合(肥)深断裂、石门山断裂、池(河)-太(湖)深断裂和嘉(山)-庐(江)深断裂。

五-合深断裂为郯-庐断裂带的西界断裂。自五河县城向南，经合肥市、舒城县城，消失在大别山区的七里河一带，长约350km。石门山断裂是郯-庐断裂带中的一条规模稍大的断裂，自苏皖交界处天井湖起，向南经五河县朱顶、嘉山县石门山、定远县桑洞子至舒城县三河镇一线，长约175km。嘉-庐断裂为断裂带的东界断裂，又是该带中最重要的主干断裂，北起嘉山，向南至藕塘附近分为两支，西支为池-太深断裂，它向南经定远县池河，肥东县西山驿，进而伸展到大别山东南麓的桐城至太湖一线；东支称嘉-庐深断裂，向南经庐江，然后潜伏在潜山盆地之下，直抵宿松一线，全长400km。池-太深断裂在庐江县南桥附近又分出一支，向怀宁方向延伸，尔后与江西新干-湖口深断裂相连，这是中生代以来新生的断裂分支。根据郯-庐断裂带各段结构的不同特点，可分为三段：北段在古城以北。断裂走向近南北至北北东向，断层面一般向东倾，局部西倾，倾角60°～80°。断裂带外侧分别为五河群和张八岭群，断裂带内为白垩系，总体为地堑结构。其间被许多同走向的次级断裂分割成次级地堑和地垒构造，地垒由元古代至寒武纪地层构成。中段位于古城和庐江之间，走向北东—北北东，断层面倾向南东，东界断裂时向北西倾斜，倾角60°～80°，断裂之东为由上太古界—中元古界张八岭群组成的隆起，断裂之西主要为晚侏罗世以后的陆相盆地，构成东隆西沉的格局。南段在庐江以南，断层面倾向南东，局部倾向北西或直立，倾角60°～80°。池-太深断裂之西为大别山群及宿松群组成的隆起，之东主要为下第三系构成的盆地，故具西隆东沉的特点。西界断裂进入大别山区为正长斑岩脉所代替。

目前，我国地质学家对郯-庐断裂的形成时代和平移幅度还存在较大分歧，但一致认为郯-庐断裂是一条十分重要的深断裂带，对中国以至亚洲东部大地构造发展具有重要意义。中生代时，沿郯-庐断裂发生过一定规模的左旋剪切，新生代时则显示右旋剪切的特点。这种剪切方向的改变，反映了太平洋和亚洲大陆之间相对运动方向的转换。

江南断裂带是中下扬子区与江南区的分隔性断裂。地表出露很差，资料很少，是一个隐伏断裂带。该断裂斜贯皖南山区，自北而南经宣城、泾县、石台县七都、东至县平原与江西沛-德安深断裂相接，向北延至江苏溧阳一带，断裂面在南、北两段向南东倾斜，中段七都一带倾向北西，倾角60°～70°。该断裂对下扬子区早古生代地层厚度、岩相、岩性、生物群等具有明显的控制作用。断裂北西侧的寒武系—奥陶系以石灰岩和白云岩为主，富含三叶虫和头足类化石，属扬子型动物群，即东南型与华北型之间的过渡型；南东侧以泥质条带灰岩、钙质页岩及砂页岩为主，晚奥陶世还发育复理石沉积，含球接子、笔石等化石，属东南型动物群。断裂两侧的印支期褶皱也有显著异常。此外，章家渡、广阳晚白垩世盆地沿断裂串珠状排列，章家渡—蔡村一线还控制着燕山早期花岗岩及二长花岗岩的分布，说明该断裂对燕山期岩浆及沉积作用也有一定的控制作用。断裂对内生金属矿产的控制作用也较明显，其北西侧成矿较好，南东侧较差。

该断裂在地表的直接效应也很明显，在宣城麻菇山一带零星出露的志留纪—二叠纪地层中，次级断裂及倒转褶曲发育，可能是受其影响所致，泾县之西，志留系向南东逆掩在上白垩统宣南组之上，宣南组岩石破碎，志留系砂岩千枚岩化，与该断裂同方向的褶皱和劈理发育，并有基性脉岩贯入。陶窑村附近，由四条次级断裂组成叠瓦构造，走向35°～55°，倾向北西，岩石破碎、硅化，局部硅化带宽达50m，擦痕发育。章家渡—蔡村一带，印支期侵入岩又被切割，并发育挤压片理。此外，还见上寒武统逆冲在志留系之上。

江南断裂形成于加里东早期，印支、燕山及喜马拉雅山早期又多次活动，属壳断裂。以江南断裂带为界，下扬子地块被划分为两个构造-沉积区块，分别是北侧的下扬子区和南侧的江南区。

江南区介于江山-绍兴断裂和江南断裂之间，宽约200km。这是一个在新元古代碰撞造山带基础上发展起来的构造沉积区，经历了早古生代被动大陆边缘浅海碳酸盐沉积阶段，形成了诸如修水-武宁、常山-建德那样稳定厚度的早古生代碳酸盐岩地层。志留纪，部分区段因挤压而隆升，并有后造山花岗岩浆活动。晚古生代早期，再次发生陆内伸展，形成浅海碳酸盐台地，堆积了厚度较大的灰岩、生物碎屑灰岩夹碎屑岩等沉积岩系，以江山-绍兴断裂带上的萍乡-乐平盆地最为典型。玉山—衢州一带也有大片石炭纪—中三叠世碳酸盐岩地层出露。

江南区内部由南部的前震旦纪基底和北部一系列的背斜和向斜组成的复背斜和复向斜组成，其分布大致相当于江南台隆或江南复背斜，又称之为江南褶皱带，属于扬子地块南缘。复背斜的核部为震旦系，翼部为上古生界地层（图1-1），褶皱形态比较紧闭，但极少出现倒转。褶皱线性明显，轴向呈北东45°延伸，总的趋势是向北东倾伏。复向斜核部最新地层为中三叠统，翼部主要为志留系，其轴向仍是北东45°延伸。复向斜的翼部多被印支期—燕山期的花岗岩所侵入，核部变形强烈，地层直立甚至发生倒转。地震剖面揭示出其深部变形较复杂，印支期—燕山期的断层和褶皱非常发育，而且后期发生构造反转，形成多个小型断陷。

该区中生代以来显著隆起，使中、上元古界浅变质岩系大片出露。该构造域中元古界主要为一套分布广泛的具复理石建造特征的浊流沉积，含少量凝灰物质。沉积物主要为成熟度低的陆源杂砂岩、粉砂质板岩、泥质板岩，边缘地带出现砾岩和含砾砂岩。在局部地区发育基性火山岩和少许超基性火山岩。沉积岩的沉积构造和地球化学特征主要显示为过渡相深水（斜坡相）沉积环境。

新元古代四堡期浅变质岩系至少遭受两期褶皱，并经历了晋宁期、加里东期的韧性剪切作用，在剪切带中发生了浅变质的叠加作用。晚元古代早期，在武陵运动中褶皱隆起，在剥蚀夷平的不整合面上广泛沉积了一套碎屑-火山沉积建造，这时期的地貌总体是北高南低，地形上有较大起伏，因而一些较低洼地区堆积了一套磨拉石建造。向上，总体为由北向南的滨海、浅海型-斜坡型断陷盆地火山沉积岩系。

震旦纪早期，江南构造域的古地理面貌仍呈西北高、东南低的特征，上扬子（川中）古陆长期隆起，向江南构造域北部提供了丰富的陆源碎屑，形成从河流相到滨海相的红色砂、砾岩沉积，砂、泥质岩沉积，向上出现寒冷气候条件下的大陆冰川堆积，在一些地区中下部夹厚度不大的黑色页岩碳酸盐岩沉积，反映其为间冰期的产物。

以赣东北断裂为界可分为东部的怀玉山造山带和西部的九岭山造山带，地表只见浅变质的褶皱基底，大地电磁测深资料揭示深部没有高阻结晶基底。赣东北断裂两侧有完全不同的沉积环境和不同的古地磁数据：西侧为双桥山群，是一套砂泥质凝灰质碎屑岩，上部有中基性熔岩，沉积厚度大，火山活动弱，最早形成于古元古代；东部为张村群，岩性复杂，火山岩占大部分，成分、结构成熟度低；青白口纪形成赣东北洋，分开北侧沥口群岛弧带和南侧的井潭组岛弧带，北侧为落可崇组和马涧桥组，主要发育碎屑岩和中基性火山岩，南侧为登山群和上墅组中酸性火山岩。震旦系和褶皱基底之间的雪峰运动不强；震旦纪至早奥陶世以赣东北断层为中心，形成洋盆，两侧成为斜坡，中奥陶世后构造逆转，水体变浅，加里东运动西强东弱，九岭山造山带上下古生界为不整合接触。怀玉山造山带为不整合至假整合接触；晚古生代沉积水体浅，厚度较小，相变大；印支运动明显，陆内造山形成磨拉石盆地和基底拆离造山带，造山带两侧发生背冲（吴根耀，2004）。

下扬子沉积区内部由西北部的江苏下扬子区拗陷和东南部的浙江钱塘拗陷及两者间的江南-太湖隆起带组合成一个大型复式向斜构造格架。在横切江苏下扬子区作北西—南东向剖面，可见自两侧隆起至拗陷中心，前侏罗系地层由老至新作有序分布，中心带在安徽怀宁—江都一线，三叠系青龙群、黄马青组、范家塘组和下中侏罗统象山群在这一带作巨厚连续沉积和分布。钱塘拗陷中心在杭州—开化一线，两侧地层依次由新变老作对称式展布。上述拗陷沉积经印支期褶皱变形后全区组成两个复式向斜和一个复式背斜带的构造特征。

晚奥陶—志留纪华夏地块发生广泛的造山事件和花岗岩的侵入作用，而下扬子地块在这个时期处于连续的沉积阶段，基本未受造山影响，缺失同时期的花岗岩，仅在局部地区存在地层间的平行不整合。根据地层的厚度展布，物源分析，并结合前人对地区的岩相、古生态等的研究，认为下扬子是一个前陆盆地。前陆盆地形成后至三叠纪沉积环境基本稳定。

据此，三断裂、二沉积区、二拗陷组成了下扬子地块震旦纪以来的基本构造格架。

1.1.2 沉积地层

下扬子地区区域地层主要归属下扬子地层分区和江南地层分区，下扬子地层分区和江南地层分区基本可以对比，除了中下泥盆统缺失外，其他层系均有不同程度的沉积（图1-3），自寒武系至第四系沉积总厚度7000m左右，赋存有下寒武统、上奥陶统—下志留统和中上二叠统三套富有机质泥页岩地层。根据区域地层出露及钻孔揭示，下扬子地区地层由老到新叙述如下。

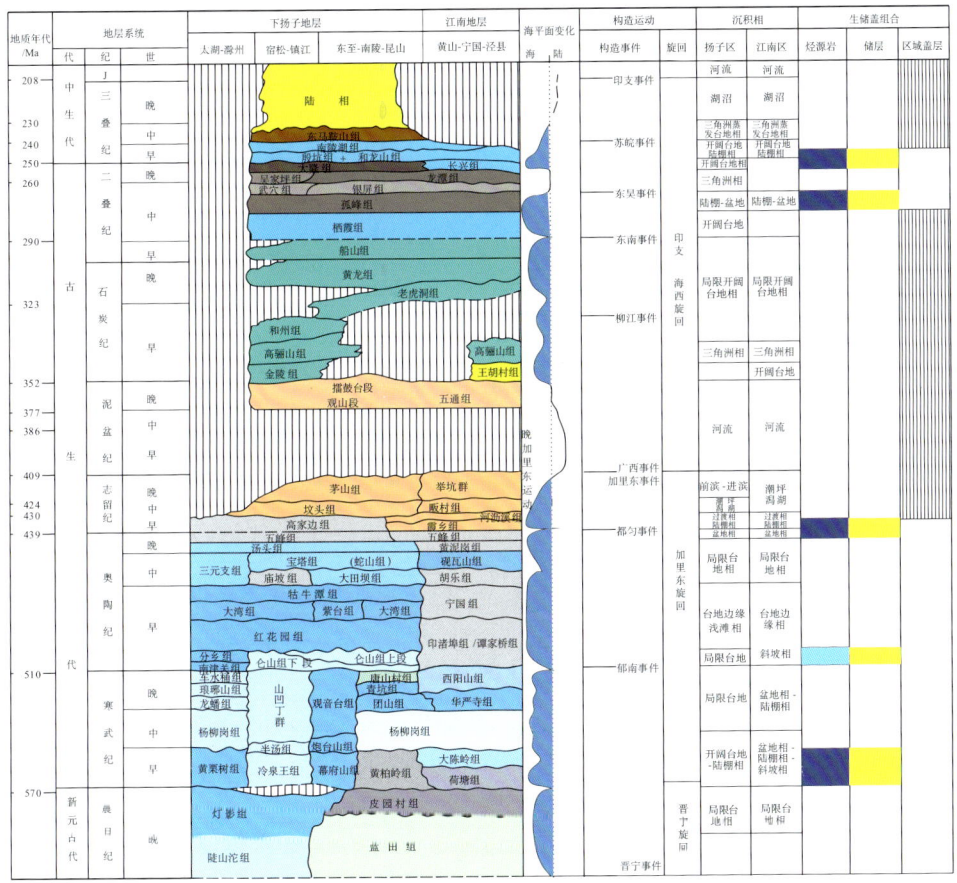

图1-3 下扬子区苏皖南部海相地层格架及层序地层划分

1. 前震旦系

主要是太古界至中元古界变质岩系，上元古界青白口系变质火山岩、砾岩；南华系陆源碎屑岩、火山碎屑岩、火山熔岩、冰碛岩。

2. 震旦系

下扬子地层震旦系与前震旦系呈角度不整合，震旦系是含冰碛岩为特征的碎屑岩系，并且自下而上可分为：

下统莲沱组（Z_1l），岩性主要为灰、绿灰和深灰色细粒变质长石石英砂岩和含砂砾千枚岩，为河流相沉积，厚度>77m。

下统南沱组（Z_1n），黄绿色含冰碛砾千枚岩、砂质千枚岩，为冰川沉积，厚度>257m。

上统陡山沱组（Z_2d），可分两个岩性段。下段称嘉山段，岩性主要为千枚岩；上段称马迹山段，主要为内碎屑微晶灰岩夹钙质页岩，底部含磷。陡山沱组为浅海沉积，厚度>579m。

上统灯影组（Z_2dn），岩性主要为灰、浅灰、灰白色中厚-块状白云岩，含燧石条带及团块，顶部夹硅质岩。灯影组为海相沉积，总厚度136～850m。

江南地层区震旦系包括下统南沱组和上统蓝田组和皮园村组。

3. 寒武系（ϵ）

下扬子地层分区中，自下而上依次为下统幕府山组、下—中统炮台山组及中—上统观音台组。江南地层分区依次为下统荷塘组、中统大陈岭组、杨柳岗组及上统华严寺组、西阳山组，寒武系是下扬子地区内分布面积比较广泛、岩相变化较大的地层之一。主要由一套浅海相泥岩、碳质泥岩和碳酸盐岩类岩石组成，总厚1065～1145m。各统之间整合接触，与下伏震旦系地层整合接触。

幕府山组（ϵ_1mu）：下扬子地层区内岩性变化较大，在东至—南陵一线称黄柏岭组，而西北部滁州地区为黄栗树组。与江南地层区相当地层称荷塘组。区内总厚>237m，按照岩性、生物组合，可将其分为上、下两部分：上部主要为深灰色中厚层条带状白云质灰岩、灰质白云岩，微粒状结构，厚62m；下部为黑色碳质页岩、石煤层、黄绿色页岩、含粉砂质页岩，厚>175m。与下伏灯影组呈假整合接触。

炮台山组（ϵ_2p）：滁州及宁国地区亦称杨柳岗组。

本组上部为薄板状及中厚层含白云质灰岩，中部为灰色厚层条带状含白云质灰岩，下部为灰色中厚层灰质白云岩、条带状灰岩与灰黄、黄褐色页岩互层，灰岩发育微细层理。厚度87～246m。与下伏幕府山组呈整合接触。

观音台组（ϵ_3g）：下扬子区观音台组主要为浅、深灰色中-厚层灰质白云岩、白云岩夹白云质灰岩，含燧石结核条带。宁镇一带厚约530m，向两侧变厚至600m以上。皖南宣泾盆地自下而上称团山组（ϵ_3t）、青坑组（ϵ_3q）和唐山村组（ϵ_3tn）。团山组（ϵ_3t）厚99～147m，化石丰富，岩性稳定，上部为灰色中厚层灰岩与薄层泥质条带灰岩互层，下部为灰、深灰色中厚层竹叶状灰岩与薄层泥质条带灰岩互层。青坑组（ϵ_3q）厚约207～283m，下部为灰、浅灰色厚至巨厚层条带含白云质灰岩、宽条带状灰岩，夹少量中厚层细条带状灰岩，中部为浅灰、灰白色厚层至巨厚层白云岩，上部岩性主要为灰、浅灰色厚层至巨厚层灰岩，自下而上条带状灰岩逐渐增多。唐山村组（ϵ_3tn）厚约189m，上部为灰色链条状灰岩与土黄色页岩互层，下部为灰、浅灰色厚层细条带状含白云质灰岩、灰色厚层至巨厚层灰岩。

下扬子地区早寒武世早期的碳质页岩、石煤层，是浅海或海湾还原环境的产物，其后以页岩、含粉砂质页岩为主。中寒武世仍以浅海沉积特征为主，但泥砂质成分减少，钙质成分明显增加，灰岩条带和微细层理的发育反映了沉积时气候变化频繁，后期白云质含量增高，可能是气候由温和向干燥炎热转变，促进了海水蒸发、含盐度增大和白云石的沉淀。晚寒武世基本上为一套浅海碳酸盐岩沉积。

4. 奥陶系（O）

下扬子地层分区自下而上依次为：下统仑山组、红花园组、大湾组及牯牛潭组，中统庙坡组和宝塔组，上统汤头组和五峰组，其中下统岩性为碳酸盐岩，中统及上统的汤头组为瘤状灰岩，五峰组为页岩。江南地层分区自下而上依次为：下统印渚埠组和宁国组，下—中统胡乐组，中统砚瓦山组，上统黄泥岗组和长坞组。江南地层分区的下奥陶统与下扬子地层分区存在较大差异，与仑山组、红花园组相当的印渚埠组以钙质泥岩为主，夹灰岩透镜体，厚度400m左右；与大湾组、牯牛潭组相当的宁国组下部为页岩夹粉砂岩，厚度100m左右。中奥陶统岩性大致相似。上奥陶统，江南地层分区以泥岩、粉细砂岩组成的复理石韵律层区别于下扬子地层分区的泥灰岩、硅质岩，差异明显，沉积厚度一般在300m左右，宁国地区厚度最大达到727m。

奥陶系主要为介壳灰岩相。上、中、下统发育齐全，与下伏上寒武统以及上覆志留系均为连续沉积，呈整合接触关系。系内各组均为整合接触关系。地层总厚约360m。

仑山组（O_1l）：本组岩性变化不大。厚度>221m。上部为灰、浅灰色厚层灰岩，灰岩呈隐晶结构；下部为浅灰、灰白色厚层至巨厚层含白云质灰岩。

红花园组（O_1h）：本组岩性变化不大，厚度>67m。上部为灰色厚层致密灰岩，下部为灰、深灰色厚至巨厚层粗结晶灰岩、结晶灰岩。

大湾组（O_1d）：本组上部主要岩性为灰白、灰黄色中厚至厚层状灰岩、含生物碎屑灰岩；下部为黄绿色页岩，底部夹少量厚层灰岩。厚约23m。

牯牛潭组（O_1g）：区块内相当于汤头组（O_2t），本组主要为一套微红、黄灰色中厚层灰岩与瘤状灰岩，下部具有龟裂纹，上部具有瘤状构造和藻结核。岩石具泥晶、细晶、生屑结构，具网眼、收缩纹、瘤状构造，厚约15m。

庙坡组（O_2m）：区内庙坡组主要为台沟到台盆相沉积的浅灰、黄绿色页岩夹数层灰岩凸镜体，富产笔石和三叶虫，厚度为0.3~1.89m。

宝塔组（O_2b）：区内宝塔组分布广泛，富产头足类。下部为褐黄色或灰紫色似瘤状或龟裂纹中厚层灰岩，富产喇叭角石，厚度为0.5~4m；中部为灰色、微肉红色中厚层龟裂纹泥晶灰岩，厚约11m；上部为灰黄、棕红色瘤状灰岩，厚度约13m。岩石具有微波状层理，生物屑多为薄壳生物，以浮游生物为主。

汤头组（O_3t）：本组岩性变化不大，厚度较稳定，一般在21m左右。上部主要为黄褐色中厚层泥岩，下部为黄褐色泥岩夹少量青灰色中厚层瘤状泥质灰岩。

五峰组（O_3w）：本组岩性单一，变化不大，厚度稳定，一般在14m左右。上部主要为深灰、灰黑色硅质泥岩，下部为浅灰、灰白色页岩。见有大量的笔石化石。

5. 志留系（S）

下扬子分区地层由下而上分别为高家边组、坟头组及茅山组。江南分区地层自下而上分别为安吉组、大白地组、康山组及唐家坞组。其中宁国—黄山一带下志留统又称霞乡组和河沥溪组。

志留系为浅海相碎屑岩建造，沉积旋回清楚，生物发育，早期以笔石为主，中晚期珊瑚、腕足类丰富。总厚为1358~1479m，由南向北逐渐减薄。与下伏奥陶系五峰组呈假整合接触，与上覆泥盆系为整合接触。系内各组连续沉积，均为整合接触。

高家边组（S_1g）：由浅海相的碎屑岩组成，厚1125m左右。按照岩性大致可分为两部分。上部厚度154m，岩性为灰黄绿色薄层粉砂岩。下部厚968m，岩性主要为青灰色中厚层泥质粉砂岩与灰绿、灰黑色含碳质页岩互层。具有层纹状和球状风化，底部为黑色碳质泥岩，为笔石页岩相沉积。生物群单一，几乎全为笔石组成。

高家边组基本上继承了晚奥陶世的沉积特征，但此时的海侵范围比晚奥陶世向南有所扩大。由于早志留世初期海侵自北向南推进，因此，其沉积厚度变化也由北向南逐渐减薄。

坟头组（$S_{2-3}fn$）：含大量腕足类的浅海-滨海介壳相砂岩夹页岩沉积，厚度为233~354m。按其岩性分为上、下两部分：上部为灰绿色薄层细粒岩屑石英砂岩与灰绿色条带状页岩互层。上部为灰绿色粉砂岩，含粉砂质泥岩、粉砂岩夹同色细粒岩屑石英砂岩。下部为灰绿色薄层细粒岩屑石英砂岩夹同色粉砂质页岩及粉砂岩。

茅山组（S_3m）：总厚99~335m。上部为灰白色中厚层细粒石英砂岩夹黄色薄层细砂岩，下部为灰白色中厚层至厚层细粒石英砂岩及灰白、紫红色岩屑石英砂岩，夹黄绿色薄层细砂岩、泥质粉砂岩、粉砂质泥岩等。茅山群自西向东岩屑砂岩逐渐减少，厚度逐渐增大。

江南地层分区各组岩性与下扬子地层分区大同小异，但在宁国地区沉积厚度明显增大，如霞乡组岩性为灰绿色、黄绿、青灰色粉砂岩、粉砂质页岩及细砂岩，厚度达1333m。

6. 泥盆系（D）

泥盆系在下扬子地区整体缺失中、下泥盆统，仅发育泥盆系上统五通组，全区层位稳定，岩性变化不明显。

五通组（D_3w）：厚 77～208m 以上，岩性主要由石英砾岩、含砾石英岩、石英砂岩夹页岩以及石英砂岩和砂质泥岩、页岩互层组成，具明显的沉积旋回韵律。本组上部所夹泥岩、粉砂质泥岩，可做陶瓷原料，石英砂岩为良好的建筑材料；下部质纯石英砂岩含 SiO_2 在 96%以上，已达玻璃原料的工业要求。本系与志留系为不整合接触。

7. 石炭系（C）

石炭系多出露于上古生代背、向斜的翼部，包括下统金陵组、高骊山组、和州组、老虎洞组和上统黄龙组。总厚 82～220m。石炭系与泥盆系为平行不整合接触。

金陵组（C_1j）：岩性主要为砂岩、页岩夹含砾粉砂岩，含腕足类化石，厚 7m 左右。按岩性特征，可分为上、下两部分：上部为黄绿色、浅灰色、灰黑色薄层石英砂岩及灰黑色纸状页岩夹细砂岩；下部为灰白、灰色粉砂岩、细砂岩，棕黄色厚层砂岩夹灰、浅灰色纸状页岩、含砾粉砂岩。区域分布上，长江以北为碳酸盐沉积，为灰黑色含生物碎屑灰岩和泥质灰岩，底部为铁质或钙质砂岩，与五通组假整合接触；长江以南为海相碎屑沉积，由砂页岩组成，中部常夹灰岩和钙质砂岩。

高骊山组（C_1g）：总厚度为 33～97m。下部主要为杂色粉砂岩、粉砂质页岩、黑色页岩夹少量薄层细砂岩，页岩中夹一层厚 0.8m 左右的煤层；上部为紫红色、黄色、灰色薄至中厚层细粒石英砂岩、粉砂质泥岩夹粉砂质页岩、页岩，顶夹一层透镜状铁质细粒石英砂岩，含较多植物化石碎片。区域分布上也存在差异，长江以北和县、含山、巢湖、无为一带，高骊山组发育潮坪相碎屑-碳酸盐沉积，岩性为灰、紫色等杂色砂质页岩，夹泥灰质白云岩、泥灰岩或钙质结核层、黏土岩、劣质煤和赤铁矿层；长江南岸发育海侵沼泽相碎屑沉积，由砂岩和页岩组成，部分地段夹劣质煤和赤铁矿层。

和州组（C_1h）：和州组岩性为深灰、灰黄色中-薄层生物碎屑微晶灰岩、泥灰岩、泥质白云岩夹少量泥岩与粉砂岩，厚度为 3m 左右。具水平层理、波状层理，为开阔台地间夹潮坪相沉积，富产蜓类、珊瑚及腕足类化石。与下伏高骊山组呈平行不整合接触，与上覆老虎洞组呈整合接触。

老虎洞组（$C_{1-2}l$）：岩性为浅、深灰色中-厚层粉晶、细晶白云岩夹含白云质生物碎屑灰岩及泥灰岩凸镜体，局部见燧石结核与条带。具波状层理，鸟眼构造，局部见石盐、石膏假晶，厚 2～61m。产珊瑚、蜓类、牙形刺等化石。与下伏和州组呈整合接触，与上覆黄龙组呈平行不整合接触。

黄龙组（C_2h）：厚 40～119m，主要为一套碳酸盐岩沉积，偶夹少量碎屑岩，岩性变化不大，厚度自西向东逐渐增大，化石丰富，尤以蜓类为盛，属于浅海相。按岩性特征分三部分：下部为灰、深灰色中厚至巨厚层灰质白云岩，底部为白色中厚层石英细砾岩及含石英细砾灰质白云岩；中部为灰白色中厚层粗结晶灰岩；上部为灰白、浅肉色厚层灰岩，顶夹白色厚层结晶灰岩。

8. 二叠系（P）

区内二叠系广泛分布于上古生界向斜盆地中，保存较完整，由含煤建造-浅海相灰岩建造组成，有丰富的煤、锰、铁、铝、黄铁矿、硅石、高岭土等矿产。总厚度 217~1127m。与下伏石炭系呈整合接触，与上覆三叠系地层呈平行不整合接触。

船山组（P_1ch）：厚 10~43m，与下伏黄龙组呈整合接触。岩性变化不大，主要为一套碳酸盐岩沉积。顶部为灰黑色厚层灰岩夹少量不规则燧石团块，上部为肉红色灰岩，下部则主要为灰色厚层灰岩夹生物碎屑灰岩，局部见少量似眼球构造。含大量蜓类化石。

栖霞组（P_2q）：本组由浅海相深灰色中至厚层状灰岩、含燧石灰岩夹灰黑色瘤状泥质条带灰岩组成，颜色深，透镜状层理十分发育，厚度为 149~197m。与上覆孤峰组整合接触。该组底部含 0~3m 的梁山段含煤碎屑岩系，梁山段是二叠系下统以湖相-沼泽相沉积为主的含煤建造，岩性主要为一套黑色薄层碳质页岩夹透镜状煤层。岩性、厚度变化较大。泾县孤峰一带相变为灰紫色中厚层细粒石英砂岩，铜陵施家冲相变为黑色页岩夹黏土岩。梁山段与上覆栖霞组连续沉积，整合接触。

孤峰组（P_2g）：本组主要为硅质岩沉积区，上部为灰至灰黑色含硅质页岩，夹灰黑色薄层硅质岩，下部为灰色薄层含硅质泥岩、硅质页岩，夹硅质粉砂岩。厚度为 21~239m。生物群以腕足类为主。与上覆龙潭组呈假整合接触。

武穴组（P_2w）：在苏南—皖南泾县和巢湖分别称为堰桥组和银屏组。堰桥组为一套碎屑岩，银屏组以页岩为主，夹硅质岩。武穴组在皖南南陵地区为开阔台地相的灰、灰黑色中厚层含少量燧石结核生物灰岩、灰岩、白云岩夹灰黑、黑色硅质岩，具波状层理，产蜓、腕足类及珊瑚化石。与下伏孤峰组呈整合接触，与上覆龙潭组为平行不整合接触。

龙潭组（P_3l）：厚度为 182~291m，与上覆大隆组整合接触。根据沉积旋回和含煤情况，自下而上划分为下、中、上三段。

下段：厚约 29~155m。主要为黑色薄层页岩夹灰白色细砂岩、砂质页岩夹透镜状砂岩，富含黄铁矿结核。该段岩性变化较大，皖南宣城九连山一带，以深灰色薄层页岩、砂质页岩为主，夹少量砂岩及透镜状的 A 煤层，厚约 54m。南部泾县昌桥以灰黑色、深灰色薄层页岩为主，厚约 29~135m。

中段：厚约 35~80m。为海陆交互相沉积，岩性比较稳定，主要为灰白色中粒长石石英砂岩及灰、深灰色细砂岩。局部夹钙质页岩。

上段：厚约 60~105m。主要为灰黑色薄层页岩、粉砂质页岩，夹少量泥岩、细砾岩及 B、C 两煤层。上段岩性、厚度、含煤情况变化较大，宣城九连山一带为黑、灰黑色薄层砂质页岩、钙质页岩，夹少量铝土质页岩、生物灰岩及 B、C 两煤层，B 煤层厚约 0.21~1.30m，C 煤层厚约 0~1.70m，地层厚约 105m。泾县昌桥，上部相变为深灰色、黑色薄层页岩，碳质页岩，硅质页岩，夹长石石英砂岩、细砂岩及 B、C、D 三煤层。B、C 煤层呈薄层状，D 煤层厚约 0.53m。地层厚度变化为 60~98m。

龙潭组属于海陆交互相的含煤建造。三分明显，上、下部以页岩为主，中部多为长石石英砂岩、细砂岩等。

大隆组（P_3d）：大隆组同龙潭组相依出露，主要以浅海-滨海相的硅质岩及硅质页岩为主，厚度为 16~71m，一般 40m 左右，自东向西略有变薄趋势。上部为灰黑色、黑色薄层硅质岩、硅质页岩，夹少量细砂岩、页岩和泥岩；下部为灰黑色薄层硅质岩为主，夹少量硅质页岩、泥岩，局部含碳质成分。与上覆三叠系呈整合至微角度不整合接触。横向上至浙北相变为碳酸盐岩的长兴组。

9. 三叠系（T）

扬子地区的三叠系以下扬子分区和江南分区北部出露最全，中下统为海相沉积，上统为海陆交互相沉积。下统分为下青龙组、上青龙组（亦称殷坑组、和龙山组、南陵湖组/扁担山组）。中统下部为周冲村组/东马鞍山组，上部为黄马青组，上统为范家塘组/拉犁尖组。

三叠系为浅海相灰岩、页岩、白云岩及白云质灰岩连续沉积，具有明显的韵律；生物群以瓣鳃类为主。与下伏二叠系呈整合至微角度不整合接触，与上覆侏罗系地层呈角度不整合接触。

本区三叠系研究开展甚早，地层划分对比方案很多，根据《全国地层多重地层划分对比研究》（1995 年）的方案（表 1-1）。中下三叠统自下而上依次发育青龙组、周冲村组、黄马青组和范家塘组。

1）青龙组

原名青龙层（青龙灰岩），此名由葛利普（1924）创建，系指苏南、浙北一带覆于"龙潭煤系"之上的一段浅灰色及深灰色薄层灰岩，其时代定为二叠—三叠纪。20 世纪 90 年代开展的全国地层清理项目对该套地层仍采用青龙组命名，将殷坑组、和龙山组、南陵湖组分别降为段级单位，归入青龙组。

（1）殷坑段：整合于大隆组之上、和龙山段之下的黄绿色、灰绿色钙质页岩，页岩夹杂灰岩，厚约 80~356m。底以灰黑色硅质岩消失、黄绿色钙质页岩出现为起始点，顶以钙质页岩相对减少、灰岩相对增加为界。

该段分布广泛，层位稳定。主要岩性为浅海深水陆架相沉积的钙质泥页岩夹泥灰岩、灰岩或呈互层，富产菊石（*Flemingites*，*Gyronites*，*Prionolobus*，*Ophiceras*，*Lytophiceras*）、双壳类（*Claraia wangi*，*C. stachei*，*C. aurita*）以及有孔虫、牙形刺等化石。遗迹化石具水平或近水平的潜穴。巢湖—含山地层小区以黄绿色

表 1-1 下扬子地区中下三叠统划分对比表

地层单位		贵池地层队, 1965	怀宁326队, 1966	华东地质研究所, 1974	王乙长等, 1966	郭佩霞等, 1979	汪贵翔, 1979	李金华等, 1981	全国地层多重地层划分, 1995
中统	拉丁阶		铜头尖组		黄马青组				黄马青组
中统	安尼阶	五指山组	月山组	马山桥组（T_2^2）	龙头山组	月山组	东马鞍山组	周冲村组	周冲村组
下统	奥伦尼克阶	吴田组（T_2^1）	扁担山组（T_2）	扁担山组（T_2^1）	分水岭组	扁担山组	扁担山组	青龙组	青龙组 / 南陵湖段
下统	奥伦尼克阶	和龙山组	陈家屋组	和龙山组	南陵湖组（T_2^1）	和龙山组	和龙山组	青龙组	青龙组 / 和龙山段
下统	印度阶	殷坑组	胡家屋组	殷坑组	塔山组	殷坑组	殷坑组	青龙组	青龙组 / 殷坑段

钙质页岩为主夹泥灰岩，厚44～84m；芜湖—安庆地层小区泥质成分增高，厚141～247m；宣城—广德地层小区泥质成分显著减少，仅下部有黄绿色钙质页岩出现，向上以薄层灰岩为主，厚49～286m。宁国，泾县瑶头岭、晏公堂一带，泥质页岩、钙质页岩增多，厚度较大。该段与下伏大隆组或长兴组（广德一带），与上覆和龙山段均为整合接触，时代为晚二叠世长兴期晚时至早三叠世印支期。

（2）和龙山段：指整合于殷坑段与南陵湖段之间的地层。岩性可分为上、下两部分：下部为黄绿色页岩与青灰色中厚层微晶灰岩互层；上部以青灰色微晶灰岩为主，夹黄绿色页岩，具水平层理。产菊石及小型化的双壳类。该段为浅海陆架相泥质微晶灰岩与钙质泥岩组成的韵律层，其下部为黄绿色页岩夹泥质条带灰岩或互层；上部以青灰、浅灰色泥质条带灰岩为主，偶夹黄绿色钙质页岩，厚20～49m，各地岩性较稳定，厚度稍有变化。巢湖、含山一带厚21m，宿松—怀宁—铜陵一带厚26～180m，泾县、广德一带厚180m，泾县瑶头岭厚324m。宁国山门洞，夹页岩较多，厚138m。广德牛头山，底部可见同生角砾岩、泥质条带状灰岩，向上泥质条带增多，厚291m。该段富产菊石、双壳类、有孔虫、牙形刺及遗迹化石等。可见菊石 *Owenites* 带（下），*Anasibirites* 带（上）。该段与下伏殷坑段、上覆南陵湖段均呈整合接触。时代为早三叠世奥伦尼克期早时。

（3）南陵湖段：指整合于和龙山段与周冲村组之间的地层。其下部为紫灰、青灰、深灰色薄层灰岩、瘤状灰岩，产菊石；上部为青灰色薄-中厚层蠕虫状揉皱灰岩。以瘤状灰岩出现作为和龙山段底界，顶与周冲村组以灰岩消失、含石膏白云岩出现为界。该段在区内分布广泛，主要为青灰色薄-中厚层灰岩、致密灰岩；底部有一至数层紫红色瘤状灰岩。生物以菊石（*Subcolumbites*，*Columbites*，*Tirolites*）及有孔虫、双壳类为主，牙形刺较多。遗迹化石中有水平、近水平、垂直潜穴的虫管发育。上部可见人字形交错层理。该段由浅水陆架相沉积渐变为半咸化海湾的局限台地相沉积。含山—巢湖地区小区泥质成分高，厚 160~516m；芜湖—安庆地层小区厚 518~585m；宣城—广德地层小区钙镁质成分较高，厚度变化大，厚度为 181~645m，与下伏和龙山段和上覆周冲村组均为整合接触，时代为早三叠世晚期。

2）周冲村组

江苏省第一地质大队（1975）创名于南京市周冲村。岩性由石膏、硬石膏、白云岩、白云质灰岩、灰岩等组成，局部含少量自然硫。岩石中普遍含角砾，角砾圆度中等，大部分系同生砾，埋深一般在 150m 以下，厚度为 600~800m，化石有双壳类。下段下部灰黄色薄-中厚层砾屑灰岩与泥晶灰岩互层，上部薄-厚层粉晶灰岩、泥质灰岩及膏溶砾屑灰岩，夹粉晶白云岩、白云质灰岩；上段下部粉砂质泥岩夹粉砂岩，上部泥质泥晶灰岩。具蜂窝状构造，含双壳类等。井下白云岩与石膏互层，下以砾屑灰岩与青龙组纹层灰岩区分，上以泥质灰岩与黄马青组灰色泥质岩区分，均为整合接触。

该组在安徽省境内仅分布于长江两岸，其露头零星，主要岩性为咸化潟湖或湖坪相膏溶角砾岩、白云岩及白云质灰岩。无为汤沟一带的钻孔中见大于 600m 厚的含石膏层；宿松一带，该组厚层状灰岩与含石膏假晶白云质灰岩、白云岩呈大段互层，厚度＞675m；铜陵分水岭—龙头山一带，下部以白云岩、白云质灰岩为主，藻类发育，柱状叠层石丰富，常见藻屑白云岩，上部为膏溶角砾岩，厚度＞115m；贵池吴田一带，下部为浅灰、紫灰色中厚-厚层灰质白云岩夹膏溶角砾岩，厚度＞90m。该组白云岩向东延伸至江苏无锡一带。该组下部产双壳类 *Eumorphotis*（*Asoella*）*illyrica*、*Entolium discites* 及腹足类。宿松韭菜山产牙形刺 *Cypridodella conflexa*，*Neohindeodella triassica*，*Neospathodus longidentata*，*Lonchodina muelleri* 等；在怀宁地区，该组底与下伏青龙组以含针状或毛发状石膏假晶白云岩的出现为界，顶与黄马青组以黄灰色泥质粉砂岩出现为界，相互间均为整合接触，时代为早三叠世奥伦尼克期末至中三叠世安尼期。

3）黄马青组

谢家荣（1928）创名于江苏省南京钟山（紫金山）北坡黄马村和青马村。安徽 326 地质队（1966）将这一套地层自下而上称为月山组、铜头尖组、拉犁尖组。

安徽区调队（1987）、安徽地矿局（1987）沿用安徽326地质队（1966）所建地层名称。全国地层清理项目采用的黄马青组相当于月山组和铜头尖组的地层。拉犁尖组更名为范家塘组。

黄马青组下部为灰、深灰色细粒长石石英砂岩与粉砂岩互层，上部为紫红、暗紫色薄-厚层砂砾岩、砂岩、泥岩。含丰富的双壳类、叶肢介、轮藻、植物等化石。底与周冲村组，顶与范家塘组均为整合接触。该组零星分布于沿江地区，据岩性特征，可分上、下两段：下段（杂色岩段，相当于原月山组）主要为前三角洲沉积的灰白、灰绿色粉砂岩、粉砂质泥岩夹青灰色白云质泥灰岩或白云质泥灰岩凸镜体，或呈互层。具小型交错层理、波浪，遗迹化石丰富。产广盐性咸水双壳类（*Myophoria*（*Costatoria*）*submultistriata*，*M.*（*C.*）*goldfussi*，*Unionites gregareus*，*U. spicatus* 等）及少量植物化石。下段多隐伏地下，岩性较稳定，厚33～200m。上段（红色层，相当于原铜头尖组）下部以紫红色夹杂色薄-中厚层粉砂岩、泥质粉砂岩夹细砂岩，间夹3～5层含铜砂岩。产广盐性双壳类 *Myophoria*（*Costatoria*）*submultistriata*，*Eumorphotis*（*Asoella*）*subillyirca* 及少量植物化石。厚264～361m；上段上部以紫红、暗紫红色细砂岩、粉砂岩夹紫色含砾砂岩及凸镜状细砾岩。富产淡水双壳类、植物及轮藻 *Stellatochara* 等化石，厚1031～1373m。该段以三角洲前缘砂体为特征，岩层中具小型板状交错层理、低角度交错层理、槽状交错层理、波浪等，遗迹化石丰富，垂直层面的虫管发育。该组与下伏周冲村组和上覆范家塘组均为整合接触。时代为中三叠世中晚期。

4）范家塘组

范家塘组相当于拉犁尖组，仅零星分布于沿江地区，灰、深灰色细砂岩、粉砂岩与灰黑色碳质泥岩，局部夹可采煤层，富含黄铁矿结核，含植物及双壳类等化石。底以灰、灰绿色含砾粉砂岩与下伏黄马青组紫红色粉砂岩整合，顶以中粒长石石英砂岩与上覆第四系冲积层砂砾平行不整合接触，时代为晚三叠世。

10. 侏罗系（J）

侏罗系中下统为象山群，上统分为红花桥组、龙王山组和大王山组，为陆相含煤碎屑岩，杂色碎屑岩及火山岩，最厚超过5253m。中下侏罗统象山群（$J_{1-2}xn$）不发育，仅零星出露。厚度为10～540m，岩性主要为灰白色石英砂岩、灰白和灰黄色砾岩、灰黑色砂岩、砂质页岩及页岩，上部夹煤层，为含煤岩系，下部夹透镜状赤铁矿。上统发育火山岩系，由中-酸性熔岩及火山碎屑岩组成。

11. 白垩系（K）

下扬子地层分区自下而上分为下统葛村组、中统浦口组和赤山组，上统泰州组。葛村组岩性上部为暗紫红、棕红和咖啡色粉砂质泥岩、泥质粉砂岩、页岩夹砂岩、砂砾岩等，局部夹凝灰质砂砾岩及凝灰岩、凝灰角砾岩，厚约488m；下部为咖啡或紫红、灰白色相间的粉砂质泥岩、泥岩与细砂岩互层，含砾中、细粒砂岩及砾岩，厚度＞577m。浦口组在区内广泛分布，岩性下段为红色砂砾岩，厚约283～400m；中段为棕色、灰色细碎屑岩、碳酸盐岩及硫酸盐类，厚约1509～1800m；上段为膏盐沉积夹粉砂岩、泥岩，厚度约373～1531m；顶部为粉砂岩、泥岩，夹泥灰岩、灰岩及白云岩、石膏等，厚度约484～765m。赤山组岩性上部为红棕、砖红及灰白色含钙、泥质及铁质细粒砂岩，粉砂岩及泥岩、泥质粉砂岩，粉砂质泥岩，厚335m左右；下部为砖红、棕红及灰绿色粉细砂岩及粉、细砂岩与泥岩互层，厚359.7m。泰州组井下厚度60～510m。岩性下段为灰白色中-厚层砂岩夹灰棕色、灰色泥岩，底部为灰白色砂砾岩，厚度约180m；上段下部为一套20～45m灰黑色泥灰岩夹油页岩、泥岩，中部为深灰色泥岩，上部为棕红色泥岩夹深灰色泥岩、灰白色薄层砂岩，厚度150m。

在宣城—南陵一带，下统称为七房村组，上统称为宣南组，由于上白垩统宣南组主要分布于南陵和宣城一带，组成宣南盆地。

七房村组（K_1q）：厚度118m左右。上部紫红色岩屑石英砂岩、石英砂岩、长石石英砂岩、粉砂岩、钙质泥岩韵律互层，夹砂岩、含砾岩屑砂岩；下部紫红色砾岩夹砂砾岩或其透镜体。与下伏侏罗系地层平行不整合接触，与上覆宣南组呈不整合接触。

宣南组（K_2x）：本组总厚1755～7605m。按岩性特征，结合古生物化石可分为三段，各段之间均为整合接触。

上段：厚度约647～3314m。岩性主要为紫红色含砾岩屑砂岩、含砾细砂岩、泥质粉砂岩、泥岩互层，夹细砾岩，底部为砾岩与细砂粉砂岩互层。

中段：厚度约822～2075m。上部紫红色含砾粉砂岩、钙质细砂粉砂岩夹砾岩，下部暗紫、紫红色砾岩、含砾砂岩与同色含砾岩屑石英粉砂岩、钙质粉砂岩互层。

下段：厚度约286～2216m。岩性主要为棕红色厚至块层状砾岩夹中厚层含砾粗砂岩、细砂岩、粉砂岩及其透镜体。

与上覆古近系地层呈不整合接触。

12. 古近系（E）

本系为一套砾岩、砂砾岩、粉砂岩、砂质泥岩、泥岩组成的红色碎屑岩及含膏浅湖-深湖相沉积。主要包括阜宁组、戴南组、三垛组，又统称为双塔群（Esh），厚度1221m左右。

阜宁组（E_1f）：与上覆戴南组呈整合或假整合接触。由四段组成：阜一段为灰、棕红色泥岩夹少量粉砂岩，底部为杂色角砾岩；阜二段顶部为深灰色泥岩夹薄层砂岩，中、下部为灰色泥岩与粉砂岩互层；阜三段为深灰、灰色泥岩、砂质泥岩与粉砂岩互层；阜四段为深灰、灰黑色泥岩夹少量粉砂岩和褐色含泥质白云岩、泥灰岩。阜宁组为河流、浅湖、深湖和三角洲相沉积，其中阜四段和阜二段深湖-半深湖相暗色泥岩为主的岩系是良好的生油岩。该组厚度约 0～1678m。

始新统戴南组（E_2d）可分两段：上段为灰、深灰色、灰黑色泥岩夹薄层粉砂岩和钙质砂岩以及紫红、棕红色泥岩；下段砂岩增多，并夹薄煤层和碳质泥岩。戴南组属河流、湖泊和三角洲相沉积，厚度约 0～1079m。

始新统三垛组（E_2s）可分两段：上段为灰、绿灰或棕色泥岩夹劣质油页岩、泥灰岩或粉砂岩，下段为深灰、褐灰、棕红色泥岩夹砂岩。三垛组为河流和湖沼相沉积。在低凸起上三垛组为玄武岩夹棕红色泥岩。厚度约 0～1179m。

13. 新近系（N）

主要为一套砾岩、砂砾岩组成的红色碎屑岩相沉积。中新统下盐城组（N_1xy）可分两段：下段为浅灰、灰白色砂岩；上段为杂色泥岩夹粉砂岩。下盐城组属河流相沉积。厚度约 100～916m。上新统上盐城组（N_2hy）为土黄、灰绿色粉砂岩、含砾砂岩和黄绿色黏土岩，上盐城组属河流相沉积。厚度约 153～705m。

14. 第四系（Q）

区内第四系分布较广，厚度约 20～170m。其岩性为棕黄、灰黄色砾岩、砂岩、砂土、黏土等，成因类型包括冲积、洪积、洪积-冲积、湖积、冲积-湖积、冰碛、冰川泥石流堆积、冰水沉积、冰缘沉积（融冻泥流和融冰岩屑）及残积-坡积等。

1.1.3 火山与岩浆活动

燕山期是下扬子地区显生宙岩浆活动的主要时期，晚侏罗世—早白垩世火山岩十分发育，地表露头广泛分布。总体上可分为Ⅰ～Ⅳ带，分别为黄梅-贵池火山岩带（Ⅰ），繁昌-溧水火山岩带（Ⅱ），庐枞-宁芜火山岩带（Ⅲ），滁州火山岩带（Ⅳ），吴根耀等（2002）将其中的Ⅱ、Ⅲ主带自西向东细分为 4 个带：庐（江）枞（阳）带、宁（南京）芜（芜湖）带、镇江-溧水带和溧阳带（包括广德火山岩盆地）（图 1-4）。这些火山岩在苏北盆地和南黄海的一些地质剖面和钻孔的相应层位上也有所发现。表明晚侏罗世—早白垩世的火山岩盆地在下扬子地块的分布范围和规模相当大。

燕山期岩浆岩主要分为中-浅成侵入岩和火山喷出岩两大类，其形成时代为晚中生代构造-岩浆活动阶段，酸性侵入岩类广泛分布于下扬子区不同的构造单元，火山岩集中于下扬子拗陷带的庐枞和繁昌两个火山构造洼地中。燕山期火山活动从晚侏罗—早白垩世，主要受北东—东西向断裂构造控制，火山地层-构造呈北东—东西向分布；庐枞火山构造洼地属断陷式盆地，火山活动分为四个旋回，火山岩分别为橄榄安粗岩系列和碱性岩系列；繁昌火山构造洼地为上叠式盆地，火山活动分为三个旋回，火山岩具有介于高钾钙碱性系列和橄榄安粗岩系列的特点。

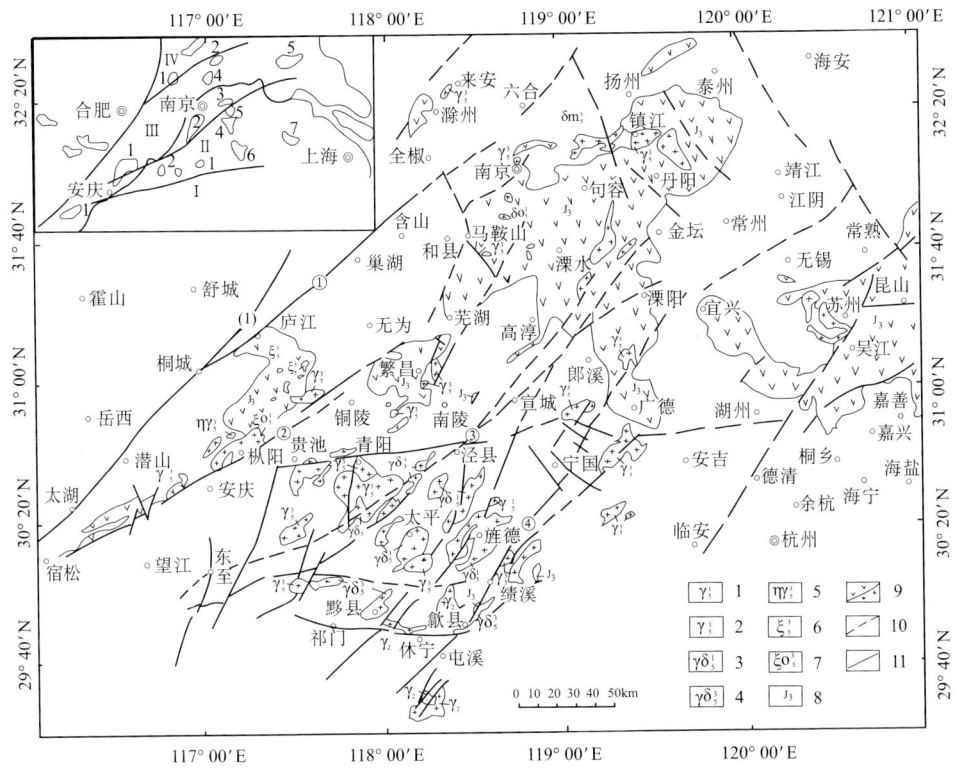

图1-4 苏皖南部中生代火山岩、侵入岩分布图

1.印支期花岗岩；2.燕山期花岗岩；3.印支期花岗闪长岩；4.燕山期花岗闪长岩；5.燕山期二长花岗岩；6.燕山期正长岩；7.燕山期石英正长岩；8.上侏罗统火山岩；9.喷发岩/侵入岩；10.推测断层；11.断层

Ⅰ.黄梅-贵池火山岩带：1.贵池；Ⅱ.繁昌-溧水火山岩带：1.怀宁-太湖，2.繁昌，3.南陵 宣城，4.溧水，5.句容，6.溧阳，7.苏州；Ⅲ.庐枞-宁芜火山岩带：1.广庐江-枞阳，2.南京-芜湖，3.南京-镇江，4.六合-天长，5.海安；Ⅳ.滁州火山岩带：1.滁州，2.金湖

（1）郯-庐断裂；①滁河断裂；②沿江断裂；③江南断裂；④绩溪断裂

区域上，晚中生代火山岩主要集中分布于苏、皖、鲁诸省扬子板块和华北板块拼接带的南北两侧，严格受长江断裂和郯-庐断裂的控制，并发育在以白垩纪为主的火山-构造盆地中。如庐枞、繁昌、宁芜、溧水及蒙阴、莱胶盆地等，为一套橄榄安粗岩与高钾钙碱性岩系组合，晚期还出现响岩质岩石。此种岩石组合从长江中下游地区沿郯-庐断裂两侧向北延入胶东半岛，东南大陆其余地方未见分布（王德滋等，1996；邱检生等，1996）。原来将这套火成岩系主体的形成时代，

与东南沿海地区同时代火成岩一并定为晚侏罗世,而近年来的高精度同位素测年,表明主体形成于早白垩世。

侵入岩可分为晚侏罗世、早白垩世两个阶段和高钾钙碱性、碱性两个成岩系列,以中酸性花岗闪长岩和花岗岩为主。下扬子拗陷带内的江北或沿江江南地区,马鞍山—怀宁与芜湖—东至北之间侵入岩包括高钾钙碱性、中酸性侵入岩组合,高钠碱钙性中基性侵入岩,碱性侵入岩三类岩石组合。高坦断裂以南的地区包括青阳、黄山和石屋,如区内的前人称为青阳、太平、榔桥、旌德等大型复式侵入体等,它们在成因上具有同源演化关系,其中最为特殊的是所有大型复式侵入体均为花岗闪长岩-二长花岗岩-钾长(-碱长)花岗岩组合。

燕山期的岩浆活动在下扬子地区可分为两种类型:后印支拗陷区和后印支隆起区。后印支拗陷区以宁芜地区为代表,属于继承性拗陷区(宁芜项目编写小组,1978),其中象山群与其下的范家塘组为连续沉积,而后印支隆起区则以宁镇地区为代表,属于三叠纪末印支运动后的隆起剥蚀区,其中象山群分布局限,并与下伏海西-印支构造层呈不整合接触。拗陷区的岩浆岩以中偏基性为主,火山岩岩石类型主要为粗安岩、辉石安山岩、粗面岩,并有少量响岩,侵入岩主要为辉石闪长岩,并有少量辉长岩和花岗岩类,而隆起区的岩浆岩则以中酸性为特征(常印佛等,1996;翟裕生等,1992),火山岩岩石类型主要有安山岩、粗安岩、英安岩和流纹岩,侵入岩除少量闪长岩外,主要为二长花岗岩、石英闪长岩和花岗闪长岩。拗陷区内火山岩广泛分布,其露头面积超过侵入岩和前火山基底岩系,而隆起区的火山岩仅分布在若干次级断陷盆地中,其露头面积远小于侵入岩和海西-印支期沉积岩系。从现有钻井所获取的资料来看,南黄海地区的燕山期构造和岩浆活动特征更接近于宁镇等隆起区,而与宁芜等拗陷区显著区别。

此外,在海西期和喜马拉雅造山期也有较弱的岩浆活动发生。迄今尚未发现海西期侵入岩,但有关海西期的火山活动已有众多文献报道(顾连兴和富士谷,1999)。海西期火山岩成分主要属于英安质和流纹质,其岩相既有溢流相,如江西武山中石炭世英安斑岩(顾连兴,1984)和铜陵天马山晚石炭世英安质熔岩(朱雅林,1992),也有暴发相,如铜陵新桥黄龙组底部的英安质火山碎屑岩(富士谷,1977)和浙江长兴二叠系长兴组灰岩中的酸性火山碎屑(杨万蓉等,1980)。

白垩纪和第三系的强烈岩浆活动是中国东部油气盆地的重要特征(Zhou and Armstrong,1982),也是下扬子地区的重要特征。这两个时期的岩浆活动以强烈的玄武岩浆喷发为主。苏北泰州组下段产有紫褐色玄武岩。在阜宁组、戴南组和三垛组中夹有多层玄武岩,并伴有辉绿岩的侵入(江苏省地质矿产局,1984)。在江苏江宁、句容、六合等地区有广泛的中—上新世玄武岩喷溢和辉绿岩侵入。

1.2 海相盆地构造演化

下扬子区的构造演化与扬子板块的构造演化息息相关，受华夏块体、华北块体、太平洋板块等构造活动的制约。在漫长的地质历程中，下扬子地区经历了不同的沉积环境，形成了多种海相、陆相地层，也经历了复杂的构造演化。自寒武纪以来经历了被动陆缘盆地—前陆盆地—克拉通盆地—挤压拗陷—火山岩盆地—断陷盆地—凹陷盆地的演化历程（图 1-5）。下面就下扬子地块自元古代以来复杂的构造和沉积演化史展开讨论。

1.2.1 华南及下扬子地区前寒武纪构造演化

1.2.1.1 下扬子和华南与 Rodinia 超大陆的形成和裂解的关系

20 世纪 70 年代，由于在全球多处发现同年龄（1300～1000Ma）的山脉带，地质学家提出在新元古代时期，存在全球超级大陆 Rodinia。华南于元古代发生的板块俯冲碰撞和大陆裂解事件便是在超级大陆 Rodinia 形成与解体的背景下发生的（王剑等，2001）。

新元古代早期（1040～880Ma），受全球超大陆 Rodinia 聚合事件的影响，华夏块体以"剪刀式"拼合俯冲到扬子板块之下（图1-6）（Li et al., 2009）。约 1042～1015Ma 前，华夏块体与扬子块体首先在扬子块体的南西侧发生了碰撞，并逐渐沿着扬子块体南东侧发生板块俯冲、碰撞。这次俯冲碰撞事件主要有岩浆岩方面和变质岩方面的证据（舒良树，2012）。岩浆岩方面：①华南地区存在绍兴-江山-萍乡（简称江绍）和东乡-德兴-歙县（简称赣东北）两条新元古代早期的蛇绿混杂岩带，分别代表了古华南洋的闭合带或扬子和华夏两大块体的拼合带，以及江南东段九岭地体和怀玉地体的拼合带，赣东北古洋壳岩石组合保存较好，其同位素测年值 9 亿～10 亿年左右（Shu et al., 2011; Shu and Charvet, 1996; Guo et al., 1989）；②在江南地区，集中分布了年龄在 9 亿年左右的新元古代岩浆弧，包括Ⅰ型花岗岩、流纹岩、玄武岩、安山岩、凝灰岩等，其中，径南流纹岩和流纹质砂岩的地球化学性质还显示出了大陆岛弧的特征（Shu et al., 2008）。变质岩方面：①华南地区存在的两条新元古代早期的蛇绿混杂岩带，皆遭受了强烈变形，呈现韧性剪切带面貌；②赣北发现有测年值约为（866±14）Ma 的高压中低温变质岩蓝闪石片岩的残迹（舒良树和周国庆，1988）；③区域绿片岩相变质岩在俯冲带上盘的扬子块体江南地区大面积分布，包括各种变质岩石、板岩、千枚岩（舒良树，2012）。

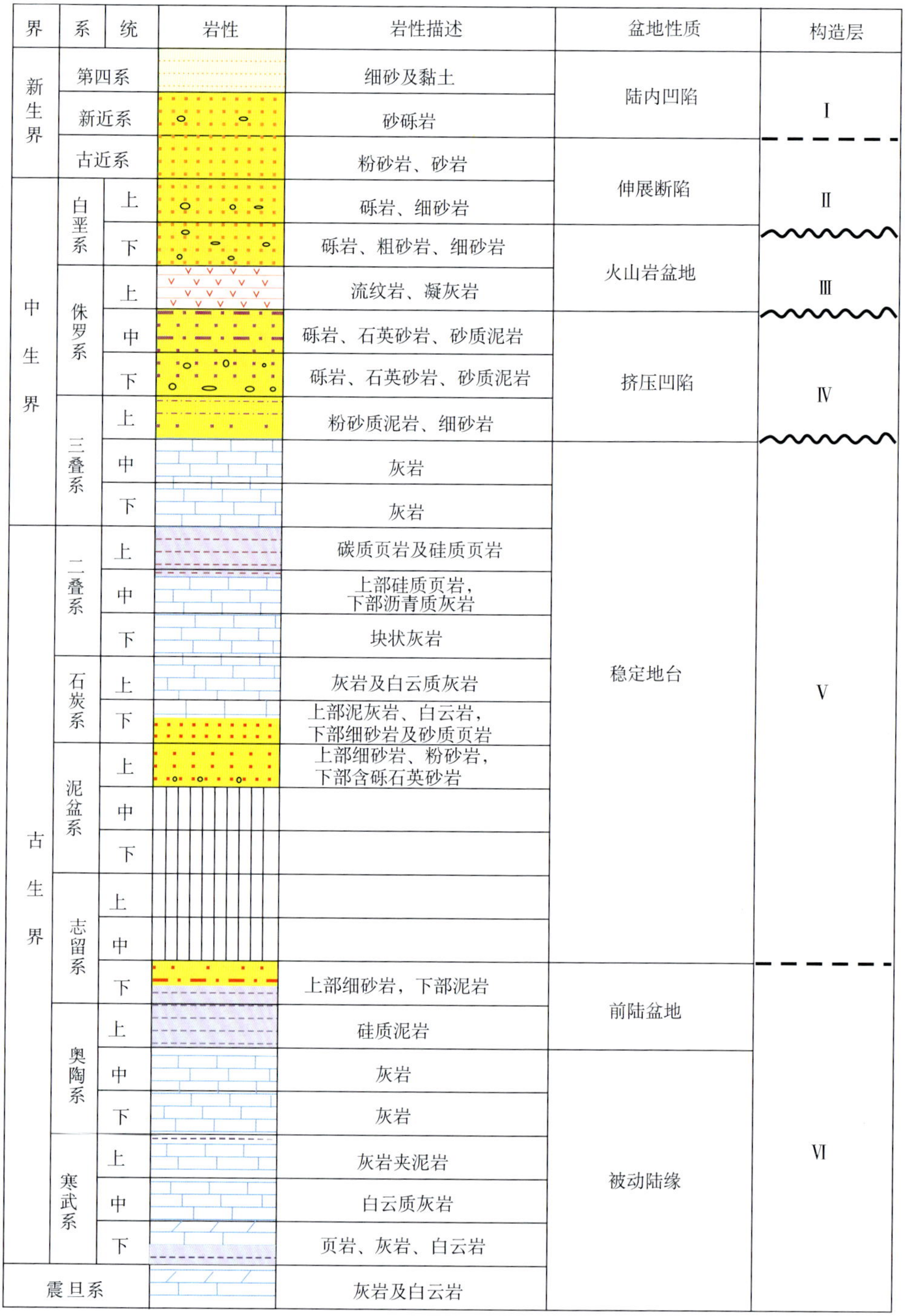

界	系	统	岩性	岩性描述	盆地性质	构造层
新生界	第四系			细砂及黏土	陆内凹陷	I
	新近系			砂砾岩		
	古近系			粉砂岩、砂岩	伸展断陷	II
中生界	白垩系	上		砾岩、细砂岩		
		下		砾岩、粗砂岩、细砂岩	火山岩盆地	III
	侏罗系	上		流纹岩、凝灰岩		
		中		砾岩、石英砂岩、砂质泥岩		
		下		砾岩、石英砂岩、砂质泥岩	挤压凹陷	IV
	三叠系	上		粉砂质泥岩、细砂岩		
		中		灰岩		
		下		灰岩		
古生界	二叠系	上		碳质页岩及硅质页岩	稳定地台	V
		中		上部硅质页岩，下部沥青质灰岩		
		下		块状灰岩		
	石炭系	上		灰岩及白云质灰岩		
		下		上部泥灰岩、白云岩，下部细砂岩及砂质页岩		
	泥盆系	上		上部细砂岩、粉砂岩，下部含砾石英砂岩		
		中				
		下				
	志留系	上				
		中				
		下		上部细砂岩，下部泥岩		
	奥陶系	上		硅质泥岩	前陆盆地	
		中		灰岩		
		下		灰岩		
	寒武系	上		灰岩夹泥岩	被动陆缘	VI
		中		白云质灰岩		
		下		页岩、灰岩、白云岩		
	震旦系			灰岩及白云岩		

图1-5　下扬子区构造层

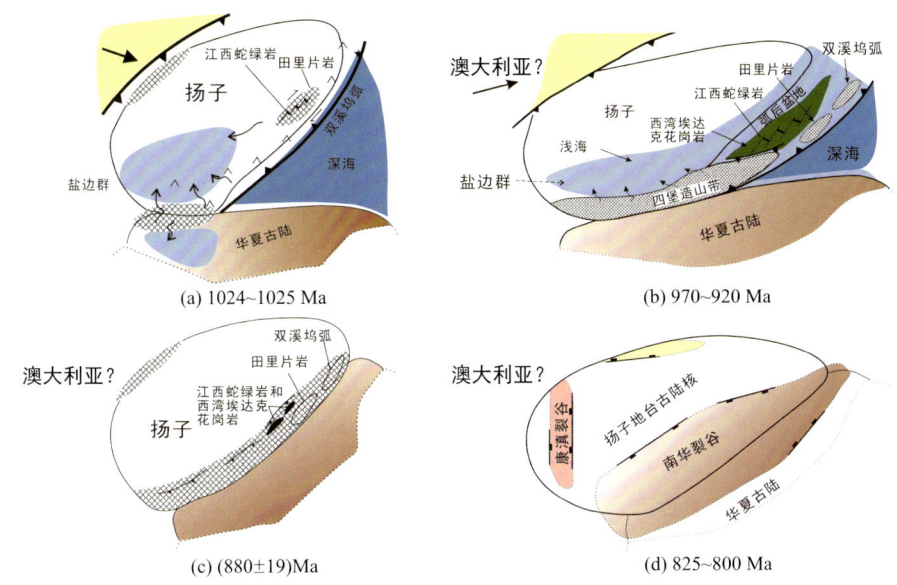

图 1-6 新元古代华南聚敛和裂解模型（Li et al., 2009）

新元古代中期（825～800 Ma），受超级大陆 Rodinia 解体的影响，先前拼合的扬子-华夏联合陆块发生了裂解（Li et al., 2009）。舒良树（2012）根据裂解所致的原蛇绿混杂岩带的错动位置，判断其为一种朝西张开的剪刀式裂解。此次裂解事件的证据主要有：①在政和-大埔断裂带分布有裂谷型镁铁-超镁铁岩，主要为变质的辉长岩、辉绿岩、玄武岩、长英质火山岩组合，常与无根的蛇纹岩共存，年龄在（847±8）Ma 到（795±7）Ma 之间（Shu et al., 2008, 2006）；②浙东、赣北常见双峰式岩墙群即辉绿岩与细粒花岗岩以侵入岩墙的方式侵入后碰撞期过铝质花岗岩基中，其年龄为（812±5）Ma 至（792±9）Ma 之间（Wang et al., 2006; Wang and Li, 2003）；③该裂解事件导致了扬子块体和华夏块体在南华纪和震旦纪—早古生代地层层序、岩石组合上存在明显差异；裂解结束后，沿着裂解带发育的一系列裂谷盆地进入了沉积充填期。

舒良树（2012）总结了其多年的研究成果，提出了华南新元古代的岩石圈动力学模型（图 1-7）。新元古代早期（9 亿～10 亿年）古华南洋板块朝扬子块体东南缘俯冲，形成江南活动大陆边缘（图 1-7（a））。大约从 8.7 亿年开始，大洋关闭，华夏与扬子两大块体发生碰撞，产生高压低温变质作用，形成挤压褶皱、逆冲推覆和左旋走滑韧性剪切，导致陆壳增厚（图 1-7（b））。在 8.5 亿～8.0 亿年期间，在地温累积和放射性热能的作用下，增厚的陆壳发生部分熔融，形成过

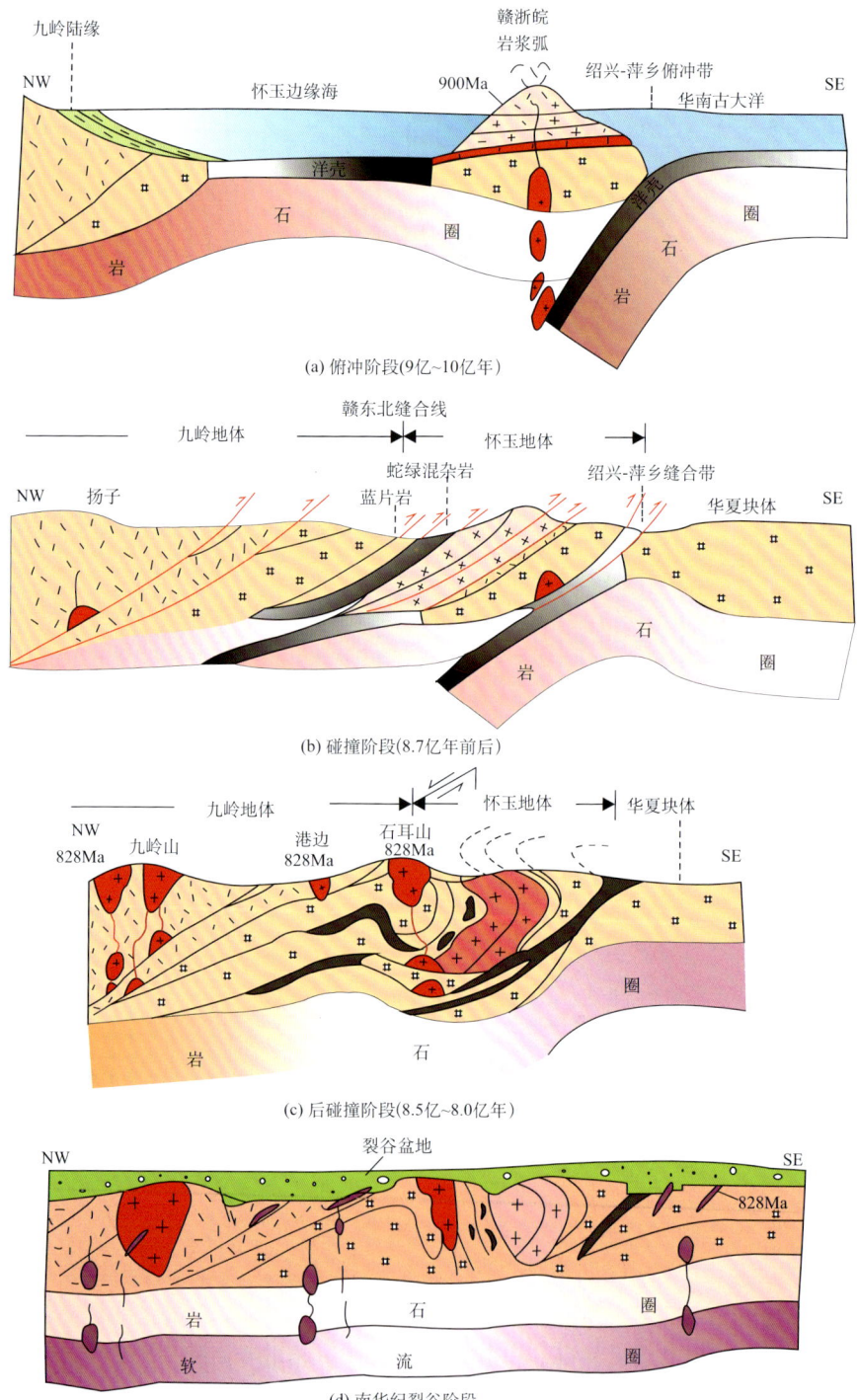

图 1-7 华南新元古代构造演化模式图（舒良树，2012）

铝质花岗岩（图 1-7（c））。稍后，受全球 Rodinia 超大陆裂解事件的影响，由扬子块体与华夏块体聚合而成的华南联合陆块发生裂解，形成大小不等的裂解块体和裂谷盆地。在深部地幔岩浆上涌的作用下，产生基性岩墙，发育在裂谷盆地和早先的花岗岩基中（图 1-7（d））。

新元古代华南发生的弧陆碰撞事件及大陆裂解事件，都发生了大量的岩浆活动，对华南大陆地壳的增生和再造起到了非常重要的作用，一般认为下扬子块体便是形成于 8 亿年左右的这个时期（郑永飞和张少兵，2007）。该时期我国（尤其南方）地壳发生的造山运动，又称为晋宁造山运动。

1.2.1.2 华南及下扬子裂谷盆地的沉积以及古地理环境

自新元古代大陆裂解开始，华南逐渐进入了裂谷盆地持续裂陷和沉积阶段（图 1-8）。新元古代早期，即白竹-石桥铺-骆家门沉积期至合桐-天井-虹赤村组沉积期，该时期地垒区川滇、江南隆起为古陆剥蚀区，地堑区湘桂及浙北次级盆地区以洪积扇-河流-滨（岸）海沉积作用为主，地垒、地堑高低相夹，共同构成了具裂谷盆地特征的古地理格局（图 1-9（a））。新元古代中期，即苏雄-开建桥-三门街-叶家-上墅及相应地层沉积期，该期华南联合块体裂解地壳侧向拉伸，裂谷"V"字形展布，地堑区范围扩大，形成了以上扬子古陆、江南隆起区为两垒，川滇、湘桂、

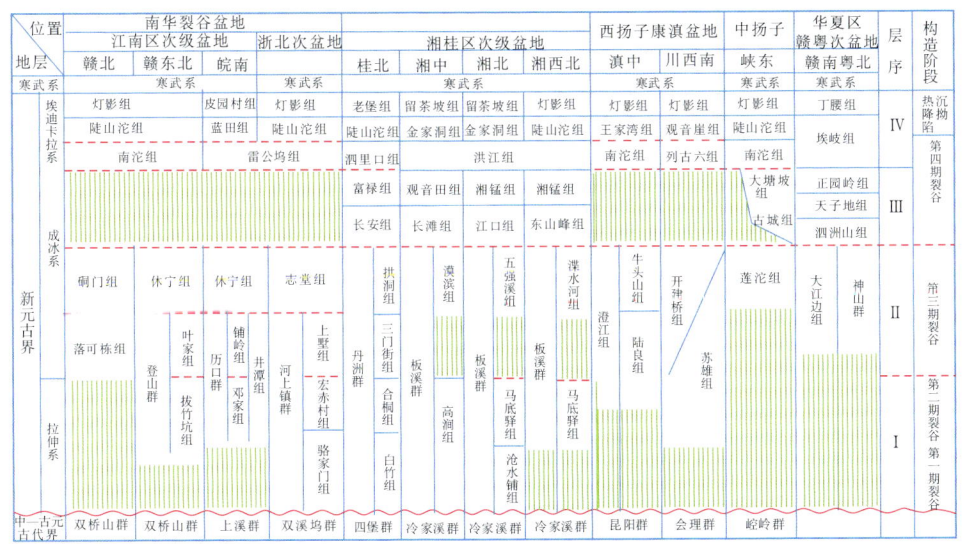

图 1-8 新元古代华南不同盆地沉积地层序列（王剑等，2001）

浙北次级盆地为三堑的"三堑夹两盆"的古地理局格局（图1-9（b））。之后，扬子块体进入了新元古代小冰期及间冰期，即长安-长滩-古城组及相应地层沉积期，该期湘桂次级盆地为冰川大陆架或边缘海，而其他大部分地区为大陆冰川覆盖区，缺失与长安组及相应地层相对比的同期沉积；本期末处于间冰期，湘桂盆地发生了短暂的海侵，海岸线向东推至江南隆起西缘，发育间冰期沉积序列（图1-9（c））。

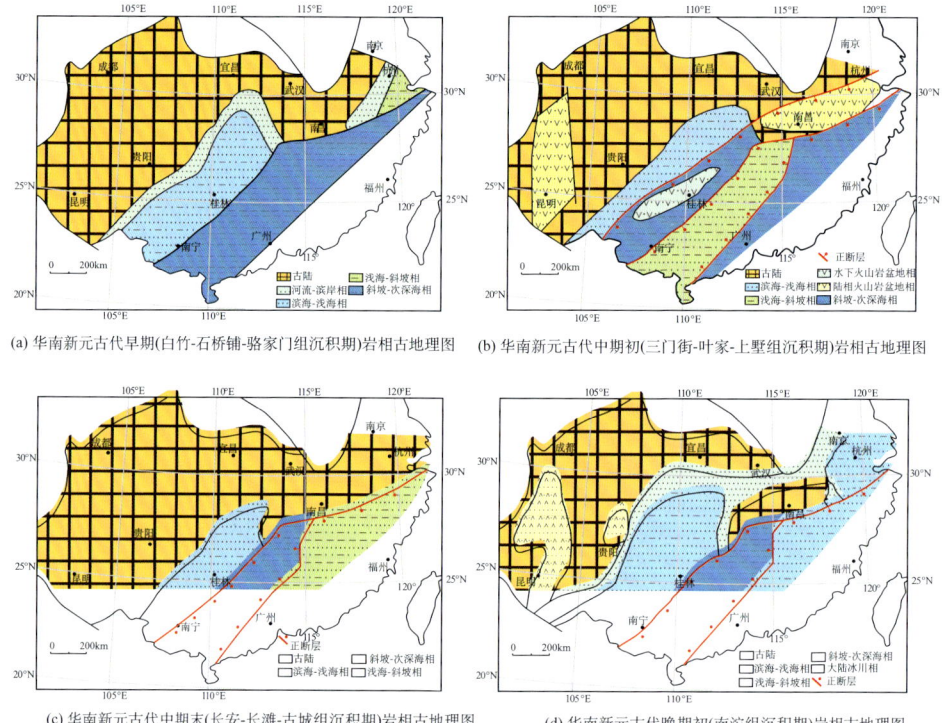

(a) 华南新元古代早期(白竹-石桥铺-骆家门组沉积期)岩相古地理图

(b) 华南新元古代中期初(三门街-叶家-上墅组沉积期)岩相古地理图

(c) 华南新元古代中期末(长安-长滩-古城组沉积期)岩相古地理图

(d) 华南新元古代晚期初(南沱组沉积期)岩相古地理图

图1-9 华南新元古代岩相古地理（王剑等，2001）

紧接着，新元古代大冰期即南沱组沉积期开始，盆地持续裂陷沉积，整个成冰纪华南冰川沉积自陆源向盆地方随着裂谷深度变深而逐渐增厚，至广西三江又变薄，这是由裂谷盆地持续裂陷导致的海岸上超作用所造成的（图1-10）；该期，川滇及黔北地区为大陆冰川堆积，湘桂次级盆地及浙北次级盆地以海相冰川沉积为主（图1-9（d））。

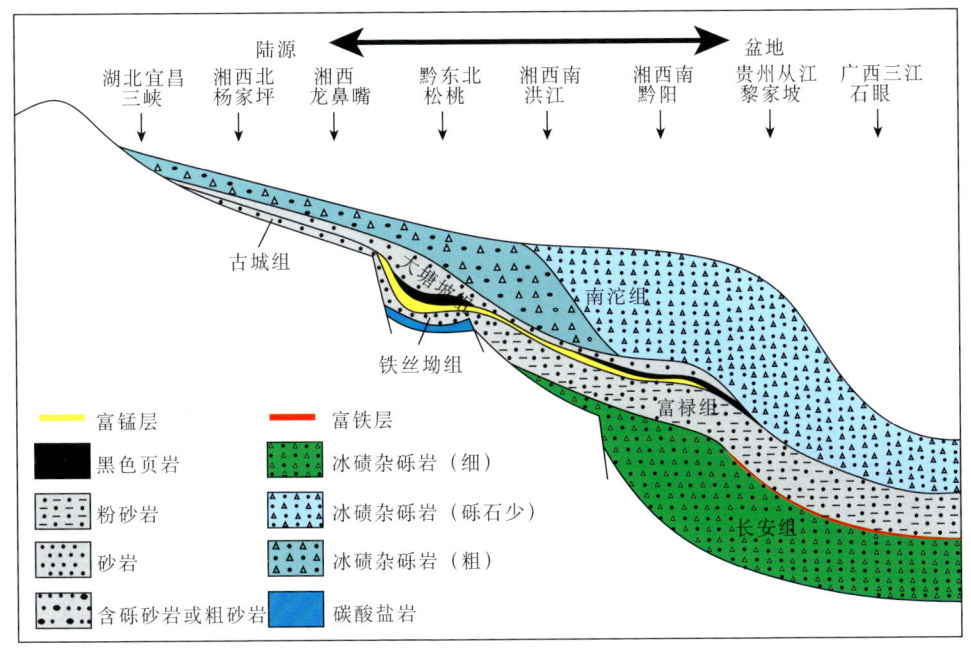

图 1-10 华南成冰系沉积地层序列沉积模式

新元古代大冰期之后,即陡山沱—灯影组沉积期,该期裂陷区仍在活动,发生了广泛的海侵作用,自裂陷区开始,海相沉积范围逐渐扩大,呈旋回式推进,使整个华南连成一片,形成了扬子块体初始碳酸盐岩台地(图 1-11)(刘鸿允等,1973;潘桂棠等,2009)。在灯影组早期,下扬子地区南部有蓝田组黑色页岩形成,晚期,下扬子北部亦有黑色页岩形成(图 1-11)。至晚震旦世,整个扬子区均已演化成克拉通盆地与裂谷盆地相间的沉积-构造格局。新元古代的裂陷格局奠定了中下扬子的后期演化基础,并一直影响着其后的构造与沉积格局。中下扬子后期的大多数断陷、推覆褶皱带分布受到了基底构造格局的制约,如沿江断陷带、江-绍断陷带便是沿着新元古代裂谷带方向延伸的,其发育也受到了新元古代裂陷的影响。

1.2.2 古生代以来的构造演化

1.2.2.1 古生代以来扬子板块的位置变化

古生代期间,扬子地块均处于赤道附近(表 1-2),温热的古气候环境,有利于形成富含有机质生烃层系。在泥盆纪以前,视极移曲线与冈瓦纳大陆基本保持一致。泥盆纪之后,随着澳大利亚大陆板块从位于北半球赤道附近开始做顺时针旋转并向南快速漂移,扬子地块开始与冈瓦纳大陆分离;至晚石炭世,两者已完全

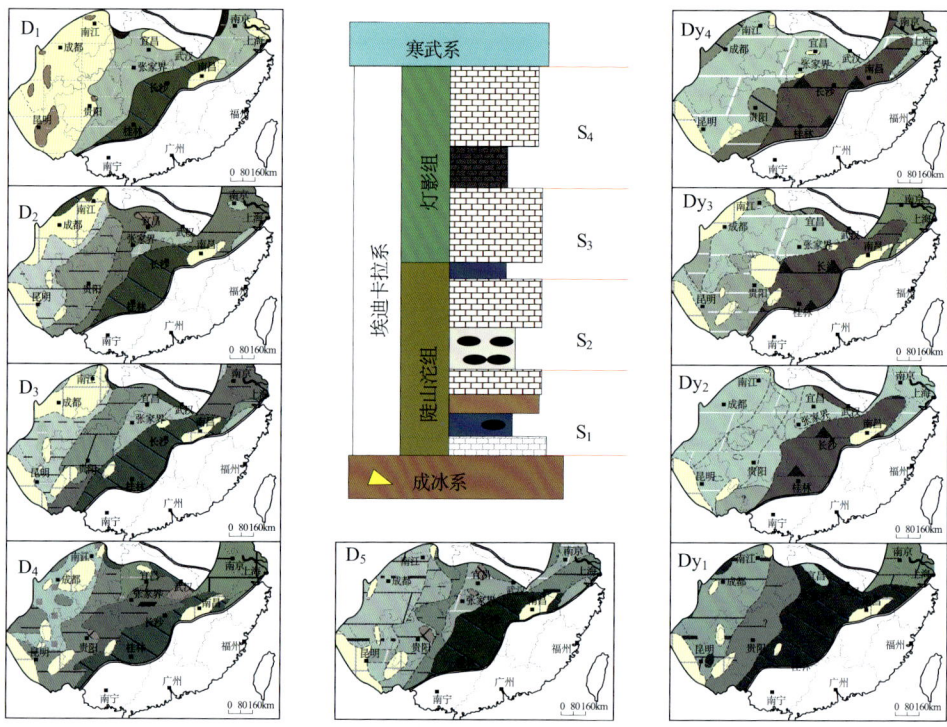

图 1-11 陡山沱—灯影组扬子区岩相古地理图（Zhu et al., 2007）

D_1 为盖帽碳酸盐岩时期，D_2 为 S_1 下部，D_3 为 S_1 上部，D_4 为 S_2 下部，D_5 为 S_2 上部，Dy_1 为 S_3 下部，Dy_2 为 S_3 上部，Dy_3 为 S_4 下部，Dy_4 为 S_4 上部

分离。从晚二叠世至晚三叠世，在扬子地块北向或北北西向漂移的驱动下，扬子与华北地块做同步的北向运动。晚三叠世至中侏罗世是扬子、华北大规模相对旋转运动的主要时期，该阶段华北地块约做了 42°左右的逆时针旋转，而扬子地块约做了 35°左右的顺时针旋转；至晚侏罗世扬子、华北地块才完全拼合。晚侏罗世之后，在古地磁数据的置信范围内，扬子、华北之间的相对运动已经结束，两者在运动学上已成为整体（图 1-12）（黄宝春等，2008）。

1.2.2.2 寒武纪—奥陶纪被动陆缘构造沉积演化

早寒武世，地球动力学环境由伸展作用逐渐变为以热沉降作用为主。寒武纪，垂直差异运动幅度明显减小，地貌上的隆-凹格局开始消失，扬子东南缘转变为向南东缓倾斜的斜坡带，其沉积相由扬子西部的四川古陆向东南方向逐渐变为滨海相、陆架相至深水盆地相，早寒武世筇竹寺期到沧浪铺期，下扬子区的岩相古地理基本没有变化，下扬子北部为外陆架相，而南部为面积较小的深海盆地相（图 1-13）（杨爱华等，2005）。早寒武世中期后，海平面主体下降开始，随碳酸盐的进积作用，台缘斜坡带不断向东南方向推进，至奥陶纪早期，扬子东南大陆边缘演化成较为典型的被动大陆边缘（赵宗举等，2003）。

表1-2 华北、扬子及塔里木地块显生宙古地磁极位置（朱日祥等，1998）

时代	华北地块				扬子地块				时代
	东部参考点（岳西31°N, 116.5°E）		西部参考点（凤州34°N, 106.5°E）		东部参考点（岳西31°N, 116.5°E）		西部参考点（凤州34°N, 106.5°E）		
	古纬度/(°)	偏角/(°)	古纬度/(°)	偏角/(°)	古纬度/(°)	偏角/(°)	古纬度/(°)	偏角/(°)	
Q	33.4	3.8	35.8	4.4					
N	33.1	1.5	33.8	1.6	33.5	−0.4	33.6	−0.5	Q—T
K	30.8	10.8	33.2	10.9	30	12.2	31.1	12.1	K
J_3	23.7	21.8	23.5	20.3	30.8	21.8	30.4	21.7	J_3
J_2	35.1	13.4	26.2	12.3	30.1	20.9	29.9	20.7	J_2
J_1	33.5	1.5	26.4	0.1	21.6	−7.2	25.8	−9.1	J_1
T_3	19.1	−27.8	25.9	−30.5					
T_2	16.1	−27.3	22.9	−30.6	21.1	36.1	18.8	33.8	T_2
T_1	10.2	−27.8	17	−31.8	14.6	46.5	10.8	43	T_1
					14.3	42.5	11	39	P/T
P_2	6.4	−33.3	13..7	−37.7	7.9	27.3	6.5	23	P_2
					9.3	2.7	10.7	8.9	P_2
					12.7	89.7	4.5	84.8	S_{2-3}
					−3.3	158.5	−9.5	153.8	S_{1-2}
O_{1-2}	−23.9	−16.2	−18.2	−24.3	11.9	150.2	4.8	144	O
Cam_3	−25.5	−25.8	−18.8	−33.6					
Cam_2	−23.1	−25.7	−16.3	−33.2	−4.9	133.9	−13.3	129	Cam
Cam_1	−28	−38.4	−20	−45.7					

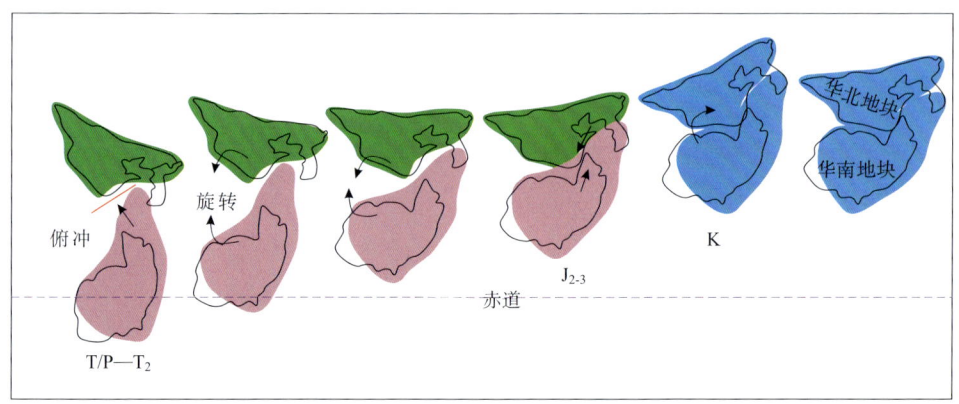

图 1-12　晚古生代以来扬子、华北地块碰撞和拼合过程示意图（黄宝春等，2008）

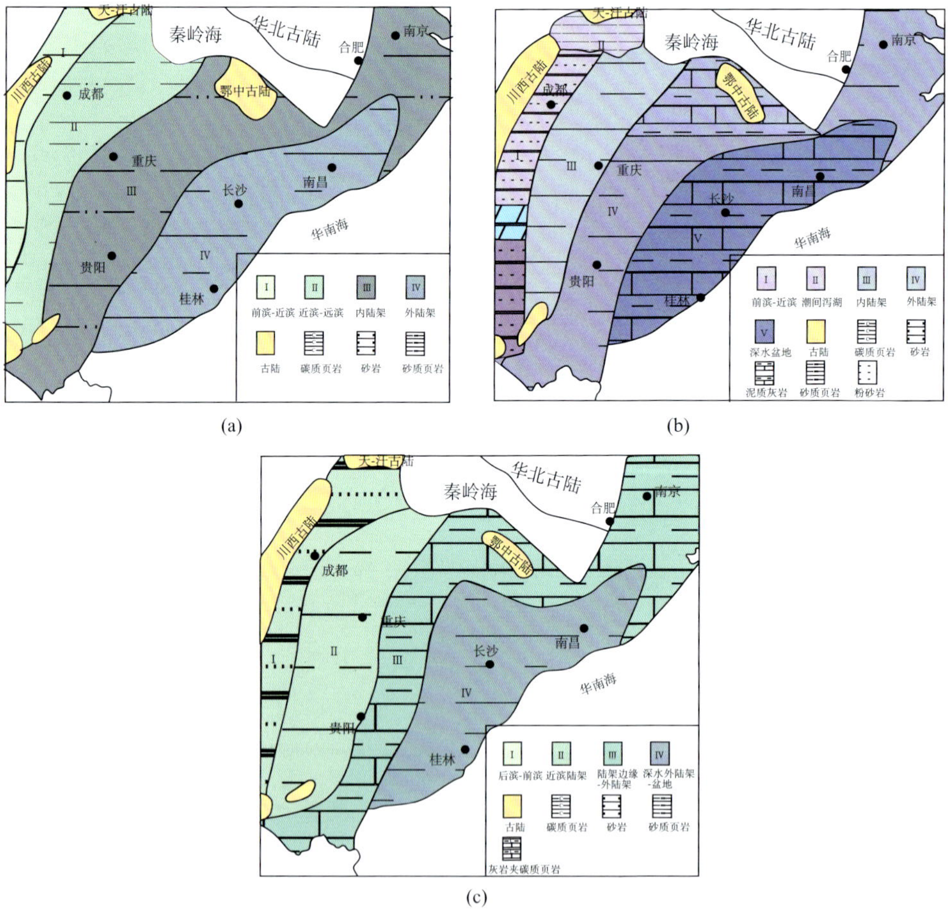

图 1-13　扬子地台早寒武世筇竹寺期早中期（a）、筇竹寺期晚期（b）、沧浪铺期早期（c）岩相古地理变化（杨爱华等，2005）

奥陶纪时期，扬子地台中北部整体处在碳酸盐岩台地相，只有南部边缘处在斜坡和盆地环境，具备形成黑色页岩的条件（图1-14）。西部存在不连续的古陆区块，而下扬子区中南部在中晚奥陶世皆处在斜坡-盆地相。这是下扬子地区不同于四川盆地的地方。

1.2.2.3 晚奥陶—志留纪前陆盆地的形成

晚奥陶—早志留世（450~430Ma），华南发生加里东造山运动，华夏块体与扬子块体收缩挤压，扬子块体东南缘褶皱隆升，海岸线自东南向北西后退（图1-15）；

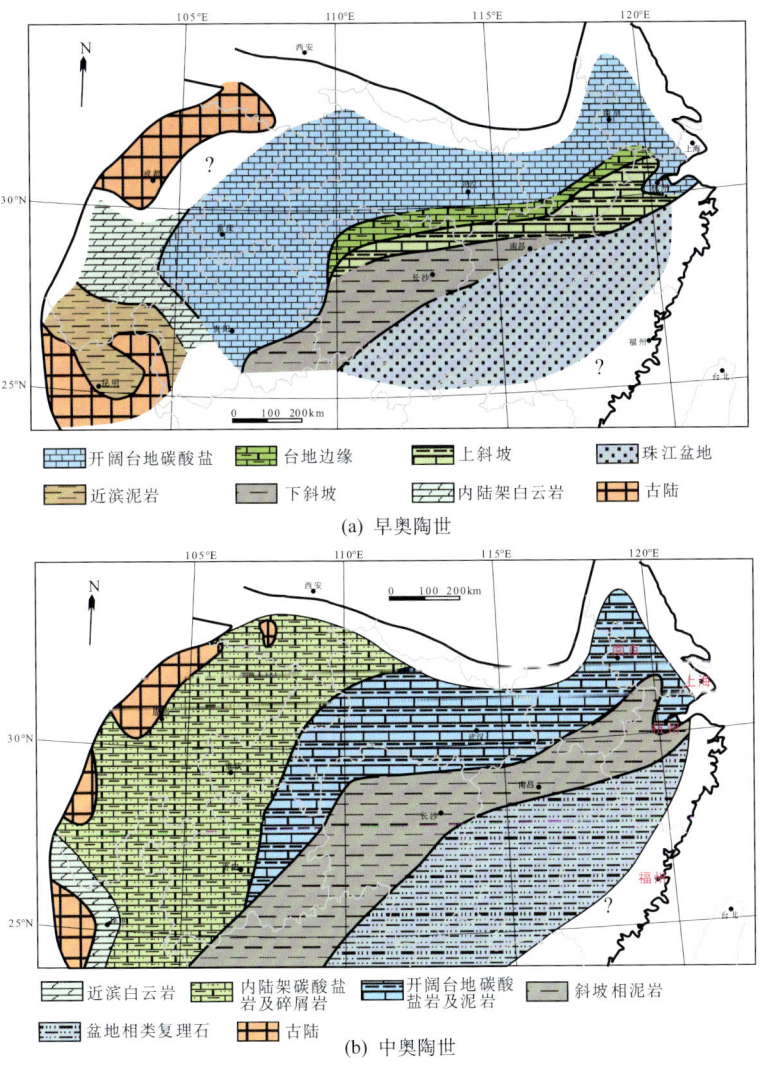

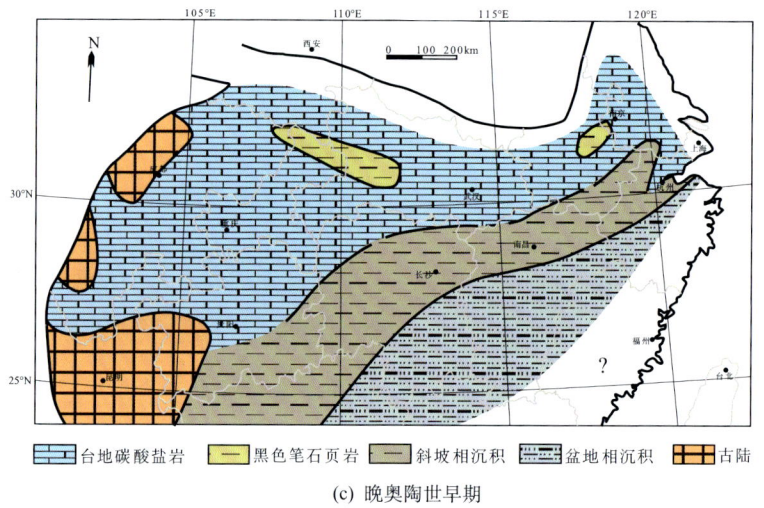

(c) 晚奥陶世早期

图 1-14　奥陶世时期扬子岩相古地理格局（陈旭等，2004）

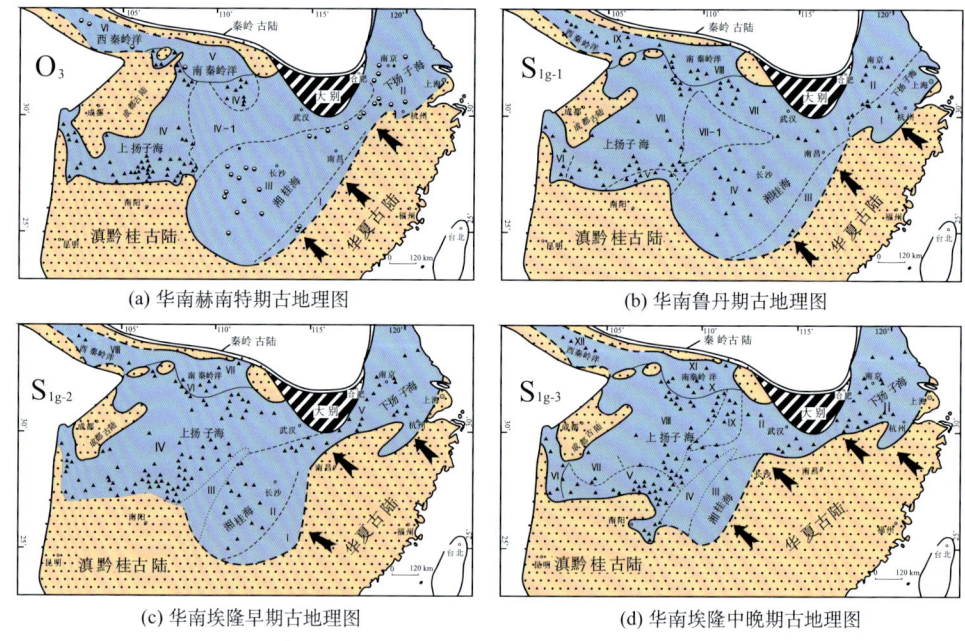

图 1-15　奥陶纪末—志留纪华南古地理图（陈旭等，2014）

下扬子区受到来自南东向北西的挤压，在江南斜坡带处产生褶皱造山，地层隆升剥蚀，志留系中上部、泥盆系中下部地层缺失（图1-16）；在造山带前缘逐渐形成前陆盆地，其同碰撞沉积厚度达6000m（图1-17）。九岭-怀玉地体对这次褶皱造山运动有一定阻挡和制约，使褶皱造山作用没有进一步发展到下扬子台地，为下扬子前陆盆地的形成创造了条件。

第一章 下扬子地区海相盆地演化与构造分区

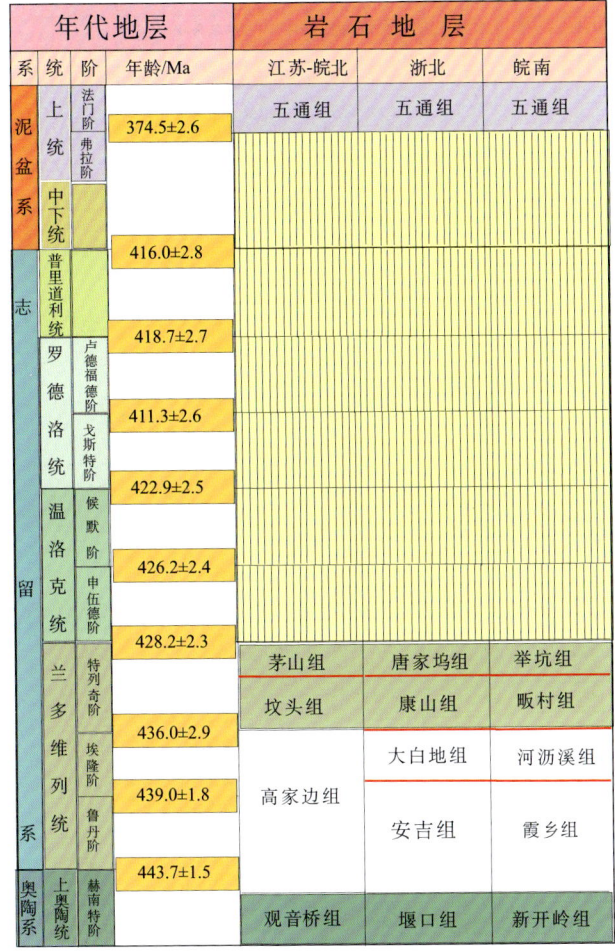

图 1-16 下扬子地区地层对比

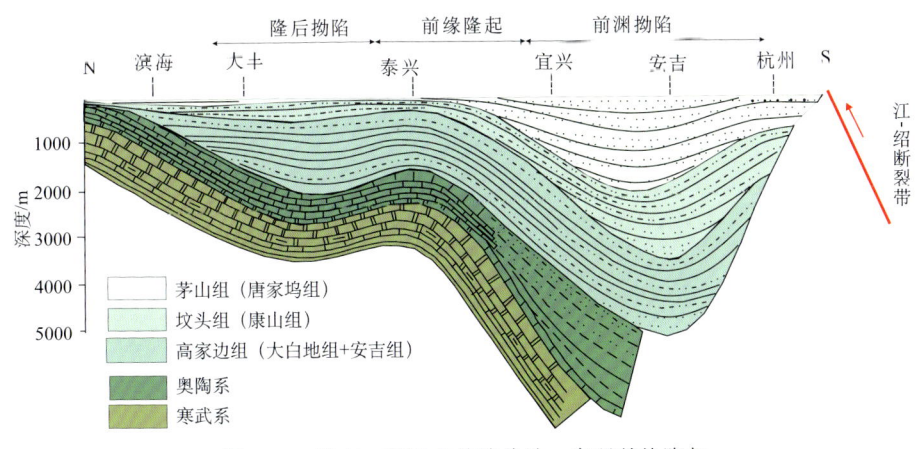

图 1-17 安吉一带形成前陆盆地，泰兴前缘隆起

下扬子地区晚奥陶—志留系前陆盆地的形成及演化模式如图 1-18 所示。

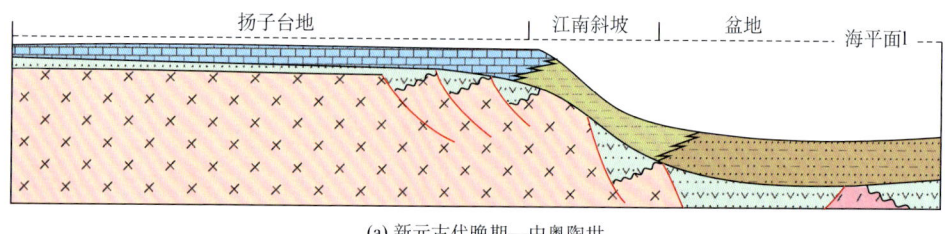
(a) 新元古代晚期—中奥陶世

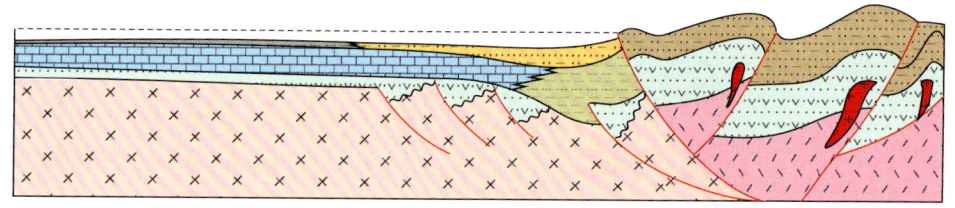
(b) 晚奥陶世中—晚期

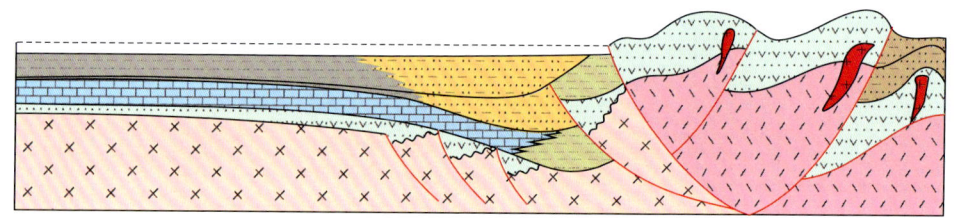
(c) 早志留世鲁丹期—埃隆期

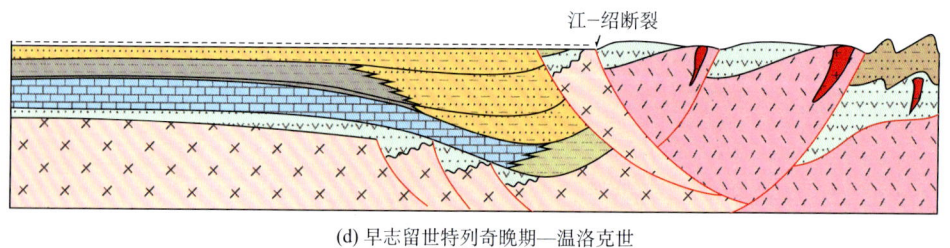
(d) 早志留世特列奇晚期—温洛克世

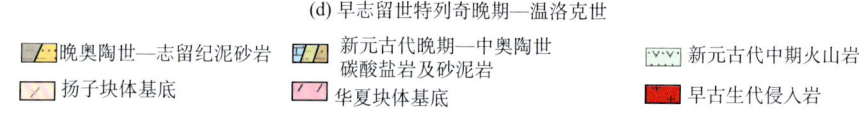

图 1-18　下扬子前陆盆地及相邻造山带演化

晚奥陶世开始，华南早古生代造山作用使珠江盆地的地层发生变质变形并伴随广泛的岩浆活动，由此造成下扬子地区的沉积格局发生重大变化，由先前的台地环境转变为前陆盆地，在浙西、皖南靠近造山带一侧形成前渊，并沉积了大量来自造山带再旋回的碎屑物质。碎屑物质在山前形成一个厚近 2500m 的碎屑楔，向前缘隆起一侧沉积物迅速减薄,并且由砂泥质为主过渡为黑色泥岩,反映出盆地处于欠充填阶段。

志留纪兰多维列世早中期,由于造山带不断逆冲,新元古界火山岩大量剥蚀,为沉积不断提供碎屑物,同时下扬子前陆盆地在逆冲载荷的作用下不断挠曲沉降,沉降中心迁移到浙北安吉一带,随着远离源区,岩性也由砂岩为主向泥岩为主过渡。

志留纪兰多维列世特列奇期—温洛克世,同造山的变质岩和侵入岩已抬升剥露至地壳,为盆地沉积提供了新的物源。盆地由于碎屑物质的不断供给,水深逐渐变浅,沉积以滨海、浅海到陆相的红色砂岩,反映了盆地处于过充填阶段。

1.2.2.4 晚泥盆世—中三叠世沉积演化

晚泥盆—中三叠世,下扬子区为海相克拉通盆地,构造相对稳定。上泥盆统—下石炭统为陆相-滨海-浅滩-潮坪-潟湖相的碎屑岩和碳酸盐沉积;上石炭统—中三叠统为开阔台地相碳酸盐和滨海-沼泽相的含煤碎屑岩沉积(图1-19)。该阶段沉积地层和下伏的地层在晚三叠世的印支期发生强烈的褶皱变形,并被上覆地层不整合覆盖。

1.2.3 中生代以来的构造演化

1.2.3.1 晚三叠—早白垩世挤压构造

晚三叠世,下扬子区发生了一次重要的褶皱构造运动——印支运动,该运动对下扬子地区特别是苏北地区影响强度最大,上扬子地区的影响相对滞后,且偏弱。根据区内不整合的分布、断层倾向、褶皱带的轴向和盆地的发育,可以判断下扬子沿江一带及北部地区的构造运动的动力来自于北部,与华北、华南的碰撞有关。资料显示,早二叠世晚期—早侏罗世期间,华南和华北板块发生了强烈的碰撞(图1-12),其缝合边界为苏鲁造山带—郯-庐断裂带—大别造山带。受到华北、华南板块碰撞的影响,下扬子区受到强烈的自北西向东南的挤压应力,在苏北地区发育了一系列自北(西)向南(东)的挤压逆冲断层,褶皱隆起(图1-20)。该次构造活动,造成了中下侏罗统象山群和下伏老地层之间以不整合和平行不整合关系接触。安徽怀宁等地中下侏罗统象山群角度不整合在坟头组、五通组等老地层之上;而南京钟山、西横山及当涂十里长山等地象山群与下伏黄马青组呈平行不整合接触,反映了构造变形由北西向南东逐渐减弱。印支期的推覆造山运动,也导致了下扬子区海水中三叠统盆地收缩,海岸线自东向西逐渐退后,海水最终经贵州西部退入广海。仅湘鄂赣部分地区,晚三叠世仍有海水存留,具有海陆过渡相的特点(安源组)。至此,下扬子区结束了海相沉积,进入了陆相沉积阶段。

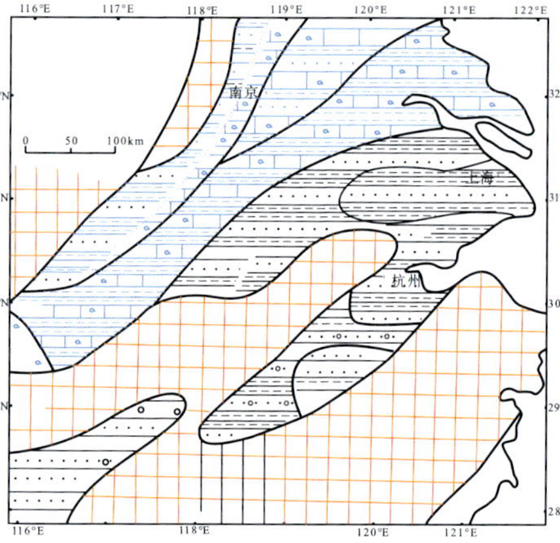

(a) 早石炭世岩相古地理

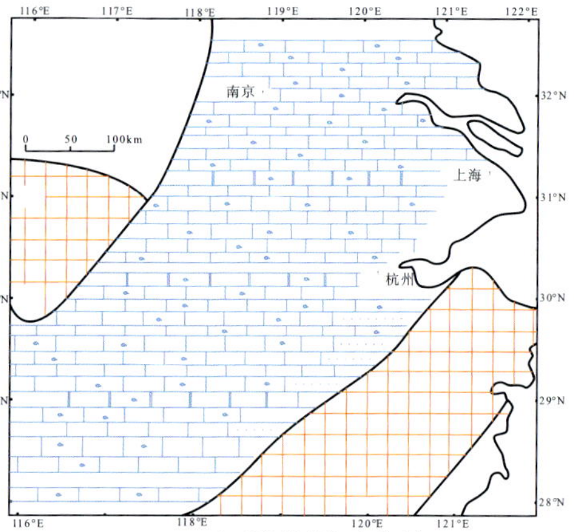

(b) 晚石炭世岩相古地理

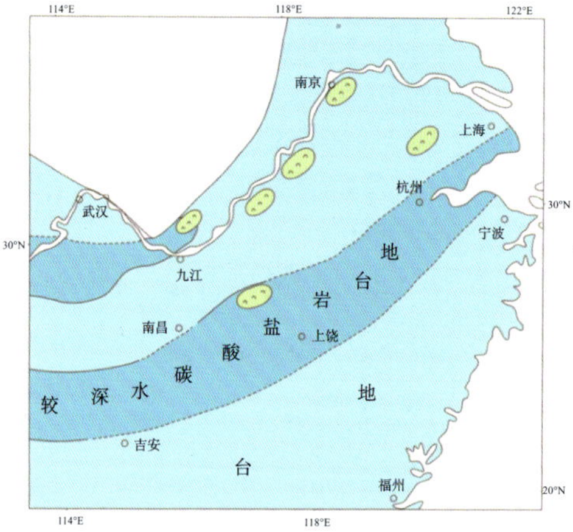

(c) 栖霞期岩相古地理

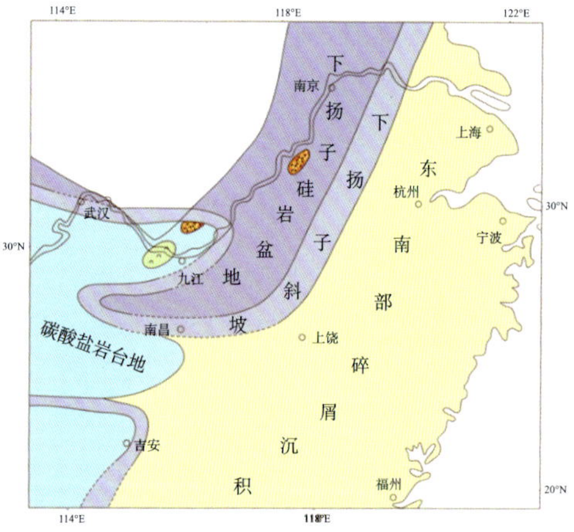

(d) 孤峰期—冷坞期古地理

图 1-19　下扬子区石炭—中二叠世古地理图

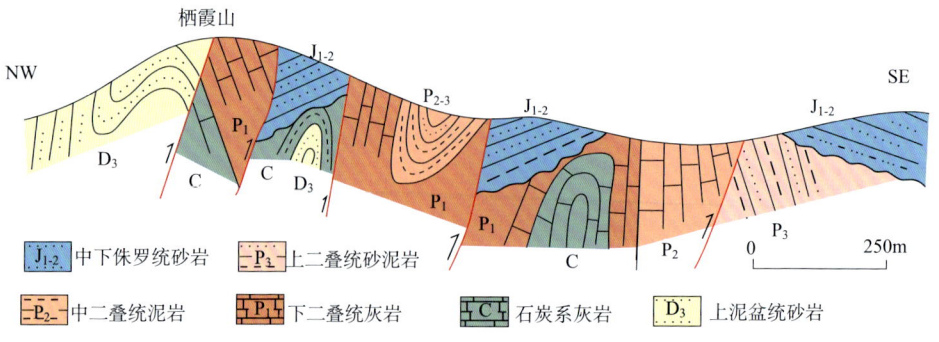

图 1-20　栖霞山构造剖面图（据江苏省地质矿产局，1989）

下扬子地区 T_3 黄马青群沉积物源的研究也支持构造形变由北西向南东逐渐减弱的观点。从李培军和夏邦栋（1995）的研究成果看，印支期黄马青群的物源区是秦岭-大别山造山带南缘及张八岭地区的宿松群（P_{t1}）和张八岭群（P_{t2}）。黄马青群碎屑成分中普遍含有多硅白云母，其化学成分特征是富 K_2O、Al_2O_3，贫 CaO、Na_2O，与宿松群和张八岭群中的多硅白云母一致。

采自庐江的黄马青群砂岩样品，其重矿物分析结果显示，磷灰石含量高达 475.92g/t，远超过普通砂岩中磷灰石的含量。因此，其物源当为赋存有磷灰石矿床且富含多硅白云母的高压变质岩，而同时具备上述两个特征的岩石只出现在郯-庐断裂以西、大别山南麓的宿松群中。宿松群中有变质磷灰石矿床，即宿松磷矿，同时又含有多硅白云母（徐树桐等，1992）。磷灰石是抗剥蚀能力中等的矿物，在长途搬运过程中容易受到破坏。对黄马青群的古水流分析表明，盆地中缺乏统一的纵向搬运水流体系，而以垂直于盆缘的横向搬运为主。因此，黄马青群沉积期，庐江地区当靠近宿松群分布区，而今二者之间已明显错离。

另外，怀宁月山地区黄马青群砂岩的人工重砂样品中，发现了一颗蓝刚玉（经江苏省地矿局实验室鉴定）。迄今在盆地周缘地区，只有在大别山南缘发现有蓝刚玉，那里的宿松群中有呈透镜体团块状产出的蓝刚玉蓝晶石岩（虎踏石组和浦河组），其中含刚玉5%～35%。而且，月山地区黄马青群砂岩中的重矿物特征和组合也与宿松群一致。因此，月山地区黄马青群的物源也是大别造山带南缘的宿松群，二者目前也已发生了明显的错离。

孟立丰（2012）对华南中段盆地群晚三叠世—早侏罗世的古水流特征进行了研究，也证实了印支期 T_3—J_1 沉积物源的来源主要来自北—北东向。其中，西部盆地区古水流优势方向为北向南或北东往西南；盆地区中部则具有两个古水流优势方向，一个是北向南方向；另一个是西南—西向北东—东方向；盆地区东部地区具有东南方向的古水流优势方向。这些工作结果进一步说明大别造山带可能是华南中段晚三叠世—早侏罗世的碎屑沉积的主要物源地区（Shu et al., 2009）。同时，此时期盆地很有可能是统一发育的盆地，具有泛盆的特征。另外，盆地区中部有北—北东向优势古流向（来自砾石定向测量结果），可能与此时开始出现的断陷作用造成的古地形变化有关。上述结果表明，该区晚三叠世—早侏罗世主要物源区位于整个研究区的北侧，且沉积相对稳定，为河流-湖泊相沉积为主，是一个面积很广的拗陷型盆地（局部有断陷）。

晚侏罗世—早白垩世，即燕山早中期，下扬子区又经历了一次重要的挤压构造事件。该次构造事件是苏皖地区席卷面最广、强度最大的一次变形，造成了多处北东—北东东向延伸的推覆构造，其上被白垩系宣南组不整合覆盖。宁镇山脉南部汤山-仑山等多地皆可见上古生界逆冲推覆到下侏罗统象山群之上，又被白垩系所不整合覆盖，发生强烈的褶皱变形。该期变形主要分布在下扬子沿江一带及南部地区，主要表现为南东向北西的逆冲推覆，在郯-庐断裂的影响下，还伴随有左行走滑活动。晚侏罗世发生强烈的火山喷发，火山岩系受北北东向走滑断裂控制。早白垩世，下扬子北缘发生了强烈的转换伸展变形，形成以北北东向郯-庐断裂为代表的走滑断裂系。在江北、江南前陆褶皱冲断带的前锋和根部等断裂集中发育的构造高部位，沿先成断裂诱发中基性岩浆活动。转换伸展不仅利用了先成构造，而且斜切并改造了先成构造。一般认为，该期构造活动的动力来自于古太平洋板块向欧亚板块的俯冲碰撞。印支期沿江带北部自北西向南东的挤压逆冲和燕山中早期在沿江带南部自南东向北西的挤压逆冲，二者在晚侏罗世共同形成了一个以沿江带为中心的对冲构造带（图1-21）。

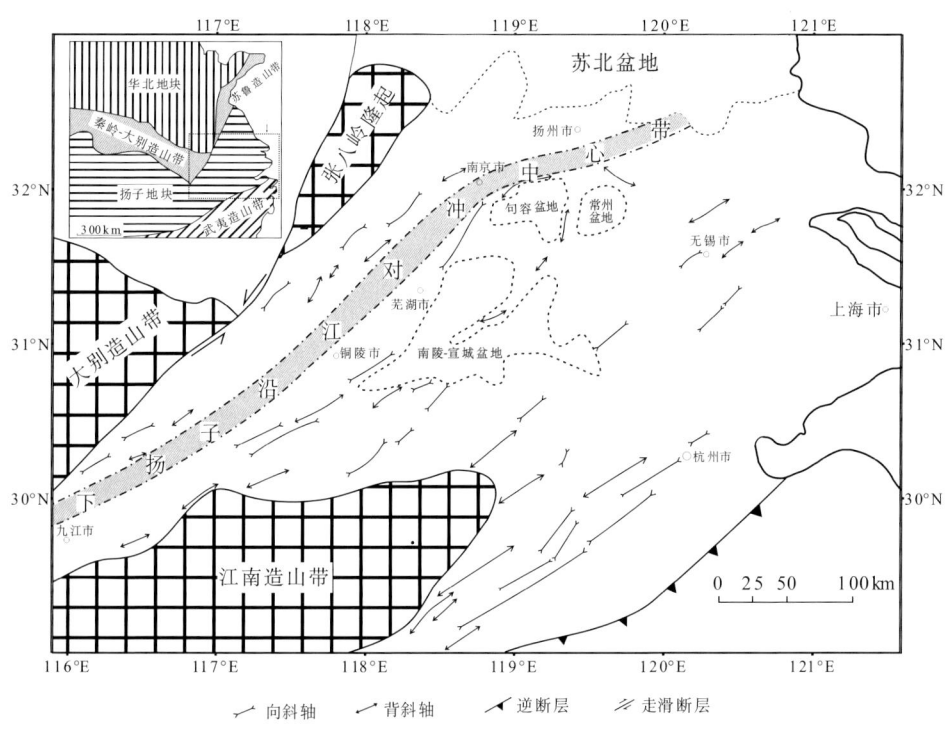

图 1-21　下扬子地区对冲构造格局（李海滨等, 2011）

1.2.3.2　晚白垩世—古近纪伸展改造

晚白垩世，古太平洋消失，进入了新太平洋的演化阶段，区域应力场发生了根本性的改变，由南东—北西向挤压转换成南东—北西向拉张，先存的挤压构造大多发生了负反转，形成了一系列在中、古生界盆地之上的箕状断陷。断陷盆地的发育具有明显的规律性，以沿江一带为中心，以北为南断北超，以南为北断南超，其断层倾向与前期逆冲断层具有明显的继承性，反映了断陷受先前构造的影响。此外，对冲带两侧断陷的发育规模和持续时间存在较大的差异，北侧特别是苏北地区自晚白垩世开始一直持续沉积到古近纪，沉积物厚达 6000m 以上；南侧则主要发生在晚白垩世，沉积厚度约 2000m。

晚白垩世末，下扬子区受伸展正断作用的同时，还伴随着较强烈的北北东、北西向走滑平移活动，发育了系列走滑正断或正断走滑断层，切割早期地层。

1.2.3.3 古近纪隆升剥蚀

古近纪，受印支板块对欧亚大陆强烈挤压及西太平洋边缘海盆向西扩张的影响，下扬子区结束了之前的拉张断陷历史，继三垛组沉积后，发生了广泛褶皱、隆升剥蚀（佘晓宇等，2004）。沿江一带南侧、北侧地区的表现存在差异，南侧地区剧烈隆升剥蚀，古近纪的断陷仅局限在常州-金坛、南陵-宣城等地，新近系地层剥蚀殆尽；而北侧地区变形程度较弱，可见新近系河流相砾岩和泥岩沉积。新近纪地层之上，普遍接受了第四系碎屑岩沉积。

1.3 构造分区与典型构造建模

1.3.1 区域背景及分带特征

下扬子地块现位于连云港-黄梅断裂和团风-麻城断裂以东，东至-周王-湖州-昆山断裂以北，长乐-南澳断裂带及其延伸带以西，范围包括陆上的苏皖南部地区、苏北盆地和海域中的南黄海盆地。也有人笼统地划分为长江下游被郯-庐断裂和江-绍断裂所限制的大型海相沉积分布区，其基底由一个具有双层结构的前震旦系克拉通组组成。下扬子盆地是在震旦纪开始出现的前陆盆地基础上自中生代以来发育的一个裂谷型的地堑盆地，其主干构造方向表现为地壳深部与浅部一致的北东东走向（图 1-22），并可继续东延到苏北和南黄海，基本与浙闽粤沿海燕山期火山弧系外缘的海沟方向平行；向西呈舌状收拢的楔形，从平面展布轮廓上显示出拉张的特征。

下扬子区是一个经历了多期构造运动改造的叠合盆地，由两种构造体制、两个世代盆地造就了下扬子地区复杂的构造格局。朱家墩气田等 4 种典型油气藏表明，中古生界在地史上曾经发生过大规模的油气生成、运移和聚集成藏，本区确实存在多源、多期成藏，立足于寻找有中上古生界地质实体、具备后期保存条件的地区，一定能实现中古生界油气勘探的重大突破。

下扬子区面积大，古生界海相地层分布面积也大，具有时代老、厚度大、分布广的特点，厚度 3~10km，有机质含量丰富，生储盖配置关系好。从已发现大

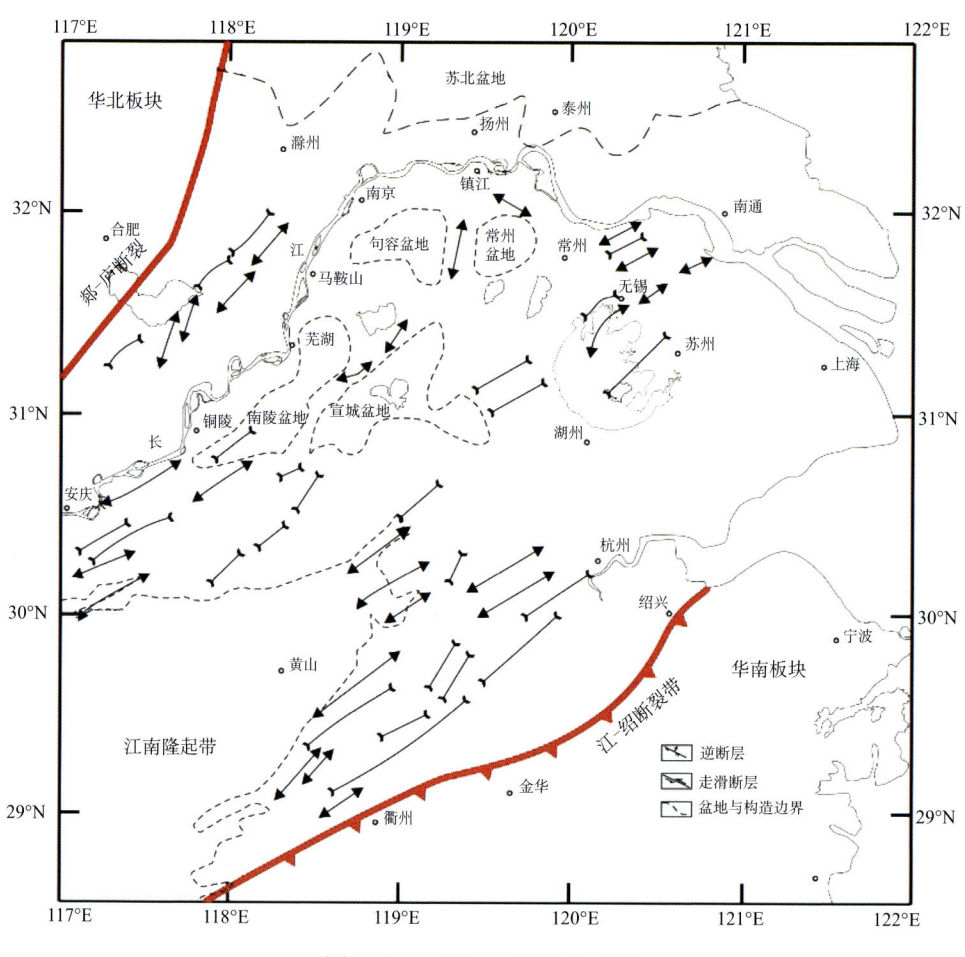

图 1-22 下扬子区构造纲要图

量油气显示,其古生界基本石油地质条件优越,是我国南方海相地层油气勘探最有前景的地区之一,可供油气勘探面积约 $23\times10^4 km^2$。这些古老海相地层经历了中、新生代多期盆地叠加和改造,在晚三叠世—侏罗纪叠加前陆盆地,侏罗纪末燕山早期运动使之褶皱隆升,白垩—第三纪叠置裂谷盆地和裂谷期后坳陷盆地,油气成藏条件与过程比较复杂。多年的研究和勘探实践证实,该区海相中、古生界在地史上曾经发生过大规模的油气生成、运移和聚集成藏的过程。但印支、燕山期构造运动对油气藏的破坏和改造作用强烈,近年来已发现的来自古生界烃源岩的油气多与晚燕山—喜马拉雅造山期沉降引起的晚期生烃、晚期成藏有关,致使到现在常规油气,特别是古生代油气勘探都没有很大的进展。下扬子区海相中、古生界领域的油气勘探,一直受到石油地质工作者和有关部门关注,尤其是在二轮油气普查期间被列为油气勘探的重点地区,相继投入了大量的勘探工作量。但由于地质构造极为复杂，多年来的勘探未取得大的突破。

下扬子区构造变形具有明显的分带特征（图 1-23）。在系统的区域大剖面分析的基础上，结合地表资料和钻井、地震解释等资料的约束，将下扬子地区分为以下六个区域，包括西北部郯-庐断裂带以东，张八岭隆起以西的张八岭冲断带；滁州—泰兴一线以北的苏北盆地区；沿长江两侧，在九江—贵池—铜陵—芜湖—茅山北一线以北，苏北盆地区以南的沿江褶皱断陷带；江南隆起区

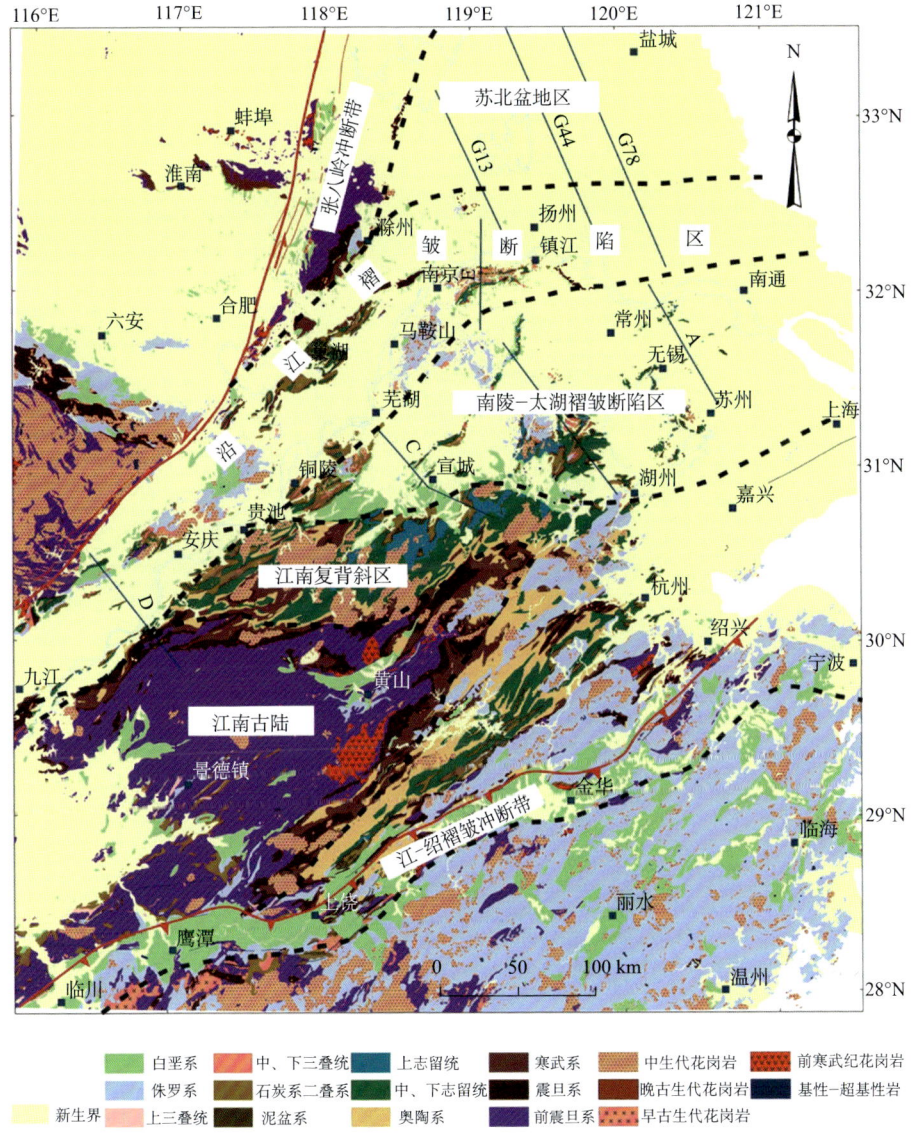

图 1-23 下扬子地区构造分区

的江南古陆和江南复向斜，由南部的前震旦纪基底和北部复背斜和复向斜组成，褶皱形态普遍比较紧闭，褶皱线性明显，轴向呈北东 45°延伸。褶皱内部多被印支期—燕山期的花岗岩所侵入，深部变形复杂，后期构造反转明显，形成多个小型断陷，油气保存条件差（图 1-24）；江南隆起区以东，沿江褶皱断陷区以南，江-绍断裂以北的南陵-太湖褶皱断陷区以及江-绍断裂以南的下扬子南缘狭窄的江-绍褶皱冲断带。

沿江褶皱断陷带可以进一步分为宁镇褶皱冲断带、铜陵-繁昌褶皱带、沿江盆地带和巢湖-宿松褶皱带；南陵-太湖褶皱断陷区包括江阴-无锡滑脱褶皱带、常州-宣城断陷盆地带、茅山褶皱冲断带、南陵-句容断陷盆地带等二级构造单元（图1-24）。总体来说，北部褶皱断陷带构造变形弱于南部江南褶皱带，其油气保存条件相对更好。对其构造变形特征进一步分析表明，以茅山为界，下扬子区褶皱断陷带自东向西也具有明显的构造变形差异，东部地区滑脱层相对较浅，负反转构造改造较弱，岩浆活动强度较低，油气保存条件相对较好。

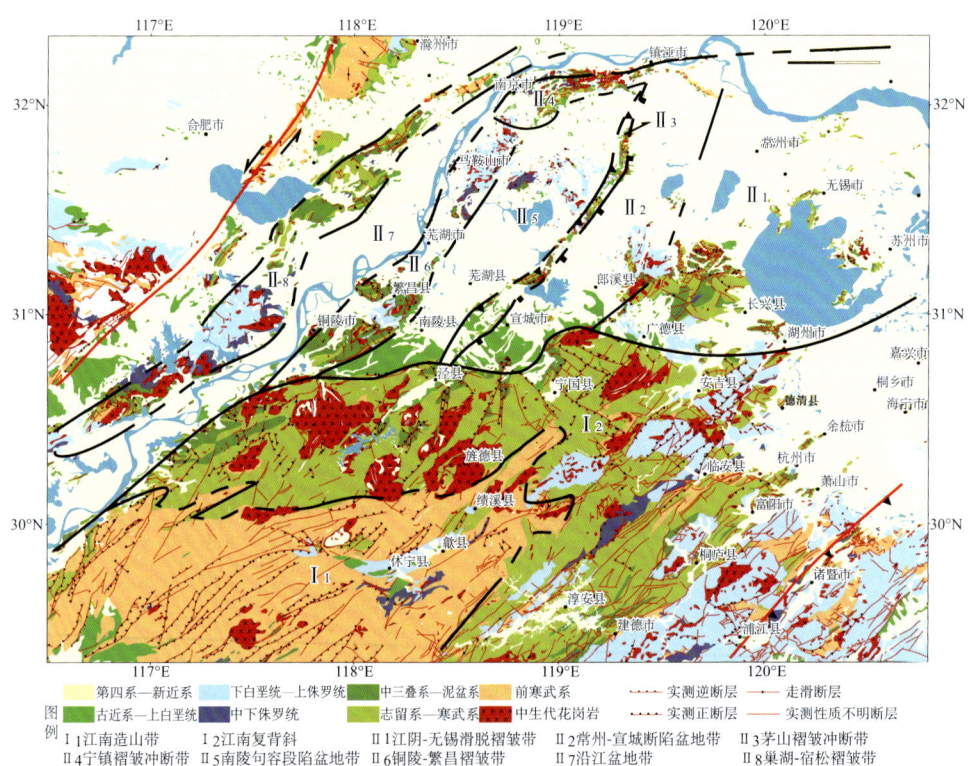

图 1-24　下扬子构造区带划分

1.3.2 下扬子地区构造大剖面特征

如图 1-25 所示,选择苏北盆地区东部的 G78(海安-泰州-高邮-建湖-阜宁)大剖面、中部的 G44(泰州-溱潼-吴堡-高邮-临泽-阜宁)大剖面和西部的 G-13(苏南-高邮-菱塘桥-金湖-建湖)大剖面;沿江褶皱断陷区东部的南京-溧水区域大剖面和西部的潜山-怀宁-长江-东至大剖面;南陵-太湖褶皱断陷区自西向

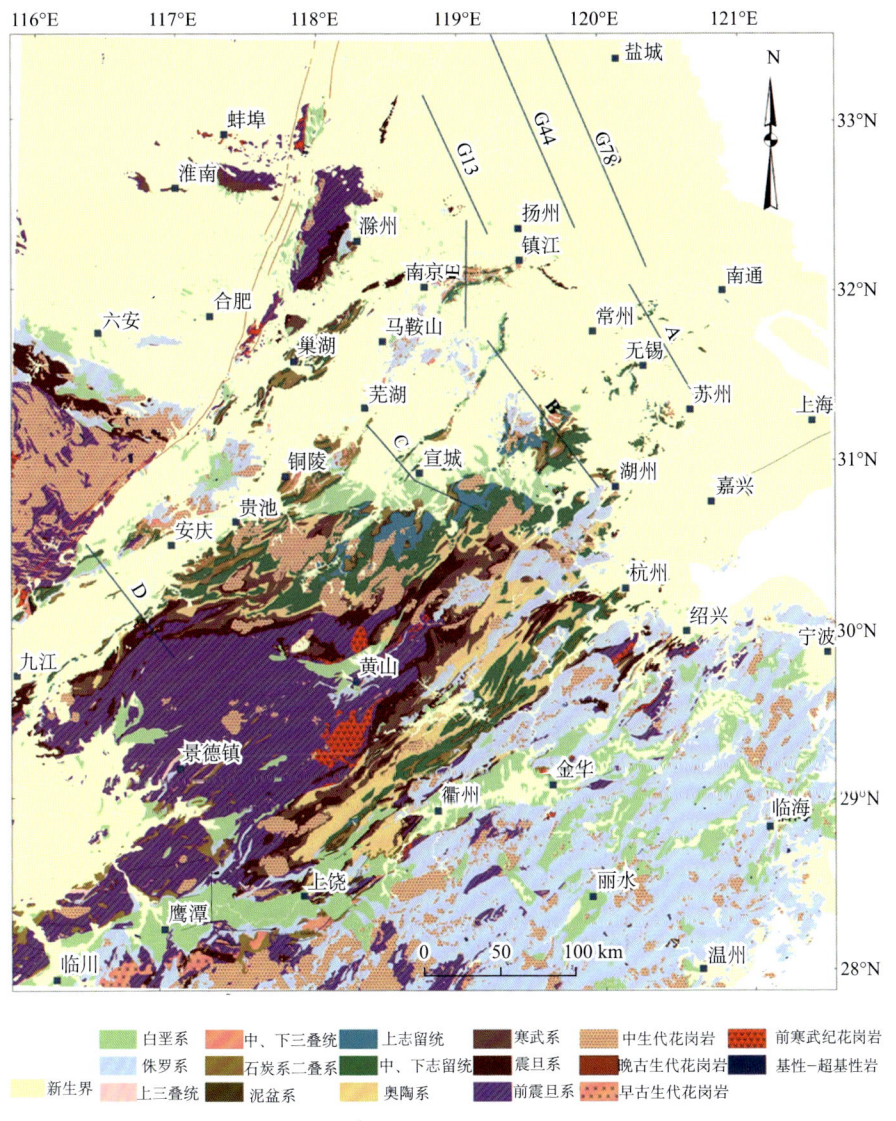

图 1-25 下扬子地区大剖面地质图及剖面位置

东含山-当涂-高淳-安吉大剖面、宣城-港口区域大剖面、茅山-广德-长兴区域大剖面和泰兴-江阴-无锡-苏州区域大剖面，共九条区域大剖面进行系统的构造解译工作。

1.3.2.1　海安-泰州-高邮-建湖-阜宁大剖面（G78）

该剖面（图1-25，图1-26）以一系列向南东逆冲的断层为特征，在南部出现向北西逆冲的断层。大型的逆冲断层在白垩—古近纪发生反转成为正断层而控制新生界盆地发育。G78剖面北部阜①断层北侧构造呈现为典型的叠瓦扇，其间海相地层为断错褶皱构成的断片。中段北部为射阳推覆体，保存有上古生界，构造为断错与断弯褶皱，较为宽缓。射阳推覆体南部为建湖-大丰推覆体，顶部保存有上古生界，构造主要为断错褶皱，一系列同倾向的逆冲断层组成叠瓦状。该推覆体上出现了巨厚的中生界地层，推测存着侏罗系地层。南侧的小海推覆体受控于吴①断层东延部分，前缘出现较紧闭而斜歪的褶皱（断弯型），而其后缘保存有海相上古生界地层，它们呈现为宽缓的滑脱褶皱，滑脱带上逆冲断层不发育。再向南为江都—东台推覆体，受控于大型铲状的泰州断层，印支面之下主要为下古生界地层。该边界断层由4条逆冲断层构成，逆冲断层带内下古生界与震旦系变形强烈。主断层的前缘海相地层为紧闭斜歪的断弯褶皱；而其后滑脱带上缘逆冲断层不发育，海相地层呈现为宽缓的滑脱褶皱。泰州断层以南，倾向相反的泰州断层与泰县断层构成大型的对冲构造，其间为构造三角带，海相地层上部主要为下古生界地层。该构造三角带内海相地层呈现为宽缓褶皱。泰县断层上盘海相地层为强变形的断弯褶皱，南部分别出现构造三角带宽缓向斜与断错褶皱。

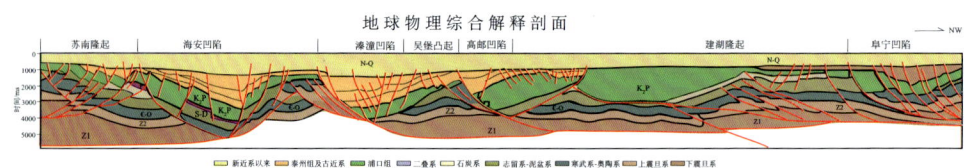

图1-26　G78线地震解释剖面（据江苏油田资料）

1.3.2.2　苏南-高邮-菱塘桥-金湖-建湖大剖面（G13）

该剖面北西—南东向，经过苏南隆起带、高邮凹陷、菱塘桥低凸起带、金湖凹陷，建湖隆起等构造带（图1-25，图1-27），全长110多km。在苏南隆起带，新近系以来的地层直接覆盖在志留系—奥陶系地层之上，下伏志留系—寒武系地层呈一系列向南东逆冲叠加的岩片。高邮凹陷的变形主要表现为上部古近系—白垩系地层的伸展和志留系—震旦系地层的挤压逆冲，整体上呈现出反转断层的构造样式，逆断层主要受发育在震旦系地层中的滑脱断层的控制，发育一些倾向北西的逆断层。菱塘桥低凸起下部发育多条受下震旦统滑脱逆断层控制的逆断层，形成逆冲叠瓦的构造样式，在切割的地层中包括在周边缺失的石炭系地层，上部发育受伸展应力控制的倾向不同的正断层，主要切过古近系—白垩系浦口组地层。金湖凹陷表面被新近系以来的地层覆盖，下部发育白垩系—古近系生长地层，形成南断北超的沉积构造样式，沉积盆地主要受南东侧的负反转断层的控制，反转时间为晚白垩系，同时在凹陷内部发育多条负反转断层，受发育在下震旦统的滑脱断层的控制，志留系—寒武系地层形成一系列的逆冲叠加的岩片，金湖凹陷北西侧受滑脱断层控制形成一系列倾向南东的逆断层。建湖隆起缺失古近系—白垩系的部分地层，浦口组直接覆盖在石炭系之上，下部为局部对冲构造，南东侧倾向南东的逆断层与北西侧倾向北西的逆断层对冲，使该地区隆起。

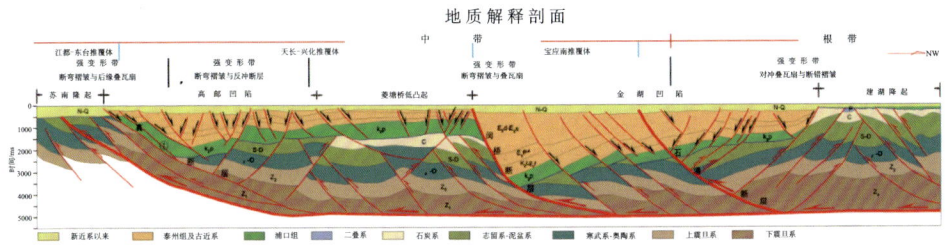

图 1-27　G13 线地震解释剖面（据江苏油田资料）

1.3.2.3　泰州-溱潼-吴堡-高邮-临泽-阜宁大剖面（G44）

该剖面南东—北西向，经过泰州凸起、溱潼凹陷、吴堡低凸起、高邮凹陷、柘垛低凸起、临泽凹陷、金湖凹陷、阜宁凹陷等构造带（图 1-25，图 1-28），全长 180km。南东端的泰州凸起、溱潼凹陷、吴堡低凸起、高邮凹陷、柘垛低凸起、柘垛低凸起、临泽凹陷、柳堡低凸起和金湖凹陷为苏北盆地的一部分，其是在中、古生界逆冲推覆带上发展起来的箕状断陷-凹陷盆地。地震资料揭示，断陷的发育受褶皱逆冲在晚白垩世—始新世期间的构造反转控制，其边界断层多数沿先前的逆断层发育，形成南断北超的盆地结构，断陷沉积厚度超过 6000m。地层缺失三叠系地层，新近系以来地层沉积连续，分布广泛，断层不发育，由剖面可以看出，断陷层序由上白垩统和泰州组及古近系组成，其与下伏断陷前地层呈明显的角度不整合关系，而且断陷层序内部发育两个不整合，一是新近系以来地层角度不整合在古近系及泰州组地层之上；二是浦口组与其覆盖地层之间的平行不整合。从晚白垩世至新近系，沉积地层呈明显的楔形，体现了边断陷边沉积的过程，而且沉积速率小于断陷速率。建湖隆起为断层对冲带，在其南东侧断层向北西逆冲，相反在其北西侧断层向南东逆冲形成建湖隆起带，导致缺失泰州组及古近系地层，下部地层在挤压作用下形成逆冲叠加岩片。淮安凸起至涟北凹陷古近系地层与晚白垩系地层之间为不整合接触，地层缺失石炭系和三叠系地层，发育负反转构造，底部地层受震旦系滑脱层的控制形成了一系列倾向北西的逆冲断层，卷入泥盆系—震旦系地层形成一系列的推覆岩片，后期断层受伸展运动的影响，断层发生反转，使泰州组—浦口组地层普遍发育正断层，形成了上正下逆的负反转断层构造样式。

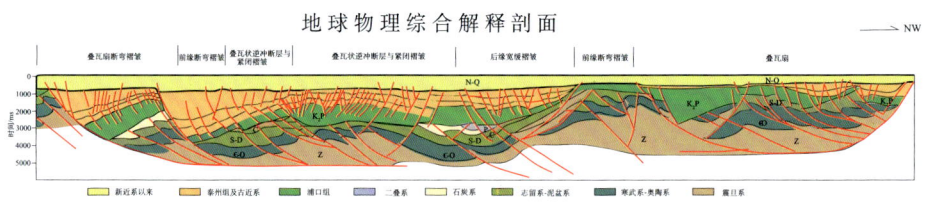

图1-28　G44线地震解释剖面（据江苏油田资料）

1.3.2.4　郯庐-张八岭-含山-南陵盆地-茅山大剖面

该剖面北西—南东向，经过郯-庐断裂、张八岭隆起、含山褶皱冲断带、南陵盆地、茅山等构造带（图1-29），全长290km。北东—北北东走向的郯-庐断裂带东侧的张八岭隆起为北北东向展布，总体表现为一个大型的走滑挤压变形带，隆起带东翼是由震旦系—奥陶系组成的紧密同斜倒转褶皱，伴生的逆冲断层多倾向北西，指示向南东的逆冲。含山地区的变形表现为两个复式背斜的逆冲叠加，卷入变形的层位包括震旦系至三叠系，内部发育一系列倾向北西和南东的逆断层和次级紧闭倒转褶皱，主要是受震旦系底部滑脱层控制的逆冲叠瓦构造。宁芜盆地边缘广泛出露中下侏罗统和上三叠统，两者呈整合或平行不整合接触。南陵盆地走向北东，形成于晚白垩世至古近纪，盆地周围零星分布着古生界、三叠系和上白垩统的露头，内部为第四系所覆盖，盆地为一个西断东超的箕状断陷盆地，古近系和上白垩统厚达数千米，下伏的古生界和三叠系呈一系列向北西逆冲叠加的岩片。茅山山脉为狭长的推覆体，整体呈北北东向展布，由志留系至下三叠统组成，发育复杂的倒转褶皱和逆冲断层，褶皱轴面和断面大多倾向南东，指示向北西的挤压推覆，其东侧的茅东断裂早期具有逆冲的特点，后期的反转控制了宣城盆地的断陷沉积（韩克从等，1985）。浙西北地区志留系广泛出露，整体为一个大的复式向斜，发育倾向北西和南东的两组逆冲断层，形成突起构造和向南东的叠瓦推覆。在长兴煤山一带，向斜由二叠系—侏罗系组成，两翼倾角较陡，侏罗系角度不整合在三叠系之上，反映了多期的变形。

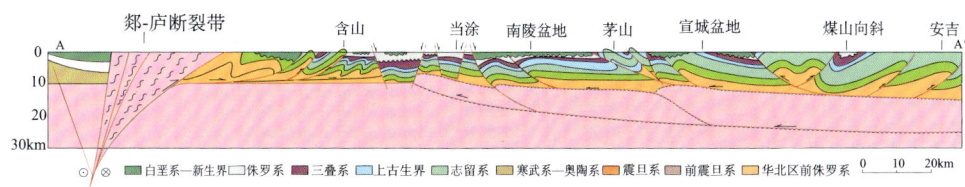

图 1-29 郯-庐断裂带-含山-当涂-南陵盆地-茅山-宣城盆地-煤山向斜-安吉地质剖面图

（李海滨等，2011）

剖面反映出了本区对冲变形的构造格局，虽然晚白垩世以来的伸展作用使先前的逆冲褶皱发生反转，形成了一系列叠加在褶皱逆冲体上的断陷盆地，但早期对冲的结构还非常明显。在北部，以张八岭隆起为根带，含山地区为褶皱前锋带，震旦系至三叠系都卷入了强烈变形，褶皱紧闭，并常发生倒转，逆冲由北西向南东；在南部，除安吉等地发育反冲外，地表和地下构造都表现为由南东向北西的褶皱逆冲，对冲中心大致位于含山与宁芜盆地之间的沿江地带，其平衡剖面见图 1-30。

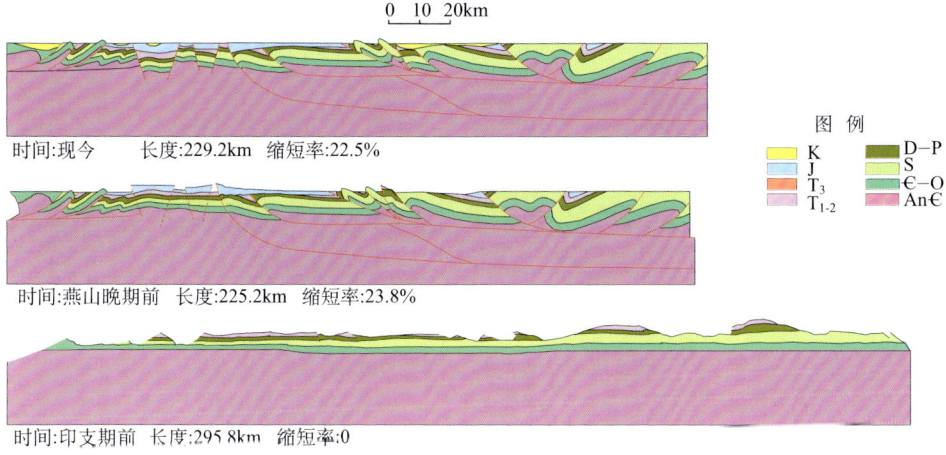

图 1-30 含山-当涂-南陵盆地-茅山-宣城盆地-煤山向斜-安吉平衡剖面图

1.3.2.5 金牛山-南京-溧水地质剖面图大剖面（剖面 E）

该剖面大致南北走向，自北向南依次穿过苏北盆地南缘、冶山-汤泉复背斜、宁镇山脉复式背斜和句容盆地（图 1-25）。南京市东部的深地震反射剖面揭示该区上地壳厚度在 10km 左右，中地壳底界埋深约为 20km，莫霍面深度在 31～33km；上地壳内反射明显，断层和褶皱较多，构造复杂，中下地壳反射不明显，构造简单。结合该地质剖面和地表变形构建了该剖面（图 1-31），各构造带变形特征如下所述。

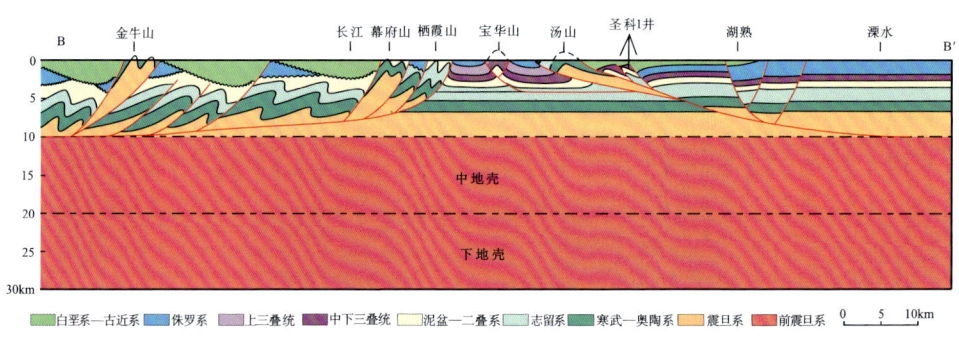

图 1-31 金牛山-南京-溧水地质剖面图（李海滨等，2011）

苏北盆地是在中、古生界逆冲推覆带上发展起来的箕状断陷-凹陷盆地（图1-32）。地震资料揭示，断陷的发育受褶皱逆冲在晚白垩世—始新世期间的构造反转控制，其边界断层多数沿先前的逆断层发育，形成南断北超的盆地结构，断陷沉积厚度超过 6000m。盆地缺失渐新统，中新统—第四系沉积连续，分布广泛，断层不发育（舒良树等，2005）。

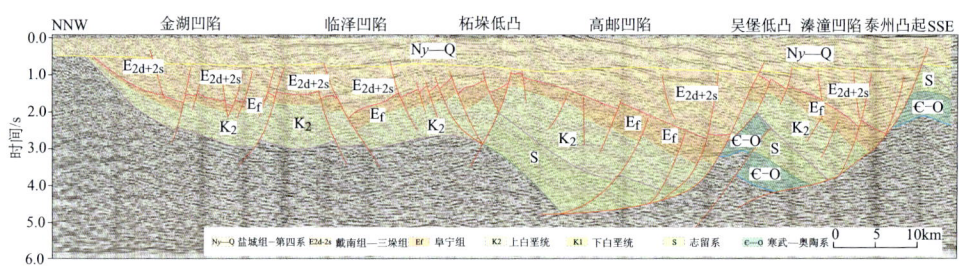

图 1-32 苏北盆地地震解释剖面图（李海滨等，2011）

宁镇山脉总体由 3 个复式背斜和 2 个复式向斜组成，自北向南为龙潭背斜、范家塘向斜、宝华山背斜、华墅向斜和汤山背斜，整体近东西走向（江苏省地质矿产局，1989）。龙潭背斜由幕府山、栖霞山等背斜组成，核部为震旦系和寒武系，翼部为古生界及下三叠统，岩层陡立，次级褶皱和逆冲断层非常发育，断层呈北东东走向，普遍倾向北西，指示向南东的逆冲。宝华山背斜核部为志留系，两翼都发育逆冲断层，使志留、泥盆系逆冲到石炭、二叠系之上。汤山背斜核部由震旦系至下古生界组成，北翼地层陡倾或倒转，逆冲断层发育，断面南倾。3 个背斜所夹持的范家塘向斜和华墅向斜核部分别为中三叠统和中下侏罗统，两翼较平缓。宁镇山脉的变形由南北两侧向中部变弱，出露的最老层位由震旦系和寒武系变为志留系，北侧的复式背斜显示向南东或向南的挤压逆冲，南侧的复式背斜显示向北西或北的逆冲推覆，对冲的中心大致为宝华山北侧的范家塘复式向斜。深地震反射剖面资料揭示宁镇山脉中部地下构造不发育，地层平缓连续，地表的构造变形应为受志留系泥岩滑脱层控制的滑脱褶皱；而南北两侧断层非常发育，断面清晰，特别是汤山背斜南侧的断层一直切穿沉积盖层向下收敛于基底的上界面。

句容盆地是一个晚白垩世形成的断陷盆地（图 1-33），地表除零星出露的上侏罗统、白垩系和新近纪的火山岩外，均为第四系覆盖。钻井资料揭示第四系厚度较薄，一般不超过 50m，古近纪和新近纪沉积地层普遍缺失，上白垩统角度不整合在下伏的古生界及三叠系上，最厚达 2000m 以上。地震勘探资料证实，盆地内白垩系以下的地层形成一系列向北西逆冲的叠瓦状构造，断层向上终止于白垩系下部的不整合面，向下终止于志留系底部的滑脱层或震旦系底部的滑脱层；白垩纪的断陷也多数沿逆断层发生，形成北断南超的箕状结构。

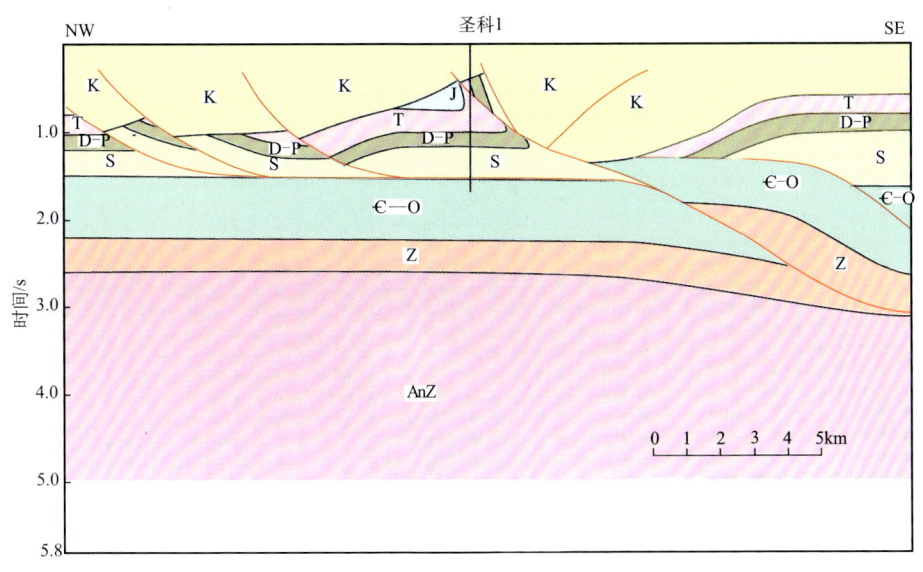

图 1-33　句容盆地地震解释剖面图（李海滨等, 2011）

剖面揭示了下扬子中部地区呈近南北向的对冲构造格局，详细的分析表明对冲中心为宁镇山脉的范家塘复式向斜。对冲带两侧在后期都发生了伸展断陷，但二者的断陷规模和持续时间都有较大差异，苏北盆地的伸展作用从晚白垩世一直持续到古近纪，断陷层序厚达 5000m 多，新近纪以来以拗陷为主；句容盆地的断陷主要发生在晚白垩世，相应的沉积只有 2000m 左右，古近系—新近系普遍缺失，其平衡剖面见图 1-34。

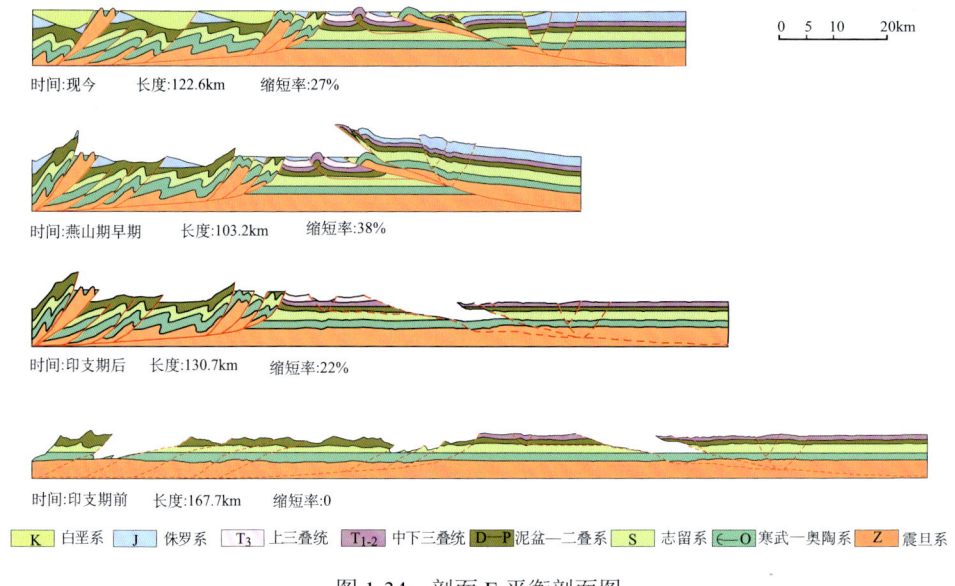

图 1-34 剖面 E 平衡剖面图

1.3.2.6 泰兴-无锡-苏州-嘉兴大剖面（剖面 A）

剖面北西—南东向，位于下扬子东部（图 1-25），过泰兴、无锡、苏州至嘉兴。沿线地表露头主要为志留系茅山组和泥盆系五通组，石炭系至侏罗系零星出露，其余均为第四系覆盖。钻孔资料表明，本地区古生界至三叠系广泛发育，并发生广泛的褶皱变形，形成背、向斜相隔的局面（图 1-35）。褶皱在形态上通常是背斜紧闭、向斜开阔，形成隔挡式褶皱，如陡山背斜北西翼岩层倾角达 60°以上，南东翼倾角 45°左右，向斜两翼倾角一般在 30°以内。在无锡沙山等地褶皱发生倒转，形成轴面倾向南东的倒转背斜和向斜，反映了南东—北西向的挤压变形。这些褶皱转折端和翼部同一地层的厚度基本相等，具有平行褶皱的特征，其陡翼大多发育逆断层，断面大都倾向南东，倾角在浅部较陡，向下逐渐变缓，为铲式断层。根据褶皱的形态和断层的特征，黄钟瑾等（1987）推断这些变形是以志留

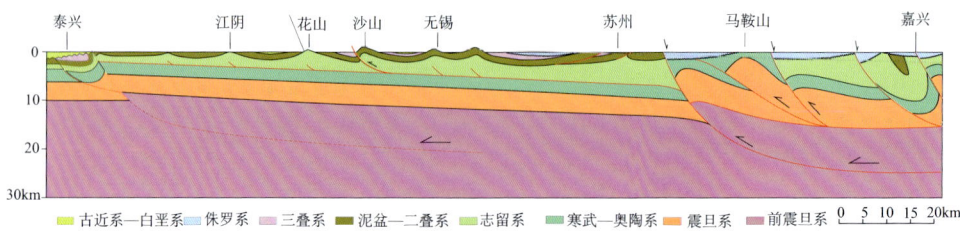

图 1-35 剖面 A 地质剖面图

系泥岩为滑脱层的隔挡式褶皱，下部地层基本未变形。在苏州地区，地表可见寒武系露头，说明变形样式发生了较大的变化，更老的地层都已经逆冲推覆至地表。向南至嘉兴一带有上泥盆统出露，钻孔资料得出其为向斜的一翼，核部为二叠系，整体形态可能是一个倒转向斜，其平衡剖面见图1-36。

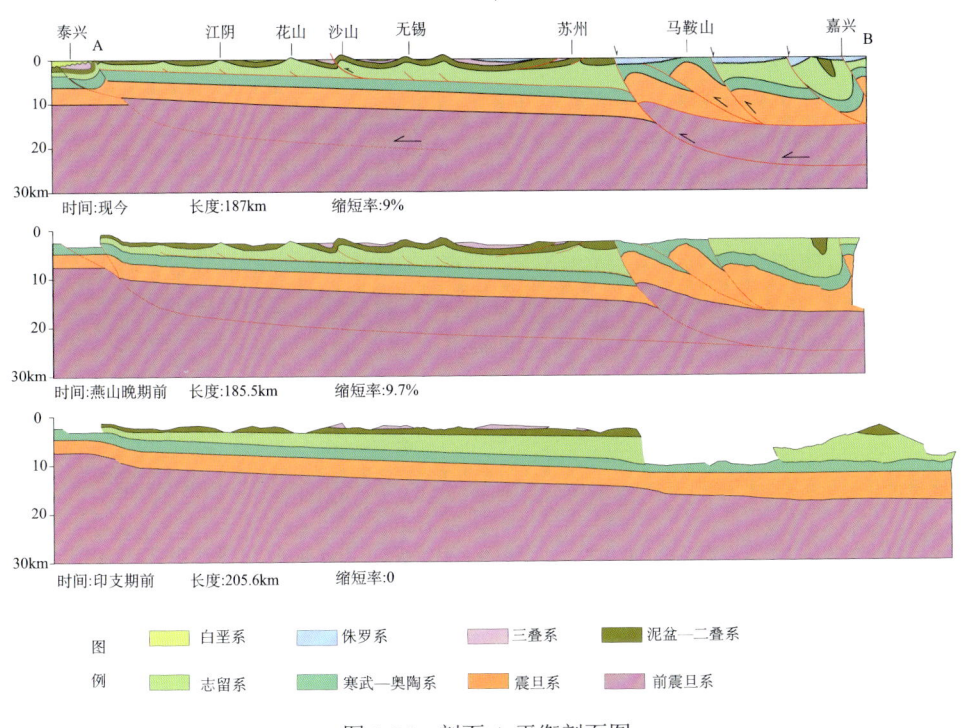

图1-36　剖面A平衡剖面图

1.3.2.7　茅山-广德-长兴区域地质剖面（剖面B）

该剖面北起茅山西部，南部到长兴县境内，总长度约100km（图1-25）。自北向南经过茅山褶皱冲断带、常州盆地南部、张渚向斜、煤山向斜等数个构造单元。

茅山推覆体北起宝埝，南至宣城，长约130km，东西宽5~7km，呈北北东向展布，两侧分别为茅西断裂和茅东断裂。茅西断裂位于茅山山脉西侧山麓，总体呈30°方向延伸，总长约110km，是一条由志留系—三叠系构成上盘，并逆覆于侏罗系之上的低角度逆掩断层。茅东断裂位于茅山山脉东侧山麓，辗转曲折向北北东方向延展，向北穿过宁镇山脉、长江，延至江北兴化附近，长200km，断裂在茅山东侧断续出露，是一条断面向东陡倾的正断层（图1-37）。

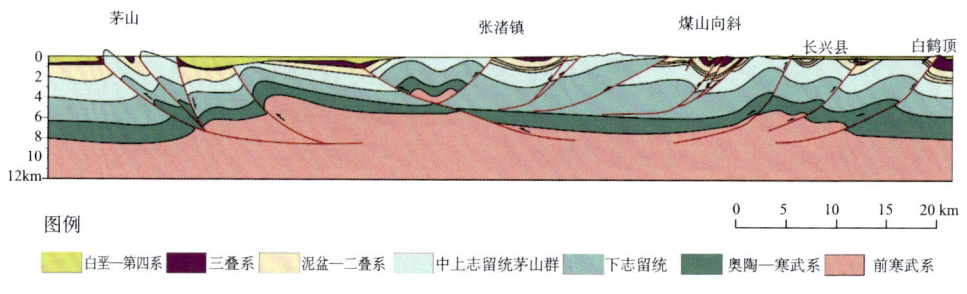

图 1-37 茅山-广德-长兴区域地质剖面

茅山推覆体由北向南大致发育三种构造样式，即北段 S 状构造，中段多字形构造和南段的帚状构造。推覆体由南东东向北西西运移，总体是由三组岩片逆冲组成的叠瓦构造，下盘为中生代火山岩。推覆体内部变形强烈，褶皱多发生反转。该剖面包括顶宫倒转背斜、青山-燕子山倒转向斜和泉水洞-半山倒转背斜，中间的逆断层主要发育在志留系和二叠系的泥岩。背斜的核部均为下志留统，两翼为石炭系—三叠系，背斜紧闭，两翼倾角较陡，向斜核部为中下三叠统，两翼为石炭—二叠系，宽为 1km 左右（江苏省地质矿产局，1989）。

1.3.2.8 宣城-港口地质剖面（剖面 C）

地质剖面以 XC2010-01 线为主测线，呈北西—南东向展布，长约为 70km，自北向南经过宣城盆地、江南褶皱带。其中宣城-宁国段，地表出露的主要是中生代地层，且周围没有井对地下地层和构造进行约束，导致这一段地下地层结构控制相对薄弱，只能大致控制住目标层之一的下志留统地层的空间展布情况和构造改造情况、测线平面分布图，而对另一目标层下寒武统地层则无法控制。

图 1-38 反映的是宣城-宁国段的二维地质剖面图，我们根据测线所经过的位置，做了一个地表地质廊带图来约束地下的地层和构造。从廊带图上可以看到，该段地表大部分出露的地层是白垩纪和三叠纪的地层，很少有早古生代地层出露，所以我们在剖面上能控制的只是地表往下不深的地层和构造情况。而且从地表来看，出露的断层也较少，也不太好判断地下的断层发育情况。

由宣城-港口二维地质剖面图可以看到，该剖面图的南南东方向的一小段地层出露了早古生代地层，这一小段地表出露断层多达八条，构造复杂，由地质剖面反映的地下情况，可以看到断层较多地改造了寒武系和奥陶系的地层。这些断层推测为印支期的逆冲断层，且在燕山晚期局部部分出现了构造反转。

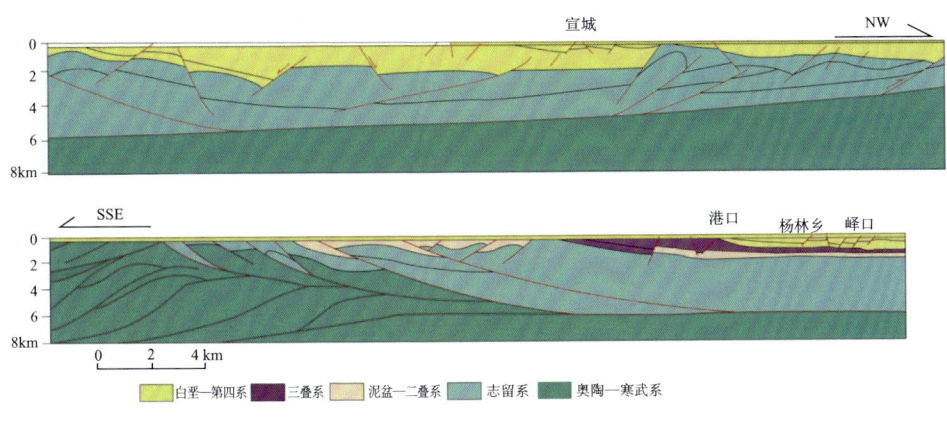

图 1-38 宣城-港口地质剖面图

1.3.2.9 潜山-东至区域剖面（剖面 D）

该剖面北西起点大致在岳西县，南东到东至县境内，主要穿过的构造单位是潜山-望江盆地。剖面整体长度约 120km（图 1-39）。

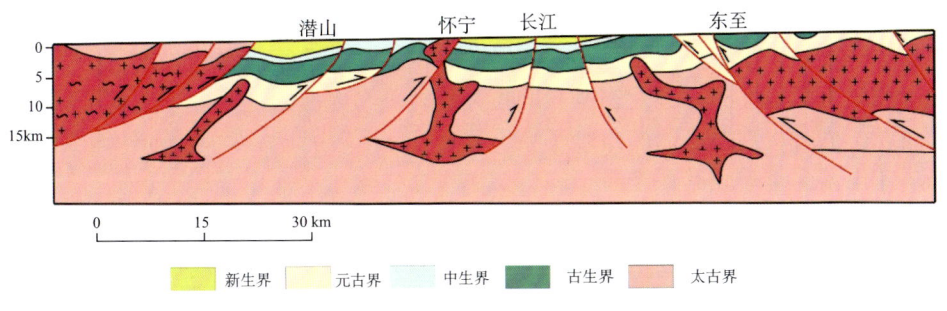

图 1-39 潜山-东至地质剖面图

该剖面的绘制参照刘同庆等（1999）地球物理资料。根据大地电磁测深剖面，对上地壳构造层的分层控制，从而推断上中地壳分界线大致在 10km 左右。莫霍面的深度用重力反演和人工地震的数据求得并进行比较，得出了较为可靠的数据。高导层作为中下地壳分界，把所有得到的基本认识加上对主要断裂、逆冲推覆关系以及岩浆空间展布合起来得到了该剖面。现对该剖面穿过的主要构造单位进行描述。

潜山盆地位于安徽省西南部潜山、桐城、怀宁诸县境内。望江盆地位于安徽省西南部长江沿岸望江、宿松、贵池一带。潜山、望江盆地属于晚白垩世—早第三纪盆地。构造位置属于下扬子地区沿江台坪范围。沿江台坪北界为滁河断裂，南界为江南断裂，西界为郯-庐断裂，整体呈北东向展布。

根据大量地质、地球物理资料，研究区及邻区地壳具有层、块结构，纵向上可以分层，横向上可以分块，每一个大的层块在宏观上虽然近似，但在微观上是非均质的，各向异性的。据研究区及邻区地质物探综合推断秦岭系大别山块体向南东滑移，其前缘（郯-庐断裂带）明显推覆于扬子块体之上，江南断隆呈叠瓦状向北西逆冲。图1-39主要反映了早中侏罗世的早燕山运动的改造变形作用形成的大规模冲断层或推覆构造。

海相构造层和前陆盆地构造层在印支—燕山期一起卷入了前陆变形，发育挤压型构造样式，但由于介质条件和受力情况的不同，在不同地带的具体构造样式及其组合形式均不同。

首先是叠瓦状冲断构造样式，这是下扬子地区最常见也是最主要的挤压构造样式，是下扬子区构成南北对冲体系的主体构造类型。其特点是由一系列单冲式逆掩断层夹冲断片组成。冲断层往往是上部通天，下部收敛于基底滑脱面上，如滁河断层、江南断层等。而冲断层间夹的断片则往往发育断弯褶皱，断弯褶皱沿应力传播方向由紧闭倒转褶皱渐变为开阔褶皱。

印支旋回时限为晚二叠世到晚三叠世末，该时期的构造运动包括早印支运动和晚印支运动。早印支运动造成除芜湖-安庆地区外广大地区拉丁期—瑞替期沉积地层的普遍缺失。晚印支运动在研究区为一次较强烈的褶皱运动，使前侏罗系发生了褶皱，形成了一系列北东向相间排列的背斜与向斜构造。同时造成了侏罗系与下伏不同时代地层之间的角度不整合接触。

燕山旋回时限为早侏罗世至晚白垩世早期，包括三次主要构造运动。其中，燕山运动1幕为一次褶皱冲断运动，使研究区上侏罗统与中侏罗统之间普遍呈角度不整合关系；燕山运动2幕为一次褶皱冲断作用，表现为下白垩统与上侏罗统之间的不整合接触；燕山运动3幕为一次强烈的冲断构造作用，导致区域上、下白垩统之间的角度不整合。

晚印支到早燕山运动的结果是产生了该区现有的对冲的结构，这主要表现为：

（1）侏罗世陆相火山岩和沉积岩与下伏地层的角度不整合反映研究区的前陆变形主要发生在晚印支—早燕山期间。发生在三叠纪末期的晚印支运动（2幕）在研究区表现较为明显：①使前侏罗纪地层发生褶皱，形成了研究区及邻区广泛分布的印支期褶皱群；②该构造运动的构造作用方式以褶皱作用为主，断裂作用并不强烈；③它导致侏罗系与下伏地层的普遍角度不整合接触。

发生在早中侏罗世的早燕山运动的改造变形作用主要表现为：①大规模冲断层或推覆构造的形成；②强烈的燕山期的岩浆活动。这次构造运动使岳西古隆起和江南古隆起分别向沿江拗陷带对冲，并推覆在沿江拗陷带上，据此推测，大别山东缘推覆体下伏有古中生界海相地层。

（2）大致以长江断裂为界，以西地区的逆冲推覆构造系统主要表现为自西向东的冲断作用，以东地区的逆冲推覆构造系统主要表现为自东向西的冲断作用，它们总体呈现两套互不相同的对冲推覆构造系统。长江以西地区的前陆冲断变形的动力来自华北与扬子板块碰撞期后沿大别山东缘的冲断作用，长江以南前陆变形的动力来自江南隆起带的板内冲断作用。

综合分析以上可以发现整个下扬子区的构造形态，特别是主要构造单元的走向遗留下来的主要是晚印支和早燕山运动的结果。该区的对冲结构与整个下扬子地区的对冲结构是一脉相承的，也是一致的。

1.3.3 典型构造建模

1.3.3.1 黄桥区块构造解剖及数值模拟

1. 黄桥地区地质背景

黄桥地区位于下扬子区苏北斜坡，西起泰兴，东至如东并与海域相接，南倚长江北岸，北靠溱潼-海安凹陷（图1-40）。构造区块位于下扬子地块仪征-如皋拗陷，面积6000km^{2}以上。根据钻井及地震资料预测，本区保存了较完整的中、古生界海相，中、古生界残留约厚5～7km，现埋深1～10km，大部分地区处在海相中、古生界推覆体后缘的复向斜或对冲复向斜中，构造形变相对较弱。上覆陆相中、新生界，局部残留断陷中的中侏罗统、下侏罗统、下白垩统沉积厚度达1000～3000m。浦口组（K_2p）厚度在700～3500m，保存较好，盐城组（Ny）广泛分布。

根据褶皱卷入的地层、地层不整合及区域地质资料分析，宝华山北侧的变形时间为晚三叠世的印支期，与扬子板块和华北克拉通组的碰撞有关，变形非常强烈，褶皱紧闭；而南侧的变形时间大致为晚侏罗世，该期变形以逆冲推覆为特征，在苏南形成大量规模不等的推覆体。而黄桥三维地震资料揭示的一个明显的特征是剖面两侧呈明显的对冲结构。

2. 构造剖面解释

本研究通过对黄桥三维工区截取的12条地震反射剖面的精细解释剖析该构造，下面将选取5张典型的南东向剖面进行解释。由三维工区1450ms、1590ms两个不同深度的时间切片（图1-41），可看出黄桥工区的断层走向主要为北东向，在时间切片图中，深红色线段表示逆断层，玫红色线段表示正断层，逆断层和正断层在整个区域中自北西至南东皆有发育，主要发育2条正断层，在南东侧发育较多，拉伸作用较强烈。通过该工区的12个剖面（图1-41），可对该工区构造有更进一步的了解。

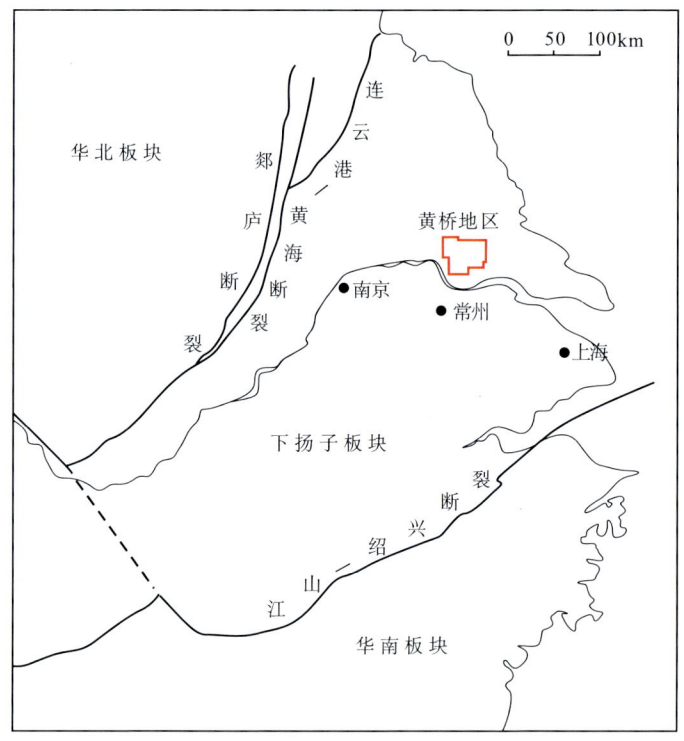

图 1-40 黄桥地区位置图

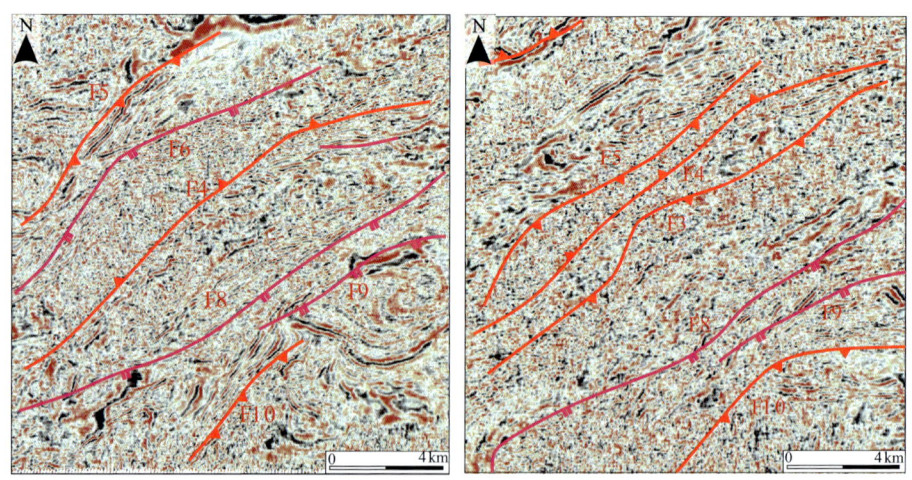

图 1-41 黄桥三维工区 1450ms、1590ms 时间切片

剖面 1、2 皆位于黄桥三维工区的南西侧,相互平行,南东走向(图 1-42)。剖面灰色部分为中志留统之前地层。剖面逆断层发育,大都倾向南东,仅少数断

层倾向北西。两条主干逆断层至少切入志留系,倾向南东。在主干断层之上,两条逆断层分别倾向南东和倾向北西,在志留系滑脱层上相向发育,皆切穿三叠系至志留系地层,终止于主干断层,形成明显的对冲构造,与之相对应的两个背斜发育在其顶部,从而形成两个构造高点;位于对冲构造西侧的背斜后翼由于受到强烈的构造挤压在与倾向南东的断层的相互逆冲挤压下,倾向北西的断层变陡,并发育一条反冲断层,切割了三叠系至志留系,该反冲断层和倾向北西的逆断层在强烈挤压下,在其上发育明显的冲起构造。剖面南东侧三叠系至志留系的大部分地层均发生了褶皱作用并且被正断层所切割,这些断层前期由于印支期的挤压运动呈现逆断层,后由于燕山晚期的拉伸作用出现反转,形成半地堑结构,并被白垩系地层所填充。在剖面上表现为白垩系浦口组地层不整合于发生褶皱变形的三叠系地层之上,并被晚期正断层拉断。由于逆断层的错断距离大于正断层的滑动距离,所以该断层仍表现为逆断层的形式。在剖面的北西侧及南东侧,另发育2条次级正断层,切割三叠至志留系地层,但切割白垩系地层。

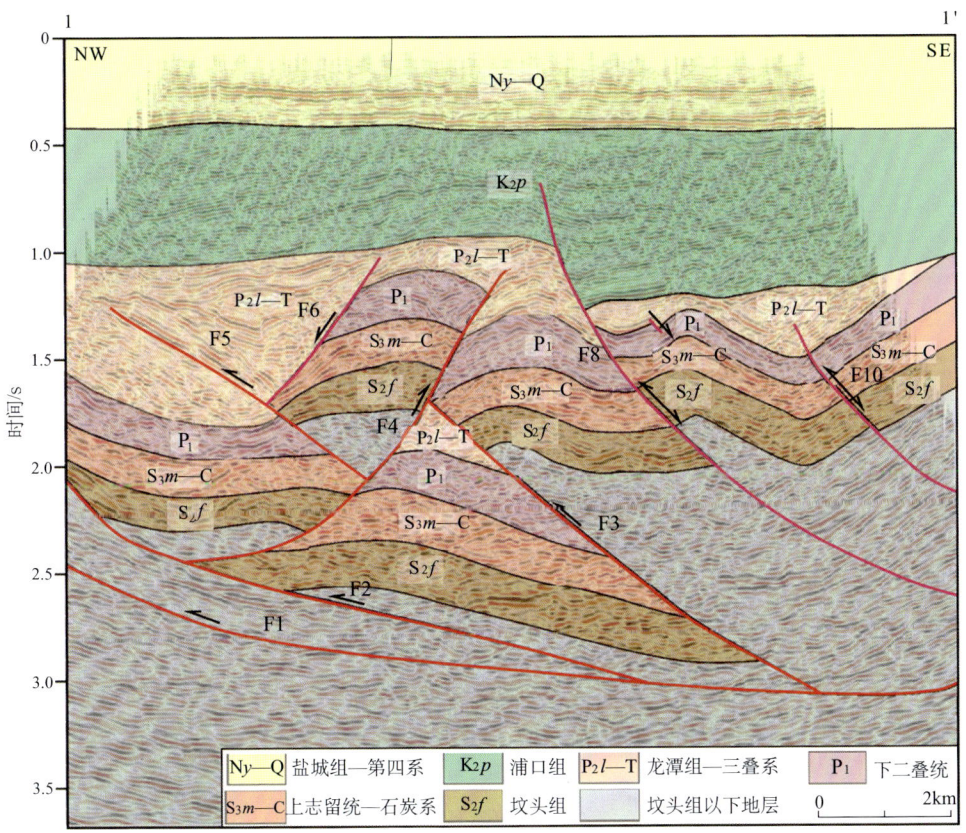

图 1-42 黄桥三维工区剖面 1 构造解释图(据中石化华东局资料)

剖面3位于黄桥三维工区的南西侧，平行位于剖面2北东侧，呈南东走向。该剖面的构造同前面剖面构造基本相似，但对冲构造的断层逆冲更加强烈，与断层相伴生的褶皱更加发育，在南东侧的褶皱内部也发育了次级断层，切割褶皱三叠至上志留系地层，该断层对背斜油气成藏造成了一定的破坏作用。该剖面的后期反转逐渐强烈，在南东侧还发育有小断层，切割白垩系地层（图1-43）。

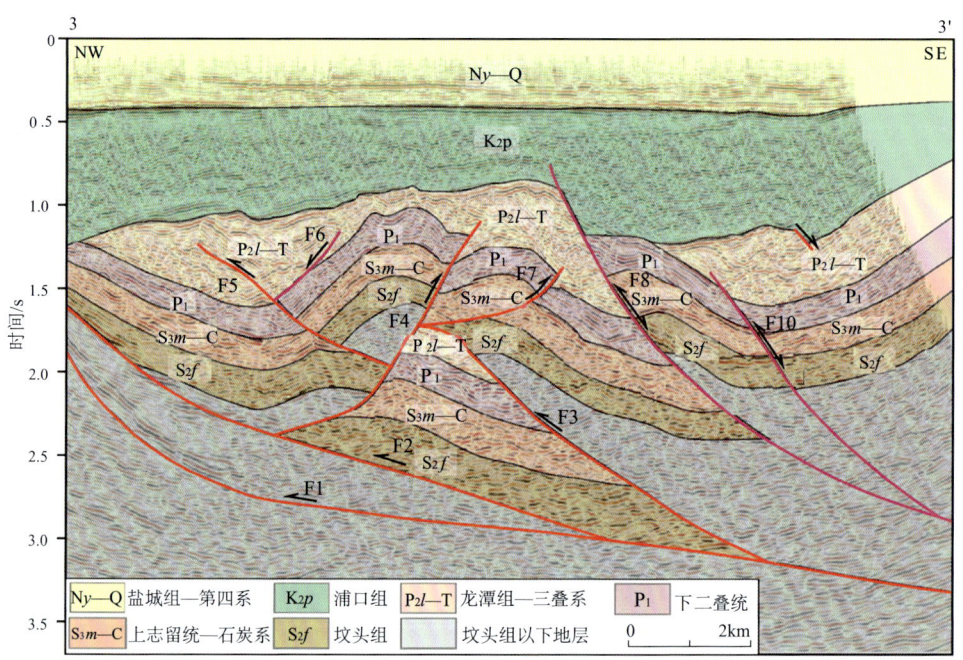

图1-43 黄桥三维工区剖面3构造解释图（据中石化华东局资料）

剖面5位于黄桥三维工区的北东侧，平行位于剖面4的北东侧，南东走向。该剖面构造与前面剖面大体相似，但更加强烈。一方面，印支期的逆冲作用更加强烈，剖面北西侧倾向北西，切穿石炭—上志留统的两条较小的逆断层断距变大；在北西侧的反冲断层断距变大，其上的冲起构造内部发育倾向北西、切入中下二叠统的次级逆断层。另一方面，燕山期的拉伸作用更加显著，剖面北西侧倾向北西的正断层更加发育，并切割白垩系地层；剖面南东侧两条正断层皆切割了白垩系地层，形成台阶状半地堑构造组合，并为白垩系地层填充（图1-44）。

剖面7、8位于黄桥三维工区的北东侧，平行位于剖面6的北东侧，南东走向。该剖面对冲挤压作用也更加强烈，对冲构造中倾向北西的逆断层之上的反冲断层断距变大，倾向南东的逆断层之上也发育了一条反冲断层，切穿了中下二叠—志留系地层；北西侧背斜褶皱内部发育了一条逆断层；这两条小断层不同程度地破

第一章 下扬子地区海相盆地演化与构造分区

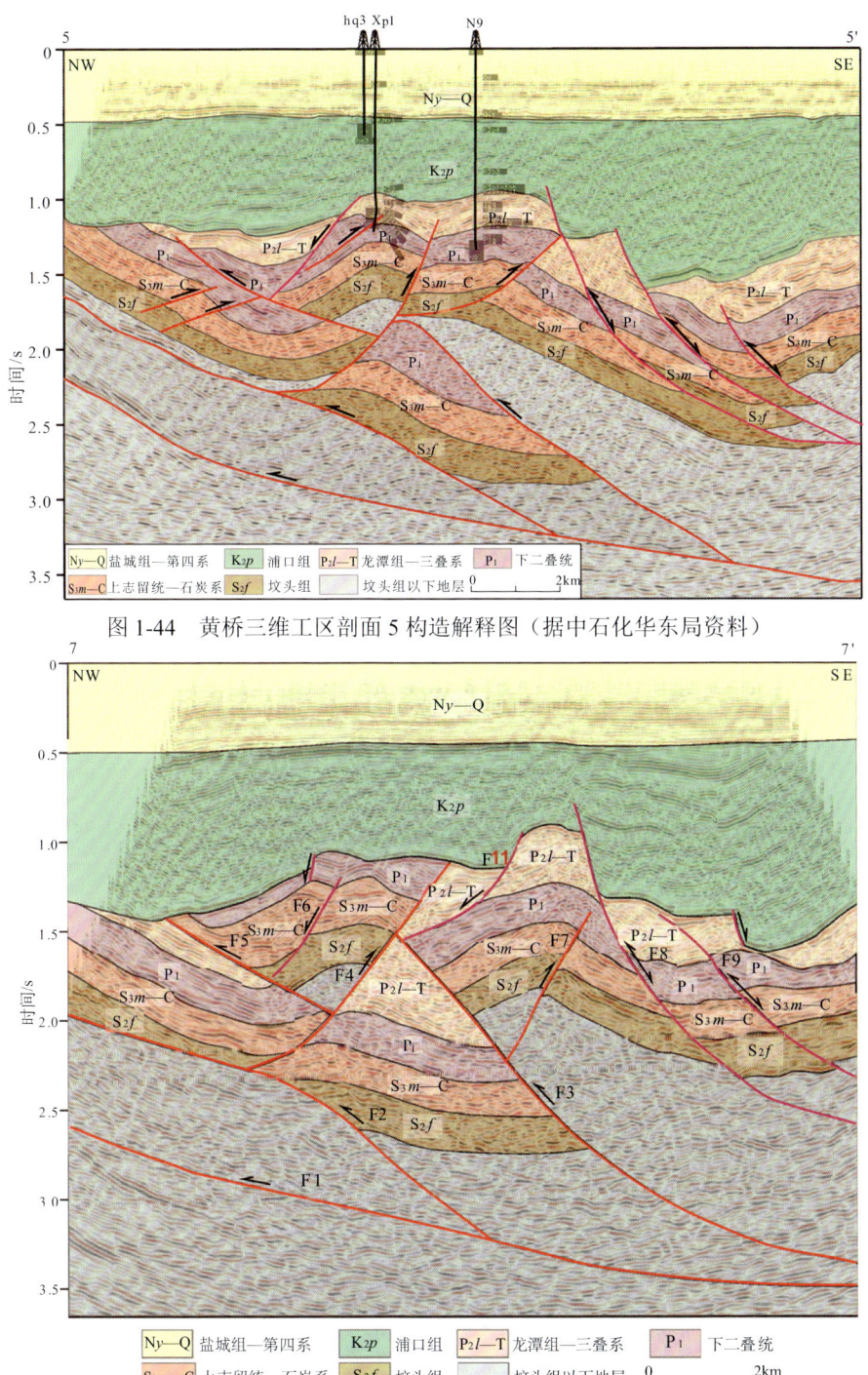

图 1-44 黄桥三维工区剖面 5 构造解释图（据中石化华东局资料）

图 1-45 黄桥三维工区剖面 7 构造解释图（据中石化华东局资料）

坏了背斜构造，会对油气成藏产生不利的影响。该剖面白垩系以下地层至志留系在燕山期受到更强烈的拉伸作用，自北西向南东侧皆发育有多条正断层，两侧正断层倾向相反，形成明显的地垒构造，为白垩系所充填；其中地垒南东侧第一条断层经后期严重拉伸，反转断层表现为正断层样式（图 1-45）。

剖面 12 位于黄桥三维工区的中部，呈南南东走向，为二维构造解释剖面，剖面灰色部分为中志留统之前地层。滑脱面位于志留系地层内。在主干断层之上发育两条分别倾向南东、北西的逆断层，形成对冲构造，并各自发育了一条反冲断层。在剖面中部偏南东侧，发育多条逆冲断层及其分支断层，且断层经历后期反转，但反转位移量较小，仍表现为逆断层，其中两条断层切割白垩系地层，形成半地堑构造，并被白垩系地层充填；与中部偏西侧发育的正断层，共同构成地垒构造。在剖面南东侧发育有广陵构造，形成较好的背斜构造，具有成为有利油气圈闭的可能性（图 1-46）。

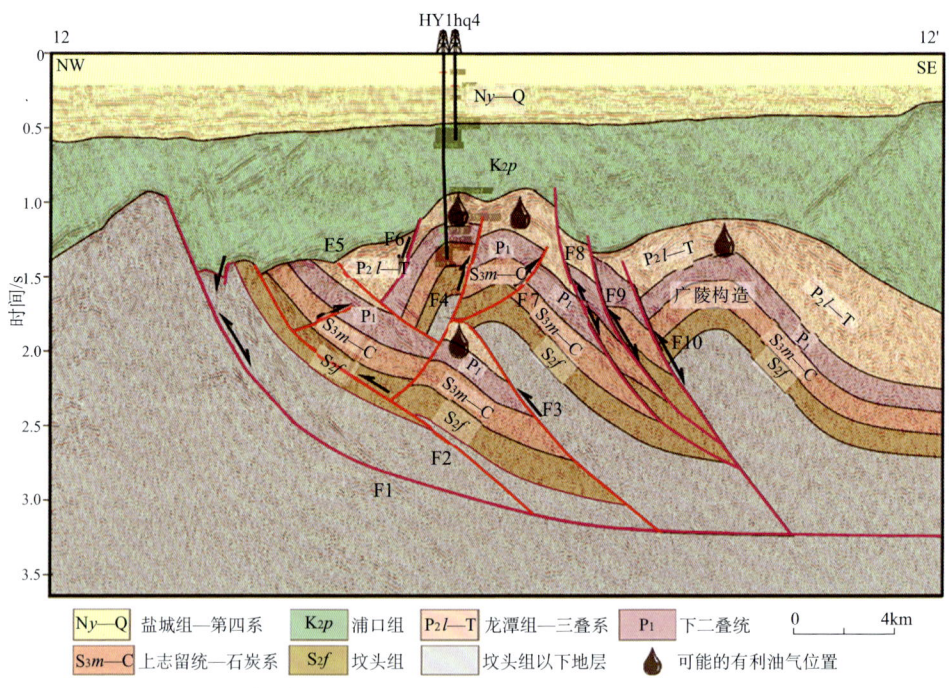

图 1-46 黄桥工区剖面 12 构造解释图（据中石化华东局资料）

3. 黄桥地区构造期次数值模拟

震旦纪—三叠纪时黄桥地区构造环境比较稳定，以振荡运动为特征，属于连续沉积的陆缘海和陆表海，极少火山活动。加里东、海西等构造作用平稳，构造形态简单、平稳，以隆拗格局为特征（夏在连等，2010）。此时，黄桥地区几乎无形变,构造未成型(图1-47(a))。

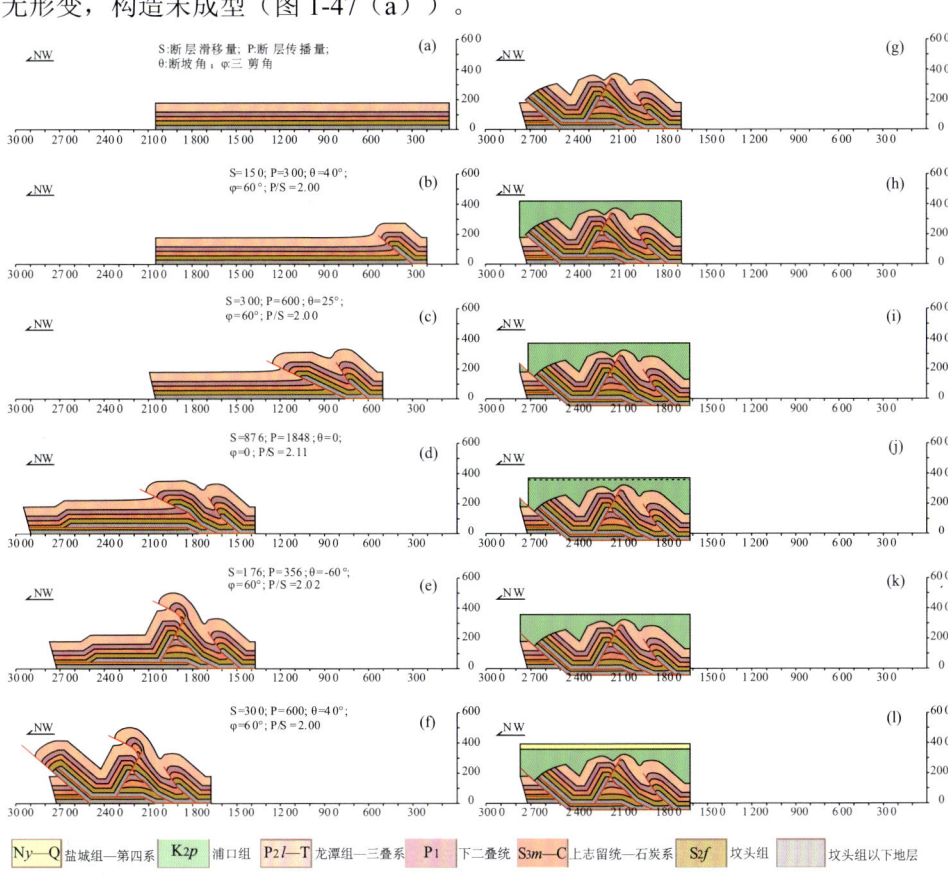

图1-47 黄桥地区构造正演模拟图

三叠纪末扬子板块与华北板块相拼接,发生了强烈的构造作用,三叠系以及更老的地层褶皱变形,并发生逆冲推覆构造和变质作用,且伴随着花岗岩岩浆活动,使下扬子地区隆起造山,形成以志留系下统高家边组泥岩为滑脱面的逆冲构造。图1-47(b)所展示的构造岩片缩短率为7.5%。

整体逆冲呈现前展式类型,在老断层的前部,也就是图中的左侧,又发育一个新的逆冲断层,新形成的逆冲断层同样是以高家边组泥岩为滑脱层,且会对后部已存在的老断层有一定的掀斜作用,使得老断层的倾角变大,变陡。这两个逆冲岩片总缩短率为22.5%(图1-47(c))。

在进一步的挤压推覆作用下,在构造前部,即北西方向形成一个断层转折褶皱,转折褶皱的下断坪也是原来志留系高家边组泥岩,上断坪发育在志留系坟头组地层内,并且会形成滑移量较大的推覆构造,同样,会对后部老断层产生一定的掀斜作用。总缩短率为23.75%（图1-47（d））。

当挤压进行到一定程度的时候，构造的前锋带受到阻挡，但整体的挤压还在持续进行中，这时，会以原断层转折褶皱的上断坪作为滑脱层，发育一个南东方向的断层传播褶皱，使得整体上形成了一个非常明显的对冲构造，且会把地形抬高。此时，构造总缩短率为32.55%（图1-47（e））。

随着挤压的继续进行，在构造的前部会形成一个规模较大的传播褶皱，褶皱会将前部地层抬高、掀斜，使得对冲构造的前部形成一个大的向斜构造。构造总缩短率为47.55%（图1-47（f））。

接下来，印支期构造运动基本结束，由于构造作用形成的陡峭地形受到强烈的剥蚀作用，上覆浦口组地层不整合覆盖于三叠系等老地层上（图1-47（g）中虚线上部为剥蚀掉的地层）。

晚白垩—早第三纪时，下扬子地区应力场由原来的挤压转变为南东—北西向的拉张，表现为整体下降，广泛接受了上白垩统沉积，该阶段构造活动较强，致使先期逆冲断层发生构造反转作用。除中新生界陆相地层形成北北东向以箕状凹陷为特征的构造格局外，还对中古生界冲褶构造进一步改造，使其更加复杂化。拉张正滑大断层既控制着下第三系的沉积，又改造了推覆逆冲构造，形成今日新面貌。这些正断层切割了晚白垩浦口组之上的地层，但第三系盐城组地层未受到正断作用，并且不整合于晚白垩地层之上（图1-47（h），（i），（j），（k），（l）），因此，这一期的构造运动应发生在浦口组和盐城组之间。

4. 勘探潜力

黄桥地区先后经历了多期的构造运动，并且位于整个下扬子地区的对冲构造带上，因此构造变形强烈，破碎严重，但是在这些构造中依然可以通过解释获得保存地相对完整的构造。三维工业地震反射资料大大提高了图像的精度和清晰度，为对该地区地下构造样式的确定提供了非常好的前提条件。

该地区的目标层为二叠系龙潭组地层，目前从测井资料来看，大多数井位分布在两个对冲构造的构造高点上（图1-48），目前已经取得一定的工业油藏。但是，也有一些井处于构造比较复杂的地方，例如sh1井。根据对三维地震资料的解释，该区沿走向上存在一定的构造，导致地层重复，破碎严重，不能够形成良好的圈闭。

根据世界其他地区油气勘探开发的经验，对冲构造带的下盘位置依然很有可能形成有利圈闭，如南美内乌肯盆地，在完成对冲构造带的勘探开发后，又把目标转移到断层下盘，并取得了可观的工业油气流（图1-49）。因此，对于黄桥地区，对冲构造带的下盘亦为将来勘探开发的有利区。二叠系龙潭组地层在断层下盘的等值线如图1-48所示。根据地震剖面的解释，在该工区北东侧，龙潭组地层相对较浅，并且可能形成的构造圈闭相对较大（图1-48）。

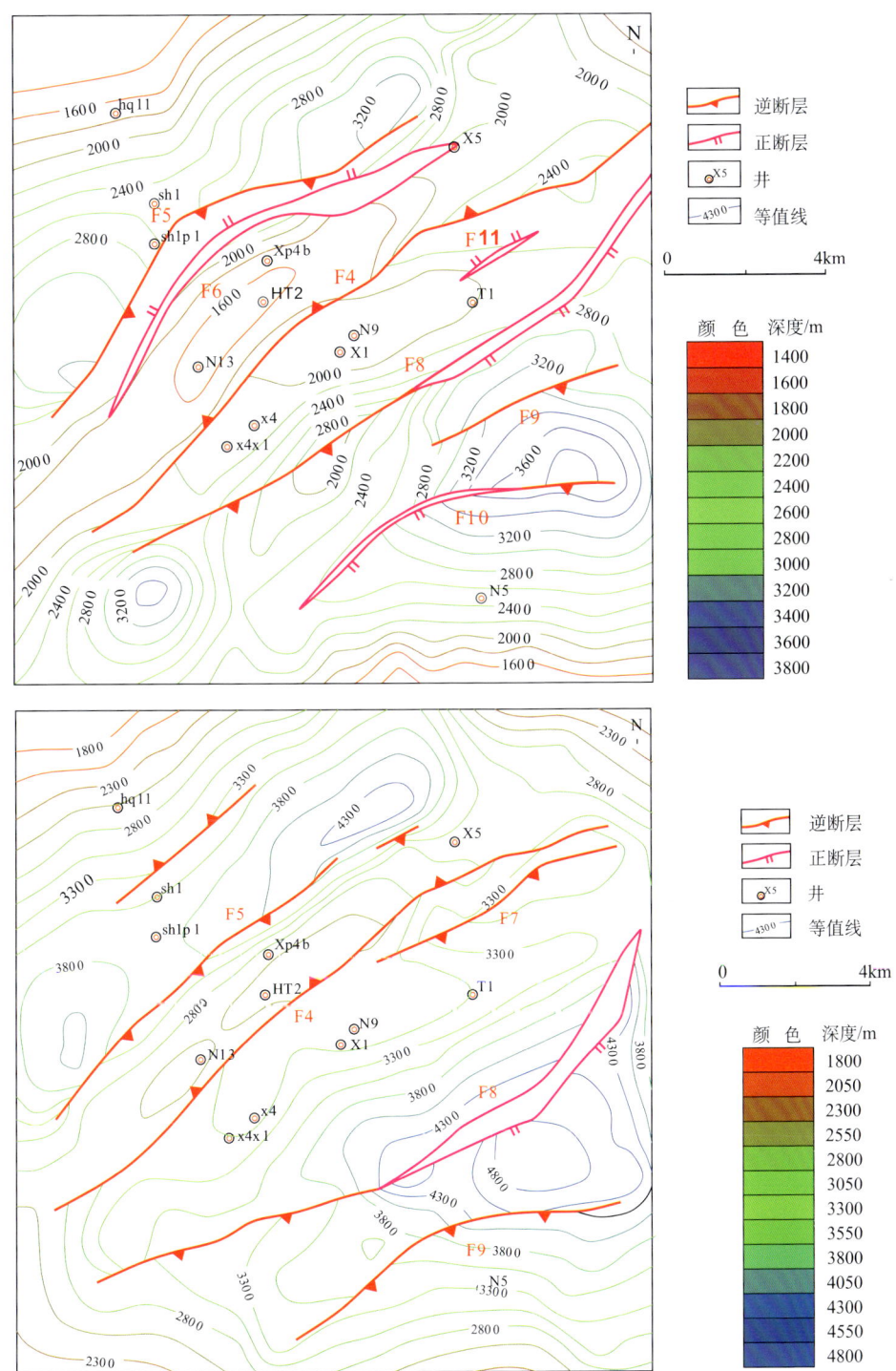

图 1-48 黄桥二叠系龙潭组、志留纪构造平面图

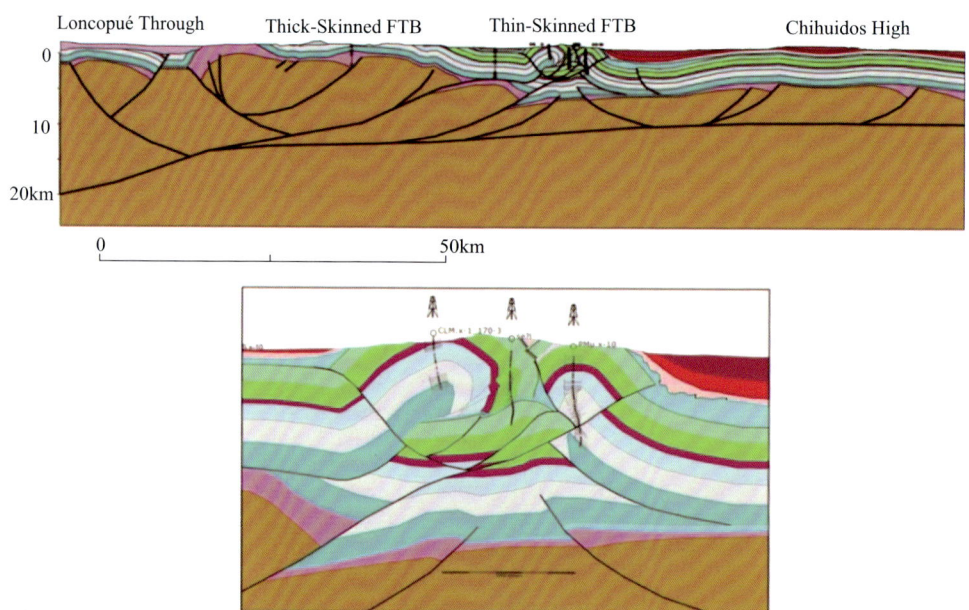

图 1-49　南美内乌肯盆地对冲构造样式

另外，根据对该区二维地震剖面资料解释，发现在该区对冲构造的南东侧广陵地区可能存在比较大的并且未被破坏的较完整圈闭。但是由于二维地震资料的品质问题以及井资料的缺乏，并不能十分准确地解释该构造的地下几何结构形态以及层位分布，需要进一步在广陵地区布设三维地震工区，确定该圈闭形态。

1.3.3.2　句容区块构造解剖及数值模拟

1. 句容地区地质背景

句容盆地位于下扬子准地台的苏南隆起区西部，北至宁镇隆起，南接溧水隆起，西邻江宁隆起，东抵茅山推覆体，是一个晚侏罗世至白垩纪的燕山期断拗盆地。该盆地无第三系下统沉积，面积约 1480km^2。地表除零星出露上侏罗统、白垩系，局部分布第三系上统火山岩外，均被第四系覆盖。根据钻井揭示和区域地质史分析，燕山一幕运动使本区断裂下陷，开始接受晚侏罗世沉积，伴随岩浆喷溢侵入，是盆地初始期。燕山二幕运动是盆地发展期，广泛接受白垩系沉积，残余厚度可达 2000m 以上。燕山三幕使盆地整体上隆遭受剥蚀，无第三系下统沉积，是盆地衰亡期。根据重力及钻井资料，句容盆地可以划分为：湖熟断陷、大卓庙断陷、茅西断陷和中央凸起等次一级构造单元（徐伟民等，1986）。该盆地油气勘探程度较高，迄今为止已经采集了多条地震测线并发现了油气流，显示油气前景非常广阔。但由于构造复杂，以往的二维地震资料成像较差，其详细的内部构造还难以揭示。

2. 构造剖面解释

句容三维工区北东向 10.9km，南东向 12.9km，全区面积 140.6km^2。通过句容三维工区 350ms、1000ms、1800ms、2200ms 四个不同深度的时间切片（图 1-50），可看出句容工区的逆断层走向主要为北东向，在三维工区浅部发育箕状正断层，该正断层从南到北走向为北东向转变为北西向。因此，本书主要选取了 8 张南东走向的剖面进行解释，这里选取 4 条典型剖面对句容构造进行剖析。

图 1-50 为句容区不同时深的切片图，图中红线表示逆断层位置，玫红色线表示正断层位置，在图中可以看出不同时深的断层展布方向。图中 time 350 和 time 1000 主要为上部箕状正断层，time 1800 与 time 2200 为下部逆冲断层，走向主要为北东。

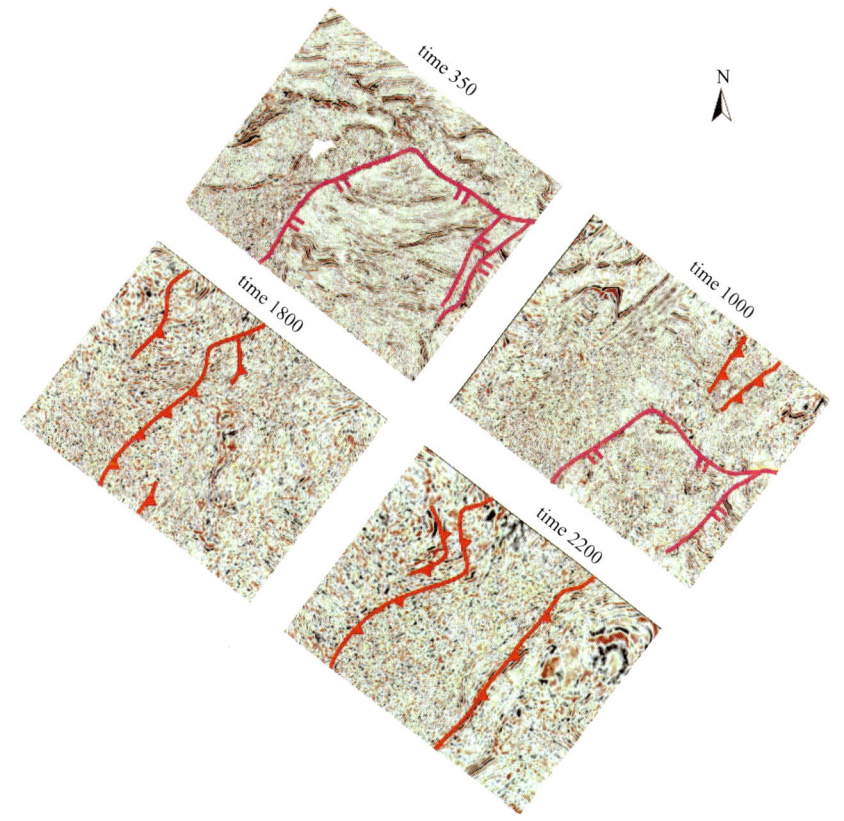

图 1-50　句容三维工区 350ms、1000ms、1800ms、2200ms 时间切片

该测线位于句容三维工区南西侧，1-1′剖面（图1-51，图1-52），呈南东向，剖面灰色部分为寒武系及前寒武基底。滑脱面位于寒武—奥陶系地层内，剖面下部构造较为平缓，表现为三个叠瓦状推覆岩片，将寒武系—奥陶系地层冲断到志留系层之上，并在这些断层的北西侧形成一个反冲断层，使断层系统表现为构造楔样式，并在反冲断层上方形成褶皱。上部构造较为复杂，并且断层角度较陡。中下二叠统至第四系的地层大部分被上部断层所切，该断层前期由于印支期的挤压运动呈现逆断层，后由于燕山晚期的拉伸作用出现反转，使逆断层转变为正断层，形成地堑或半地堑，并被白垩系至更新统地层填充。由于逆断层的错动距离大于正断层的滑动距离，所以该断层仍然呈现为逆断层的形式。该正断层表现为箕状正断层，其上部有一些小规模的正断层将内部岩层切割，地表出露第四系—新近系和白垩系地层。

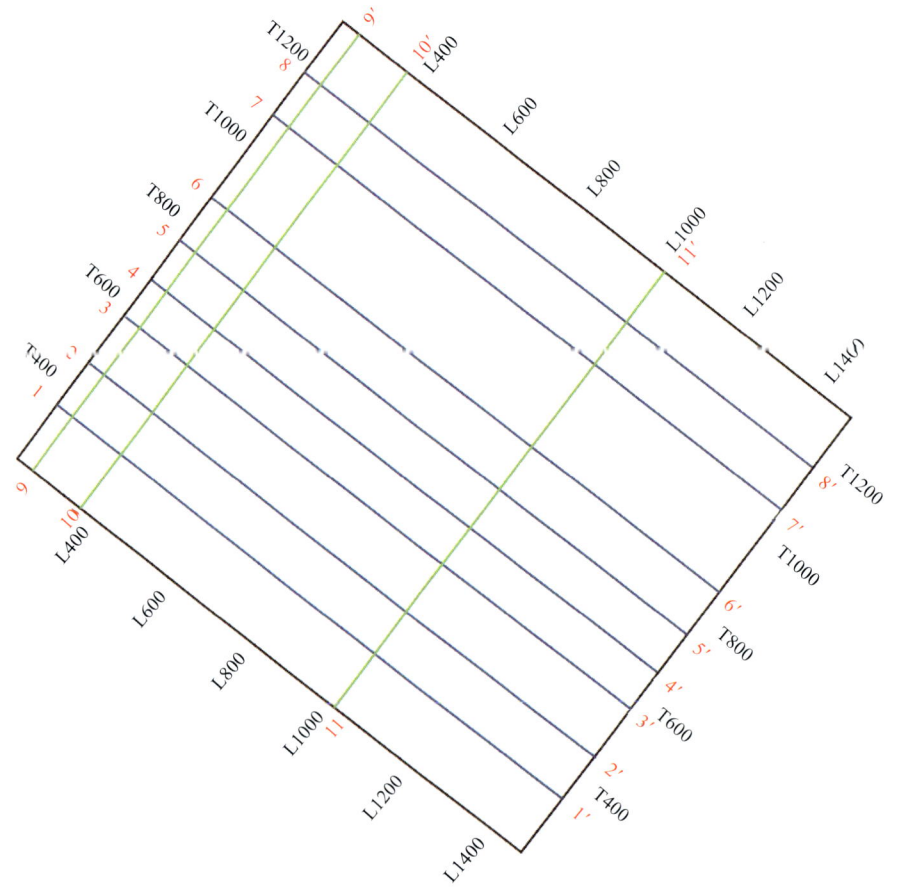

图1-51 句容三维工区测线位置图

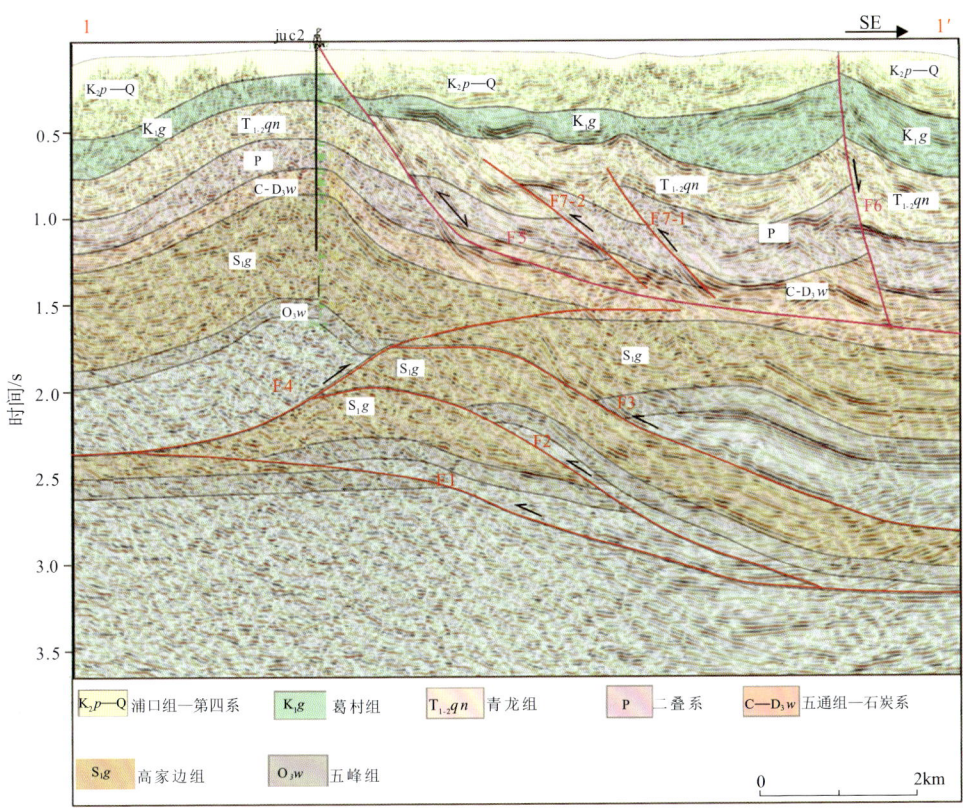

图 1-52 句容工区剖面 1 构造剖面图（据中石化华东局资料）

该测线位于句容三维工区南西侧，3-3'剖面（图 1-51，图 1-53），该剖面下部地层没有发生太大的变化，仍是由于挤压运动形成推覆岩片和构造楔样式，使志留系高家边组（S_1g）和寒武—奥陶系地层呈现叠瓦状构造，反冲断层上部地层出现较为强烈的褶皱。由于箕状反转断层后期正断滑移量大于早期逆断层造成的滑移量，该断层在剖面上呈现出明显的正断层的构造样式。在剖面的南东侧还发育几条规模相对较小的正断层，这些正断层与箕状反转断层皆属于同一个断裂系统。因此可见，箕状正断层影响了二叠系之上原先的逆冲断层推覆系统。

5-5'剖面（图 1-54）位于句容三维工区中部（图 1-51），下部构造变化较小。该剖面三叠系和葛村组地层不整合接触，浦口组地层与葛村组地层也表现为明显的不整合接触。上部箕状正断层滑脱面相对向上移动。

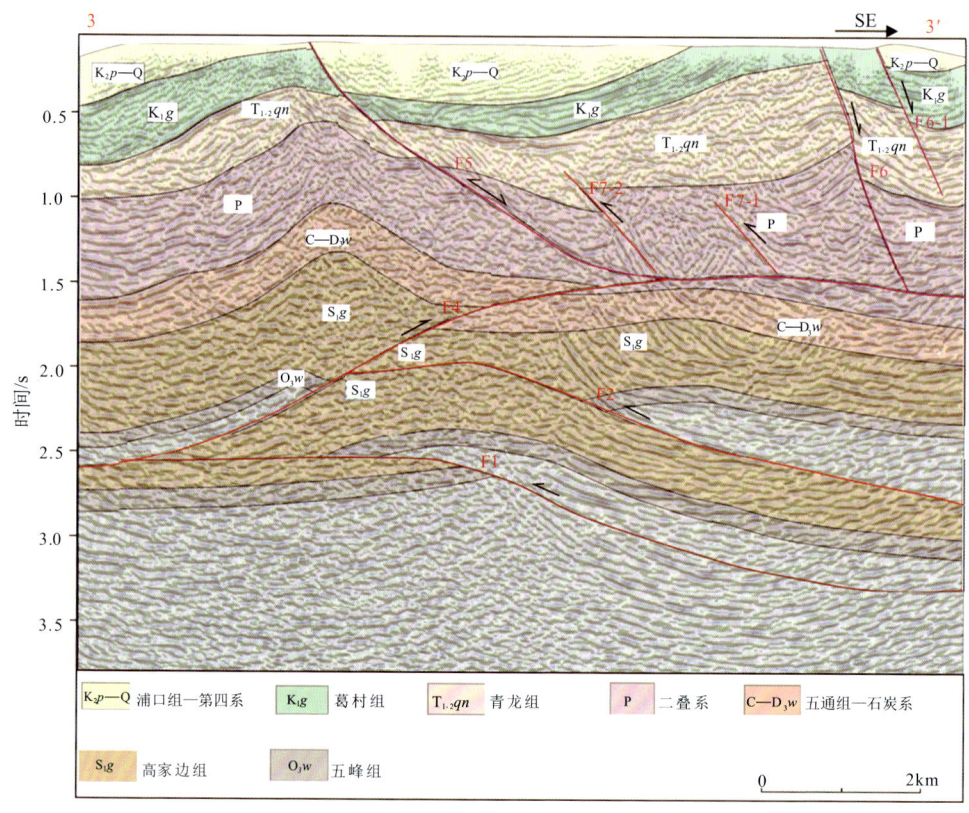

图1-53 句容工区剖面3构造剖面图（据中石化华东局资料）

从剖面1至剖面5，可以看出下部构造较为稳定，中上部箕状正断层位置逐渐上移，在断层上盘浦口组地层逐渐加厚，上盘地层主要为白垩系地层，三叠系青龙组地层逐渐变薄，表明在该剖面位置三叠系的剥蚀量相对较大。

在剖面1至剖面5的过程中，上部的簸箕状正断层由深至浅，最后断层在测线观察区域逐渐消失，正断层走向发生改变。在剖面1至剖面6中，箕状正断层走向为北东向，时间剖面所展示的断层走向一致（图1-50）。

该测线位置位于句容三维工区的北东侧，见7-7'剖面（图1-55），方向为北东向。在该测线位置，上部的簸箕状正断层在该剖面右上部的位置，在该剖面表现为很小的正断层，说明该断层向北东方向逐渐消失。剖面下部构造变化较小，滑脱面位于寒武—奥陶系地层内，构造表现为两个叠瓦状推覆岩片，将寒武系—奥陶系地层冲断到志留系高家边组地层之上，并在这些断层的北西侧形成一个反冲断层，使断层系统表现为构造楔样式，在反冲断层上方形成褶皱构造。并且在该褶皱内部发育了一些次级逆冲断层和褶皱。该剖面左下部，时深轴2.0s的位置，在志留系高家边组和寒武系—奥陶系地层内发育倾向南东的逆冲断层，使褶皱内部发育次

第一章　下扬子地区海相盆地演化与构造分区

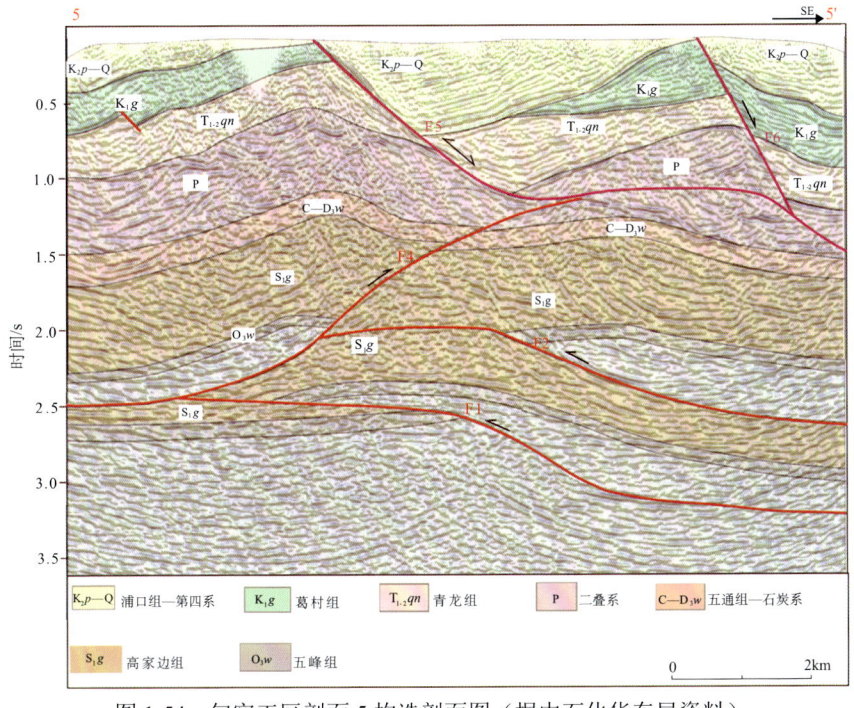

图 1-54　句容工区剖面 5 构造剖面图（据中石化华东局资料）

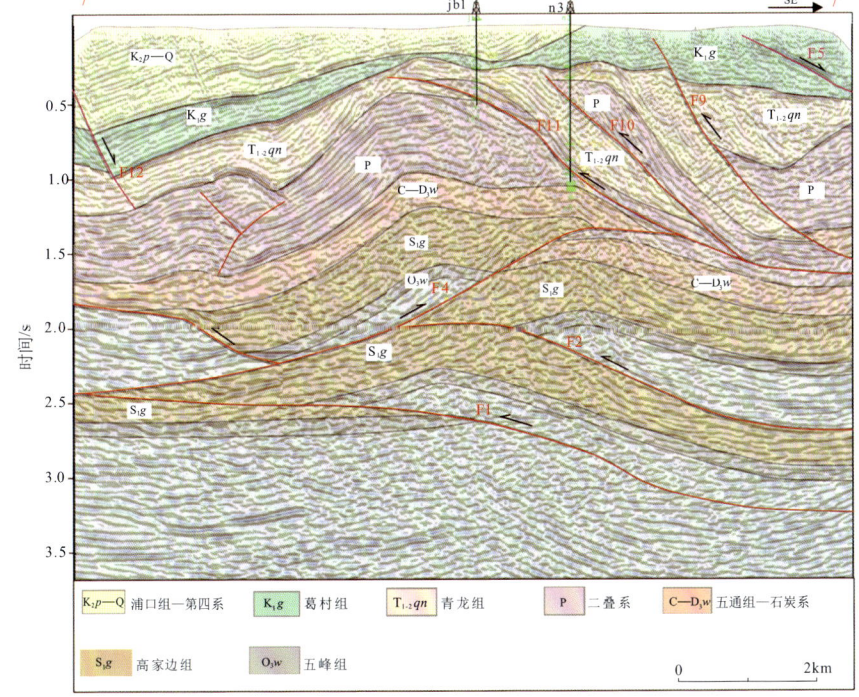

图 1-55　句容工区剖面 7 构造剖面图（据中石化华东局资料）

级褶皱。在剖面的南东端，三叠系青龙组至中上二叠统的地层经历强烈的推覆构造运动，形成堆垛构造，断层和地层角度陡，构造非常复杂，与上部白垩系葛村组地层呈不整合接触。在剖面的北西端发育小规模正断层切割了青龙组、葛村组、浦口组以及第四系地层，该断层为 K_1g 和 K_2p 地层的同沉积生长正断层。该剖面地表出露浦口组—第四系和葛村组地层。

剖面 7（图 1-55）中，在剖面下部地层的构造形式基本不变，在推覆构造运动的作用下，寒武系—奥陶系地层与志留系高家边组地层形成叠瓦状构造，形成构造楔。使地层发生褶皱形成较宽缓的背斜，中上部地层中二叠系地层由于挤压构造运动形成一系列的逆断层，且逆断层坡度较大，是由于后期的挤压构造作用，使其逆断层角度较大，并形成一系列断层相关褶皱。白垩系葛村组地层与三叠系地层存在不整合接触。在剖面北西方向发育生长正断层，使第四系—浦口组地层和葛村组地层从北西至南东的方向，厚度逐渐变薄至消失。

3. 句容构造数值模拟

晚震旦世到早三叠世期间，句容地区属于原始地层建造阶段，曾发生过桐湾、广西、东吴运动，其中，广西运动曾使全区整体抬升，造成全区缺失部分上志留统和中、下泥盆统地层。句容地区沉积表现为四次海侵-海退旋回，其环境变迁为：$Z_2—O_2$ 为局限台地-浅海陆棚沉积，$O_3—S$ 为盆地斜坡沉积，$D_3—C_1$ 浅-滨海沉积，$C_2—P_1$ 浅海沉积，P_2 海-陆交互沉积，T_{1-2} 浅海、咸化潟湖（T_2z）沉积。除早、中泥盆世地层缺失并存在微角度不整合外，其余时期均以假整合、整合（振荡运动）为主，总体上属于构造稳定期。在这一时期，它主要以"古隆起"或台地面貌出现，接受了较薄的海相沉积，有可能成为早期油气成藏的有利场所（王馨，2012）。

全区性的印支运动又一次使句容地区海水退出，陆地上升；中侏罗世以后的燕山运动使扬子板块与华北板块剧烈碰撞，句容盆地随其发生了比较壮观的逆冲推覆造山，造成全区普遍缺失中、上三叠统地层，仅在山前残存了部分侏罗系地层。此时，首先在二叠系岩层中间发育一个滑脱层，并且以这个滑脱层为断层面发育了一系列的由南东向北西逆冲的断层。该构造剖面所展示的二叠系地层总缩短率为 30%（图 1-56（a）至图 1-56（d））。

接下来，以寒武奥陶系中的滑脱层为下断坪，以志留系中发育的滑脱层为上断坪顶部形成了一系列由南东向北西逆冲的叠瓦状构造，并对上覆地层和断层有一定的抬高和掀斜作用。该剖面展示的寒武、奥陶地层缩短率为 20%（图 1-56（e）至图 1-56（f））。

第一章　下扬子地区海相盆地演化与构造分区

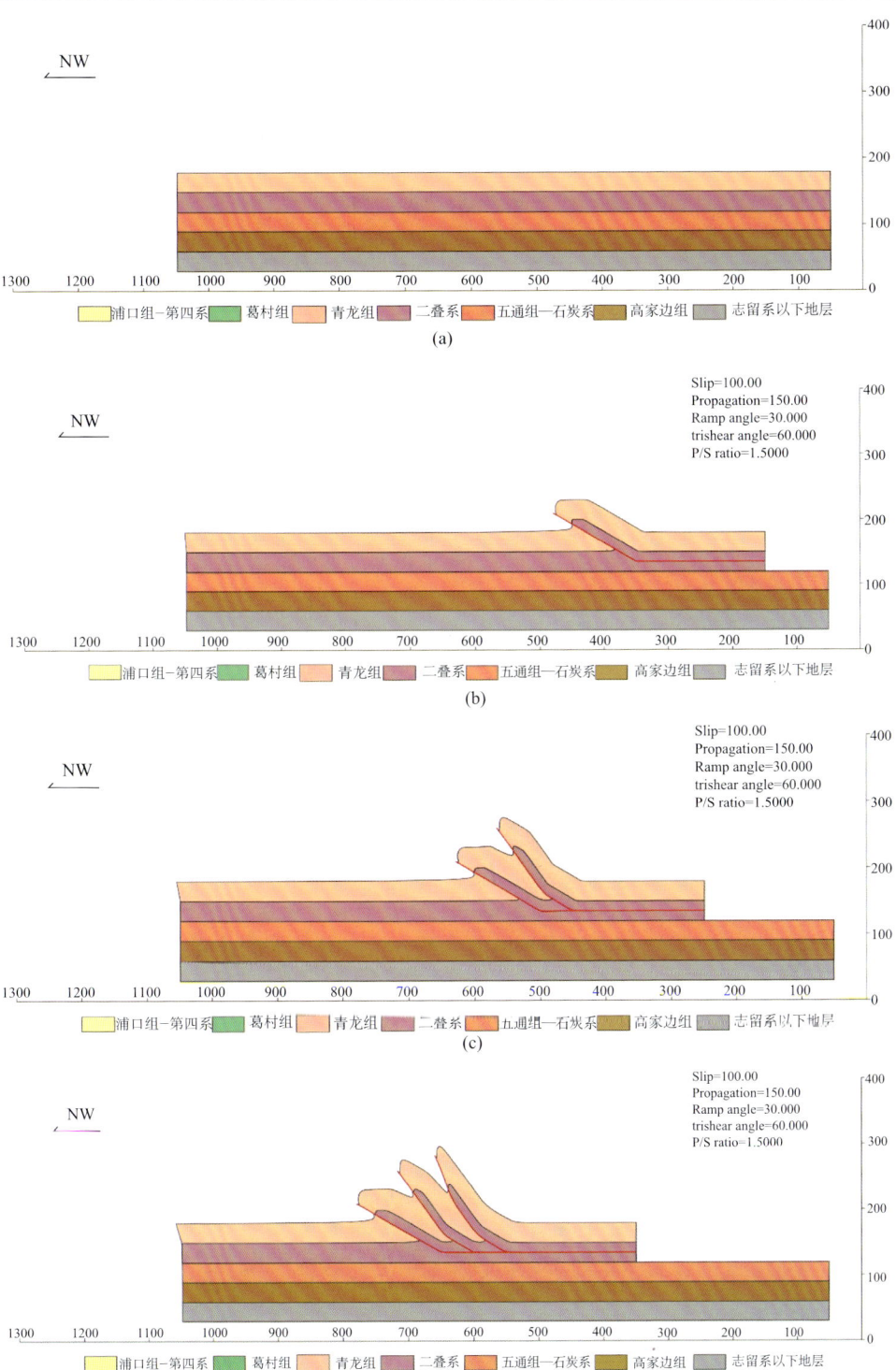

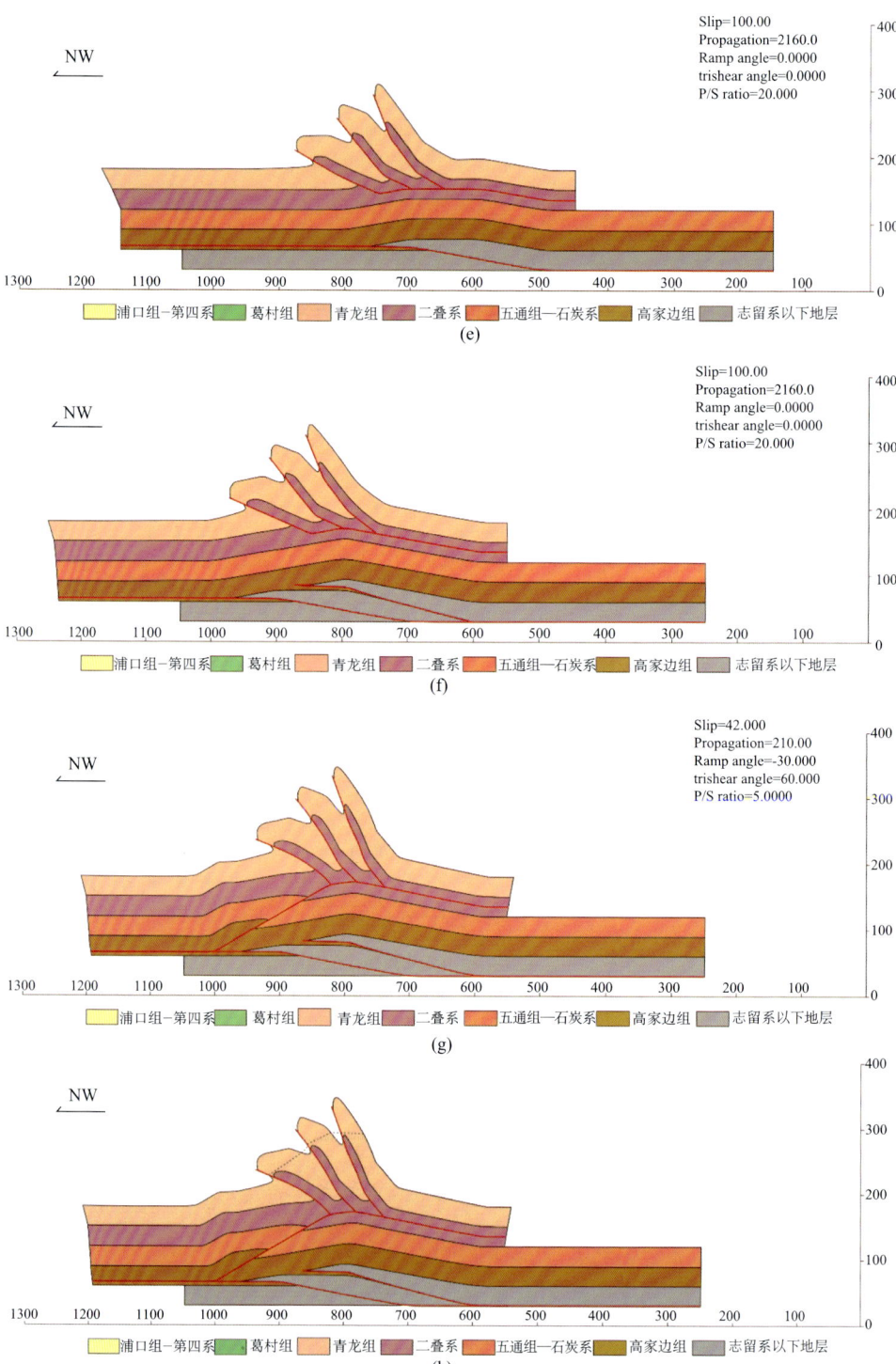

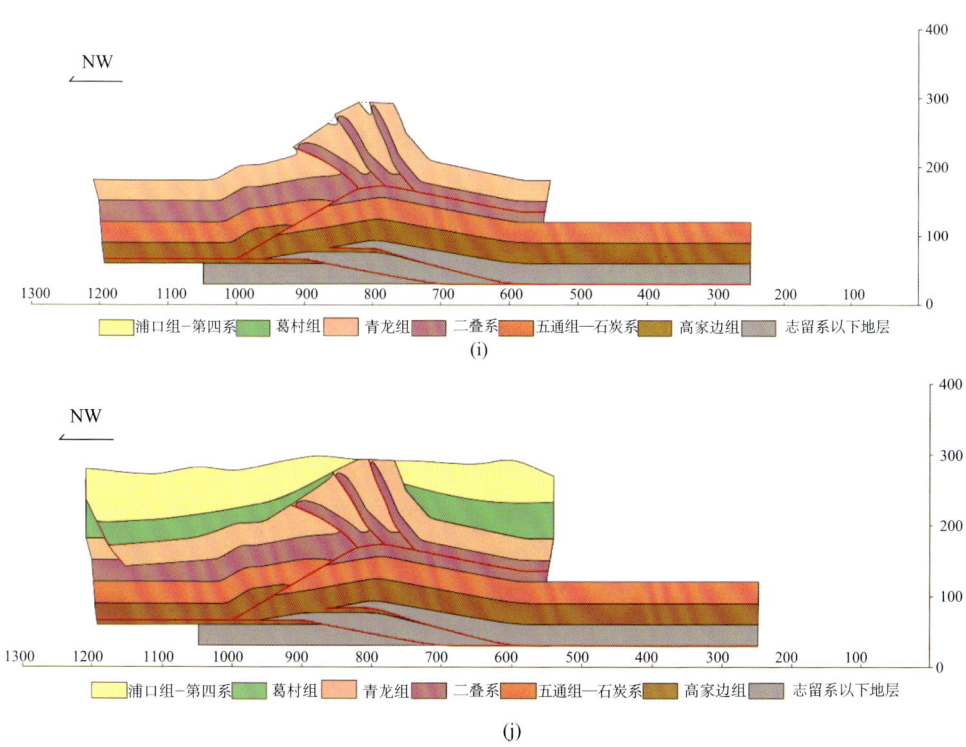

图1-56 句容地区构造演化图

以志留系的滑脱层为底部滑脱层发育了一个由北西向南东的反冲断层，表现为断层传播褶皱，致使发生了一系列的褶皱和掀斜作用。之前发生的位于二叠系滑脱层上的逆冲推覆构造位于该断层前翼，因此，受到了进一步的掀斜作用。此时，二叠系地层总缩短率为24.2%，志留系地层缩短率为6.2%（图1-56（g））。

晚燕山—喜马拉雅山旋回，该时期本区处在印度、太平洋两大板块向中国陆块俯冲碰撞形成的二元交变复杂动力环境当中：当印度板块力源占主导时，产生"右旋扭动"力偶，促使燕山早、中期逆断层复活引起构造负反转，形成张性剪切断裂和断拗复合型盆地；当太平洋板块力源占主导时，产生"左旋扭动"挤压，导致箕状断陷斜坡带、凸起翘升接收较多削蚀（图1-56（i））。据裂变径迹资料分析，本区只接受上白垩统浦口—赤山组沉积，缺失第三系或仅有很薄的沉积。在"右行"拉张和"左行"挤压两种力的交替作用下，上白垩统地层接受不均衡削蚀形成了一个个西断东削、北断南削的残留盆地（王馨，2012）。剖面展示了白垩系葛村组地层不整合地盖在三叠系地层之上，这是印支运动的有利证据。有部分剖面可见白垩系浦口组地层不整合于葛村组地层之上，说明在葛村组到浦口组之间发生过规模较小的构造事件，整个地区缺少侏罗系地层和第三系地层，白垩系葛村组地层可见同沉积生长现象，在剖面上表现为同沉积生长正断层（图1-56（h）至图1-56（j））。

4. 勘探潜力

根据对句容地区三维地震资料的解释以及平衡剖面的恢复发现，句容地区经历了多期的构造演化，包括印支和燕山期的挤压，以及燕山晚期的拉张构造。从平衡剖面的演化看，浅表二叠系滑脱层之上的构造经历了几次复杂的演化，导致滑移量大，缩短率高，构造变形及破坏非常强烈，因此判断这些构造位置缺乏成为有利圈闭的条件，而目前很多井位布设在这些构造上。这些构造虽然有良好的油气显示，但是由于构造成因复杂，破坏严重，勘探潜力低。

根据三维地震资料解释，晚期的簸箕状拉张构造只影响到表层（龙潭组滑脱层以上）（图1-57），并未影响到深部构造，并且深部构造形态完整，面积较大，

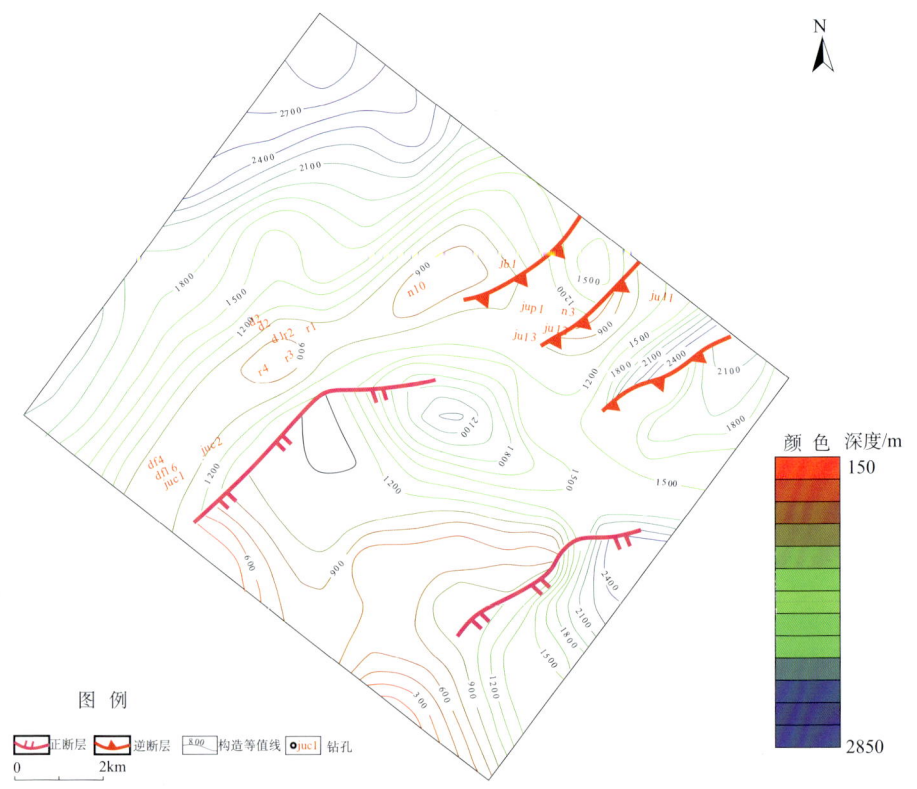

图1-57 三叠纪青龙组构造等值线图

因此，下部形态完整的构造可能更为有利。而对于更深的构造，志留纪形成了一系列的堆垛构造和楔体构造，几个逆冲岩片内的等值线图如图 1-58 和图 1-59 所示。在楔体构造内以及上方的反冲构造内，构造圈闭形态也较完整，有可能存在大型有利圈闭。

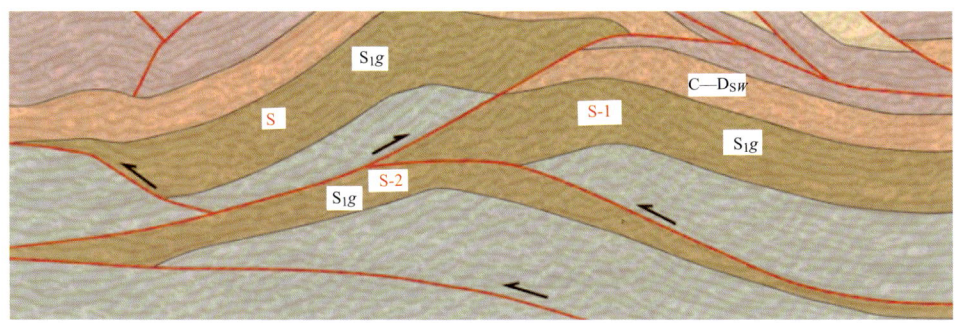

图 1-58　不同逆冲岩片内志留系 S、S-1、S-2 地层位置图（红字表示）

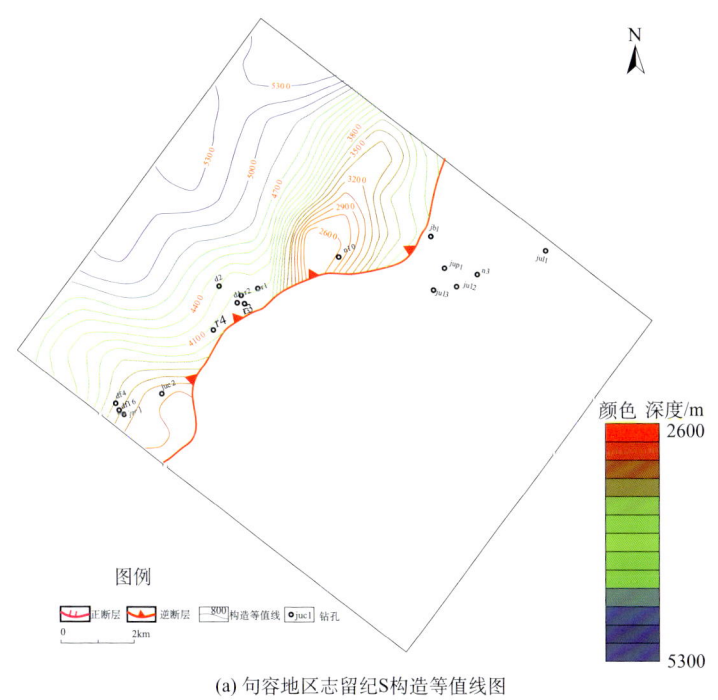

(a) 句容地区志留纪S构造等值线图

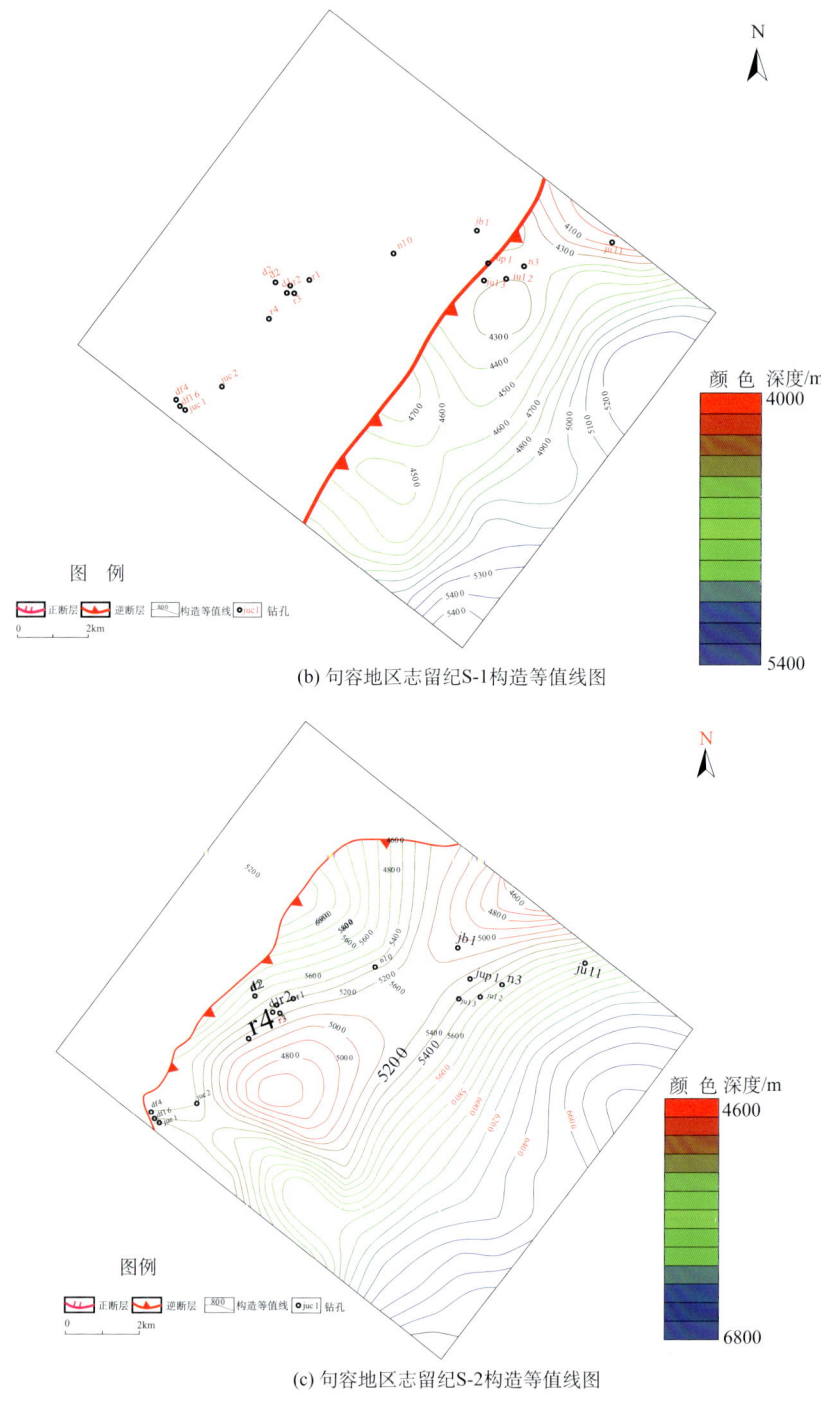

(b) 句容地区志留纪S-1构造等值线图

(c) 句容地区志留纪S-2构造等值线图

图 1-59 志留系 S 构造等值线图

1.3.3.3 侏罗山式构造物理模拟实验

前已述及,下扬子地区在南陵-太湖-嘉兴褶皱断陷区发育一系列被紧闭褶皱所隔挡的平缓盆地区。比如,被茅山紧密褶皱所隔挡的南陵盆地和宣城盆地,褶皱后翼相对平缓。并且在江南复向斜北侧港口附近发育一系列"类隔挡式"构造。这些构造特征,与侏罗山式构造有相同之处。前人研究表明,基底构造特征可能控制着褶皱发生的位置和变形程度的强弱。本项模拟实验研究旨在揭示基底构造对上覆地层褶皱形态的影响。

1. 实验装置和实验过程

由模型 1、模型 2 和模型 3 组成,3 个模型的初始大小均为 1200mm×250mm×30mm,模型 1 基底水平,模型 2 和模型 3 在距离活动端前方 600mm 处将基底升高一个台阶,900mm 处再次升高一个台阶,构成 3 个台阶状基底隆升状态,2 台阶分别高出挤压端基底 10mm 和 15mm,模型 2 高出 5mm 和 10mm(图 1-60)。

该组 3 个模型实验材料相同,基底为一层 3mm 的硅胶滑脱层,硅胶之上为 22mm 厚的微玻璃珠,微玻璃珠之上为 5mm 白色石英砂。为了使变形能沿着滑脱层向前缘传递更远,避免在逆冲带根部隆起太高,在挤压端模型顶部铺设比重较大的重砂,靠近活动推板重砂厚度 5mm,向模型中央逐渐减薄,一直铺设到模型中间位置。

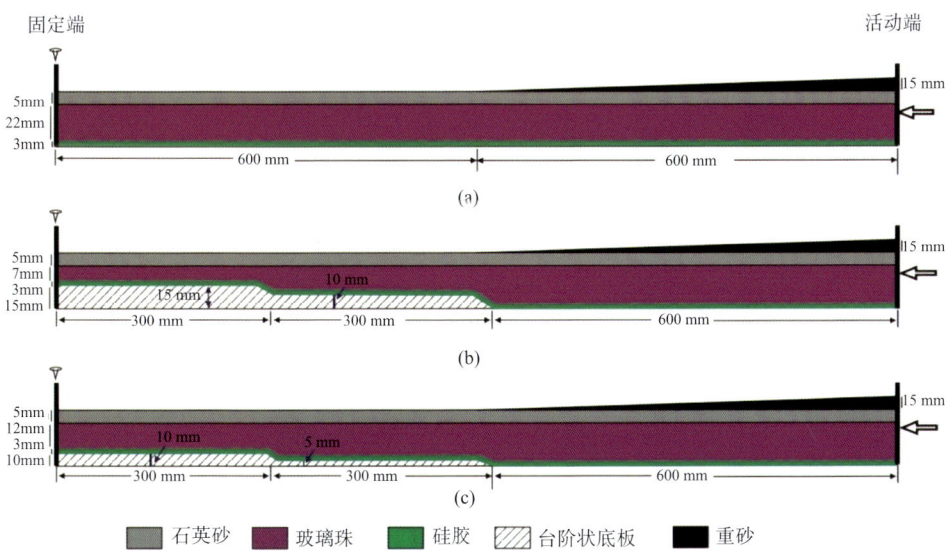

图 1-60 川东侏罗山式褶皱构造带物理模拟实验 1(a)、实验 2(b)和实验 3(c)装置示意图

3个模型都是从右侧施加挤压力，推动右侧活动端向左运动，推板运动速度为0.001mm/s，总缩短量为300mm，缩短率为25%，侧面数码相机间隔拍摄变形过程系列照片，模型挤压结束后的切片，切片方向与挤压方向平行。

2. 模型1实验结果

从挤压端向前缘依次发育7个以褶皱为主的构造单元（图1-61），当缩短率为0.83%时，最先产生一个滑脱膝褶带（图1-61（b）），膝褶进一步发展成为箱状褶皱。当缩短率达到2.5%时，箱状褶皱的前翼出现前冲断层，冲断层和断层相关褶皱成为构造单元Ⅰ（图1-61（c））。

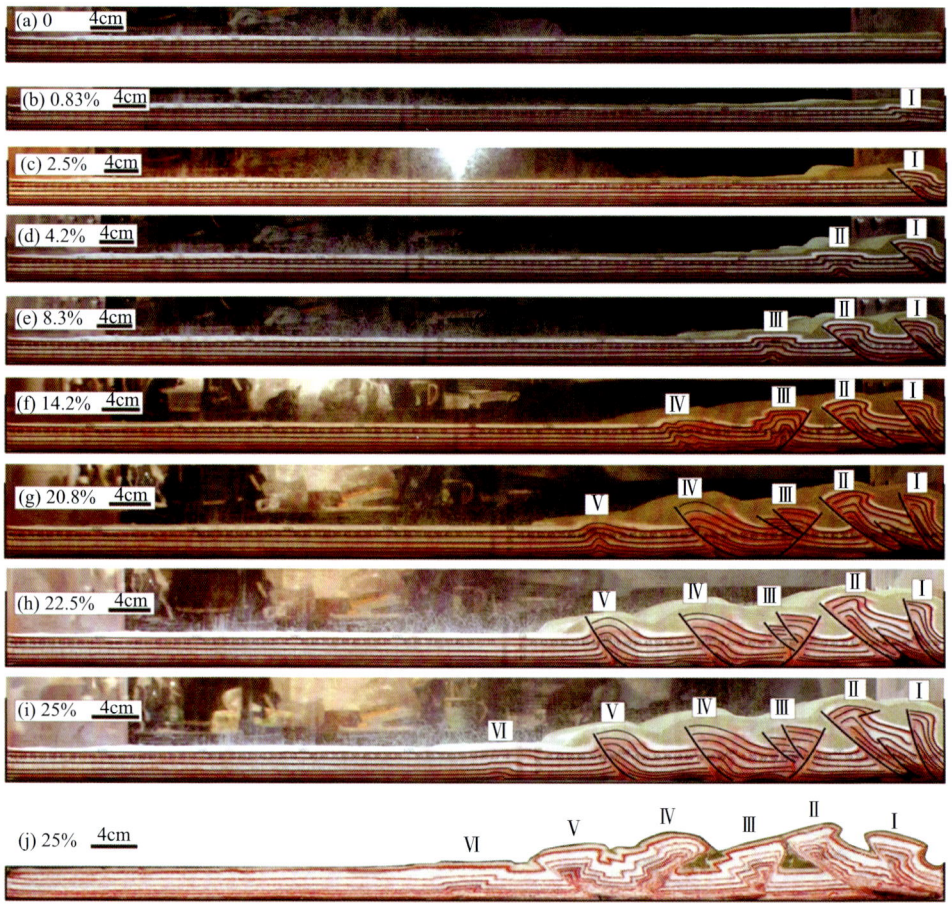

图1-61 侏罗山式褶皱构造带物理模拟实验1演化图

(a)~(i) 缩短率分别0、0.83%、2.5%、4.2%、8.3%、14.2%、20.8%、22.5%和25%时的侧面照片，(j) 缩短率为25%时沿缩短方向的切片图，数字Ⅰ~Ⅵ代表构造单元发育顺序

随着挤压缩短率增加，在构造单元Ⅰ的前缘发育滑脱褶皱，之后成为箱状褶皱及其前翼断层突破模型表面，形成逆冲断层，即成为构造单元Ⅱ（图1-61（d）、(e)），其他构造单元以基本相同的方式在前缘一个一个逐渐形成（图1-61（f）~(i)）。构造单元Ⅲ和Ⅳ各发育有一条倾向前缘的反向逆冲断层，与前冲断层构成"构造三角带"（图1-61（j））。

从模型1的演化过程可以看出，采用玻璃珠模拟薄皮滑脱褶皱构造效果好于石英砂，可以形成倾角陡立的箱状褶皱，类似于侏罗山式褶皱样式。但是，由于基底水平，薄皮构造发育紧靠挤压端，不能向前缘传递很远。

3. 模型2实验结果

模型2和模型1总缩短率均为25%，但模型2发育有10个构造单元（图1-62）。当缩短率为2.5%时，最先发育一个箱状滑脱褶皱（图1-62（b）），接着箱状褶皱前翼发育2条前冲断层，后翼各发育1条反冲断层，组成构造单元Ⅰ（图1-62（c）、（d）、（e））。构造单元Ⅱ不是发育在紧靠构造单元Ⅰ前方，而是在模型中部基底升高的位置。当缩短率为5%时，在第1个基底升高位置形成断层转折褶皱（图1-62（c）），随着缩短率加大，构造单元Ⅱ发展为断层传播褶皱（图1-62（d）、（e）、（f））。当缩短率为8.3%时，在构造单元Ⅰ和Ⅱ之间形成滑脱褶皱，即构造单元Ⅲ（图1-62（e）），并在前翼发育前冲断层（图1-62（f）~（i））。接着在第2个基底升高位置形成构造单元Ⅳ（图1-62（g）），此时的缩短率为18.3%。两个基底高度变化部位将整个基底分成高、中、低3个水平，随着缩短率不断加大，在这3个平台上相继产生构造单元Ⅴ~Ⅹ（图1-62（g）~（i））。

从模型2可以看出，挤压前方基底升高，明显造成滑脱作用传播更远，形成一系列侏罗山式褶皱样式（图1-62（j））。基底高度变化部位是应力集中的位置，改变了从挤压端向前缘逐个形成构造单元的顺序。可见，由挤压端向前缘基底高度加大，或滑脱层变浅，是侏罗山式褶皱形成的必要条件。

4. 模型3实验结果

模型3的2个基底升高比模型2低，模型2两个台阶高度为10mm和15mm，模型3为5mm和10mm，形成的侏罗山式褶皱总体样式基本相同，模型3一共发育9个构造单元，各构造单元形成方式和变化规律与模型2基本相同，构造单元形成顺序不是从挤压端逐个向前缘发展，而是在基底升高位置较早发育（图1-63）。

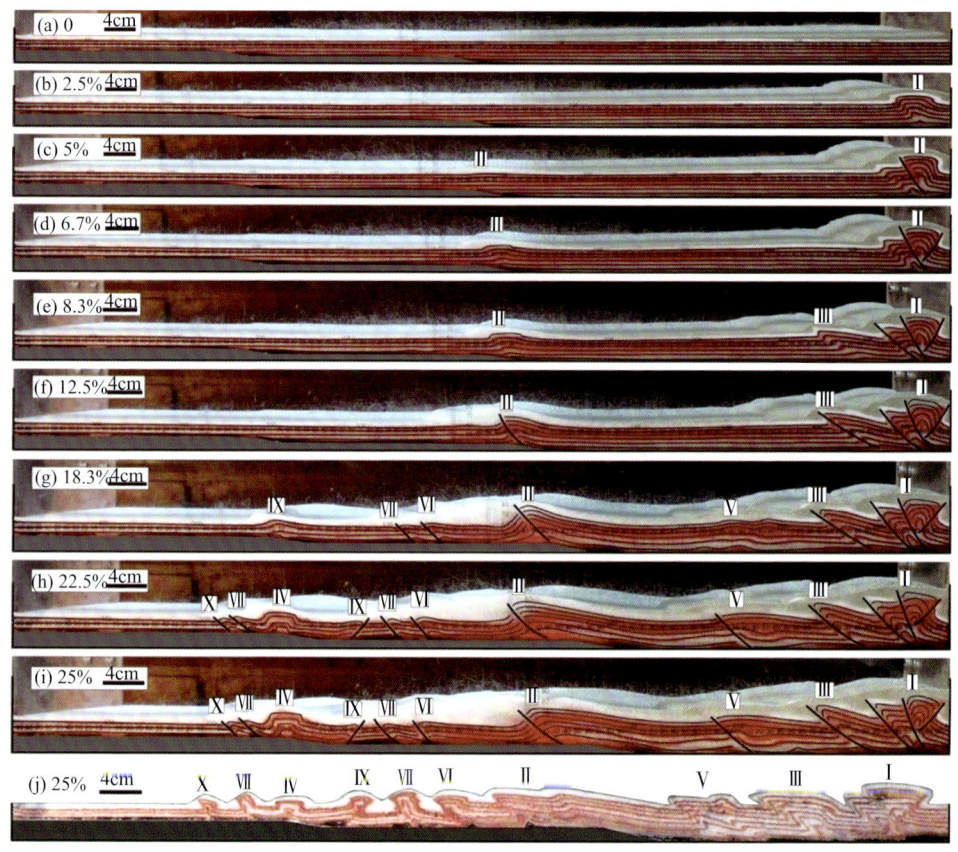

图 1-62　侏罗山式褶皱构造带物理模拟实验 2 演化图

（a）～（i）缩短率分别 0、2.5%、5%、6.7%、8.3%、12.5%、18.3%、22.5% 和 25% 时的侧面照片，（j）缩短率为 25% 时沿缩短方向的切片图，数字Ⅰ～Ⅹ代表构造单元发育顺序

模型 3 发育的侏罗山式褶皱样式，在不同高度的基底平台上，向斜和背斜的紧闭程度不一样。两个基底高度变化将基底分为高、中、低 3 个平台，最高平台上发育的褶皱具有背斜窄向斜宽特点；中间平台上发育的褶皱具有向斜窄背斜宽的特点；最低平台发育的是一个宽广的向斜，构成盆地构造；挤压的根带是由一个前冲断层和一个后冲断层组成的三角带构造（图 1-63（j））。

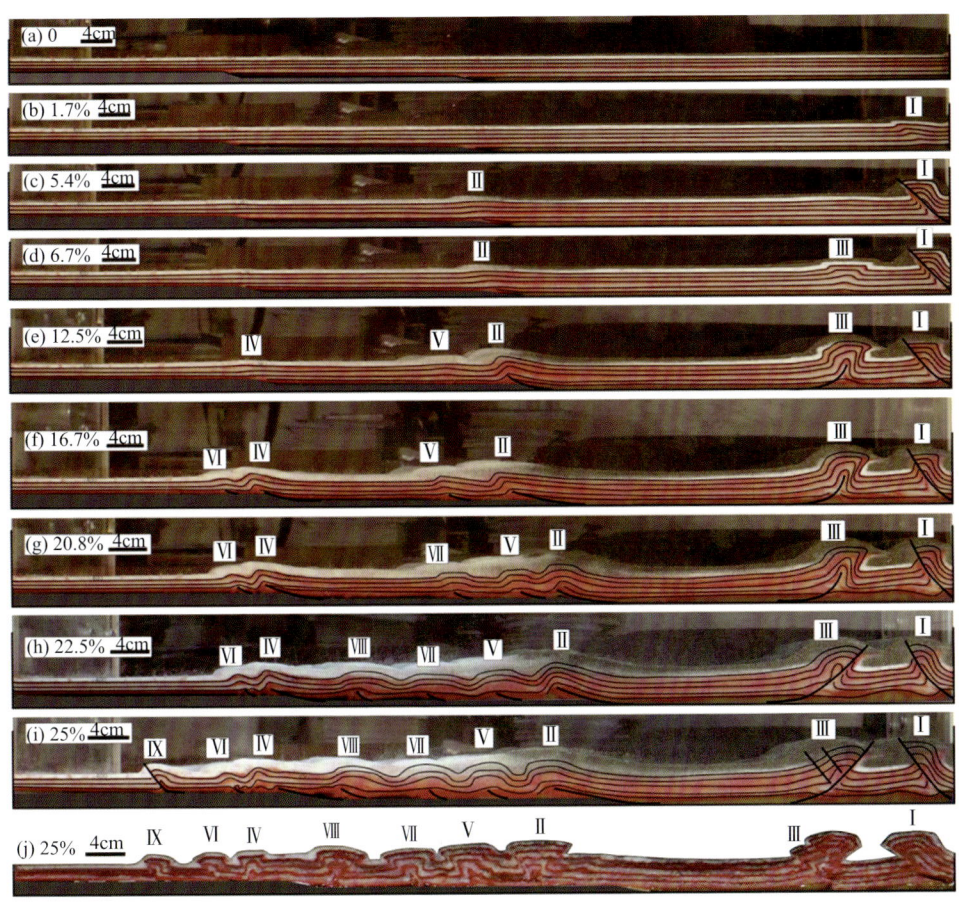

图 1-63 侏罗山式褶皱构造带物理模拟实验 3 演化图

（a）～（i）缩短率分别为 0、1.7%、5.4%、6.7%、12.5%、16.7%、20.8%、22.5% 和 25% 时的侧面照片；（j）缩短率为 25% 时沿缩短方向的切片图，数字Ⅰ～Ⅸ代表构造单元发育顺序

本 章 小 结

基于地层对比、地层厚度、沉积相变化、沉积过程分析，探讨了下扬子地区在新元古代以来的构造演化过程；根据区域构造剖面解析和典型区块三维地震数据解译及数值模拟，详细解析了研究区典型区块中新生代以来的叠加和改造过程，并探讨了下扬子地区的油气条件。通过以上工作得出以下结论：

（1）下扬子地区及邻区在新元古代晚期至中奥陶世为稳定的台地-斜坡-盆地沉积环境，随后发生造山运动，形成华南早古生代造山带并伴随广泛的变质事件和岩浆事件。综合已有的岩浆岩和华南变质岩以及同构造花岗岩的年代学分析数据，认为华南早古生代造山作用与世界上典型加里东造山带形成的时间相当；确定了下扬子地区晚奥陶世—志留纪是受华南早古生代造山控制形成的前陆盆地，其前渊拗陷位于浙北皖南，前缘隆起位于沿江一带，苏北地区为隆后拗陷。根据厚度分布、沉积相特征和物源变化将前陆盆地的演化分为晚奥陶世欠充填阶段、早志留世鲁丹期—特列奇早期充填阶段和特列奇晚期—温洛克世过充填阶段；根据不整合面分布、地层接触关系和断陷盆地的发育，下扬子地区早古生代前陆盆地形成以后主要经历了晚三叠世、中晚侏罗世两期挤压和晚白垩世—古近纪的一期伸展断陷，早期的挤压由北西向南东，主要分布在长江沿岸以北地区，晚期的挤压由南东向北西，主要分布在长江以南地区，二者在长江沿岸地区形成对冲带。

（2）依据变形的基本特征和变形期次的差异，将研究区分为六个区域，包括张八岭冲断带、滁州—泰兴一线以北的苏北盆地带、沿江褶皱断陷带、江南古陆和江南复向斜、南陵-太湖褶皱断陷区以及江-绍褶皱冲断带。其中，下扬子地区中东部可以细化为10个构造单元，分别是江南褶皱带、江阴-无锡滑脱褶皱带、常州-宣城断陷盆地带、茅山褶皱冲断带、南陵-句容断陷盆地带、宁镇褶皱冲断带、铜陵-繁昌褶皱带、沿江盆地带、滁州-宿松褶皱带和苏北盆地。其中，江阴-无锡滑脱褶皱带构造相对稳定，下古生界成藏条件优越，是油气勘探的有利区域。

（3）基于对黄桥和句容区块的三维构造解析及相应的数值模拟分析，确定了下扬子典型区块的构造样式及演化序列。黄桥区块位于沿江褶皱断陷带附近，以典型的对冲构造为特征。根据世界其他地区油气勘探开发的经验，对冲构造带的下盘位置依然很有可能形成有利圈闭，因此，对于黄桥地区，认为对冲构造带的下盘亦为勘探开发的有利区。此外，黄桥东部的广陵构造完整，保存较好，也可能是潜在的油气勘探有利区；句容区块主要位于南陵-太湖褶皱断陷区，基于三维地震资料的解释以及平衡剖面的恢复，认为句容地区经历了多期的构造演化，包括印支和燕山期的挤压，以后燕山晚期的拉张构造。从平衡剖面的演化来看，浅表二叠系滑脱层之上的构造经历了几次复杂的演化，导致滑移量大，缩短率高，构造变形及破坏非常强烈。这些构造虽然有良好的油气显示，但是由于构造成因复杂，破坏严重，这些构造部位勘探潜力低。

第二章 海相地层沉积特征与烃源岩发育

下扬子区在漫长的海相盆地演化过程中,出现了多次大量有机质会聚的时期,特别是晚震旦世至晚奥陶世、晚石炭世至晚二叠世及早三叠世,形成了丰富的烃源岩系,为海相盆地油气生成提供了重要的物质基础(李晋超等,1998;张抗,2000;郭念发等,2002)。

晚震旦世开始,下扬子区已成为一个稳定的克拉通边缘海相沉积盆地,震旦纪至早古生代,海盆持续性沉降,沉降中心位于浙西一带,海相沉积建造以碳酸盐岩沉积建造为主。这一时期的海相沉积主要以南京为代表的大型台地和其两侧发育的深水盆地为基本沉积格局。中央台地以碳酸盐岩沉积为主,其两侧的深水盆地以黑色泥岩、硅质岩和暗色碳酸盐岩等深水沉积建造为主,其中台地北部的滁县深水盆地沉积厚约400m,南侧的安吉盆地厚约600m。奥陶纪浙西钱塘一带复理石-浊积岩沉积厚约4000m,深水盆地的沉积物中富含有机质,是烃源岩会聚的主要场所。早寒武世烃源岩以暗色富海绵骨针硅质页岩建造为主。从而形成了区内早古生代烃源岩系,也是区内第一套烃源岩系。

早古生代晚期与早期的沉积格局有所不同。中奥陶世开始,"一台两盆"式沉积格局逐渐改变。以石台—宁国—长兴一线为界,其南为深水盆地,以粒屑灰岩、粗晶白云岩及深水泥岩、硅质岩建造为主,有机质丰富、烃源岩发育;其北为台地相区,以碳酸盐岩沉积为主,烃源岩相对贫乏。随着南部的华南古陆隆起、东部的古陆形成,大量碎屑物质的充填沉积,同时,上奥陶统五峰组、下志留统高家边组早期发生了大规模的海侵作用,该地区发育了碎屑岩盆地-滨岸沉积模式,德安—太平—宜兴—靖江一线以北的苏皖地区海水普遍加深,沉积了一套五峰组、高家边组底部硅质岩和黑色页岩,其中五峰组厚度在0.5~30m,高家边组底部黑色页岩厚度在30~70m,系滞留环境中欠补偿盆地相沉积,形成了下扬子区内局部性海相烃源岩系。该线以南的浙皖地区,沉积的是一套厚度超过上千米的浊积岩和碎屑岩,反映了构造活动强,沉降强烈,沉积物快速堆积,为盆地-陆棚相。

早古生代末期,江南隆起从浙皖边界抬起,晚震旦世至早古生代烃源岩沉积环境结束,代之而来的是晚古生代江南隆起及其东部的统一的陆表海盆地(俞凯等,2001)。其沉积中心位于浙北一带,石炭系至二叠系以滨海沼泽含煤碎屑岩和浅海碳酸盐岩沉积为主,聚集了丰富的有机物质,形成了第二套海相烃源岩系(图2-1)。

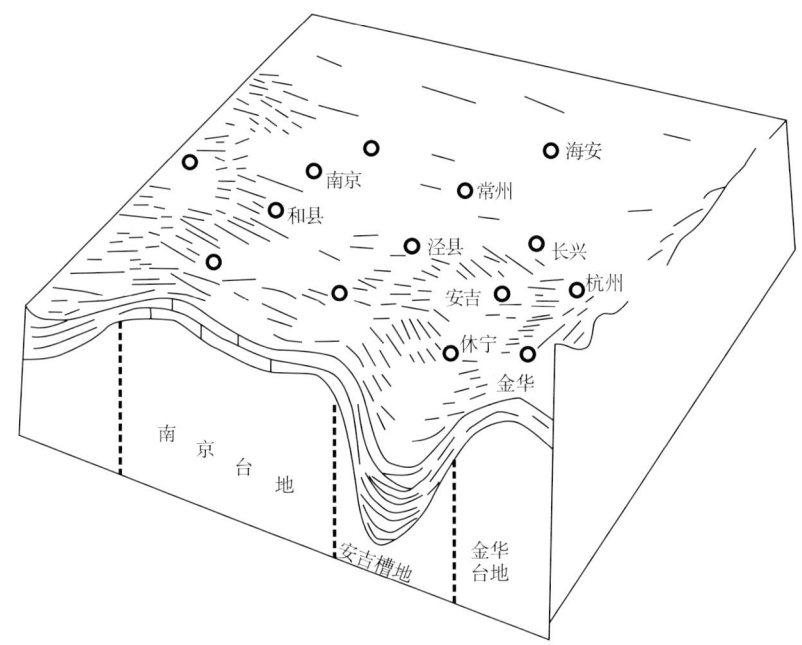

图 2-1　下扬子海盆早古生代构造格架（据俞凯等，2001）

早三叠世初期广泛海侵，三叠纪沉积以白云质、泥质灰岩为主，沉积中心向苏南和黄海方向转移，在全区发育了稳定的青龙组泥岩、钙质泥岩和碳酸盐岩沉积建造，并伴有大量有机质的堆积，形成了区内第三套海相烃源岩。海盆沉积大致以石台—长兴一线为界，其南为深水海盆，以泥岩、粉砂岩沉积为主；其北为开阔碳酸盐台地，以薄层泥晶灰岩和砾屑灰岩沉积为主。早三叠世晚期，海盆范围明显萎缩，并出现海湾和潟湖。中三叠世，海盆进一步萎缩至石台—长兴以北地区，原广海盆地逐渐被海湾和潟湖所取代，形成以周冲村组为代表的蒸发台地相、潟湖相白云岩和膏盐沉积，出现黄马青组海陆交互相。晚三叠世海水从区内大规模退出，海相沉积全面结束（郭念发等，2002）。下面主要针对重点烃源岩系沉积和发育特征进行阐述。

2.1　下寒武统沉积相与黑色岩系发育特征

2.1.1　荷塘组黑色页岩典型剖面沉积特征

根据下古生界的岩性组合、生物群特征及所处地质构造单元等方面的特征，下扬子地区可分为两个地层分区：下扬子地层分区（台地相）和江南地层分区（盆地相），其间存在过渡相带（宽约数千米）。在寒武系沉积期内，下扬子地层分区与江南地层分区的界线从早寒武世到中寒武世，逐渐由北向南移动，在前

Hsuaspi 期，其分界线大致在贵池-常州断裂带；在 *Hsuaspi* 期，分区界线向南移至东至县潘冲—青阳县黄柏岭—泾县北贡水库一线与东至县拱秀阁—石台县丁香沿线之间。到中寒武世，分区界线再向南移至黄花尖—七都—泾县—宣城一线（江南断裂）。

寒武系烃源岩主要发育于下寒武统。下扬子地层分区大致以滁河断裂及贵池-常州断裂为界划分出三个地层小区：滁州—盱眙地层小区、安庆—巢湖—南京地层小区及芜湖—石台地层小区，下寒武统的地层名称分别为黄栗树组、幕府山组（在宿松—巢湖一带为冷泉王组）、黄柏岭组。江南地层分区主要分布在安徽省南部广德—休宁一带（即广德—休宁地层小区）以及浙西地区，该区下寒武统为荷塘组、大陈岭组。下寒武统的烃源岩十分发育，主要分布在荷塘组、黄栗树组下段、黄柏岭组下段和幕府山组。其与南方的梅树村组、筇竹寺组和沧浪铺组下段相当（表 2-1）。

表 2-1 荷塘组地层对比表

统	阶	标准化石带 (卢衍豪，朱兆玲，1981)	下扬子地层区			
			江南地层分区	滁州-盱眙地层小区	芜湖-石台地层小区	安庆-巢湖-南京地层小区
下寒武统	沧浪铺阶	10 *Megapalaeolenus* 带 9 *Palaeolenus* 带 8 *Paokannia-Sichuanolenus* 带 7 *Drepanuroides* 带 6 *Yunnanaspis-Yiliangella* 带	荷塘组	黄栗树组下段	黄柏岭组下段	冷泉王组	幕府山组
	筇竹寺阶	5 *Yunnanocephalus-Malungia* 带 4 *Eoredlichie-Wutingaspis* 带 3 *Parabasiella-Mianxiandiscus* 带					
	梅树村阶	2 *Siphogonuchites-Zhijintites-Sachites* 组合 1 *Anabarites-Circotheca-Protohertzina* 组合					

下扬子区下寒武统富有机质泥页岩分布十分广泛,主要分布宁镇地区幕府山组、皖南和浙北地区的荷塘组、滁州地区的黄栗树组下段和皖江一带的黄柏岭组下段。其与南方的梅树村组、筇竹寺组和沧浪铺组下段相当。下寒武统主要出露于下扬子区南部石台到绩溪县一带,在其西北侧南京—巢湖一带也有少量出露(图2-2),总体上呈复背斜的方式向北东倾伏。下扬子区下寒武统地层钻孔揭露较少,但地层剖面出露较为完整,主要分布在皖南、浙西地区,宁镇和巢湖地区亦有少量出露完整的地层剖面。

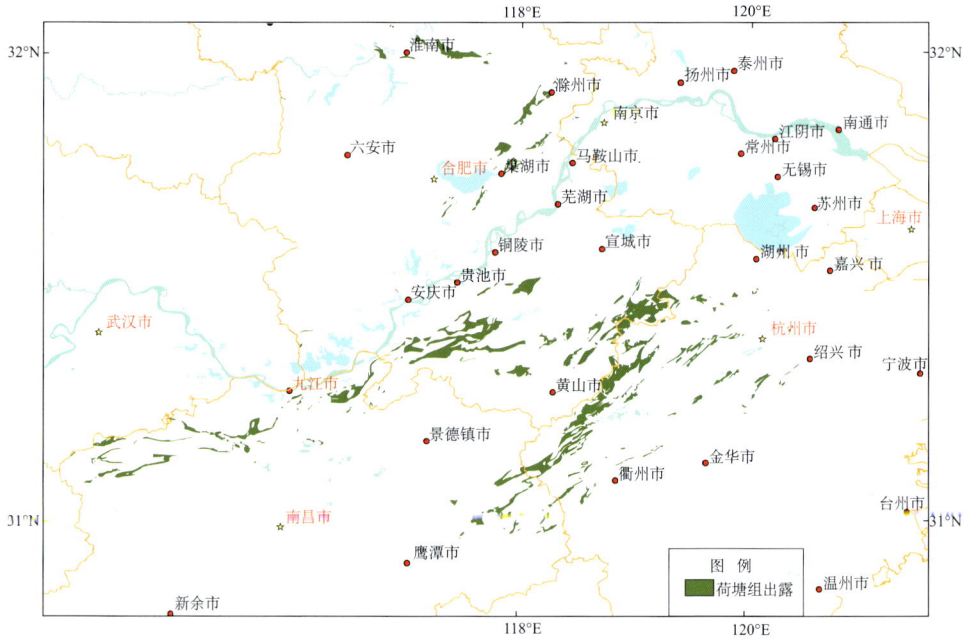

图 2-2 下寒武统荷塘组及相当地层野外出露图

2.1.1.1 皖南石台丁香树剖面

丁香树剖面(30°09′19.5″N, 117°18′33.4″E)出露较好,荷塘组出露齐全,总厚641.19m(图2-3)。其底界以黑色硅质碳质泥岩与上震旦统皮园村组灰黑色-黑色厚层状硅质岩整合接触,顶界以含硅质碳质页岩与下寒武统大陈岭组深灰色中厚层灰岩整合接触,自下而上可细划分为16层。丁香树剖面荷塘组出露的岩石类型以硅质岩、硅质页岩、硅质碳质页岩、碳质硅质页岩、碳质页岩为主,在剖面的中部以及下段发育两层灰岩,在剖面的上部硅质页岩和碳质页岩中夹数层石煤(图2-4)。

第二章 海相地层沉积特征与烃源岩发育

地层单位				代号	层号	厚度/m		岩性柱状	采样位置	岩性描述
界	系	统	组			层厚	累计			
下古生界	寒武系	下寒武统	大陈岭组	$\epsilon_1 d$						
			荷塘组		16	45.6	641.19			灰黑色含硅质碳质页岩,水平层理发育含黄铁矿
					15	45.6	595.59		▲	黑色中厚层硅质页岩夹薄层状碳质硅质页岩
					14	45.6	549.99		▲	灰黑色含硅质碳质页岩,水平层理发育含黄铁矿
					13	45.6	504.39		▲	黑色中厚层硅质页岩夹薄层状碳质硅质页岩
					12	59.96	458.79			黑色薄层状碳质页岩夹石煤
					11	35.54	398.83		▲	黑色中厚层硅质岩夹石煤
					10	51.93	363.29		▲	下部为黑色薄层状黑色页岩,上部为灰黑色、黑色硅质碳质泥岩,夹石煤
				$\epsilon_1 h$	9	18.27	311.36		▲	底部为灰黑色中层状灰岩泥灰岩,灰岩夹页岩、泥岩。向上为中薄层硅质碳质页岩
					8	98.45	293.05			黑色、灰黑色碳质页岩
					7	11.8	196.64			灰黑色薄层状碳质硅质页岩
					6	34.8	182.84			灰黑色薄层状碳质硅质页岩
					5	27.68	148.04		▲	黑色硅质岩,节理发育
					4	6.55	120.36			灰黑色厚层状灰岩夹薄层页岩,页岩层内见方解石脉,灰岩内硅质含量较高
					3	64.4	113.81			灰黑色薄层碳质页岩
					2	17.08	49.14		▲	灰黑色薄层硅质碳质页岩,泥质碳质页岩,碳质含量明显增多,污手。夹薄层灰黑色
					1	32.33	32.33		▲	灰黑色薄层碳质硅质页岩,向上硅质含量减少,泥质含量和碳质含量增多
元古界	震旦系	上震旦统	皮园村组	$Z_2 p$						灰黑色中厚层硅质岩

图 例

图 2-3 皖南石台丁香树下寒武统荷塘组实测剖面

图 2-4 石台丁香村荷塘组主要岩性野外照片

a. 黑色-灰黑色块状硅质岩；b. 灰黑色硅质碳质岩；c. 黑色碳质硅质岩；d. 灰色深灰色灰岩；
e. 黑色碳质页岩；f. 石煤

下寒武统大陈岭组 深灰色中厚层灰岩
——整合——
16. 灰黑色含硅质碳质页岩，水平层理发育含黄铁矿　45.6m
15. 黑色中厚层状硅质页岩夹薄层状碳质硅质页岩　45.6m
14. 灰黑色含硅质碳质页岩，水平层理发育含黄铁矿　45.6m
13. 黑色中厚层状硅质页岩夹薄层状碳质硅质页岩　45.6m
12. 黑色薄层状碳质页岩夹石煤　59.96m
11. 黑色中厚层状硅质岩夹石煤　35.54m
10. 下部为薄层状黑色页岩，上部为灰黑色、黑色硅质碳质泥岩，夹石煤　51.93m
09. 底部为灰黑色中层状灰岩夹泥页岩，灰岩夹页岩、泥岩。向上为中薄层状硅质碳质页岩　18.27m
08. 黑色、灰黑色碳质页岩　98.45m
07. 灰黑色薄层状碳质硅质页岩　11.8m
06. 灰黑色薄层状碳质硅质页岩　34.8m
05. 黑色硅质岩，节理发育　27.68m
04. 灰黑色厚层状灰岩夹薄层页岩，页岩层内见方解石脉，灰岩内硅质含量较高　6.55m
03. 灰黑色薄层状碳质页岩　64.4m
02. 灰黑色薄层状硅质碳质页岩，泥质碳质岩，碳质含量明显增多，污手。夹薄层状灰黑色硅质岩　17.08m
01. 灰黑色薄层状碳质硅质页岩，向上硅质含量减少，泥质含量和碳质含量增多　32.33m
——整合——
上震旦统皮园村组 灰黑色中厚层块状硅质岩

　　总体上丁香树剖面荷塘组以两段灰岩为界可分为三个大的沉积旋回。第一沉积旋回自皮园村组顶部开始，大套厚层硅质岩转变为荷塘组的碳质泥质岩为主，到第4层中厚层灰岩夹泥质页岩结束。第二沉积旋回从第5层硅质岩开始，向上转变为硅质碳质岩，硅质碳质岩、碳质页岩到第9层的灰岩夹碳质页岩为止，反映两次水体由深变浅。第三沉积旋回从第11层到第16层，在该沉积旋回内不再出现灰岩和含碳酸盐岩类，以硅质碳质页岩和硅质页岩夹碳质页岩相互消长。
　　该剖面以盆地相发育为特征，岩性主要为黑色薄层状硅质页岩、硅质岩、碳质页岩及泥页岩等岩性组合。

2.1.1.2 安徽滁州全椒黄栗树组剖面

安徽滁州全椒县黄栗树组剖面（32°11′34.9″N, 118°06′41.2″E），出露与下寒武统荷塘组相当的黄栗树组。该剖面黄栗树组出露不全，其底界以灰黑色薄层状灰岩与上震旦统灯影组灰白色厚层状云质灰岩整合接触，其顶部由于第四系覆盖出露不全，黄栗树组剖面总厚148.9m。自下而上可细划分为7层（图2-5）。全椒县黄栗树组剖面出露的岩石类型以灰岩为主，在剖面的中部夹较多的灰黑色泥岩（图2-6）。

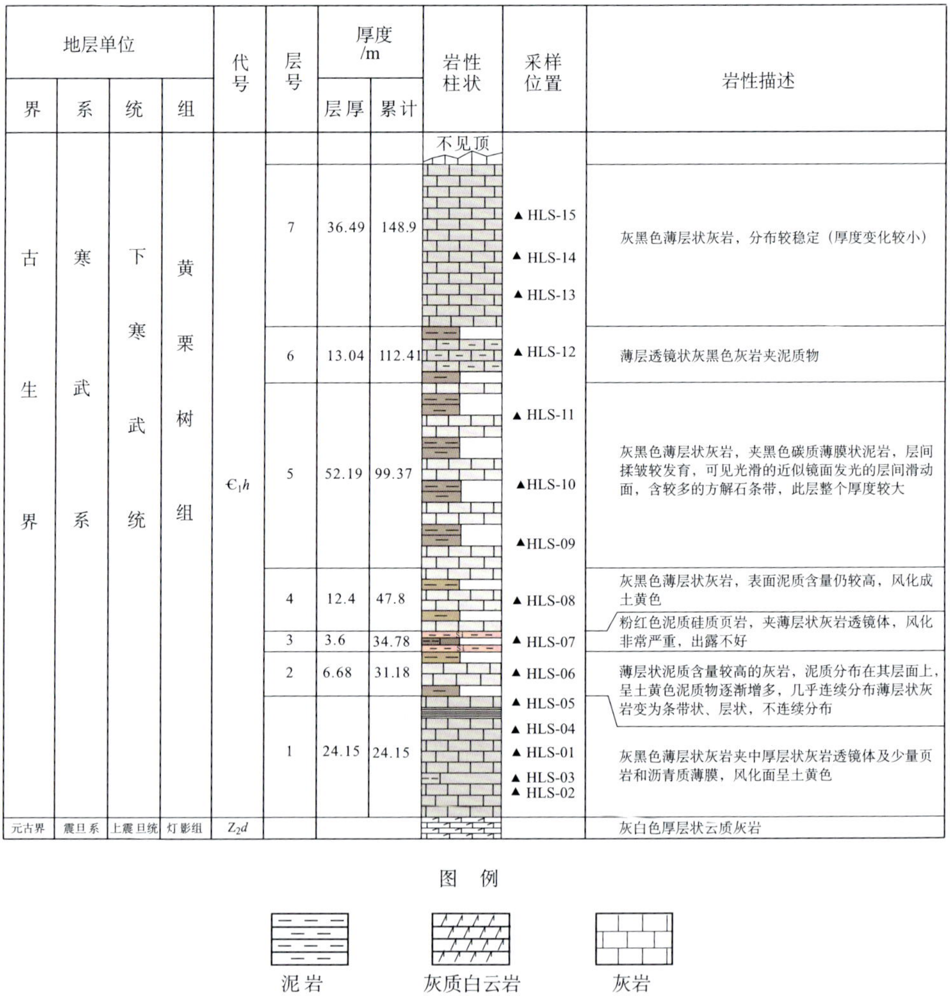

地层单位				代号	层号	厚度/m		岩性柱状	采样位置	岩性描述
界	系	统	组			层厚	累计			
古生界	寒武系	下寒武统	黄栗树组	ϵ_1h	7	36.49	148.9	不见顶	▲HLS-15 ▲HLS-14 ▲HLS-13	灰黑色薄层状灰岩，分布较稳定（厚度变化较小）
					6	13.04	112.41		▲HLS-12	薄层透镜状灰黑色灰岩夹泥质物
					5	52.19	99.37		▲HLS-11 ▲HLS-10 ▲HLS-09	灰黑色薄层状灰岩，夹黑色碳质薄膜状泥岩，层间揉皱较发育，可见光滑的近似镜面发光的层间滑动面，含较多的方解石条带，此层整个厚度较大
					4	12.4	47.8		▲HLS-08	灰黑色薄层状灰岩，表面泥质含量仍较高，风化成土黄色
					3	3.6	34.78		▲HLS-07	粉红色泥质硅质页岩，夹薄层状灰岩透镜体，风化非常严重，出露不好
					2	6.68	31.18		▲HLS-06 ▲HLS-05	薄层状泥质含量较多的灰岩，泥质分布在其层面上，呈土黄色泥质物逐渐增多，几乎连续分布薄层灰岩变为条带状、层状，不连续分布
					1	24.15	24.15		▲HLS-04 ▲HLS-01 ▲HLS-03 ▲HLS-02	灰黑色薄层状灰岩夹中厚层状灰岩透镜体及少量页岩和沥青质薄膜，风化面呈土黄色
元古界	震旦系	上震旦统	灯影组	Z_2d						灰白色厚层状云质灰岩

图 例

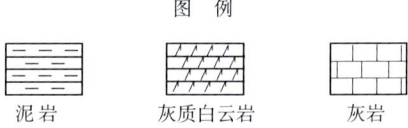

泥岩　　灰质白云岩　　灰岩

图2-5 安徽全椒县黄栗树组实测剖面

图 2-6 安徽全椒县黄栗树组主要岩性野外照片

a. 灰黑色硅质岩夹透镜状灰岩；b. 灰岩透镜体及沥青质薄膜；c. 灰黑色泥岩；d. 灰黑色泥岩、层间见摩擦镜面；e. 灰黑色泥岩；f. 灰色灰岩

安徽全椒黄栗树组：

不见顶

07. 灰黑色薄层状灰岩　　36.49m

06. 灰黑色薄层状和透镜状灰岩夹泥岩　　13.04m

05. 灰黑色薄层状灰岩，夹黑色碳质薄膜状泥岩，层间揉皱较发育，可见层间滑动镜面，层内含较多的方解石条带　　52.19m

04. 灰黑色薄层状灰岩，泥质含量较高，风化成土黄色　　12.4m

03. 粉红色泥质硅质页岩，夹薄层状灰岩透镜体，风化非常严重　　3.6m

02. 灰色薄层状泥岩、泥灰岩夹薄层状灰色灰岩，风化呈土黄色。向上泥质物逐渐增多，灰岩夹层由薄层状转变为不连续条带状分布　　6.68m

01. 灰黑色薄层状灰岩夹较厚的灰岩透镜体及少量页岩和沥青质薄膜，风化面呈土黄色　　24.15m

——整合——
上震旦统灰白色厚层状云质灰岩

2.1.1.3 江苏南京幕府山组剖面

江苏南京幕府山组剖面（32°07′09.2″N, 118°46′27.8″E），出露与下寒武统荷塘组相当的幕府山组。该剖面幕府山组出露不全，其底界以紫红色薄层状页岩与上震旦统灯影组灰白色厚层状白云岩假整合，其顶部由于第四系覆盖出露不全，厚38.72m（图2-7）。该剖面出露的幕府山组以碳质页岩为主，含一定量的硅质岩（图2-8）。逐层描述如下：

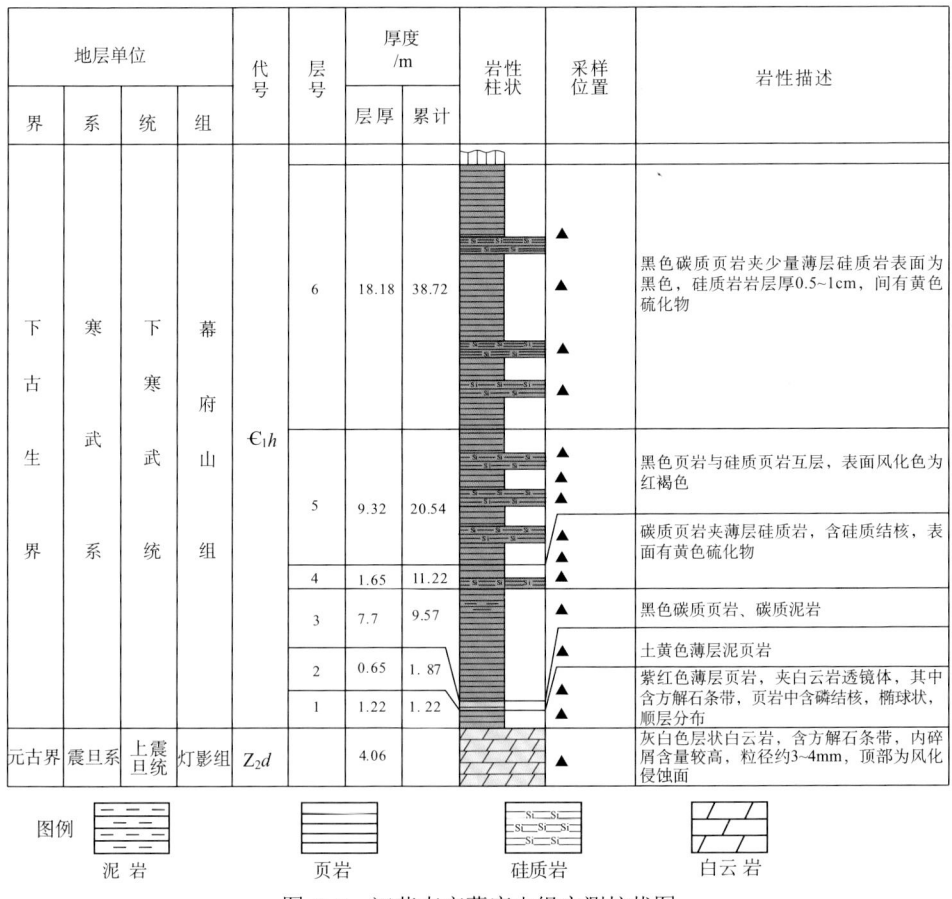

图 2-7 江苏南京幕府山组实测柱状图

图 2-8 江苏南京幕府山组主要岩性照片

a. 紫红色薄层状页岩；b. 土黄色薄层状泥页岩；c. 碳质页岩夹薄层硅质岩、椭球状硅质结核；d 黑色碳质页岩

不见顶

06. 黑色碳质页岩夹少量薄层状硅质岩，硅质岩夹层层厚 0.5～1cm，含黄色硫化物　18.18m

05. 黑色页岩与硅质页岩互层，表面风化为褐色　9.32m

04. 碳质页岩夹薄层状硅质岩，含硅质结核和黄色硫化物　1.65m

03. 黑色碳质页岩、碳质泥岩　7.7m

02. 土黄色薄层状泥页岩　0.65m

01. 紫红色薄层状页岩，夹白云岩透镜体，方解石脉发育，页岩中含椭球状磷结核顺层分布　1.22m

---------假整合-----------

上震旦统灯影组　灰白色厚层状白云岩

　　幕府山剖面可划分为两个大的沉积旋回（图 2-7），第一沉积旋回自幕府山组底部开始，由夹白云岩透镜体的紫红色页岩转变为黑色碳质页岩和碳质泥岩，到第 3 层黑色薄层状泥页岩结束，反映水体由浅变深的过程；第二个沉积旋回从第 4 层碳质页岩夹薄层状硅质岩开始，向上转变为黑色页岩夹薄层硅质页岩，到第 6 层截止，反映了水体再次加深的过程。

地层单位				代号	层号	厚度/m		岩性柱状	采样位置	岩性描述
界	系	统	组			层厚	累计			
古生界	寒武系	下寒武统	荷塘组	$\epsilon_1 h$	4	21.6	74.1		▲▲▲▲	薄厚层钙质硅质岩之上为中薄层硅质岩
					3	19.2	52.5			灰白色中厚层钙质硅质岩夹厚层硅质岩
					2	20.5	33.3		▲	中厚层钙质硅质岩夹薄层硅质岩
					1	12.8	12.8		▲▲▲	灰白色中厚层硅质岩，硅质页岩，水平层理，斜层理发育，在硅质页岩层段可见黄铁矿
元古界	震旦系	上震旦统	西峰寺组	$Z_2 x$						灰白色厚层细晶白云岩

图 例

硅质岩

泥页岩

钙质硅质岩

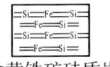
含黄铁矿硅质岩

白云岩

图 2-9 浙江德清官山荷塘组实测柱状图

该剖面反映的沉积相主要为陆棚相，岩性组合以黑色碳质页岩、碳质泥岩及硅质岩为主要特征。该剖面下部见藻类化石 *Vendotaenia antiqua*，*V. digymos*，并在中上部见有三叶虫 *Paokannia* 和 *Redlichia nobilis*，这与西南地区下寒武统沧浪铺阶 *Paokannia-Sichuanolenus* 带的化石相当。

2.1.1.4 浙江德清安吉官山荷塘组剖面

浙江德清安吉官山剖面（30°34.663′N，120°47.774′E）荷塘组出露不全，累计厚度74.1m（图2-9）。其底界以灰白色硅质岩、硅质页岩与上震旦统西峰寺组灰白色厚层状细晶白云岩整合接触，其顶部由于第四系覆盖出露不全，该剖面出露的荷塘组以硅质岩为主，含一定量的硅质页岩（图2-10）。从岩性上来讲，该剖面总体可分为两段，第一段为第1到第3层，由中厚层状硅质岩、硅质页岩转变为中厚层状钙质硅质岩，碳酸盐成分向上有所增加，可能反映水体向上变浅。第二段为第4层，由11个2m左右的薄层状硅质页岩到中层状硅质岩旋回叠加，反映水体相对稳定，但有一定的波动。现将该剖面逐层描述如下：

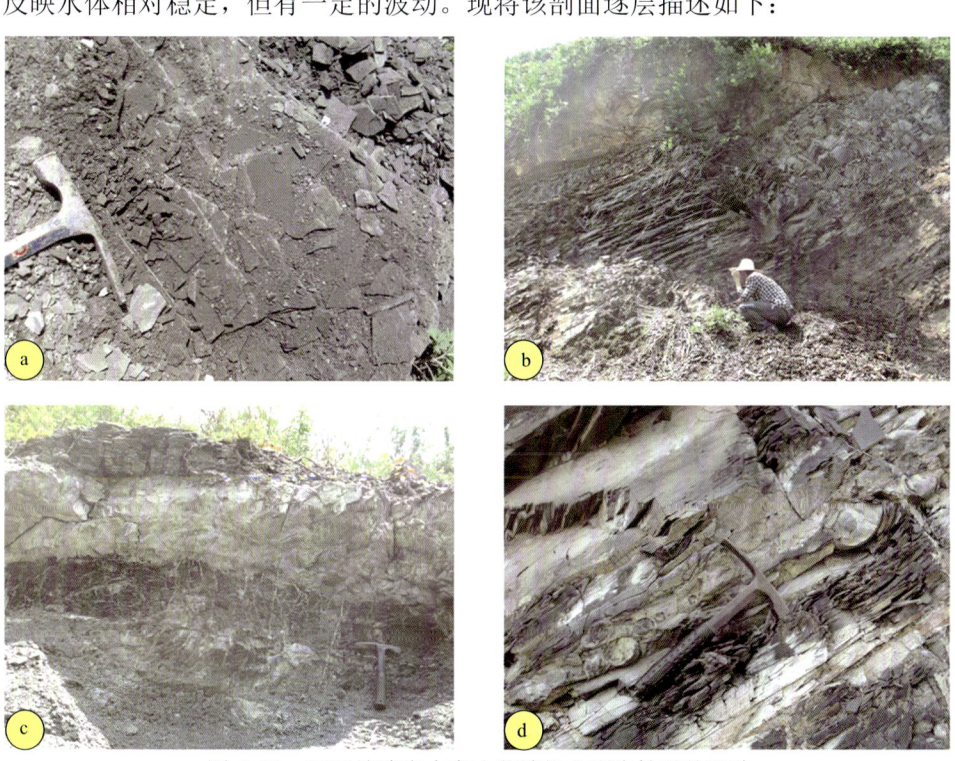

图2-10 浙江德清安吉官山荷塘组主要岩性野外照片

a. 灰黑色硅质岩夹泥质页岩；b. 薄层状钙质硅质岩；c. 灰白色钙质硅质岩夹灰黑色硅质页岩；d. 灰黑色硅质页岩中含磷结核

地层单位				代号	层号	厚度/m		岩性柱状	采样位置	岩性描述
界	系	统	组			层厚	累计			
下古生界	寒武系	下寒武统	荷塘组	$\epsilon_1 h$	12	15.68	134.97		▲	黑色碳质泥岩层,夹薄层硅质岩,见约1m厚石煤层
					11	2.00	119.29			磷结核层(中薄层硅质岩夹磷结核),磷结核呈椭球状,长轴直径6~7cm,含较多硫化物,可见较多黄铁矿
					10	1.00	117.29			黑色中层块状,含大量颗粒黄铁矿,风化面见黄色硫化物,变浅褐风化,表面较软
					9	6.36			▲	厚层-块状黑色硅质岩,纯度高
					8	33.07	109.93		▲	中厚层黑色硅质岩
					7	5.96	76.86		▲	中薄层黑色硅质岩,含黄褐色硫化物
					6	36.60	70.90		▲	中厚层黑色硅质岩,表面有黄褐色硫化物被植被覆盖,可见部分硅质岩露头
					5	22.56	34.3		▲	深灰色中层硅质岩,致密坚硬,见波状纹层类似于沉积岩的缝合线,多见碎裂
					4	2.76	11.74		▲	厚-块状黑色硅质岩,致密坚硬、性脆
					3	1.01	8.98			深灰色中-薄层硅质岩,顶部夹黑色碳质页岩具片理结构
					2	6.58	7.97			中厚层深灰色硅质岩,棱角分明,断面致密,23.7m处见小褶皱出露
					1	1.39	1.39			薄层灰黑色硅质岩,中细粒结构,与灯影组呈假整合,两者产状一致,无明显风化
元古界	震旦系	上震旦统	灯影组	$Z_2 d$		6.73				深灰色中厚层灰质白云岩,见水平层理,近顶部夹黄铁矿颗粒

图 例

 硅质岩　　 泥岩　　 煤层　　 灰岩

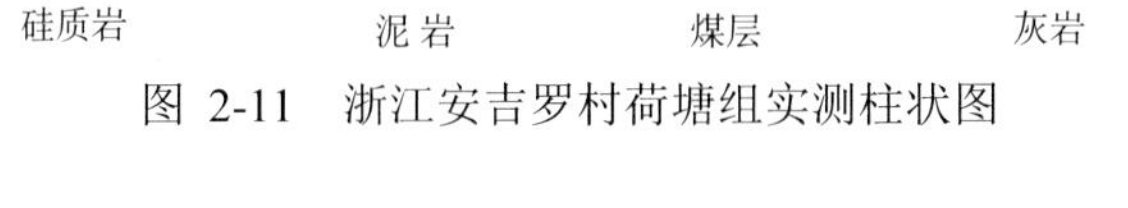

图 2-11　浙江安吉罗村荷塘组实测柱状图

未见顶

04. 灰色-深灰色中-薄层状硅质岩，硅质页岩内含磷结核。垂向上以 2m 左右的薄层状硅质页岩到中层状硅质岩旋回叠加，共 11 个旋回　21.6m

03. 灰白色中厚层状钙质硅质岩夹厚层状硅质岩　19.2m

02. 灰白色中厚层状钙质硅质岩夹薄层状硅质岩　20.5m

01. 灰白色中厚层状硅质岩、硅质页岩，水平层理、斜层理发育，在硅质页岩层段可见黄铁矿　12.8m

——整合——

上震旦统西峰寺组灰白色厚层状细晶白云岩

2.1.1.5　浙江安吉罗村荷塘组剖面

浙江安吉罗村剖面（30°34.663′N, 120°47.774′E）荷塘组出露不全，累计厚度 134.97m（图 2-11）。其底界以灰黑色薄层状硅质岩与上震旦统灯影组深灰色白云质灰岩假整合接触，其顶部由于第四系覆盖出露不全，该剖面出露的荷塘组以硅质岩为主，仅在剖面的顶部才出现少量的黑色碳质页岩（图 2-12）。剖面逐层描述如下：

图 2-12　浙江安吉罗村荷塘组主要岩性野外照片

a. 灰黑色中-厚层硅质岩；b. 灰黑色中-薄层硅质岩；c. 中-薄层硅质岩中夹磷结核；d. 黑色碳质页岩

不见顶

12. 黑色碳质泥岩层，夹薄层状硅质岩，见约 1m 厚石煤层　　15.68m

11. 磷结核层（中薄层状硅质岩夹磷结核），磷结核呈椭球状，长轴直径 6～7cm，含较多硫化物，可见较多黄铁矿　　2.00m

10. 黑色中厚层块状硅质岩，含大量颗粒黄铁矿，风化面见黄色硫化物，受淋滤风化，表面较软　　1.00m

09. 黑色厚层-块状硅质岩，纯度高　　6.36m

08. 黑色中厚层硅质岩　　33.07m

07. 黑色中薄层状硅质岩，含黄褐色硫化物　　5.96m

06. 黑色中厚层状硅质岩，植被覆盖严重　　36.60m

05. 深灰色中厚层状硅质岩，致密坚硬，见波状纹层，多碎裂　　22.56m

04. 黑色厚-块状硅质岩，致密坚硬、性脆　　2.76m

03. 深灰色中厚-薄层状硅质岩，顶部夹黑色碳质页岩具片理结构　　1.01m

02. 深灰色中厚层状硅质岩，断面致密，小褶皱发育　　6.58m

01. 灰黑色薄层状硅质岩，与灯影组呈假整合　　1.39m

----------整合----------

上震旦统灯影组深灰色白云质灰岩

2.1.1.6　昆 2 井

昆山地区是目前苏南东部寒武系最完整的地区。该区揭露的钻孔有昆 1 和昆 2 井，昆 1 井位于马鞍山南坡山脚，昆 2 井在昆 1 井之南南东约 1000m 处。由马鞍山露头剖面及昆 1 和昆 2 井一起组成了较完整的寒武系至下奥陶统的连续剖面。

昆 2 井岩性剖面描述如下（图 2-13 和图 2-14）：

中寒武统炮台山组

12. 灰白色白云岩，富铁质，293m 处出现约 1.5m 富硫页岩　　20.8m

——整合——

下寒武统幕府山组

11. 灰色灰岩夹灰黑色泥质白云岩或与泥质白云岩互层，361m 处出现连续厚度约 3m 的泥质白云岩　　80.0m

10. 灰色灰岩夹薄层状泥岩和硅质岩　　49.5m

09. 灰黑色泥岩　　9.5m

08. 灰色灰岩　　9.6m

07. 灰黑色含泥灰岩　　16.3m

06. 灰色灰岩和灰黑色含灰泥岩互层　　59.8m

05. 灰色灰岩　　7.2m

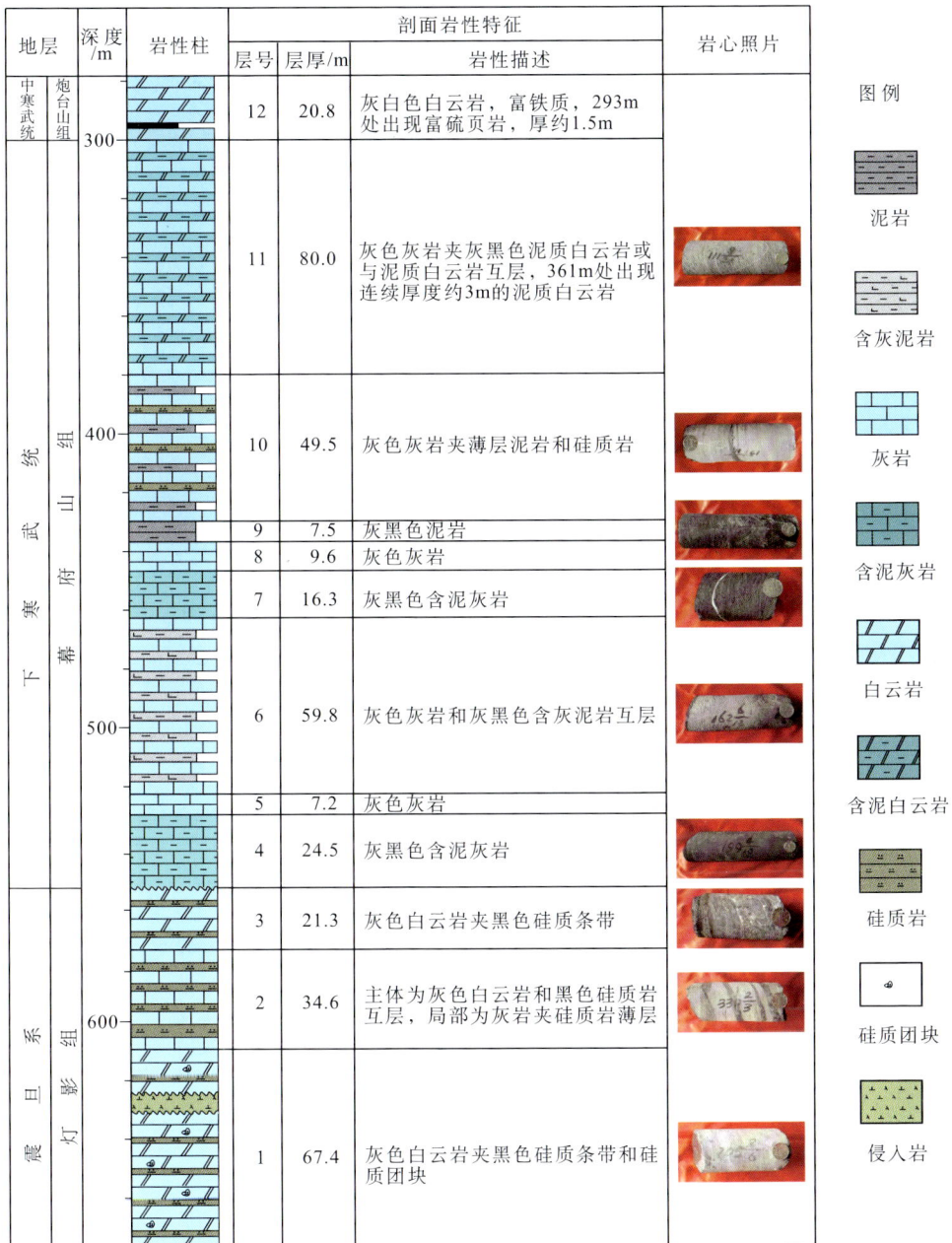

图 2-13 昆 2 井下寒武统幕府山组—震旦纪灯影组岩性柱状图

图 2-14 昆 2 井典型岩心及显微镜照片

a.灯影组顶部白云岩夹硅质岩,白云岩受改造强烈;b.幕府山组底部灰黑色含云含泥灰岩夹硅质薄层;c.幕府山组上部灰黑色泥岩;d.幕府山组顶部浅灰色灰岩,纹层发育;e.幕府山组上部灰黑色泥质白云岩夹层,正交光;f.幕府山组顶部灰色灰岩镜下照片,正交光

04. 灰黑色含泥灰岩　24.5m
——不整合——
震旦系灯影组
03. 灰色白云岩夹黑色硅质条带　21.3m

02. 主体为灰色白云岩和黑色硅质岩互层，局部为灰岩夹硅质岩薄层　34.6m

01. 灰色白云岩夹黑色硅质条带和硅质团块　67.4m

2.1.1.7　皖宁 2 井

皖宁 2 井位于江南隆起北东端施姑萍背斜北东倾伏部位，开钻层位第四系之下为中寒武统杨柳岗组，完钻地层为震旦统西尖山组（未穿）。皖宁 2 井全井段取心，并有相关测井、录井、岩心分析化验资料。从岩性上来讲总体可分为两段，均反映水体由深变浅的旋回序列。下段由黑色硅质页岩向上转变为黑色泥岩再到泥灰岩，碳酸盐成分向上有所增加，可能反映水体向上变浅。上段下部为页岩与黑色含硅质泥岩互层，向上总体递变为黑色泥岩组合，再上部为大陈岭组黑色泥岩与深灰色泥晶-细粉晶含泥灰岩互层，反映水体总体上向上变浅（图 2-15）。钻孔剖面特征如下：

杨柳岗组：灰黑色含云-云质泥岩，局部泥质云岩频夹纹层状泥晶-细粉晶灰岩薄层或透镜体，与下伏地层呈整合接触。

大陈岭组：

上段（335～426m）黑色泥岩，页岩频夹深灰色细粉晶含泥灰岩薄层，条带状；

下段（426～540m）黑色泥岩与深灰色泥晶-细粉晶含泥灰岩略等厚频繁互层。

与下伏地层呈整合接触。

荷塘组：

540～694m：黑色泥岩，局部页岩与黑色含硅质泥岩互层；

694～723m：深灰色细粉晶泥质灰岩夹含泥含硅质灰岩薄层；

723～782.5m：黑色泥岩，含硅-硅质泥岩频夹深灰色细粉晶含硅、含泥灰岩薄层；

782.5～816.5m：上部黑色硅质岩，下部黑灰色细粉晶含泥含硅质云岩。

与下伏地层呈整合接触。

皖宁 2 井揭露的下寒武统主要揭示了陆棚-盆地相及碳酸盐台地相两种沉积相类型。陆棚-盆地相岩性以硅质岩、硅质泥岩及泥岩夹含泥灰岩及含云岩为主要特征。碳酸盐台地相以灰岩及泥灰岩为特征沉积。

2.1.1.8　宣页 1 井

宣页 1 井位于江南隆起梅林向斜南西翼，该井与皖宁 1 井直线距离约 300m，与皖宁 2 井直线距离约 8.3km，开钻地层第四系，之下为下奥陶统宁国组，完钻井深 2848.8m，完钻地层为下寒武统荷塘组（未穿）。从岩性上来讲总体可分为两段，均反映水体由深变浅的旋回序列。下段由黑色硅质页岩向上转变为黑色泥

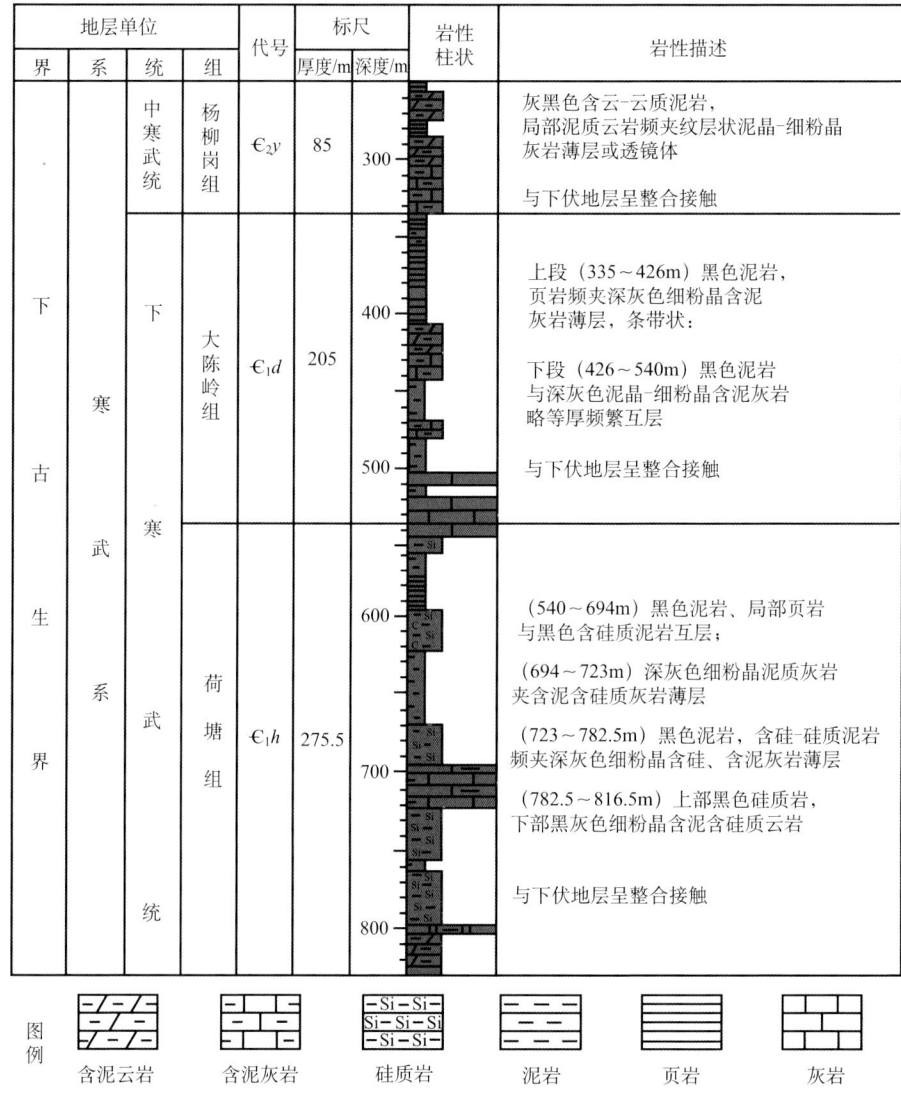

图 2-15 皖宁 2 井岩性柱状图

岩再到泥灰岩，碳酸盐成分向上有所增加，可能反映水体向上变浅。上段下部为页岩与黑色含硅质泥岩互层，向上总体递变为黑色泥岩组合，再上部为大陈岭组黑色泥岩与深灰色泥晶-细粉晶含泥灰岩互层，反映水体总体上向上变浅（图 2-16、图 2-17）。现将该井岩心描述如下：

上覆地层：杨柳岗组

大陈岭组：

2381.64～2427.91m：为黑色泥岩；成分主要为泥质，次为硅质，少量黄铁矿、石英、长石、云母。参差状断口，质纯性脆，致密坚硬。薄层状构造。

2427.91～2475.25m：主要为黑色页岩；

2475.25～2519.18m：上部为黑色泥岩，下部为含灰泥岩；

2519.18～2604.76m：灰黑色泥页岩，成分主要为泥质，次为碳质，少量黄铁矿、石英、长石、云母。条痕色灰色，参差状断口，质纯性脆，致密坚硬，染手。黄铁矿呈星点状及条带状分布。页理发育，页理面平整。

荷塘组：

2604.76～2671.67m：灰黑色含硅质碳质泥页岩；成分主要为泥质，次为碳质和硅质，少量黄铁矿、石英、长石、云母。条痕色灰色，参差状断口，质纯性脆，致密坚硬，染手。黄铁矿呈星点状分布。页理发育，页理面平整，页理面上具滑动面，滑动面光滑平整。

2724.81～2848.8m：黑色泥岩。

未穿

宣页1井自荷塘组底部开始，至大陈岭组顶部结束，岩性以黑色泥岩、灰黑色含硅质碳质泥页岩为特征，表明处于较深水的沉积环境。主要沉积相类型为盆地相。

图 2-16 宣页1井岩心照片

2.1.1.9 荷塘组及相当地层黑色页岩岩石学特征

通过对下寒武统荷塘组及相当地层剖面及岩心观察表明：荷塘组烃源岩以灰黑色-黑色页岩和黑色具水平纹层的泥岩为主。根据页岩的颜色、物质组成以及结构构造，荷塘组页岩可细分为：黑色碳质页岩、石煤、黑色硅质页岩、灰黑色-黑灰色-青灰色钙质页岩、灰色-黑色具水平层理泥岩和少量的粉砂质页岩6大类。现将其岩石学特征描述如下：

地层单位			代号	标尺		岩性柱状
界	系	统 组		厚度/m	深度/m	
下古生界	奥陶系	下奥陶统 宁国组	O_1n	220	100	
		下奥陶统 印渚埠组	O_1y	1020	500 / 1000	
	寒武系	上寒武统 西阳山组	ϵ_3x	290		
		上寒武统 华严寺组	ϵ_3h	720	1500 / 2000	
		中寒武统 杨柳岗组	ϵ_2y	330		
		下寒武统 大陈岭组	ϵ_1d	170	2500	
		下寒武统 荷塘组	ϵ_1h	300	2800	

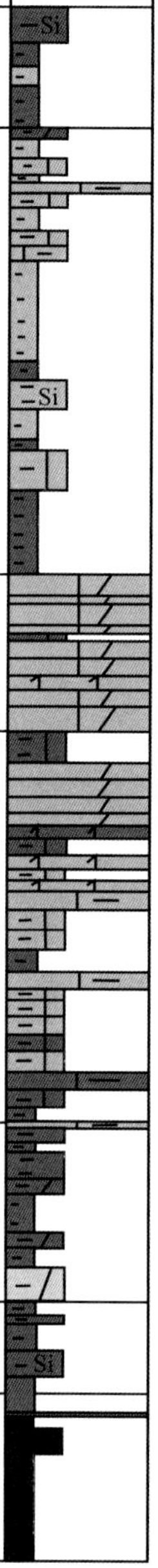

图例：含泥云岩　含泥灰岩　硅质岩　泥岩　灰岩

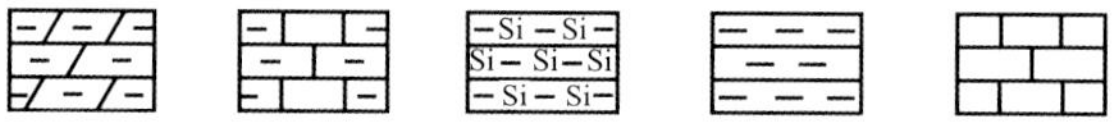

图 2-17　宣页 1 井岩性柱状图

黑色碳质页岩，如图 2-18（a）所示。与其他页岩的明显区别是质软，污手，页理发育，但页理面不太平整，沿页理劈开后可见斑点状碳质，碳质部分颗粒感强。黑色碳质页岩的单层厚度以及所占地层总厚的比例随其沉积环境的变化而变化，在西北扬子台地边缘地区碳质页岩单层厚度以及总厚度均较大，例如在南京幕府山与荷塘组相当的幕府山组剖面，碳质页岩和钙质页岩几乎占总地层厚度的95%以上（图 2-7）。

石煤，如图 2-18（b）所示。典型的荷塘组剖面，依据剖面所在的位置不同可以含 3~5 层不等的石煤层。例如在宣页 1 井至少含 4 层石煤层，在皖宁 2 井至少含 3 层石煤层。总体上石煤层在荷塘组的单层厚度不大，最大不超过 2m。荷塘组所含石煤层一般含碳较高，呈黑色，具有半亮光泽，杂质少。

黑色硅质页岩，如图 2-18（c）所示。硅质页岩与其他页岩的主要区别是质硬且脆，页理发育，页理面平整，断口平直。荷塘组及相当地层中黑色碳质页岩单层厚度总体上较大，有时单层厚度高达几百米。在硅质页岩段往往会出现非常平直的切层方解石脉。总体上，硅质页岩存在的东南地区所占荷塘组地层总厚比例较大，且伴随黄铁矿产出。

灰黑色-黑灰色-青灰色钙质页岩，如图 2-18（d）所示。钙质页岩以其有机质含量和钙质含量的多少，新鲜面颜色从灰黑色到黑灰色甚至到青灰色之间变化。与其他页岩的典型区别是滴酸冒泡，页理发育，页理面平整，硬度中等，断口呈贝壳状。钙质页岩在荷塘组及相当地层也占相当大的比例，且单层厚度变化较大，从几米到几十米，往往伴随较多的方解石脉体。

灰色-黑色具水平层理泥岩，如图 2-18（e）所示。泥岩以其所含有机质的多少，颜色从灰色到黑灰色、灰黑色和黑色渐变。与页岩区别明显的是页理不发育，但可见非常平整的水平纹层理。主要是黏土纹层与钙质纹层或者有机质纹层组成的纹层结构。

2.1.2 荷塘组黑色泥页岩沉积环境及岩相古地理

2.1.2.1 荷塘组岩性地层对比

1. 下寒武统荷塘组地层对比剖面 I

该剖面位于下扬子北东区域，由全椒县黄栗树组剖面、南京幕府山组剖面、句容下寒武统剖面以及昆 2 井组成。其中全椒县黄栗树组剖面和昆 2 井下寒武统黄栗树组和荷塘组较完整，南京地区幕府山组出露不全，仅保留相当荷塘组的下段部分（图 2-19）。

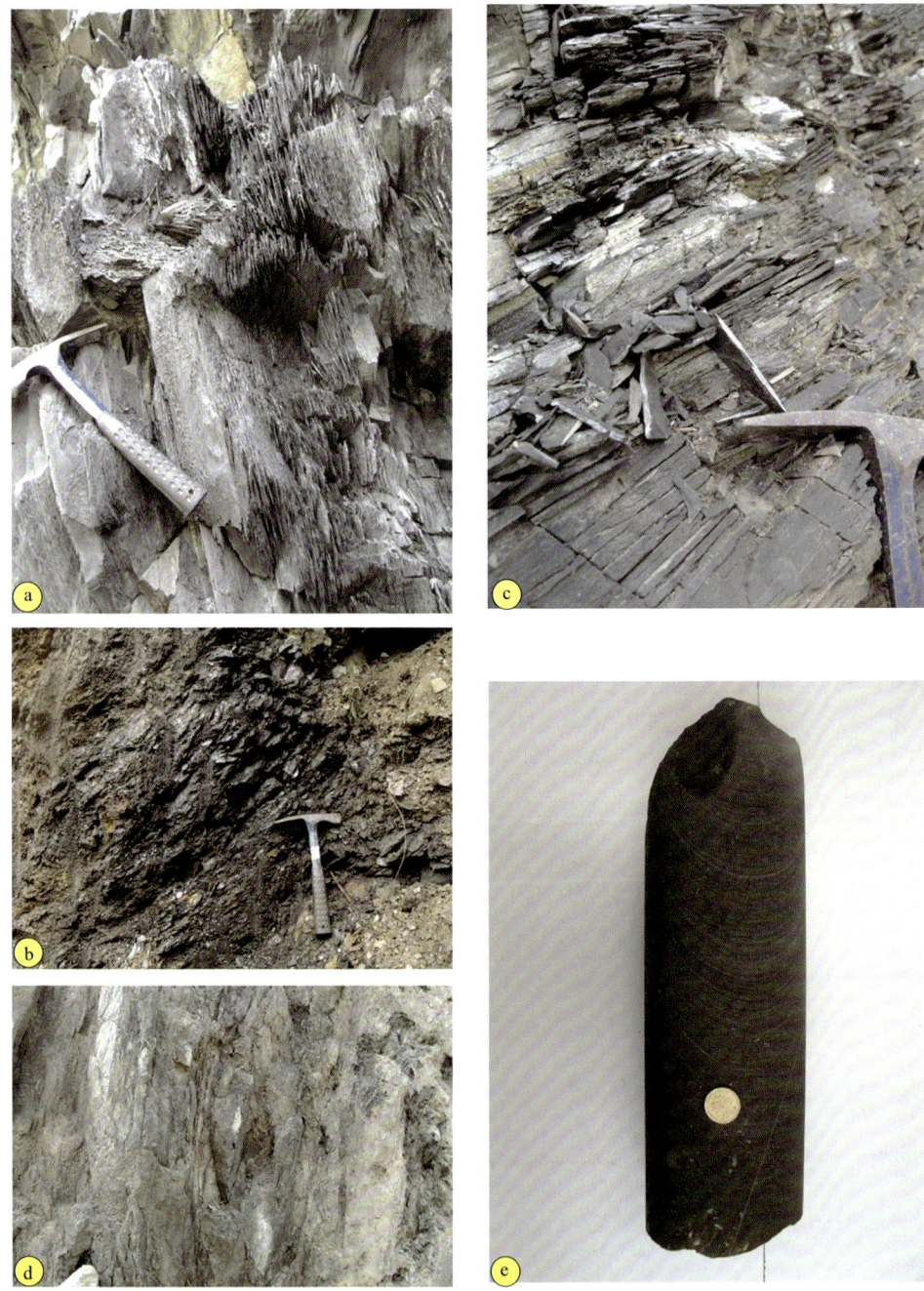

图 2-18　典型下寒武统荷塘组黑色泥页岩照片

a. 黑色碳质页岩；b. 石煤；c. 黑色硅质页岩；d. 灰黑色-黑灰色-青灰色钙质页岩；e. 灰色-黑色具水平层理泥岩

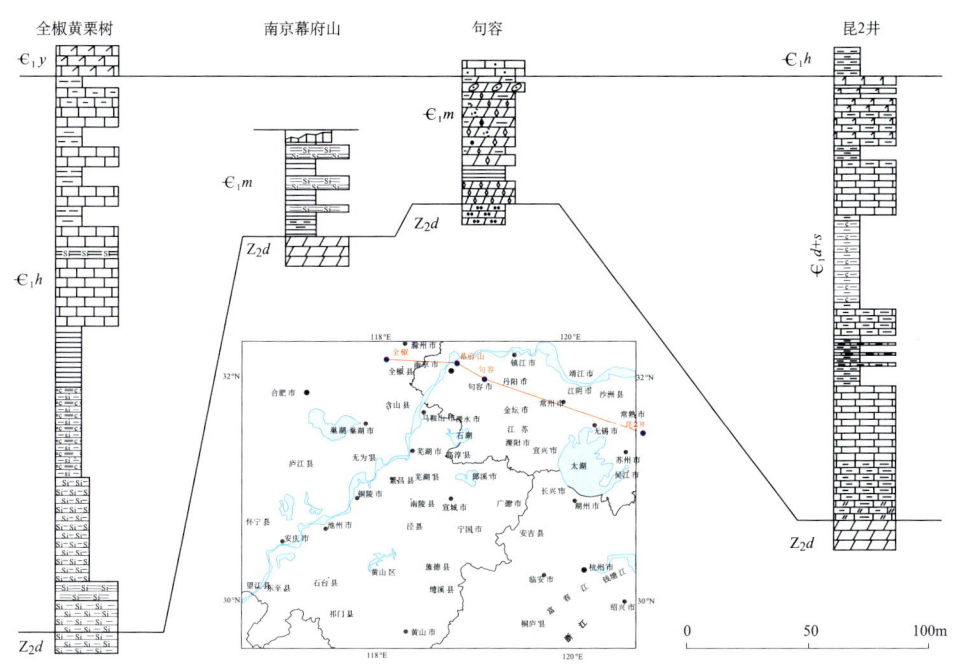

图 2-19　下寒武统荷塘组地层对比（Ⅰ）

岩性花纹与图 2-21 同

从对比剖面来看，沉积厚度波动较大，相对来讲南京-句容地区幕府山组厚度最小。从岩相上来讲，荷塘组的上段均以灰岩为主，夹极少的黑色页岩，横向相对稳定，可能表明沉积环境也相对稳定，水体深度大体相同。但荷塘组下段从全椒剖面底部的硅质岩-硅质页岩-碳质页岩序列，到南京-句容地区的黑色页岩为主夹少量的碳酸盐岩，再到东南的昆山地区昆 2 井转变为碳酸盐岩-黑色碳质页岩序列。从北西到南东碳酸盐岩的含量增加，可能反映水体深度依次变浅。

2. 下寒武统荷塘组地层对比剖面 Ⅱ

该剖面位于下扬子区中部，由 6 条剖面组成，跨越巢湖、皖东南和浙西北地区。揭露地层有黄栗树组、冷泉王组以及荷塘组。其中浙西北的安吉罗村和官庄剖面荷塘组出露不全，仅保留荷塘组的下段（图 2-20）。

从沉积厚度来看，其变化也相对较大，但与剖面 Ⅰ 两边厚中间薄的厚度模式相比，剖面 Ⅱ 刚好相反，呈现两边薄中间厚的格局。可能反映荷塘组沉积期不同区域，地形起伏较大，呈现隆拗相间的古地理格局。

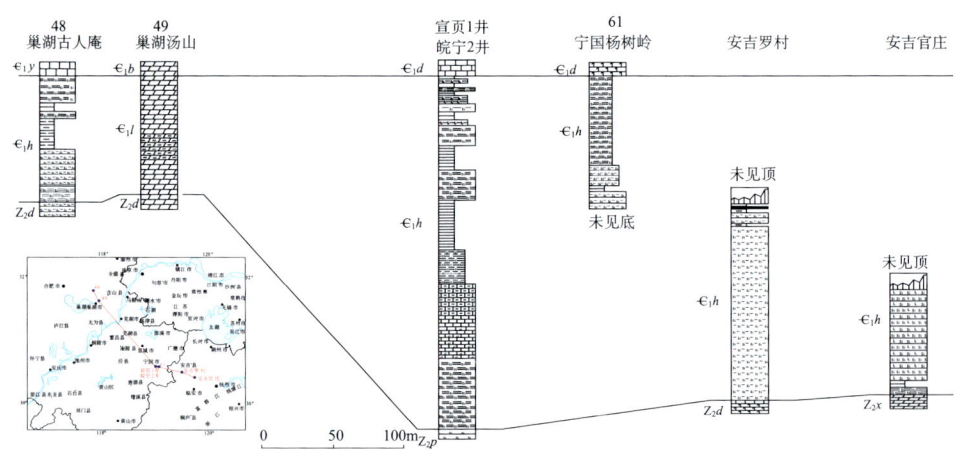

图 2-20 下寒武统荷塘组地层对比（Ⅱ）

岩性花纹与图 2-21 同

从岩相上来讲，除宣页 1 井和皖宁 2 井所揭示的荷塘组还能分出上下段以外，其他 4 条剖面荷塘组的上下段岩性相对一致，从岩性上较难区分。这可能反映了中部地区上下荷塘组沉积期的沉积环境继承性较好，变化不大。此外，从横向上来看，从北西巢湖地区汤山剖面冷泉王组大段的深灰色白云岩，到宣页 1 井、皖宁 2 井、宁国杨树岭剖面荷塘组的硅质岩、硅质页岩和碳质页岩，再向东南进入浙西北的安吉罗村、官庄剖面的硅质岩、钙质硅质岩为主，反映水体深度由浅逐渐变深。该条剖面反映的横向上水体深度的变化与剖面Ⅰ明显不同，表明早寒武世沉积时地形高低不平，隆拗相间。

3. 下寒武统荷塘组地层对比剖面Ⅲ

该剖面位于下扬子区西南部，由 7 条剖面组成，覆盖整个皖南地区。其中歙县黄柏山剖面荷塘组出露不全，仅保留荷塘组的下段及部分上段（图 2-21）。

从沉积厚度来看，7 条剖面揭示的厚度变化相对下扬子区中上部相对稳定。从岩相上来讲，荷塘组的下段，7 条剖面出露的岩性垂向上变化规律相对一致，总体上均呈一个硅质岩系-碳质、泥质岩系序列，在个别剖面，该序列的顶部沉积一套厚度不大的碳酸盐岩。反映了一个水体逐渐变浅的过程。荷塘组的上段，同样由一个能反映水体变浅的沉积序列组成，但岩性横向上的变化加大。例如东至潘坑剖面荷塘组上段水体变浅的沉积序列由碳质页岩到钙质页岩的转变，而其东南拱秀阁剖面则表现为硅质岩类向碳质页岩的转变，再向东南到歙县地区，则水体深度的变化表现得不是很明显，总体上以硅质岩为主。由此看来，皖南地区荷塘组沉积早期水体深度一致，但荷塘组沉积晚期，水体深度由西向东逐渐变深。

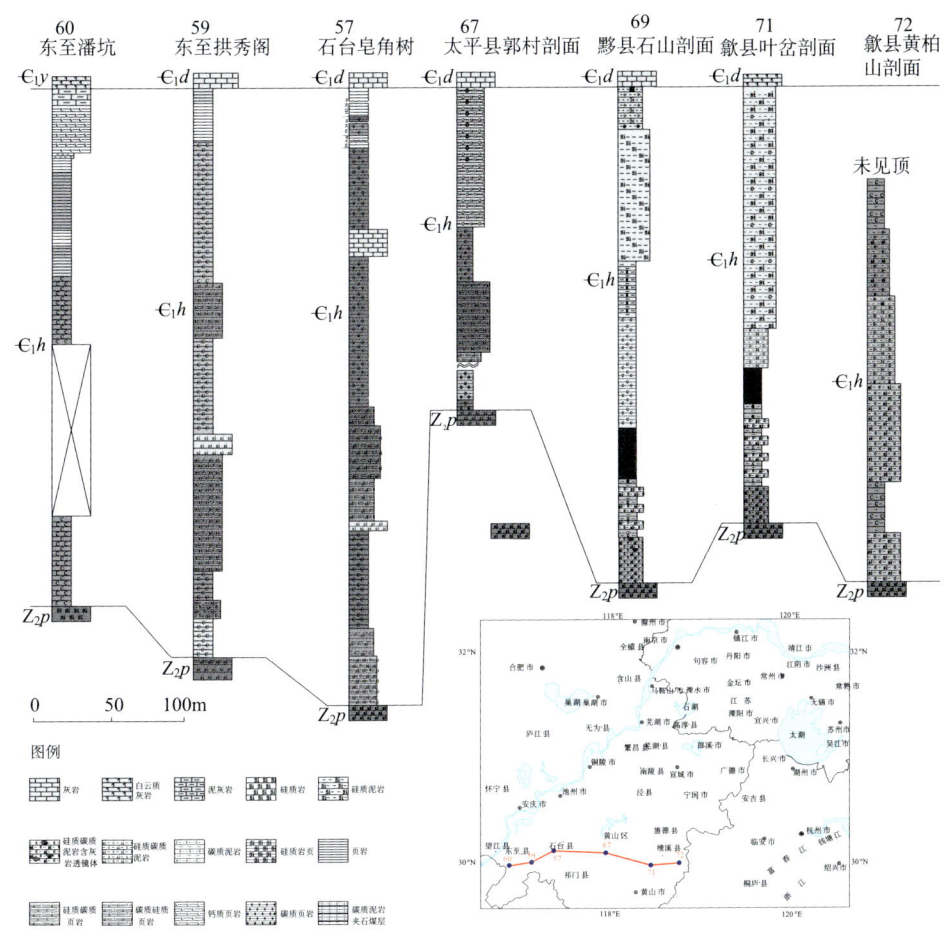

图 2-21 下寒武统荷塘组地层对比（Ⅲ）

2.1.2.2 构造-沉积格局与岩相古地理

下扬子区的边界断裂为郯-庐断裂和江山-绍兴断裂，郯庐断裂带以东、嘉山-响水断裂以南属于扬子陆块，嘉山-响水断裂以北属于华北陆块，南部江山-绍兴断裂为扬子陆块的南部边界断裂。区内发育多条控制地层沉积的主要断裂，基本上以北东走向为主。其中三条北东向主控断裂自北而南为巢湖-泰州断裂、贵池-常州断裂和临安-马金断裂，它们具有同沉积正断层特征，断层上盘往往下寒武统地层沉积较厚水体较深，断层下盘相对沉积厚度较薄水体相对较浅，使得下扬子地区早寒武世的构造-沉积格局表现出地堑-地垒相间分布的"两堑两垒"构造特点。由南向北发育有杭州-上海地垒、宣城-苏州地堑、芜湖-泰兴地垒、全椒-盐城地垒，地堑内沉积较厚水体较深，黑色页岩相对发育，地垒上沉积较薄水体较浅，通常以台地相碳酸盐岩为主（图 2-22）。

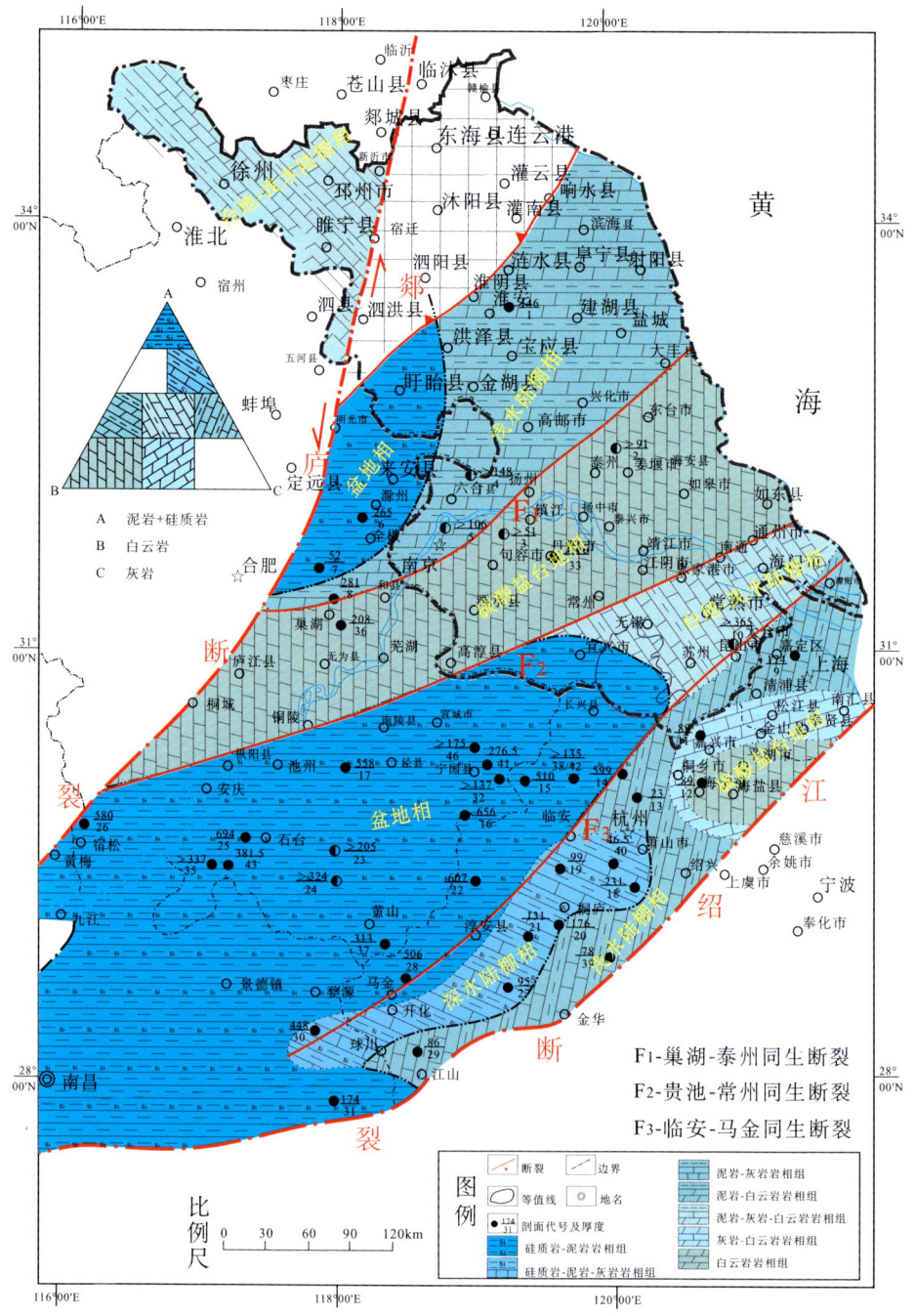

图 2-22 下扬子区早寒武世构造-沉积格局及其岩相分布

1. 早古生代主要的同生断裂及其发育特征

下扬子区早古生代最重要的同沉积构造是同生正断层的发育。以北东向为主的同生断层分割岩相带、控制生物分区、地层厚度变化及盆地形成、发展、演化及油气的形成和聚集。据黄钟瑾等（1987）研究，下扬子区在不同时期发育多达六条重要的同生断裂，自西北至东南为：巢湖-泰州同生断裂（滁河断裂）、贵池-常州同生断裂、石台-无锡同生断裂、临安-马金同生断裂、肖山-球川同生断裂、临安-肖山同生断裂。

1）巢湖-泰州同生断裂

断裂位于巢湖至泰州北面，呈北东—南西向延伸。西南端被伏于郯-庐断裂之下，它可能向西延至中扬子区北缘。北东端延至苏北海岸，伸入南黄海中。长度超过360km。该断裂的地球物理标志表现为北东—南西向延伸的长条形重力、磁力异常梯度带。

该断裂是下扬子区北缘早古生代重要的同沉积构造，它不仅控制沉积作用，而且控制构造变形。在早古生代断裂的活动导致两侧古地理环境的差异，造成古生物地层的不同，反映了沉积岩相差异。寒武纪至早奥陶世以断裂为界出现两个不同的生物沉积区。西北侧自下寒武统黄栗树组上部至下奥陶统的岩性以灰岩为主，包括泥质灰岩、条带状灰岩和生物屑灰岩，为深水陆棚-盆地相；东南侧，同时期在宁镇至巢湖均为白云岩，为台地相，如宁镇地区自下寒武统幕府山组中上部至下奥陶统仑山组为白云岩。这一期间断裂的北西侧的沉降幅度、沉积速率均大于东南侧，造成西北侧水深也大于东南侧。因此寒武纪西北侧出现以漂浮三叶虫球接子为主的生物组合，而东南侧以浅水底栖三叶虫为主的组合。而且寒武系至下奥陶统断层两侧原始沉积厚度也明显不同，西北侧为3215m，东南侧为1364m，西北侧下降盘厚度为东南盘的2.4倍。长期的古生物面貌、地层、岩性及岩相的不同指示巢湖-泰州同生断裂的存在。

该断裂从晚震旦世晚期发育，晚寒武世及早奥陶世活动性最明显，早奥陶世末期、中奥陶世初断裂停止活动而消失。在活动期内断裂的西北侧发育向西北方向倾斜的斜坡，显示同沉积断裂面向西北方向倾斜；断裂西北侧下降，东南侧抬升，为一张性正断层型断裂。两侧古热流值也不同，西北侧较东南侧大。

2）贵池-常州同生断裂

位于安徽省贵池南面，经南陵、江苏省溧阳到常州一线，呈北东—南西向延伸；其东北端可能延到苏北海岸，进入南黄海，西南端在安庆西面顺长江延至鄂赣交界处，长度超过580km。断裂在地球物理场中，表现北东—南西向衍生的重力异常带分界线附近分布。

晚震旦世至寒武纪该断层控制两侧的沉积，造成两侧生物地层、岩性、岩相的差异,为其变化界线。在这一期间断层西北侧沉积了白云岩和泥晶白云岩,为台地-浅水陆棚相;东南侧为硅质岩、灰岩、瘤状灰岩,为盆地-深水陆棚相,特别是上震旦统断裂的西北侧灯影组为厚度大于160~516m的白云岩,并分布于巢湖、宁镇地区;东南侧为皮园村组黑白相间的硅质岩,厚度仅82m左右,为非补偿的盆地沉积,分布于青阳石台及皖东南。岩性、岩相、厚度突然变化指示断裂的存在。下寒武统荷塘组相当的层位在断层的西北侧厚度薄或缺失,在南京幕府山组下段仅为92m,在句容仑山和巢湖地区均缺失;东南侧相当于黄柏岭组下段,其厚达326~625m,是下扬子区该组最厚的地段。沉积厚度急剧变化说明断层的活动。中上寒武统断裂东南侧杨柳岗组和团山组、青坑组、唐村组均发育角砾灰岩,为碎屑流沉积,这不仅表明同生断裂的存在,并指示该断面可能是岩石裸露的陡崖造成了滑塌堆积。此外,断裂西北侧寒武纪古生物以浅水底栖生物为主;东南侧以浮游型为主,从两侧古生物群的差异也表明该断裂的存在。

该断裂发育于晚震旦世晚期,寒武纪较强烈活动,至早奥陶世初停止活动。在上述时期内断裂两侧升降差异明显,西北侧抬升成为较浅水的陆棚到极浅水的碳酸盐台地,东南侧下拗成半深海到深水的盆地,断裂带上发育向东南倾斜的斜坡,显示该同生断裂面向东南倾斜的张性正断层型断裂的特征。该断裂是所谓"江南断裂带"一系列断裂的早期发育的西北面的一条同生断裂。古热流值西北侧较东南侧小。

3)临安-马金同生断裂

位于浙西临安、马金一线,呈北东—南西向延伸;东北端延至湖州、江苏昆山、启东进入南黄海,西南端延至江西德兴南面的怀玉山区。断裂长度达640km左右,地球物理场表现为处于明显的北东—南西向延伸的重、磁梯度带上和磁力异常正负值的变化带上;在浙赣交界处地震测深显示有深及地壳下部使莫霍面错断的断裂。

临安-马金同生断裂发育于晚震旦世、寒武纪、奥陶纪至早志留世末结束,是长期发育的同生断裂,中寒武世到早奥陶世及晚奥陶世晚期断裂活动最强烈。断裂两侧差异升降,使西北侧下拗成深水、半深海陆棚或盆地,东南侧相对抬升成碳酸盐台地或浅海陆棚,断裂带上发育的斜坡向西北倾斜,显示断裂面向西北方向倾斜,并证实该断裂为一同沉积期张性正断层型断裂。古热流值西北侧微大于东南侧。

2. 古地理特征

依据野外踏勘、剖面实测及前人资料的收集,结合岩相学和剖面对比等研究结果,下扬子区早寒武世古地理基本继承了晚震旦世的格局,从北到南大致可划分为局限台地相、浅水滞留相、盆地相向东南逐渐转变为开阔台地相。基本呈现

"一台两盆"的古地理格局。下扬子区的全椒—巢湖—安庆一带以白云岩和灰岩沉积为主，表明为潮坪到台地水下隆起。该沉积带向南水体逐渐变深，但到东南侧又复抬高，总体上是隆拗相间排列的古地理格局（图2-22）。

1）下扬子台地

下扬子台地为位于巢湖-泰州同生断裂及贵池-常州同生断裂之间的一水下隆起带，发育碳酸盐台地相，主要沉积为滨海局限台地相的泥质白云岩、鲕状白云岩、含砾白云岩，具有水平层理和和微波状层理，说明该地区当时是处于潮坪环境下，以潮间带为主，时而处于潮下带或潮上带。

蒸发岩台地南北两侧分别发育浅水陆棚及开阔台地相沉积，处于南京一带，下部多发育页岩及钙质页岩沉积，具有水平层理和微波状层理，生物群以三叶虫为主，有时见有腕足类和海绵骨针；早寒武世晚期，水深变浅，主要沉积为开阔台地相的泥质白云岩及灰岩等碳酸盐岩。

2）下扬子海盆

在下扬子台地的北部、全椒县西北侧，发育下扬子海盆，在早期主要沉积为深海盆地相的灰黑、深灰色硅质岩、硅质页岩、页岩，夹石煤层和含磷结核层，通常见有黄铁矿小晶体，局部见有硅质灰岩及白云岩夹层，水平层理和微波状层理较为发育，生物贫乏，仅见海绵骨针等，说明当时处于平静的深海盆地环境，水流不畅、缺氧，故沉积物颜色偏暗；中晚期则主要为浅海陆棚相的页岩和钙质页岩沉积，具有水平层理和微波状层理，生物群以三叶虫为主，有时见有腕足类和海绵骨针，处于浪基面以下的低能半氧化的环境。

3）江南海盆

江南海盆位于下扬子台地西南侧，呈北东—南西向展布，岩石类型以灰黑色及黑色的页岩、碳质页岩、硅质页岩为主，其次为硅质岩，含石煤和少量碳酸盐岩透镜体或薄层，含黄铁矿和磷酸盐岩结核，岩石成层性好，水平层理发育，一般呈页状或板状，可见波痕。岩性稳定，在纵向上和横向上变化不是很大。在盆地的中心部位，硅质含量较高，如在浙江安吉等地，岩石以硅质页岩、硅质岩、碳质硅质页岩为主；在盆地边缘，泥质含量相对较高，岩石分段性也较明显，与相邻的下扬子台地上的相当层位基本可以对比。总之，在江南海盆与其东北侧的下扬子台地之间，在岩性上呈逐渐过渡关系，主要表现为黑色页岩为主的盆地沉积岩中出现碳酸盐岩夹层，并逐渐增多。

4）东南台地

东南台地位于下扬子区的东南部，为一水下隆起带，岩石以发育蒸发岩台地相及局限台地相白云岩及灰岩岩石组合为主，与江南海盆间以陆棚相过渡。寒武系底部以不同层段超覆于震旦系灯影组之上，由北西向南东逐渐超覆，为整合-平行不整合接触。海底古地势由北西向南东和南西向北东抬升，向南西方向倾斜。

陆源碎屑物质主要来源于浙江东南蚀源区。震旦纪后，受桐湾运动影响，地壳抬升，海水从常山—绍兴一带和杭嘉湖地区退出，建德-开化和昌化-安吉的低洼地带形成了残留海盆。寒武纪的海侵自南西向北东逐渐扩大。早寒武世荷塘期，海水浸没到江山—绍兴和杭州—嘉兴一带，形成静水滞留海盆和平缓斜坡环境。在江山—临安一带沉积了黑色碳质页岩、碳质硅质页岩、石煤和块状结核状胶磷矿及薄层灰岩。生物除三叶虫外，还繁殖有大量蓝藻、绿藻。水平层理发育，反映了滞留盆地相沉积。在杭州—嘉兴一带海水相对较浅，沉积了黑色含碳白云质泥岩、黑色粉细砂岩、粉-粗晶灰岩。生物群有三叶虫、软舌螺和蠕虫等底栖生物，反映为平缓斜坡盆地相沉积。

2.1.3 荷塘组及相当层位黑色泥页岩分布特征

2.1.3.1 垂向上的分布特征

荷塘组烃源岩以黑色硅质页岩、黑色钙质页岩和黑色泥岩为主。从在垂向上的发育特征看，总体上在荷塘组的任何层位均发育黑色泥页岩，例如在浙江的安吉罗村剖面则主要发育于荷塘组下段的下部，巢湖古人庵剖面黄栗树组下段主要为灰色到灰黑色薄层硅质页岩为主，而到了下部上段则变为灰白色硅质页岩为主夹灰黑色硅质页岩；在黄柏岭组，黑色烃源岩也主要发育于其下段的中部及下部，例如在皖南青阳县青坑-黄柏岭剖面，黄柏岭组下段的下部以黑色硅质页岩和碳质页岩为主，到黄柏岭组下段中部以黑色碳质页岩为主，而到了下段的上部则相变为灰色-黄绿色钙质页岩。到南京附近的幕府山剖面，烃源岩主要发育于剖面的下段，向上相变为灰岩为主。而到巢湖地区与荷塘组相当的冷泉王组则不发育黑色泥页岩。

从烃源岩的岩相组合上，主要以黑色硅质页岩-黑色泥页岩-灰黑色钙质泥页岩组合为主。根据物源供应的多少及相对海平面的变化速率，三种不同类别的页岩的厚度在组合中变化不等。在物源供应相对较少的相对海平面上升阶段，往往出现灰黑色钙质泥页岩-黑色硅质页岩岩性组合，在该组合中由于物源供应不足而缺少黑色泥页岩段。

以皖宁 2 井荷塘组为例至少可发育 5 套黑色泥页岩，均厚可达 30m 左右（图 2-23）。根据海平面变化，可将荷塘组大致分为 800～670m 和 670～545m 两个大的海平面升降旋回，6 个次级海平面变化。从图 2-23 上明显可以看出皖宁 2 井荷塘组的 5 套黑色泥页岩主要对应于次级海平面相对较高的时段。

由此可见，荷塘组的烃源岩在垂向上的分布主要与相对海平面变化有关，此外在不同的地区烃源岩在垂向上的发育部位也明显不同。总体上，靠近浙北地区的荷塘组，烃源岩在全区段均有发育，而向北西方向到黄栗树组、黄柏岭组和幕

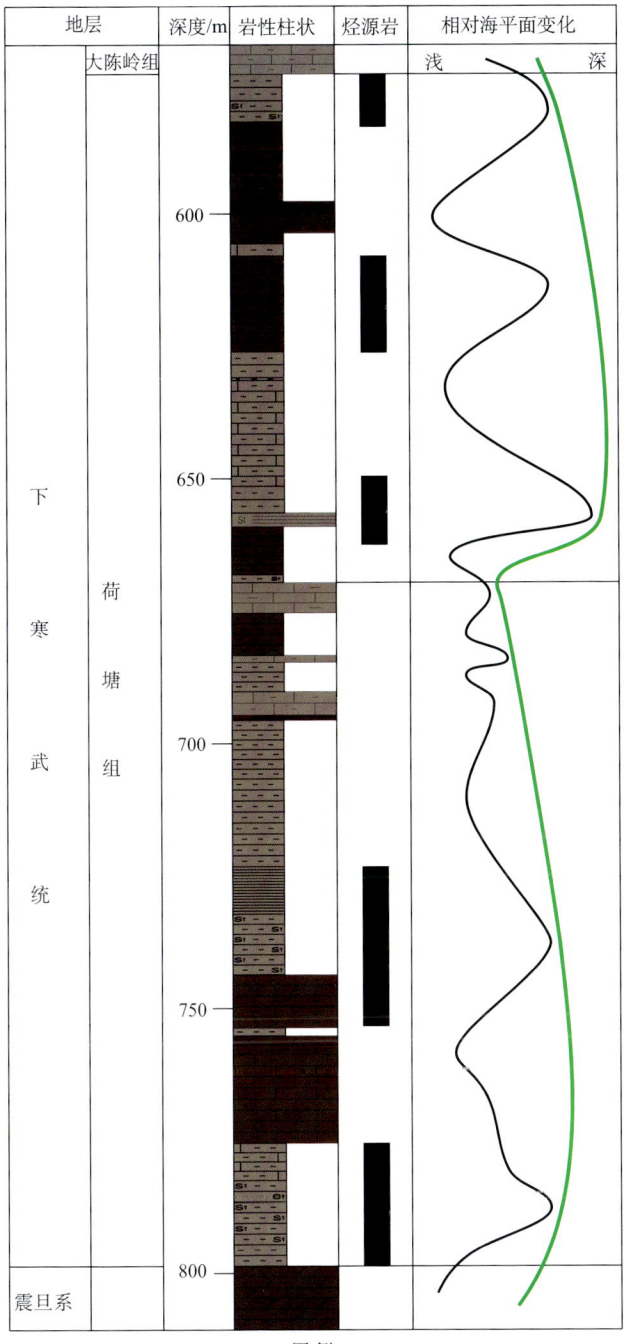

图 2-23　皖宁 2 井烃源岩的发育层位与海平面升降

府山组，黑色泥页岩仅发育在下段的下部。依据对皖宁 2 井荷塘组的相对海平面变化曲线的研究，表明在荷塘沉积期，存在两次较大的海侵-海退旋回，第一次海侵-海退可能波及整个下扬子区，因此在全区荷塘组、黄栗树组、黄柏岭组和幕府山组的下段均发育黑色泥页岩。而第二次海侵-海退的影响范围明显减小，可能仅仅波及浙北、苏南东部及皖南东部地区，导致黄栗树组、黄柏岭组和幕府山组相变为钙质泥岩为主。

2.1.3.2 平面上的分布特征

根据荷塘组及相当地层在剖面和钻井中的黑色泥页岩和地层厚度的统计结果，荷塘组及相当地层厚度变化较大，总体上来看，从北西到南东地层厚度越来越厚。其中下扬子区西北部的巢湖—滁县一带，地层厚度小于 100m，向东南到南京幕府山，地层厚度增加到 246m，再向东南进入皖南和苏南地区，地层厚度明显增加，在局部地区存在较深的凹陷，例如沿东至—石台—泾县一线，其西北侧地层厚度在 100~200m，但越过该线地层厚度很快超过 300m，但再向东南到太平县郭村，荷塘组地层厚度减小至 205m。在东南部，总体上皖南地区相对苏南较厚，皖南地区普遍在 200m 以上，最厚在皖南石台县可达 616.3m，到昆山、上海一带，昆 2 井显示与荷塘相当的丁泾组和石家组总厚度减少为 186.73m。因此，从统计出来的荷塘组地层等厚图来看，区域上，沉积中心主要位于石台—泾县、黄山—绩溪、南京幕府山。根据露头剖面和钻井资料来看，石台—泾县以及黄山—绩溪地区主要沉积黑色碳质页岩和硅质页岩，而宣城—苏州地区则主要黑色碳质页岩和泥灰岩，到南京幕府山沉积区幕府山组下段以碳质页岩为主，上段则相变为灰岩。

从统计的荷塘组黑色页岩等厚图来看，荷塘组黑色泥页岩在平面的分布基本上与荷塘组地层等厚图类似，明显受地层厚度的制约（图 2-24）。其厚度变化趋势与地层变化趋势相对一致，从西北向东南黑色泥页岩的厚度逐渐增加，富有机质泥页岩包括硅质页岩，主要分布在皖南、浙北和宁镇地区，在地层相对较厚的沉积中心，黑色泥页岩的厚度也相对较大。例如在皖南的太平—绩溪和石台—泾县两个沉积中心，黑色泥页岩厚度均超过 200m，最厚在石台县皂角树—黄柏坑剖面，荷塘组黑色碳质页岩和硅质页岩总厚超过 600m。苏南地区一般厚度小于 50m，宁镇地区幕府山组黑色页岩厚度在 50m 以上，滁州—扬州—高邮一线为幕府山组富有机质泥页岩的富集中心，厚度可达 100m。巢湖—宿松一线为台地相碳酸盐沉积，不发育泥页岩层。

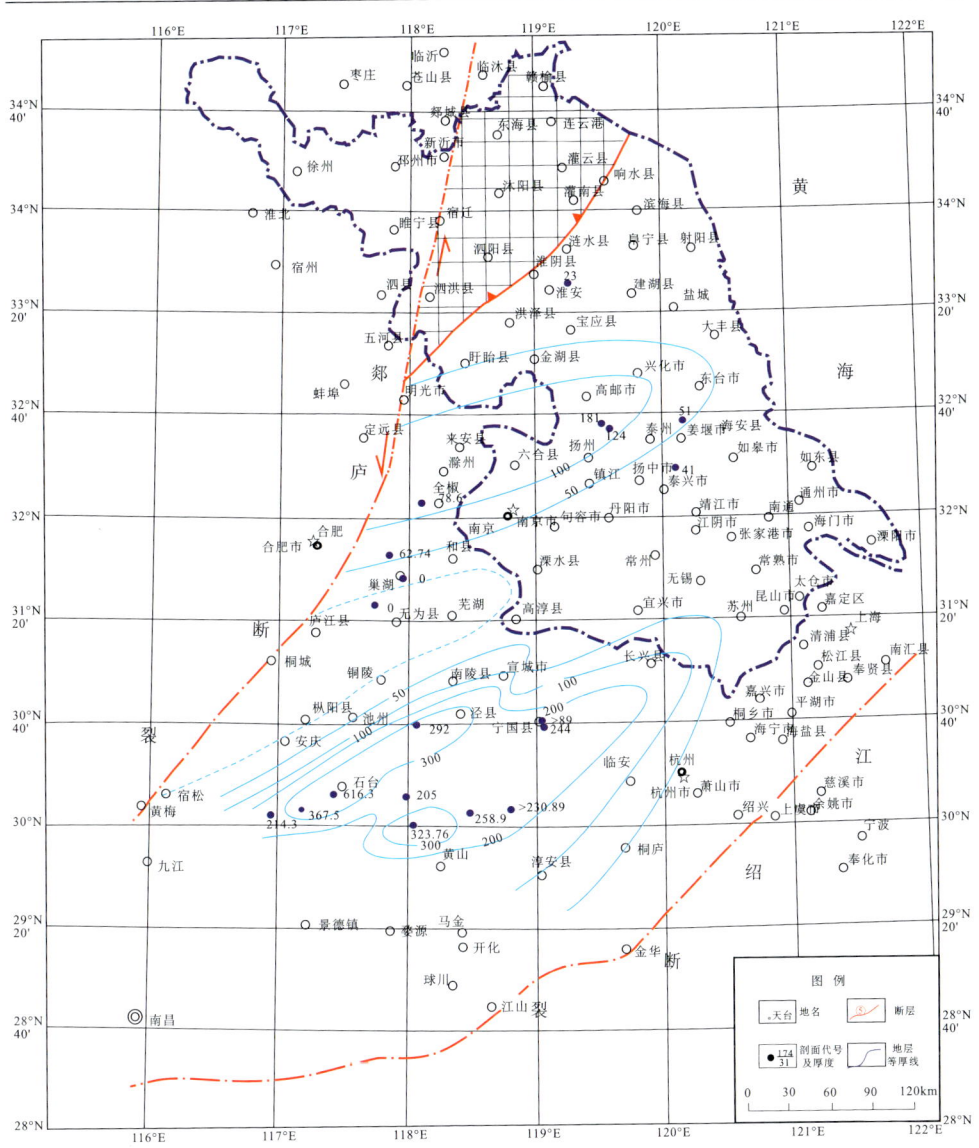

图 2-24 下寒武统荷塘组黑色泥页岩等厚图

2.2 下志留统沉积相及烃源岩分布特征

2.2.1 典型野外剖面（钻孔）沉积特征

下扬子区志留系地层也可划分出两个分区，即下扬子地层分区和江南地层分区，早志留世其分界线位于望江—贵池—青阳—芜湖—溧阳一线，下扬子地层分区以泥页岩沉积为主,上部夹生物介壳灰岩透镜体,下志留统在宁镇—巢湖、含山—无为—庐江—怀宁—太湖—宿松一带为高家边组沉积,在安徽宁国、贵池、东至一带命名为霞乡组和河沥溪组。南部江南地层分区沉积以细粉砂岩为主,包括下统霞乡组、河沥溪组,与上奥陶统新岭组呈整合接触。其中江苏宜兴、浙江长兴、安吉富阳至淳安一带的下志留统为安吉组,为一套巨厚的细碎屑岩,底部不见广布于扬子地层区的含笔石黑色页岩。

下志留统主要出露于南部太平县、宁国、广德和安吉地区,在其西北侧南京—巢湖一带也有少量出露(图 2-25),总体上呈复背斜的方式向北东倾伏,在苏南地区均被覆盖。

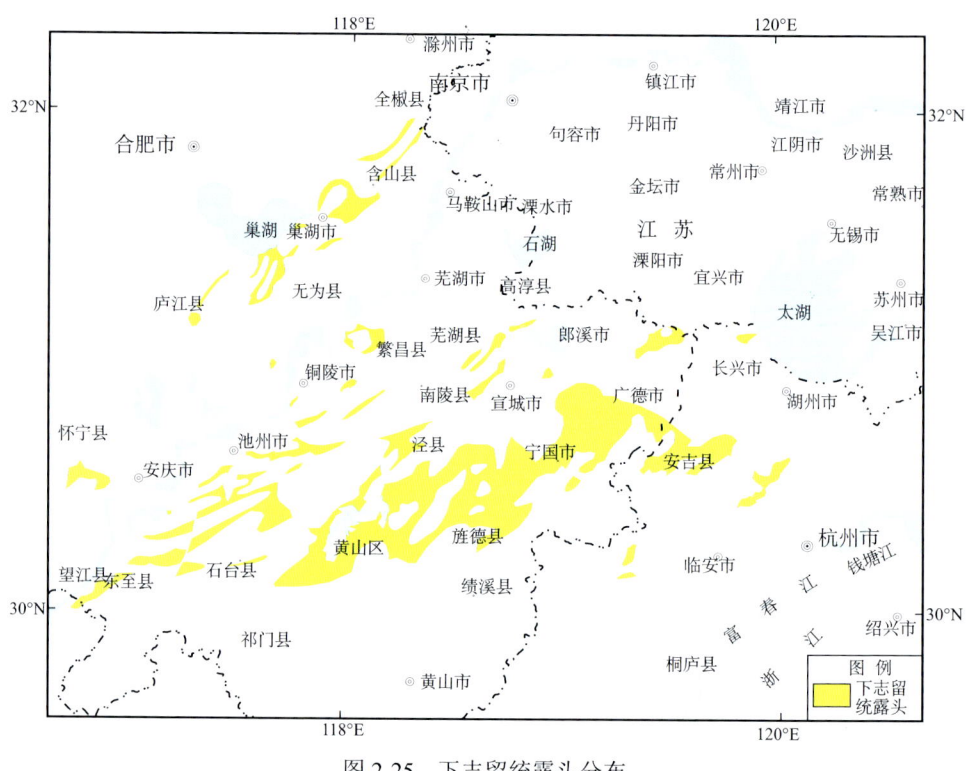

图 2-25 下志留统露头分布

2.2.1.1 安徽巢湖旗山高家边组剖面

旗山剖面(31°35′31.5″N,117°54′58.8″E)高家边组出露一般,其底界被第四系覆盖,未见底。顶以黄绿色薄层细砂岩与坟头组黄绿色厚层细砂岩整合接触,剖面出露高家边组总厚 336.59m(图 2-26)。自下而上可细划分为 17 层:

地层单位				代号	层号	厚度/m		岩性柱状	采样位置	岩性描述
界	系	统	组			层厚	累计			
下古生界	志留系	下志留统	高家边组	S_2f						
					17	72.14	336.59			黄绿色薄层细砂岩
					16	12.71	264.45			黄绿色薄层粉砂质页岩
					15	10.09	251.74			黄绿色薄层细砂岩
					14	33.86	241.65			黄绿色薄层粉砂质页岩夹黄绿色薄层细砂岩
					13	6.11	207.79			黄绿色薄层泥质细砂岩
					12	16.13	201.68			黄绿色薄层粉砂质页岩
				S_1g	11	7.7	185.55			黄绿色薄层粉砂质页岩夹黄绿色薄层细砂岩
					10	45.63	177.85			黄绿色薄层粉砂质页岩夹砂质页岩
					9	1.31	132.29			黄绿色薄层泥质粉砂岩
					8	11.98	130.99			黄绿色薄层粉砂质页岩夹少量黄绿色薄层细砂岩
					7	5.12	119.01			棕黄绿色粉砂质页岩夹黄绿色薄层细砂岩
					6	15.71	113.89	▲		黄绿、浅棕黄绿色薄层粉砂质页岩
					5	13.59	98.18			黄绿色薄层细条纹页岩、粉砂质泥岩
					4	16.35	84.59			棕黄绿色薄层粉砂质泥岩夹薄层粉砂质页岩
					3	21.59	68.24			棕黄绿色薄层泥质粉砂岩
					2	38.65	46.65	▲		黄绿色薄层泥质页岩
					1	8	8	▲		紫红色薄层泥质页岩,风化呈棱形
						被覆盖,未见底				

图 例

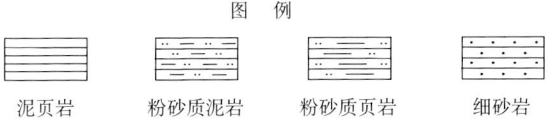

泥页岩　　粉砂质泥岩　　粉砂质页岩　　细砂岩

图 2-26 巢湖旗山下志留统高家边组剖面

中志留统 坟头组黄绿色厚层状细砂岩
——整合——

17. 黄绿色薄层状细砂岩　72.14m
16. 黄绿色薄层粉砂质页岩　12.71m
15. 黄绿色薄层细砂岩　10.09m
14. 黄绿色薄层粉砂质页岩夹黄绿色薄层细砂岩　33.86m
13. 黄绿色薄层泥质细砂岩　6.11m
12. 黄绿色薄层粉砂质页岩　16.13m
11. 黄绿色薄层粉砂质页岩夹黄绿色薄层细砂岩　7.7m
10. 黄绿色薄层粉砂质页岩夹砂质页岩　45.63m
09. 黄绿色薄层泥质粉砂岩　1.31m
08. 黄绿色薄层粉砂质页岩夹少量黄绿色薄层细砂岩　11.98m
07. 棕黄绿色粉砂质页岩夹黄绿色薄层细砂岩　5.12m
06. 黄绿色、浅棕黄绿色薄层粉砂质页岩　15.71m
05. 黄绿色薄层细条纹页岩　13.59m
04. 棕黄绿色薄层粉砂质泥岩夹薄层粉砂质页岩　16.35m
03. 棕黄绿色薄层泥质粉砂岩　21.59m
02. 黄绿色薄层泥质页岩　38.65m
01. 紫红色薄层泥质页岩　8m

被第四系覆盖，未见底

巢湖旗山剖面出露的高家边组主要以黄绿色粉砂质、粉砂质页岩、泥页岩夹少量的薄层的细砂岩为主（图2-27）。

2.2.1.2　宁镇仑山5井上奥陶统—下志留统钻孔剖面

仑山5井位于江苏省句容市，岩心长度45m，分为25层，包括奥陶系红花园组、五峰组和志留系高家边组。其中，红花园组仅见顶部钙质页岩夹泥晶灰岩，红花园组到五峰组时期，是碳酸盐台地向深水陆棚过渡的阶段，沉积环境发生了巨大变化。五峰组底部钙质页岩发育，顶部以黑色页岩和硅质岩为主，有机质含量高，水平层理发育。五峰组顶部到高家边组底部草莓状黄铁矿发育。高家边组底部主要为黑色页岩，含少量粉砂质泥岩，黄铁矿脉、碳酸盐岩脉十分发育，笔石丰富。高家边组底部非黑色页岩段主要为泥岩、粉砂质泥岩，向上颜色逐渐变浅（图2-28）。高家边组自上而下逐层描述如下：

01. 风化不均匀的泥岩　1.3m
02. 深灰色块状泥岩，表面裂缝下部有浅灰色松散易碎泥岩　0.9m

图 2-27 安徽巢湖旗山高家边组主要岩性野外照片

a. 黄绿色粉砂质泥质页岩；b. 黄绿色泥质页岩；c. 黄绿色薄层状泥质页岩夹薄层细砂岩；
d. 黄绿色粉砂岩

03. 深灰色含粉砂质泥岩，中间夹有 0.1m 厚的笔石页岩　1.9m
04. 深灰色含粉砂质泥岩，上部有少量浅灰色松散易碎的泥岩　1.1m
05. 灰白色粉砂岩，见水平层理　2.1m
06. 灰黑色泥岩含黄铁矿，下部有少量黑色易破碎泥岩　0.9m
07. 黑色粉砂质泥岩，破裂面上有碳酸盐矿物黄铁矿　1.9m
08. 深灰色至黑色泥岩，破裂面上有黄铁矿，裂隙被碳酸盐矿物充填，中间夹有薄层浅灰色易碎泥岩　2.6m
09. 灰黑至黑色泥岩，有破裂面，有裂隙，黄铁矿碳酸盐矿物充填其中　2.6m
10. 灰白色粉砂质泥岩　0.8m
11. 灰色至深灰色泥岩，破裂面上有碳酸盐矿物，底部有薄层易碎松散泥岩　2.1m
12. 灰黑色粉砂质泥岩，底部有浅灰色松散泥岩　1.0m
13. 灰黑色粉砂质泥岩，底部有浅灰色松散泥岩　1.0m

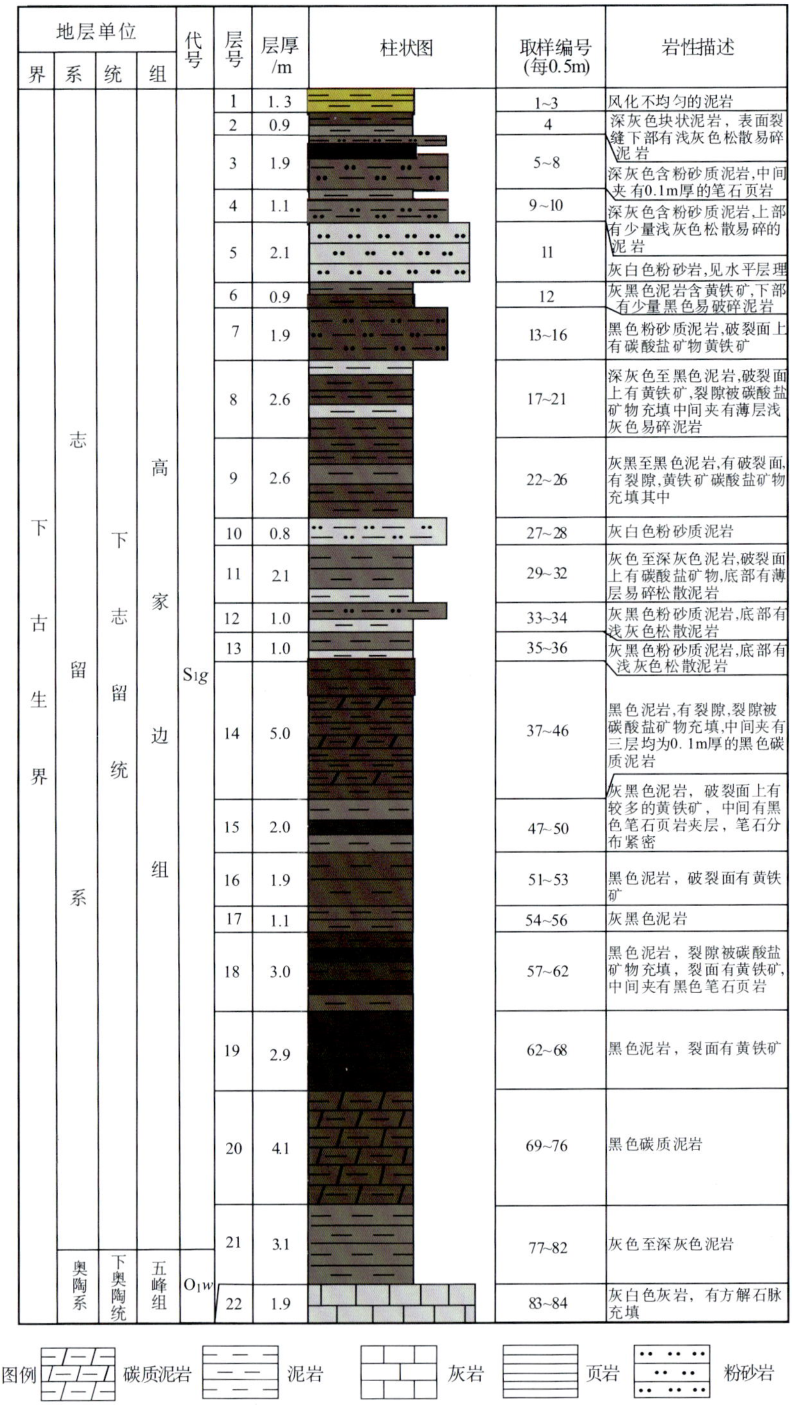

地层单位				代号	层号	层厚/m	柱状图	取样编号(每0.5m)	岩性描述
界	系	统	组						
下古生界	志留系	下志留统	高家边组	S_1g	1	1.3		1~3	风化不均匀的泥岩
					2	0.9		4	深灰色块状泥岩,表面裂缝下部有浅灰色松散易碎泥岩
					3	1.9		5~8	深灰色含粉砂质泥岩,中间夹有0.1m厚的笔石页岩
					4	1.1		9~10	深灰色含粉砂质泥岩,上部有少量浅灰色松散易碎的泥岩
					5	2.1		11	灰白色粉砂岩,见水平层理
					6	0.9		12	灰黑色泥岩含黄铁矿,下部有少量黑色易破碎泥岩
					7	1.9		13~16	黑色粉砂质泥岩,破裂面上有碳酸盐矿物黄铁矿
					8	2.6		17~21	深灰色至黑色泥岩,破裂面有黄铁矿,裂隙被碳酸盐矿物充填中间夹有薄层浅灰色易碎泥岩
					9	2.6		22~26	灰黑至黑色泥岩,有破裂面,有裂隙,黄铁矿碳酸盐矿物充填其中
					10	0.8		27~28	灰白色粉砂质泥岩
					11	2.1		29~32	灰色至深灰色泥岩,破裂面上有碳酸盐矿物,底部有薄层易碎松散泥岩
					12	1.0		33~34	灰黑色粉砂质泥岩,底部有浅灰色松散泥岩
					13	1.0		35~36	灰黑色粉砂质泥岩,底部有浅灰色松散泥岩
					14	5.0		37~46	黑色泥岩,有裂隙,裂隙被碳酸盐矿物充填,中间夹有三层均为0.1m厚的黑色碳质泥岩
					15	2.0		47~50	灰黑色泥岩,破裂面上有较多的黄铁矿,中间有黑色笔石页岩夹层,笔石分布紧密
					16	1.9		51~53	黑色泥岩,破裂面有黄铁矿
					17	1.1		54~56	灰黑色泥岩
					18	3.0		57~62	黑色泥岩,裂隙被碳酸盐矿物充填,裂面有黄铁矿,中间夹有黑色笔石页岩
					19	2.9		62~68	黑色泥岩,裂面有黄铁矿
					20	4.1		69~76	黑色碳质泥岩
					21	3.1		77~82	灰色至深灰色泥岩
	奥陶系	下奥陶统	五峰组	O_1w	22	1.9		83~84	灰白色灰岩,有方解石脉充填

图例: 碳质泥岩　泥岩　灰岩　页岩　粉砂岩

图 2-28　仑山 5 井岩性柱状图

14. 黑色泥岩，有裂隙，裂隙被碳酸盐矿物充填，中间夹有三层均为0.1m厚的黑色碳质泥岩 5.0m

15. 灰黑色泥岩，破裂面上有较多的黄铁矿，中间有黑色笔石页岩夹层，笔石分布紧密 2.0m

16. 黑色泥岩，破裂面有黄铁矿 1.9m

17. 灰黑色泥岩 1.1m

18. 黑色泥岩，裂隙被碳酸盐矿物充填，裂面有黄铁矿，中间夹有黑色笔石页岩 3.0m

19. 黑色泥岩，裂面有黄铁矿 2.9m

20. 黑色碳质泥岩 4.1m

21. 灰色至深灰色泥岩 3.1m

2.2.1.3 浙西皖南下志留统剖面

霞乡组（S_1x）：该组根据岩性和古生物特征的差异，可分为上、下两段。

下段：岩性为灰绿、黄绿色中厚层泥质细砂岩、粉砂岩夹粉砂质页岩、页岩，往上部泥质成分增高，砂页岩呈互层出现。区内自西向东砂质成分增高，泥质成分减少。当砂岩中岩屑成分较多时，则为岩屑石英砂岩。厚594.1～970.9m。本段据岩性和生物群特点，自下而上分成五部分。

底部：灰绿、黄绿色厚层细砂岩、粉砂岩夹黑色碳质页岩、粉砂质页岩。往东至广德一带砂质成分增高，岩屑成分增多，为岩屑石英砂岩夹泥质粉砂岩。厚30～225.51m。

下部：黄绿色中厚层细砂岩、粉砂岩、粉砂质页岩互层，往东至广德塘辛一带砂质成分增加，为黄绿色中厚层细砂岩夹泥质页岩和黑色碳质页岩。厚度一般为10.72～50.76m。

中部：灰绿、黄色中厚层细砂岩、粉砂岩、页岩互层，局部砂质成分较高，页岩呈夹层出现。厚73.34～472.54m，自西向东似有增厚的趋势。

上部：黄绿色厚层粉砂岩与砂质页岩，往东砂质成分增高，至广德塘辛剖面为细砂岩夹泥质粉砂岩、页岩。厚50.93～81.67m。

顶部：黄绿色薄层细砂岩、粉砂岩与砂质页岩互层，在西部太平桃坑一带泥质成分增高，均为页岩。厚82～121.98m。

上段：岩性较为稳定，为绿、黄绿、青灰、灰色薄层含粉砂质页岩夹粉砂岩、泥质粉砂岩，往东粉砂质成分增多，渐以粉砂岩为主，球状风化现象显著。厚450～738.8m。

图 2-29 浙江安吉高家边组（a、b）及黄山仙缘霞乡组（c）和皖南七都河沥溪组（d）泥页岩野外照片

河沥溪组（S_1h）：河沥溪组的标准剖面在安徽省宁国县河沥溪至仙霞的公路旁。岩性较为稳定，为灰绿、黄绿色薄-厚层条带状细砂岩夹页岩、粉砂岩，往上泥质成分增高，砂岩、粉砂岩、页岩呈互层出现。顶部页岩中含泥质结核较多。砂岩层面上具波痕，在广德一带砂岩中尚具虫管。自西向东砂质成分略有增高，厚 489.5~988m，含化石较为丰富。

总体上浙西皖南下志留统以黄绿色粉砂质泥页岩为主，但在皖南和浙西北的河沥溪组以及霞乡组内还发育灰黑色-黑灰色的粉砂质页岩和碳质泥页岩（图2-29）。

2.2.2 高家边组黑色泥页岩沉积环境及岩相古地理

2.2.2.1 高家边组岩性地层对比

高家边组总体上为一套巨厚的砂、页岩沉积。以宁镇山脉高家边组为代表，该组的岩性自下而上逐渐由细变粗。下段（第1段）为碳质硅质页岩，中段（第

2段）为页岩夹少量的细砂岩及粉砂岩，上段（第3段）为细砂岩、粉砂岩夹页岩。所含化石几乎全为笔石。

1. 下志留统高家边组地层对比剖面Ⅰ

该剖面位于下扬子区中部，由6条露头剖面组成，自庐江、无为经石台、泾县到广德，共揭露地层有高家边组、霞乡组以及河沥溪组。六条剖面仅泾县外马村剖面完整出露（图2-30），但高家边组第3段及其相当层位的河沥溪组全区出露完整。从图2-30来看，沉积厚度从北向南急剧增厚。例如高家边组第三段，庐江地区厚度仅为76.52m，到石台泾县则增厚到244m以上，到广德地区厚度急剧增加到651.21m。同样高家边一段和二段虽然有些剖面出露不全，但同样显示向南增厚的趋势，反映下扬子区早志留世沉积地形北高南低。高家边组一段在沿山、石台、泾县及广德地区出露。沿山高家边组一段岩性主要为泥页岩、粉砂质泥岩，在石台、泾县及广德地区岩性则主要为砂岩。高家边组二段、三段在沿山地区无露头，其他区域部分或全部出露，岩性主要为粉砂质页岩、砂岩为主。总体上，庐江地区以粉砂质页岩夹石英细砂岩为主，到石台泾县地区转变为以粉砂质页岩为主，到广德地区则总体以粉砂岩为主，横向上呈现庐江和广德相对较粗，而其中间区域相对较细的模式。该模式以高家边组二段尤为明显。

2. 下志留统高家边组地层对比剖面Ⅱ

该剖面自怀宁起经贵池、石台到黄山，揭露地层包括高家边组、霞乡组以及河沥溪组（图2-31）。与对比剖面Ⅰ明显不同的是，该剖面揭示的地层厚度纵向上变化不大。但从图2-31来看，高家边组一段的沉积厚度还是从北向南急剧增厚。这与剖面Ⅰ总体变化趋势一致，但高家边组二段从怀宁到石台明显减薄，到高家边组三段整体厚度横向上变化趋于一致。该剖面揭示的高家边组一段与二段之间的厚度变化趋势的转变可能反映了大地构造背景的转变。据戎嘉余院士的研究，下扬子地区在奥陶—志留纪之交古地理格局发生了重大的变化。最显著的变化在志留纪初期，华夏古陆呈现继续隆升、强烈西张的态势。华夏古陆的隆升导致扬子板块边缘出现挠曲，导致在早志留世下扬子区成为一前陆盆地。由于不同时期围绕盆地边缘的挠曲程度不一致，导致高家边组一段和二段的厚度变化趋势存在明显变化（戎嘉余等，2010）。

从岩相上来讲，除高家边组一段存在从北向南变粗的趋势外，高家边组二段和三段岩性横向上相对一致。可能反映西南区域高家边一段的前陆盆地的形成到高家边二段、三段整体下降的过程。

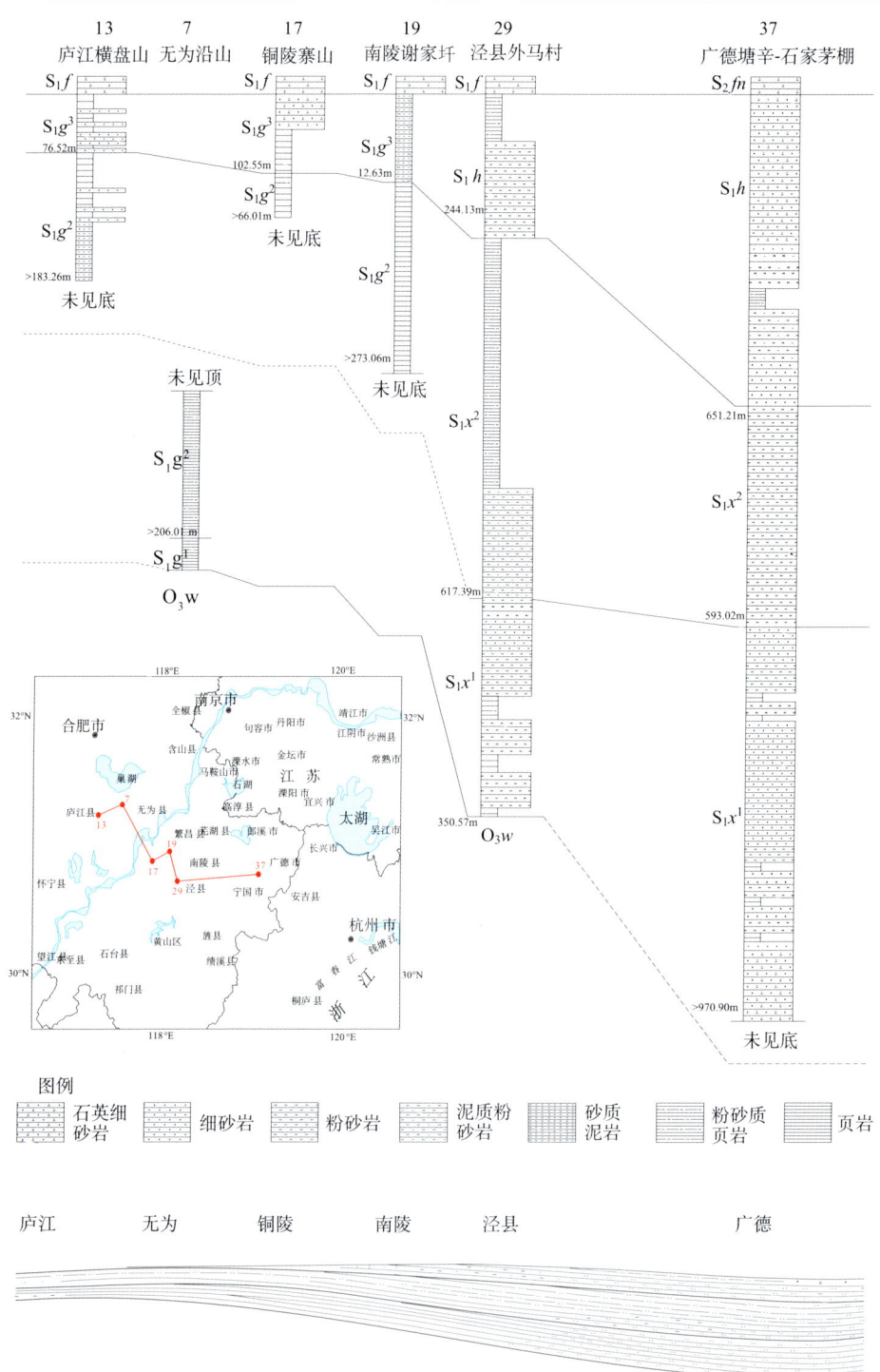

图 2-30 下扬子地区下志留统高家边组地层对比剖面 I

第二章 海相地层沉积特征与烃源岩发育

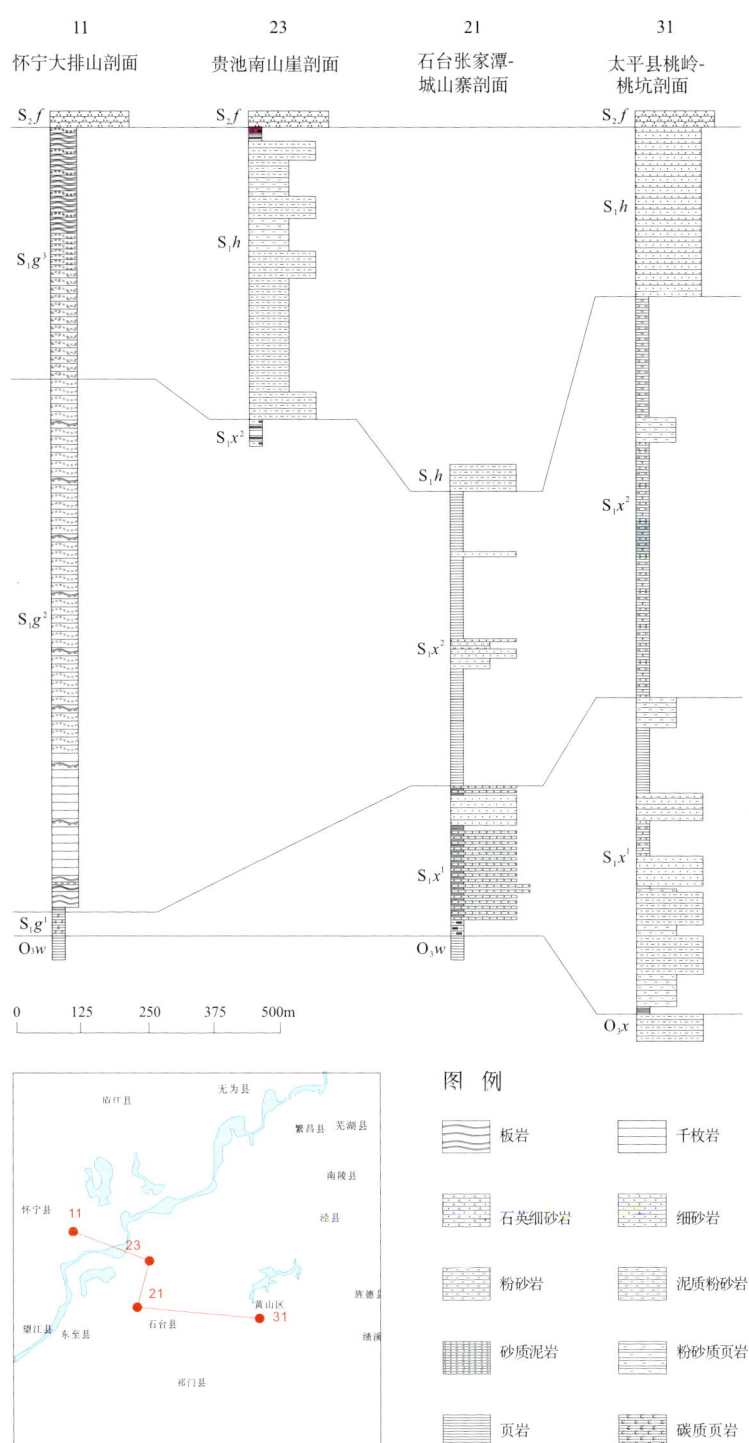

图 2-31 下扬子地区下志留统高家边组地层对比剖面 II

2.2.2.2 构造-沉积格局与岩相古地理

1. 晚奥陶世—早志留世主要同生断裂及其发育特征

晚奥陶世晚期是本区构造运动最剧烈的时期，板块边缘的剧烈拉张使全区面貌大变，出现与前期差别很大的海洋地貌格局和环境的巨大变化。同生断裂除主要的三条，即石台-无锡同生断裂、临安-马金断裂的西南段和肖山-球川断裂，其他断裂消失，代之以新的断裂系统，因而造成新的海底地形格局（图 2-32）。

1) 石台-无锡同生断裂

为"江南断裂"组中东南面的一条同生断裂，它位于石台、泾县、宜兴、无锡北一线呈北东—南西向延伸；它向西南延至安徽东至县、江西九江、湖口，再向西可延至湖北南部，向东北方向延至南通、如东一带进入南黄海，在研究区内长达 580km。在地球物理场上表现为北东—南西向延长的重、磁力异常的急剧变化梯度带上，或正负异常变化带上。

本断裂是下扬子区重要的地层分界线。奥陶纪，断层西北侧以介壳碳酸盐相为主的"扬子地层区"。下奥陶至上奥陶统下部除仑山组白云岩外均为灰岩，为台地相，属碳酸盐岩沉积；东南侧同时期是以笔石页岩为主的"江南地层区"，为盆地相，属砂页岩沉积。晚奥陶世五峰期西北侧为放射虫硅质岩沉积，属深海相沉积，厚仅 10m 左右；东南侧同期的新岭组、于潜组为砂页岩，组合成复理石沉积，属陆坡沉积环境（图 2-32），原始沉积厚度 579～2523m。岩性、岩相、沉积及厚度明显差异，表明该断裂的存在，而且断裂两侧差异升降的幅度是大的。

石台-无锡同生断裂形成于寒武纪，早奥陶世活动很强烈，从中奥陶世开始只在西南段（宜兴以西南）活动，直至晚奥陶世晚期活动最强烈。早中志留世逐渐减弱至消失。早奥陶世断裂两侧的差异升降，使西北侧抬升为碳酸盐台地，东南侧相对下拗，形成深水至半深海盆地，沉积含笔石的泥岩。晚奥陶世晚期本区大部分地区由于板块急剧拉张整体下拗，石台-无锡断裂成为东侧陆坡拗槽的陆源浊积物的阻挡边缘，断裂顶部海底形成堰堤。断裂面仍向东南倾斜，东南侧下降迅速成陆坡拗槽盆地，沉积物堆积厚度大，西北侧相对下降幅度小，但因断裂两侧全面迅速下降而成半深海滞留非补偿性沉积盆地。断裂带上发育的斜坡带向东南倾斜，为一张性正断层型的同生深断裂。地震测深显示该断裂深及地壳下部，并错断莫霍面。古热流值西北侧较东南侧小。

黄钟瑾等（1987）认为：石台-无锡同生断裂与贵池-泰州同生断裂，是时间先后发育的一组同生断裂，相当于"江南断裂"或称"江南过渡带"，认为是不同大地构造单元的扬子区与江南区的分界线。从板块构造和海洋地质观点看，所谓"江南断裂"分隔的扬子区和江南区，实属同一个陆缘海沉积区，只是由一组

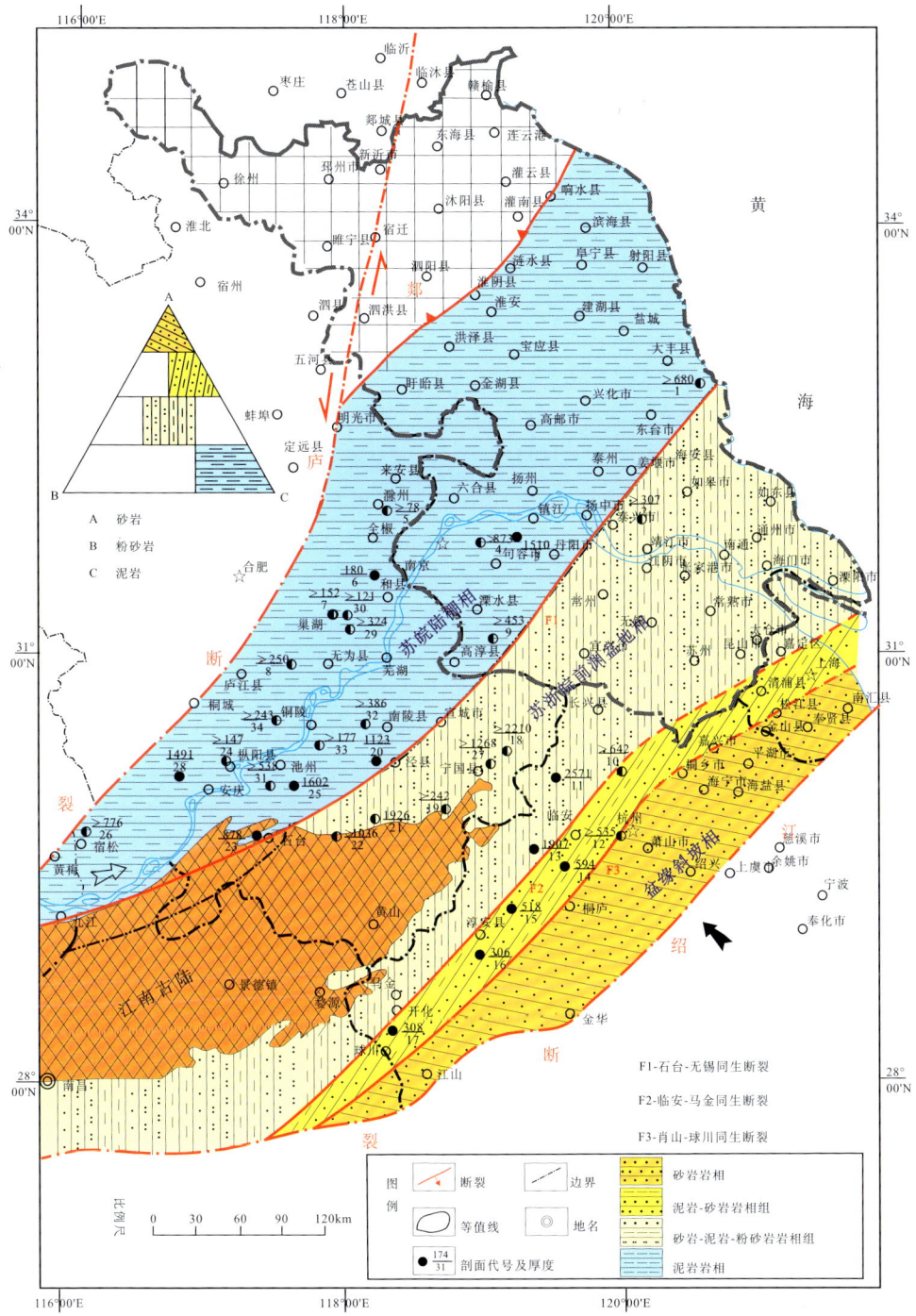

图 2-32 下扬子区晚奥陶—早志留世构造-沉积格局及其岩相分布

同生断裂所控制断块相对升降差异而形成不同海底地貌，造成不同的海洋环境，形成不同的沉积物与不同的生物组合。因此他们认为作为同一板块边缘的陆缘海来对待，统属下扬子板块海域。石台-无锡、贵池-常州同生断裂组成它内部许多个斜坡中的一个斜坡带，其同生断裂发育的特征证明该斜坡连接着台地沉积区与盆地沉积区，从而表明不是两个地体拼接带。

2）肖山-球川同生断裂

位于浙西球川、肖山一线，呈北东—南西向衍生，北东端与临安-肖山同生断裂交于肖山附近，向西南延至江西弋阳附近，断裂长达370km左右。该断裂在地球物理场表现为重、磁力的北东—南西向延长的异常梯度带上，或平缓异常区与陡变异常的交接带上。

该断裂形成于晚震旦世，发育于寒武纪、奥陶纪，并延至志留纪。各个时期断裂的位置在两端有些变化，中段较为稳定。因断裂处于陆缘海靠近大陆的滨岸带，断裂早期的活动性不及远离陆地的陆棚及其边缘与陆坡相接的坡折带的断裂。因此早期该断裂两侧相对升降差异不及前述断裂大，是长期控制两侧的不同的地貌单元和沉积相，在断裂西北侧多为较深水的斜坡相或陆棚相，断裂东南侧多为浅水的台地相或潮坪相。在晚奥陶世晚期，由于断裂西南段分裂成两条分支断裂，夹于其中的地带抬升较高，在江西玉山、浙江常山一带形成小型的滨外碳酸盐台地。台地上发育生物礁和滩相沉积及其断裂边缘的塌砾堆积，形成跌积边缘。断裂的西北侧相对下降成为深水陆棚，沉积大量的细陆源碎屑物。断裂斜坡带从玉山向常山方向由大型上斜坡塌积物变为下斜坡脚的大型滑塌变形构造，反映断裂东南侧的强烈抬升，其断裂活动速率达到全区时期断裂的最大值。从滑塌变形褶皱向北东方向倾倒，和上、下斜坡的位置看来，断裂不同部位活动性有差别，在分支断裂的西南端相对抬升较高，而东北端相对下降，使断裂面不仅向北西而且向北东方向倾斜，其局部滑动的坡面倾角可能达25°～30°。断裂在不同的位置活动性不同，西南端断裂活动性较强，在较强烈的板块拉张的晚奥陶世晚期，该断裂分裂为两条，夹于两分支断裂间形成阶梯式碳酸盐台地，其外侧为深水陆棚非碳酸盐沉积。从断裂两侧沉积相分析的地貌特征，证明断裂面向北西倾斜，为一张性正断层型断裂。

3）临安-马金同生断裂

临安-马金同生断裂发育于晚震旦世、寒武纪、奥陶纪至早志留世末结束，是长期发育的同生断裂，中寒武世到早奥陶世及晚奥陶世晚期断裂活动最强烈。断裂两侧差异升降，断裂带上发育的斜坡向西北倾斜，显示断裂面向西北方向倾斜，并证实该断裂为一同沉积期张性正断层型断裂。晚奥陶世五峰期断裂活动加强，达到特别强烈的程度，并以该断裂为界西北侧全部强烈下拗，在该断裂带的西北边缘下拗成陆坡拗槽，顺断裂面斜坡直到拗槽中部，填充巨厚的浊流沉积物；断裂东南侧为陆棚泥与粉砂或夹砂的交互层沉积，断裂两侧为沉积边缘接触。该断裂东北到太湖附近被新的北北西向断裂所截，而不再向北东方向延伸。该断裂直至早志留世仍为深水陆棚相与极深水坳槽的分界线。

2. 古地理特征

晚奥陶—早志留世，华南发生加里东造山运动，华夏块体与扬子块体收缩挤压，扬子块体东南缘褶皱隆升，海岸线自东南向北西后退，下扬子区受到来自南东向北西的挤压，在江南斜坡带处产生褶皱造山，在造山带前缘逐渐形成前陆盆地，其同碰撞沉积厚度达约 6000m，九岭-怀玉地体对这次褶皱造山运动有一定阻挡和制约，使褶皱造山作用没有进一步发展到下扬子台地，为下扬子前陆盆地的形成创造了条件。

早志留世，因受江南古陆的阻隔，海水只能绕过江南古陆，从江南古陆的东端或西端侵入，故此阶段无高能带的沉积物，一般为中、低能的细粒陆缘沉积物，其性质应属造山带前缘的海相沉积。沉积区除受江南古陆、华北古陆的控制外，还受北东东向的古构造控制，一方面表现在江南古陆的北侧，在东至—石台—泾县—宣城一线的两侧，长期存在着两个坳陷带，在岩性、厚度、生物群、地层发育上有一定的差异。

随着造山运动的加剧，早志留世早期的海侵范围是不断扩大的，从局限于太平、宁国、广德一带的北东向的海湾，向北西扩大至巢湖—庐江—宿松一线。这一阶段，砂岩-页岩岩相组主要出现在江南古陆的北缘，一般呈互层出现，而页岩岩相组则在西北侧分布。从沉积展布状况来看，太平、宁国一带常为沉积较厚的地段，最厚可达近千米，表明该处为不断沉降的地段，且碎屑物质的供给比较充足。早志留世中期，随着海侵的继续，页岩岩相组在区内广泛分布，岩石以页岩、粉砂质页岩、粉砂岩为主，局部夹砂岩。从沉积展布状况来看，在太平西南和贵池附近两处为沉积厚度较大的地段，而石台—东至一线的沉积厚度明显变薄。此阶段，从东南向西北，依次从深水陆棚相过渡为浅水陆棚相。早志留世晚期，海侵范围及海陆分布状况与中期大致一致，并开始了早志留世的海退阶段。该期仍以砂岩-页岩、页岩-砂岩、页岩三个岩相组为主，并呈北东向的带状分布，从中心往两侧，砂质成分逐渐增多，可能与距陆缘碎屑物的远近有关。从沉积展布状况来看，太平至贵池以南一带为沉积厚度最大的地段，有的甚至近千米，而泾县以北地段的厚度则明显变薄。

根据构造和沉积特征，下扬子区晚奥陶世—早志留世的古地理主要为盆地相和陆棚相（图 2-32）。

1）前渊盆地相

前渊盆地相属于海盆相沉积，分布于石台-无锡同生断裂以东南区域。该亚相内主要岩性组合为砂岩-页岩、页岩-砂岩两种,局部为页岩岩相组。岩性特征以灰绿、黄绿色中厚层细砂岩、泥质细砂岩、粉砂岩和灰绿色页岩、灰黑色页岩、粉砂质页岩。砂岩单层厚为20~50cm,一般为块状层理,粒度较为均匀,有时具球状构造。页岩中含笔石较为丰富,一般呈聚集式保存,当与砂岩互层时,单层厚一般约5~20cm,应属弱还原-还原环境下形成。

2）陆棚相

陆棚相分布较广,分布于石台-无锡同生断裂以西北区域。岩性组合以页岩-砂岩及页岩两种为主,局部为砂岩-页岩岩相组。岩性特征以灰绿色页岩、黄绿色页岩、粉砂质页岩、粉砂岩,夹少量细砂岩。页岩、粉砂质页岩、粉砂岩具水平层理。砂岩中含笔石、腕足类等海相化石。

高家边组总体上以泥质岩类为主,其中下部的页岩呈青灰色、深灰色和灰色,页理发育,产笔石。这种页岩相当于现代半深海至深海环境中的蓝色软泥或灰色软泥沉积。笔石以及页岩的出现说明为静水或较深水环境。姜在兴(1989)在皖中地区的高家边组中下部发现等深沉积岩。实际上等深沉积岩是由浅灰色均一的粉砂质黏土和含泥很少的石英粉砂薄层组成,是由等深流对浊流沉积物、半远洋沉积物改造而成的岩石组合。因此,研究区高家边组中下部为较深水沉积是合理的。向上进入高家边组的中上段,颜色转变为黄绿色为主,所含笔石也明显减少,且岩性转变为页岩夹透镜状或薄层状粉细砂岩,浪成波痕发育,反映为水体开始变浅的浅水陆棚环境,偶受风暴的影响。其上覆的中志留统坟头组岩性明显变粗,主要为灰黄色长石质石英砂岩,砂岩中见冲洗交错层理,为典型的海岸相沉积。总体来看,高家边组从下向上由半深海到陆棚沉积,而到坟头组则转变为海岸沉积。因此,高家边组下部的笔石页岩到上部的黄绿色页岩以及上覆的坟头组记录了一个完整的海退层序。

2.2.3 高家边组及相当层位黑色页岩分布特征

2.2.3.1 垂向分布特征

高家边组发育的一套烃源岩,垂向上分布在高家边组底部或霞乡组下段。发育于高家边组的烃源岩,产笔石 *Streptograptus* sp., *Bulmanographtus confertus nankingensis*, *Glyptograptus caudatus*, *G.cf. tamariscus*, *G. intermedius*, *Climacograptus rectangularis*。发育于霞乡组下段的烃源岩主要为灰黑色硅质页岩和灰黑色含粉砂质页岩,产 *C.* sp., *C. Yangtzeensis*, *Diplograptus* sp.等。而高家边组上部、河沥溪组和安吉组基本上以灰、灰黄色、黄绿色粉砂岩、细砂岩为主,很少含灰、灰黑色泥页岩。

2.2.3.2 横向分布特征

从地层厚度分布来看，高家边组及相当地层厚度变化较大，从北西到南东地层厚度越来越厚。在西北面的巢湖—滁县一带，由于所统计剖面均不见底，地层厚度应该不超过500m，向东南到南京幕府山和安庆地区，地层厚度增加到1500m左右，再向东南进入皖南和苏南地区，地层厚度明显增加，最厚处在安吉县附近，超过2571.4m。

区域上地层厚度分布呈北东向展布，沉积中心位于南部。在安庆—贵池一带，沉积厚度一般超过1500m，向东南进入石台、泾县一线，地层厚度明显减少，在石台张家潭-城山寨剖面，厚度减少为817.7m，在泾县一带厚度减少为1212m，再向南，地层厚度明显增厚，进入太平—安吉地区，地层厚度在2000m左右。

下扬子地区的五峰组—高家边组暗色页岩整体呈北东向带状分布（图2-33）。其中深水陆棚区暗色页岩厚度较大，浅水陆棚区暗色页岩厚度较小，五峰组沉积厚度较小，一般为数米至数十米左右，而高家边组底部黑色页岩厚度多为50~200m左右。以石台—池州—南京一线暗色泥页岩厚度最大，一般在60~100m，其中皖南的太平县黑色泥页岩的厚度最大，可达254m。江苏地区暗色岩系总体上由东南向西北方向逐渐变薄，以宁镇地区厚度最大，一般60~80m左右，其次为苏州地区，厚度在40~60m左右。苏北地区和常州—无锡地区厚度较小，一般厚度不足20m。

2.2.3.3 高家边组黑色页岩分布控制因素

1. 盆地性质、岩相古地理对黑色页岩分布的控制

据戎嘉余院士的研究，下扬子地区在奥陶—志留纪之交古地理格局发生了重大的变化。最显著的变化在志留纪初期，华夏古陆呈现继续隆升、强力西张的态势。华夏古陆的隆升导致扬子板块边缘出现挠曲，导致在早志留世成为一前陆盆地，句容—芜湖—怀宁一线东南为前陆盆地的前渊，南京—庐江为前缘隆起带，再向西北苏北盆地则为后渊（图2-34）。南京—庐江前缘隆起带上主要沉积粉砂质泥岩，靠近前缘隆起部位的前渊则主要沉积泥页岩，在前渊最深部位安吉孝丰由于靠近物源供给，主要以粉砂质泥岩为主。

早志留世高家边沉积期的前陆盆地性质控制了黑色泥页岩在盆地中的沉积位置。在前陆盆地的前渊最深部位，由于离物源较近，且坡度较陡，沉积速率较大不易产生黑色泥页岩，而远离物源的前缘隆起部位由于水动力较强，往往以粉砂质泥岩沉积为主，因此黑色泥页岩的有利沉积区域往往在靠近前缘隆起的前渊后部。例如，在安庆贵池、铜陵芜湖以及句容地区等。

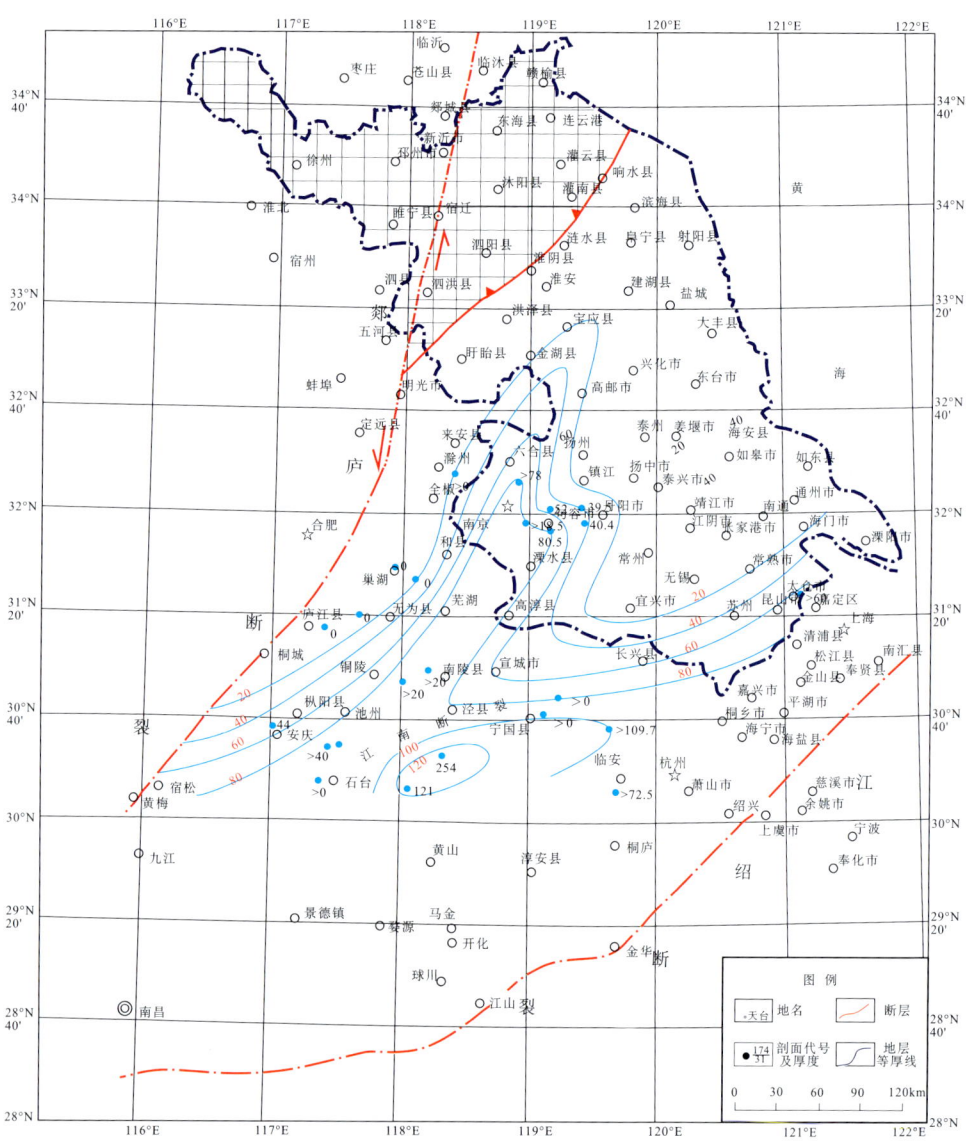

图 2-33 下志留统高家边组黑色泥页岩厚度等值图

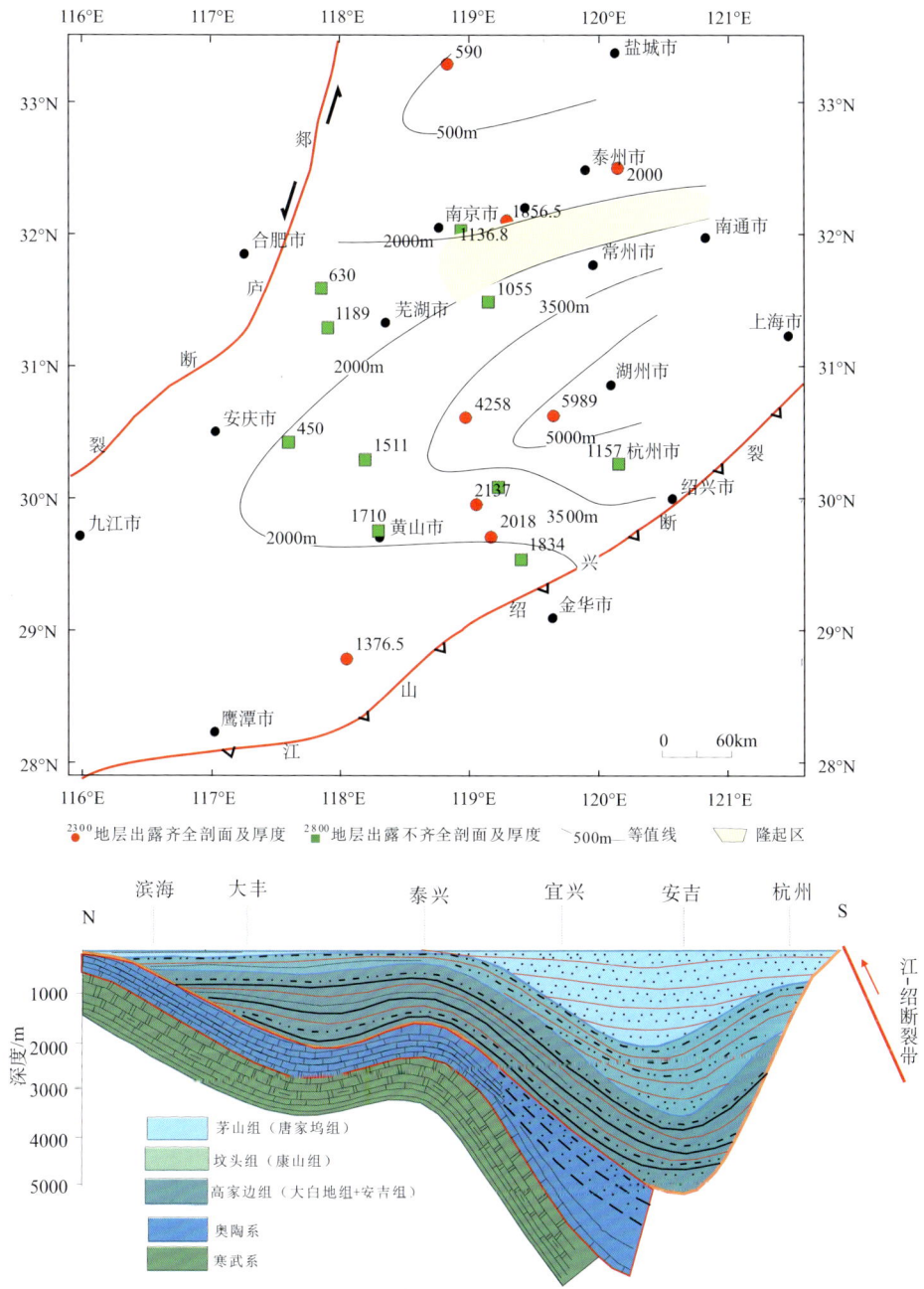

图 2-34 下扬子地区志留系沉积示意图

2. 高家边组黑色泥页岩有利沉积区

下扬子区大部分志留系覆盖严重，勘探程度低，钻孔资料少。但在靠近前缘隆起部位出现串珠状平行前缘隆起的多个黑色泥页岩发育中心，因此推测在安庆—池州—铜陵—芜湖—句容一线存在一系列的黑色页岩有利沉积区。

此外，在前陆盆地的前渊深水区，由于地形高陡，物源充足，不易形成黑色泥页岩，但在太平—旌德地区，地层厚度非常大，同时也伴随着目前已知最厚的黑色泥页岩，最厚可达254m。这可能是由于太平—旌德地区西北缘存在石台水下隆起，而西南和东南均被加里东造山带所围限。说明在前渊深水区，如果存在水下隆起，易于形成水体滞留区，从而有利有机质保存。

2.3 上二叠统沉积相与烃源岩分布特征

2.3.1 龙潭煤系的划分和对比

龙潭组原称"龙潭煤系"，由刘季辰、赵汝钧（1924）于南京龙潭创名。主要指介于栖霞组和青龙组灰岩之间的一套含煤岩系。盛金章（1962）将"龙潭煤系"改称"龙潭组"，把上覆硅质岩、硅质页岩改称"大隆组"，下伏"孤峰层"改称"孤峰组"。认为"龙潭组"相当于"吴家坪"组，"孤峰组"相当于"茅口组"，"大隆组"相当于"长兴组"。胡世忠（1962）根据苏锡地区煤田地质钻探在"龙潭组"之"下部不含煤段"不仅发现煤层并在其顶部灰岩发现茅口晚期的 *Neomisellina*，从而将"不含煤段"从"龙潭组"划出与"孤峰组"合并，称作"堰桥组"，代表茅口期沉积。胡世忠（1979）又将"堰桥组"与"孤峰组"分列，分别代表茅口晚期和早期的沉积。安徽区调队（1987）在皖南将与"堰桥组"类似的地层称为"银屏组"。盛金章、李星学（1974）则将"龙潭组"与"孤峰组"的界线上移至原"不含煤段"之顶（即"长石砂岩"之底）。盛金章等（1982）又将"堰桥组"局限于苏锡—浙北地区，与区域上"孤峰组"对比（表2-2）。

龙潭组属岩石地层单位。其沿革表明，"龙潭煤系"的定义是介于两大套灰岩之间，或者介于"孤峰层"与"东阳港层"之间的二叠纪含煤碎屑岩系。将"龙潭煤系"或"龙潭组"纳入传统地层学规范是从盛金章（1962）开始的，他把整个中国南方的"龙潭组"和"孤峰组"统一于吴家坪期和茅口期。当江苏宁镇地区的"下部不含煤段"以及南方各省的对应地层中先后发现茅口晚期菊石化石之后，胡世忠（1962）称其为"堰桥组"，盛金章、李星学（1974）将其扩充"孤峰组"，用以代表茅口期沉积，更是基于统一地层划分概念，用地质年代概念修改岩石地层单位的定义，以致肢解"龙潭组"。

龙潭组具备岩石地层的穿时特征。王文耀（1988）根据苏皖地区孤峰菊石带分布，茅口期初等时面沉积相带展布，以及孤峰组厚度变化，认为孤峰组顶界即龙潭组底界穿时，从东向西逐渐由老变新，即由茅口早期变至茅口晚期。

第二章 海相地层沉积特征与烃源岩发育

龙潭组顶界在苏锡—浙北地区为长兴组底界，在广德—江阴一带为青龙组底界，均易识别。但宁镇—皖南地区与大隆组的界线有争议。江苏省及上海市和安徽省区域地层表编写组认为"龙潭组与大隆组岩性上无明显划分标志"，两者划分主要依据生物化石；安徽省地质矿产局（1987）认为"大隆组"与长兴组时代相当，同时建议用"压煤灰岩"之顶作为"龙潭组"顶界，并认同部分地区"压煤灰岩"之上的"大隆组"产吴家坪期菊石；郭佩霞等（1987）通过对铜陵地区的研究明确提出"大隆组属岩石地层单位，系指一套灰黑色硅质岩、硅质泥岩、页岩夹灰岩的海相沉积。其底界以'压煤灰岩'之底为宜，其时代应为吴家坪期至长兴期"。王文耀（1993）提出龙潭组顶界置于"压煤灰岩"之底。可见龙潭组顶界也是穿时的，从东向西而由新变老，即由吴家坪期末变至吴家坪期初，在广德—江阴一带可能延至长兴期末。

龙潭组经历创名，分割"堰桥组"（或"银屏组"），或者扩充"孤峰组"。目前龙潭组和堰桥组是以中间的长石石英砂岩为界，因为这层长石石英砂岩在整个二叠系剖面中是结构最粗者，大型斜层理发育，分布广泛，层位稳定，野外易于识别。在宜兴砺山、南京湖山、皖南泾县晏公堂、休宁流塘、赣中乐平鸣山、上饶铅山等地，其底尚有成分较杂的砾岩或含砾砂岩。但从龙潭组中划出堰桥组或银屏组的问题，根据岩性很难作出这种划分，它可能也难以满足命名者的原始定义，因为命名者的意图是划出一条中、上二叠统之间的界线。而从现有的研究成果来看，这条年代地层界线并不与岩性界线吻合，而比原定堰桥组的上界要高得多。许多学者建议将堰桥组的界线上移至"压煤灰岩"的底界，这样就包括了苏皖南部地区主要的含煤层位，实际上是用堰桥组代替龙潭煤系主要的含义，这也欠妥当。因此，在岩性上逐渐过渡、划分困难的情况下，我们对龙潭煤系的定义是包括堰桥段，这也是下扬子区苏浙皖三省煤田部门一直沿用的龙潭煤系的概念。

综上，龙潭组是顶底界线均穿时的岩石地层单位，下界为孤峰组之上的砂泥互层，上界为与大隆组/长兴组的分界。

2.3.2 龙潭煤系沉积特征与分布

下扬子区上二叠统龙潭组主要分布于东至—泾县—宁国—广德—安吉—湖州一线以北、巢湖—含山—南京—镇江一线以南的广大区域，露头分布较为广泛，整体上呈北东—南西向条带状分布，其中，以浙江长兴与安徽泾县出露较为完整。

2.3.2.1 龙潭组岩性特征及典型剖面描述

1. 龙潭组岩性特征

二叠纪为下扬子区内主要的含煤期，整个含煤岩系地层的组合特征有四种类型：苏南与浙北地区以苏南型为主，皖南以巢湖型、宣泾型与休广型为主，其中，龙潭组厚度以苏南类型与宣泾类型最大，出露有较完整剖面且钻孔深度可达200～400m，具有较强代表性（表2-3）。

表2-3　下扬子区内上二叠统龙潭组岩性特征分类表

地层		巢湖区		宣泾区		广德—休宁区		苏南区	
二叠系	上统	大隆组	灰褐色灰岩夹硅质岩及泥岩	大隆组	硅质泥岩、泥质灰岩、硅质灰岩	长兴组	硅质泥岩、泥质灰岩、硅质灰岩	大隆组/长兴组	硅质泥岩、泥岩、粉砂质黏土岩、灰岩透镜体
		龙潭组	硅质岩、硅质灰岩	龙潭组	灰岩	龙潭组	泥岩、粉砂岩夹钙质细砂岩、含煤碎屑岩	龙潭组	粉砂岩、薄层细砂岩、泥岩、含煤碎屑岩
					含煤碎屑岩、黏土岩、粉砂质泥岩				泥岩、粉砂岩、少量薄层细砂岩
			硅质灰岩、生屑灰岩		石英细砂岩、粉砂岩、砂岩、含煤碎屑岩		泥岩、粉砂岩夹砂质		细砂岩、泥岩、含煤碎屑岩
			含煤碎屑岩		泥岩、粉砂岩、黏土岩		含煤碎屑岩		砂岩、含碳泥岩、砂泥岩
	中统	银屏组	砂岩、粉砂岩	孤峰组	泥岩、硅质岩、硅质灰岩	孤峰组	硅质岩、硅质灰岩	孤峰组	钙质页岩、硅质页岩、粉砂质泥岩、碳质泥岩
		孤峰组	硅质泥岩、硅质灰岩						

苏南型与休广型龙潭组相比，厚度较大，尤其在苏州等地龙潭组可分为四段，整体岩性变化基本相同，露头发育，二者在环太湖地区形成一片零星分布的煤矿，

但是太湖周边地层出露并不完整,整体岩性由下至上描述如下:

1) 孤峰组硅质岩

在整个苏南地区,苏南型与休广型龙潭组下伏地层为孤峰组硅质岩、钙质页岩、硅质页岩、粉砂质泥岩、碳质泥岩等。

2) 砂岩段(一段)

岩性以砂岩、粉砂岩为主,夹有含碳泥岩、砂泥岩,主要分布于太湖一带,厚度较大,在无锡、苏州等地可达200余米。

3) 含煤碎屑岩段(二段)

岩性以泥岩、粉砂岩为主,夹数层细粒石英砂岩和长石石英砂岩,普遍发育3~4层砂屑灰岩或生物屑灰岩,其中底部四灰较稳定,呈薄层状连续分布,含煤1~5层,局部达7层左右,多为不稳定薄煤层,条带状至透镜状延伸,在苏州附近含较稳定的可采煤层,具水平层理、小型交错层理、少量缓波状层理和透镜状层理,产大羽羊齿、单网羊齿及少量动物化石,沉积厚度为50~96m,平均70m左右。

4) 海相泥岩段(三段)

岩性以灰黑色泥岩、粉砂岩为主,层位稳定,全区分布,代表了一次大面积普遍发生的海进作用过程,以泥岩为主,巨厚层块状结构,水平层理,产海相动物化石海豆芽(舌形贝类)和菊石类,沉积厚度为25~50m,平均42m。

5) 含煤泥岩段(四段)

夹浅灰色细砂岩、泥岩黏土岩等,具水平层理,含黄铁矿结核。含煤0~12层,主要分布在苏州地区,西部一般缺失本层。

6) 大隆组/长兴组

灰、灰黑色硅质岩夹硅质页岩、粉砂质页岩,时常夹硅质灰岩或灰岩,常呈透镜状产出;皖南巢湖—贵池—宣城一线广大区域为深灰色硅质岩夹碳质页岩(粉砂质泥岩)。

宣泾型与巢湖型龙潭组主要分布于皖南地区,两者岩性相差较小,但厚度变化较大,巢湖地区的龙潭组厚度约40~120m,而宣城地区龙潭组厚度最大可达200多米。此外,本区内地层零星分布,整体上呈北东向条带状出露,由下至上岩性变化如下:

(1) 孤峰组硅质岩。下部为硅质页岩、硅质灰岩为主,含磷或锰;上部主要为硅质页岩与硅质灰岩。沉积物自西向东,由南向北由硅质碳酸盐岩含锰质逐渐过渡到硅质含磷碎屑岩,且沉积厚度由厚变薄,本层厚度为30~113m。

(2) 粉砂质泥岩段(一段)。该段为一套前三角洲至三角洲前缘之过渡环境的碎屑沉积。区内岩性较为稳定,下部为深灰色泥岩为主;中部以浅灰色粉砂岩和灰色泥岩互层;上部以浅灰色粉砂岩为主,夹薄层细砂岩;该层厚度变化较大,宣泾煤田约 170m 左右，巢湖地区约 90m 左右。

（3）砂岩段（二段）。以灰白-浅灰色薄至中厚层细-中粒长石石英砂岩为主，夹粉砂岩，局部地区底部夹有含砾粗砂岩。

（4）含煤段（三段）。主要由灰、深灰、灰黑色页岩、砂质泥岩、泥岩、粉砂岩、细砂岩、碳质页岩、含铝泥岩和煤层组成。岩性较为稳定，含煤约 5~7 层。

（5）灰岩段（四段）。深灰色、灰黑色含燧石结核灰岩，有时为灰岩、硅质灰岩等。在含煤区的东北部，即港口—宣城—芜湖—庐江一线以北，一般均为生物灰岩。

2. 典型剖面

1）浙江长兴金村龙潭组剖面

长兴金村剖面（30°55′17.2″N，119°57′11.7″E）出露较好，实测真实厚度为 89.9m，龙潭组厚度为 86.7m，龙潭组未见底（图 2-35），其中泥页岩厚度为 30.3m。龙潭组顶界以黑色碳质泥岩与长兴组紫红色灰岩整合接触，未见底，自下而上可细划分为 8 层。金村剖面龙潭组出露的岩石类型有砂岩、泥岩、粉砂岩、煤线、碳质泥岩，在剖面的中上部发育厚层砂岩，其间夹有多层煤线（图 2-36）。

上二叠统长兴组 紫红色灰岩
——整合——
08. 黑色薄层泥岩　3.0m
07. 土黄色细砂岩夹薄层泥岩　5.0m
06. 煤层约 3m，夹泥岩，煤层多滑动，见镜面擦痕　0.9m
05. 黄褐色厚层砂岩，约 1m 厚，粒度变粗，夹少量泥岩和煤　6.1m
04. 土黄色中层砂岩，层厚 50cm，夹灰黑色泥岩　32.0m
03. 中薄层砂岩夹黑色泥岩，夹煤线　2.7m
02. 土黄色厚层砂岩，见韵律层　12.4m
01. 薄层土黄色-黄绿色细砂岩，风化面呈红褐色、层面见波痕，砂岩间夹泥页岩　21.2m
未见底

总体上，该剖面顶部以黑色薄层泥岩与上覆紫红色灰岩呈整合接触，应为苏南型龙潭组。顶部黑色薄层泥岩相当于龙潭组第三段海相泥岩，该处缺失第四层含煤碎屑岩，往下为第二段含煤碎屑岩，岩性主要为砂岩、细砂岩夹碳质泥岩、煤线，其下为第一段砂岩段，主要为砂岩夹粉砂岩。

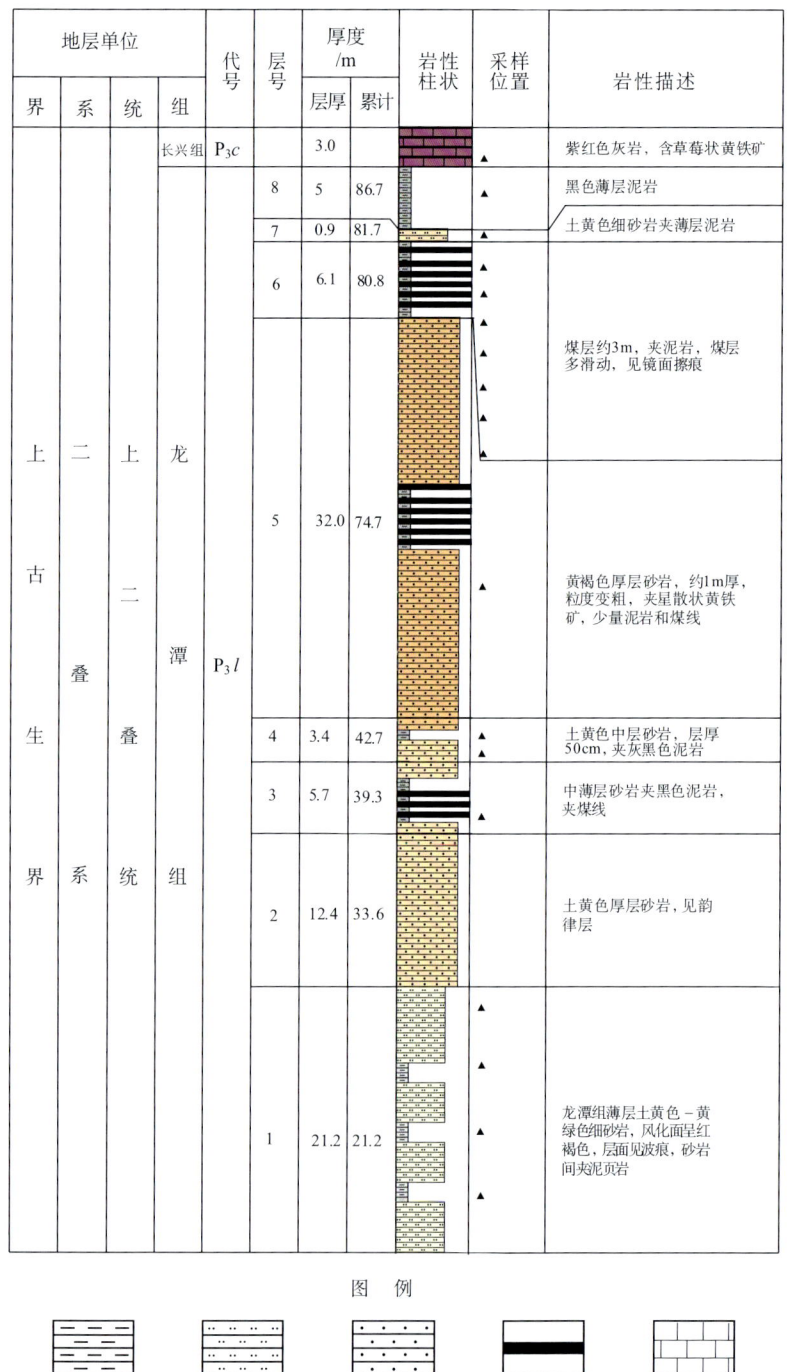

图 2-35 浙江长兴上二叠统龙潭组实测剖面柱状图

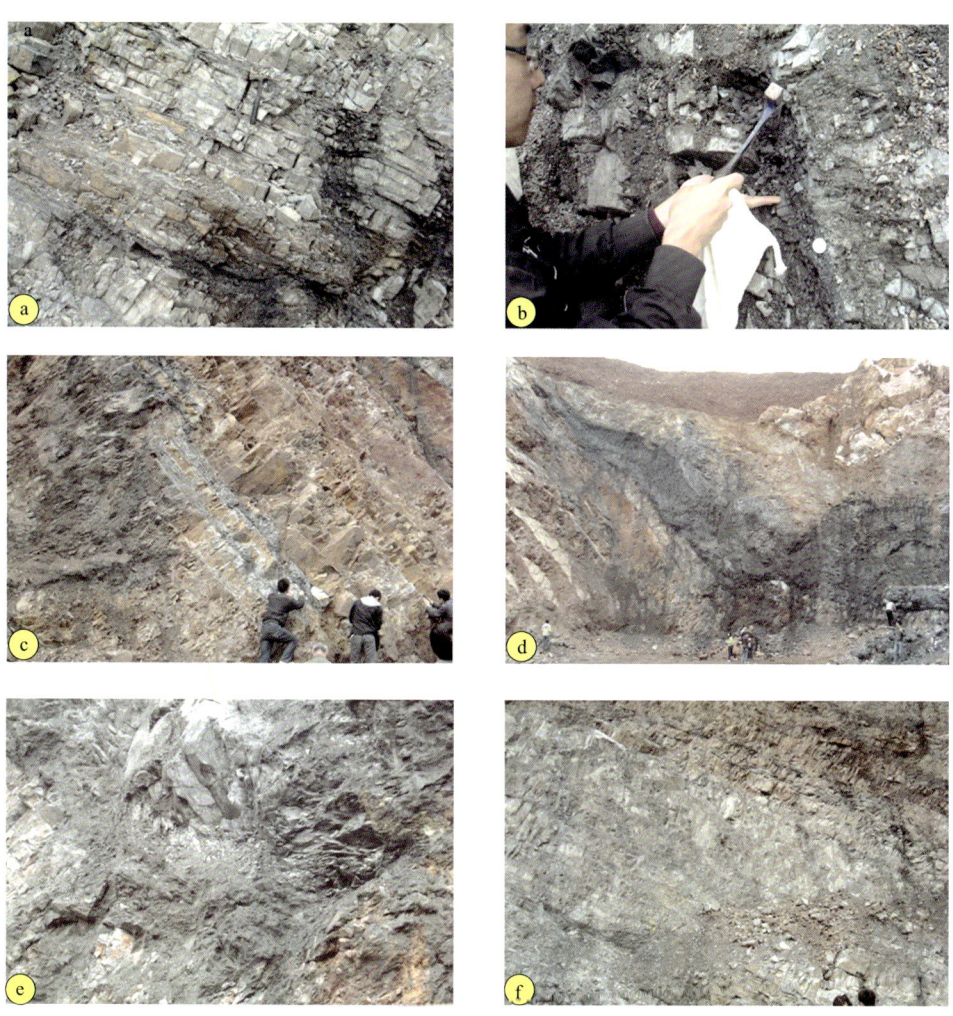

图 2-36 浙江长兴市金村龙潭组主要岩性野外照片

a.砂岩间夹泥页岩;b.青绿色砂岩夹少量黑色煤系泥岩;c.土黄色中层砂岩夹灰黑色泥岩;d.紫红色灰岩夹黑色泥岩及煤线;e 煤中见黄铁矿;f. 具有一定韵律的砂岩与泥岩互层

2) 皖南泾县昌桥龙潭组剖面

泾县昌桥实测剖面(30°45′20.11″N,118°24′30.1″E)出露较好,实测真实厚度为 268m,龙潭组厚为 177.74m,泥页岩厚度为 85.25m(图 2-37)。龙潭组顶界以灰黑色压煤灰岩与上覆大隆组灰黑色硅质岩整合接触,底界以青灰色-灰色粉砂质泥岩与下伏孤峰组硅质岩、含锰页岩整合接触,自下而上可细划分为 16 层。昌桥剖

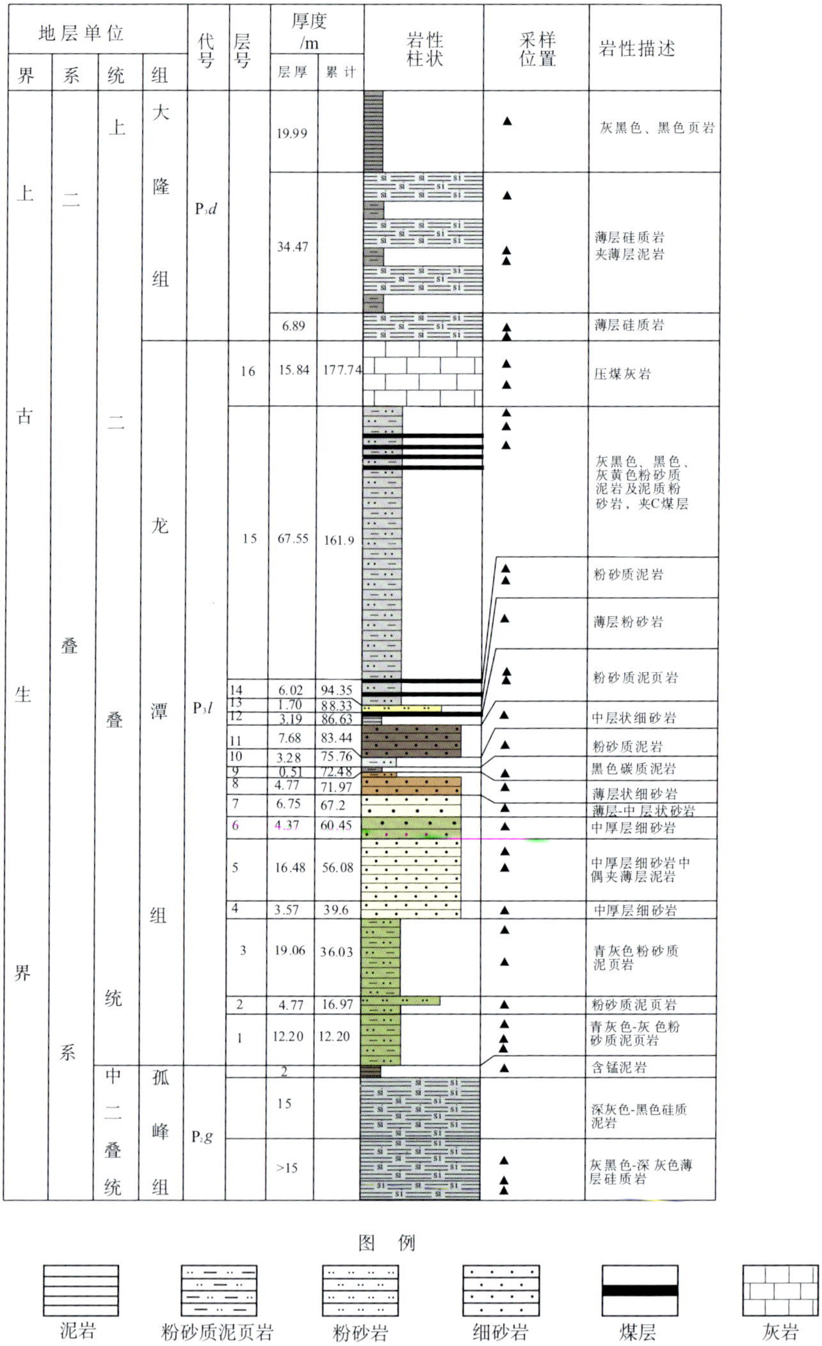

地层单位				代号	层号	厚度/m		岩性柱状	采样位置	岩性描述
界	系	统	组			层厚	累计			
上古生界	二叠系	上二叠统	大隆组	P_2d		19.99			▲	灰黑色、黑色页岩
						34.47			▲▲	薄层硅质岩夹薄层泥岩
						6.89			▲	薄层硅质岩
			龙潭组	P_2l	16	15.84	177.74		▲	压煤灰岩
					15	67.55	161.9		▲▲▲	灰黑色、黑色、灰黄色粉砂质泥岩及泥质粉砂岩，夹C煤层
									▲	粉砂质泥岩
									▲	薄层粉砂岩
				14	6.02	94.35			▲	粉砂质泥页岩
				13	1.70	88.33				中层状细砂岩
				12	3.19	86.63			▲	
				11	7.68	83.44				粉砂质泥岩
				10	3.28	75.76			▲	黑色碳质泥岩
				9	0.51	72.48				
				8	4.77	71.97			▲	薄层状细砂岩
				7	6.75	67.2				薄层-中层状砂岩
				6	4.37	60.45			▲	中厚层细砂岩
				5	16.48	56.08				中厚层细砂岩中偶夹薄层泥岩
				4	3.57	39.6				中厚层细砂岩
				3	19.06	36.03			▲	青灰色粉砂质泥页岩
				2	4.77	16.97			▲	粉砂质泥页岩
				1	12.20	12.20			▲	青灰色-灰色粉砂质泥页岩
		中二叠统	孤峰组	P_2g	2				▲	含锰泥岩
						15			▲▲	深灰色-黑色硅质泥岩
						>15			▲▲	灰黑色-深灰色薄层硅质岩

图 例

 硅质岩　 泥岩　 粉砂质泥页岩　 粉砂岩　 细砂岩　 煤层　 灰岩

图 2-37　安徽宣城泾县昌桥上二叠统龙潭组实测剖面柱状图

面龙潭组出露的岩石类型以粉砂质泥岩、泥岩、砂岩、粉砂岩、灰岩、煤线、碳质泥岩为主，在剖面的中上部发育粉砂质泥岩，其间夹有多层煤线（图 2-38）。上二叠统大隆组为薄层硅质岩夹薄层泥岩。

大隆组
——整合——
16. 压煤灰岩层间褶皱带，其中 0～13m 为压煤灰岩核部　　15.84m
15. 灰黑色、黑色、灰黄色粉砂质泥岩及泥质粉砂岩，96.5～98m 为 C 煤层　67.55m
14. 粉砂质泥岩夹细煤线　　6.02m
13. 薄层粉砂岩、细砂岩　　1.70m
12. 灰黑色、黑色粉砂质页岩夹有 2 层煤线，分别厚 10cm、25cm 左右　3.19m
11. 薄层-中层状褐色细砂岩　　7.68m
10. 灰色、深灰色粉砂质泥岩　　3.28m
09. 黑色碳质泥岩，见有黄铁矿结核　　0.51m
08. 薄层状细砂岩，褐色、褐红色细砂岩夹灰黑色、黑色泥岩，风化面呈白色，疑为羊齿类化石　　4.77m
07. 土黄色、褐色薄层-中层状中、粗砂岩　　6.75m
06. 中厚层细砂岩夹青灰色泥岩　　4.37m
05. 中厚层细砂岩中偶夹薄层泥岩，26m 处见有细砂岩与泥岩相交的斜层理　16.48m
04. 中厚层细砂岩夹薄层状泥页岩、风化面呈青灰色　　3.57m
03. 青灰色粉砂质泥页岩，风化后为黄绿色　　19.06m
02. 青灰色粉砂质泥页岩夹薄层砂岩　　4.77m
01. 青灰色-灰色粉砂质泥页岩，由于风化而呈现棕红色、土黄色、灰色、灰黑色组成的杂色，具明显的层理，其层厚较薄，后期的改造作用严重　　12.20m
——整合——
中二叠统孤峰组　深灰色-黑色硅质泥岩，含锰泥岩

根据剖面实测，昌桥龙潭组剖面顶部以灰岩与大隆组薄层硅质岩夹薄层泥岩整合接触，由上至下，宣泾型龙潭组四段地层出露明显，底部以粉砂质泥岩与孤峰组黑色硅质泥岩、含锰泥岩整合接触。上部灰岩为第四段；第三段为含煤段，主要为灰、深灰、灰黑色砂质泥岩、泥岩、粉砂岩和煤层组成。岩性较为稳定，含煤约 5～7 层；第二段为砂岩段，以土黄色薄至中厚层细-中粒长石石英砂岩为主，夹粉色砂岩，局部地区底部夹有含砾粗砂岩。第一段粉砂质泥岩段，发育有

10多米厚的粉砂质泥岩。

图 2-38　安徽宣城泾县昌桥龙潭组主要岩性野外照片

a. 孤峰组深灰色-黑色硅质岩，风化后成层性好，有机质含量高；b. 青灰色-灰色粉砂质泥页岩；c. 龙潭组泥岩内羊齿类化石；d. 碳质泥岩，黄铁矿结核；e. 灰黑色、黑色粉砂质泥岩夹有2层煤线；f. 灰黑色、黑色粉砂质泥岩夹有煤

3）巢湖平顶山龙潭组剖面

巢湖平顶山剖面（31°37′58.1″N，117°50′21.5″E）出露较差，龙潭组厚为36.38m，其中泥页岩厚度为18.87m（图2-39）。龙潭组顶界以灰黄色泥岩与上覆

第二章 海相地层沉积特征与烃源岩发育

地层单位			代号	层号	厚度/m		岩性柱状	采样位置	岩性描述
界	系	统	组			层厚	累计			
上古生界	二叠系	上二叠统	大隆组	P_3d		3.77			▲	褐色薄层硅质页岩夹粉紫色含粉砂质钙质页岩或呈互层出现
			龙潭组	P_3l	9	1.41	36.38			褐黄色薄至中厚层铁质石英细砂岩，顶部为灰黄色泥岩，局部见深灰色含生物碎屑灰岩
					8	1.84	34.97			
					7	6.99	33.13			深灰色局部灰黑色含炭质粉砂质泥岩
										黄灰色、灰色粉砂质泥岩、泥质粉砂岩与灰显红色粉砂质泥岩大致互层
					6	7.44	26.14			灰至灰白色中薄层至中层长石石英细砂岩
					5	7.04	18.7		▲	黑灰色局部灰黑色含碳质页岩
					4	3	11.66		▲	棕黄色泥岩、粉砂质泥岩夹黑色碳质页岩或煤线，含植物化石碎片
					3	1.47	8.66			黄灰色中薄层含钙质长石石英砂岩
					2	2.94	7.19			棕黄泥色含粉砂质泥岩、泥质粉砂岩，以前者为主，夹灰、黄灰色泥岩、粉砂质泥岩，时呈互层，局部含褐紫色铁质结核，含植物化石碎
					1	4.25	4.25			灰显黄棕色、棕灰色含铁质、泥质石英粉砂岩
		中二叠统	银屏组	P_2y		14.9				褐黄色、棕黄灰色含硅质粉砂至泥岩。局部夹灰、黄灰色粉砂质泥岩及少量棕褐色铁质粉砂岩及凸镜状硅质岩

图　例

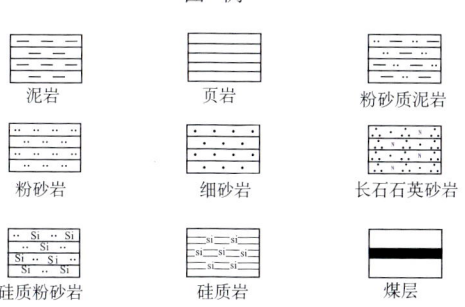

图 2-39　安徽巢湖平顶山上二叠统龙潭组实测剖面柱状图

大隆组褐色薄层硅质页岩夹粉紫色含粉砂质钙质页岩或呈互层整合接触，底界以黄棕色、棕灰色含铁质、泥质石英粉砂岩与下伏银屏组黄棕色、棕灰色含铁质、泥质石英粉砂岩整合接触，自下而上可细划分为9层。平顶山剖面龙潭组出露的岩石类型以粉砂质泥岩、泥岩、砂岩、粉砂岩、煤线、碳质泥岩为主，在剖面的中下部发育的粉砂质泥岩中夹有煤线（图2-40）。

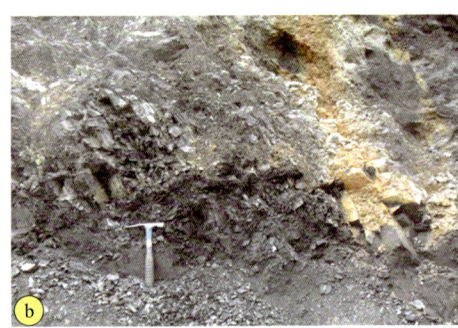

图 2-40　安徽巢湖平顶山龙潭组主要岩性野外照片

a. 黑色中薄层硅质岩局部夹含铁锰质泥岩；b. 铁锰质泥岩；c.黑色中薄层硅质岩；d.龙潭组黑灰色局部灰黑色含碳质页岩

上二叠统大隆组　褐色薄层硅质页岩夹粉紫色含粉砂质钙质页岩或呈互层
——整合——

09. 褐黄色薄至中薄层铁质石英细砂岩，顶部为灰黄色泥岩，局部见深灰色含生物碎屑灰岩　1.41m

08. 深灰色局部黑灰色含碳质粉砂质泥岩　1.84m

07. 黄灰色、灰色粉砂质泥岩、泥质粉砂岩与灰显红色粉砂质泥岩大致互层　6.99m

06. 灰至灰白色中薄层至中层长石石英细砂岩　7.44m

05. 黑灰色局部灰黑色含碳质页岩　7.04m

04. 棕黄色泥岩、粉砂质泥岩夹黑色碳质页岩或煤线，含植物化石碎片　3m
03. 黄灰色中薄层含钙质长石石英砂岩　1.47m
02. 棕黄泥色含粉砂质泥岩、泥质粉砂岩，以前者为主，夹灰、黄灰色泥岩、粉砂质泥岩，偶呈互层，局部含褐紫色铁质结核，含植物化石碎片　2.94m
01. 灰-黄棕色、棕灰色含铁质、泥质石英粉砂岩　4.25m
——整合——
中二叠统银屏组　　黄棕色、棕灰色含铁质、泥质石英粉砂岩

该剖面顶部以薄至中薄层铁质石英细砂岩与上覆大隆组薄层硅质页岩整合接触，底部以含铁质、泥质石英粉砂岩与下部银屏组整合接触，为巢湖型龙潭组。

4）宁镇地区青龙山剖面

青龙山剖面位于句容市采石场附近的公路旁边。青龙山剖面全长约155 m，垂深约122 m，层面向北倾斜，倾角在50°～60°之间。整个剖面按岩石地层单位由老至新依次为二叠系栖霞组、孤峰组、龙潭组、大隆组和三叠系殷坑组。各组地层之间均为整合接触，未发现沉积间断，反映为连续沉积的特征。剖面岩性是以碳酸盐岩、黑色硅质岩、硅质泥岩、黑色泥页岩等为主（图2-41）。

未见顶

下三叠统，殷坑组　　灰黑色灰岩

——整合——

上二叠统，大隆组

16. 灰黑色泥页岩夹菱铁质结核　4.74m

——整合——

上二叠统，龙潭组

15. 灰白色中、厚层细砂岩　3.79m
14. 黑色极薄层泥岩夹薄层泥质粉砂岩　4.74m
13. 灰黑色粉砂质泥岩夹泥质粉砂岩　12.32m
12. 灰黑色中薄层粉砂质泥岩夹泥质粉砂岩　6.66m
11. 灰白色长石石英砂岩　1.67m
10. 灰黑色中薄层粉砂质泥岩夹泥质粉砂岩　8.37m
09. 浅灰色中、厚层粉砂岩-细砂岩　5.03m
08. 灰黑色中薄层粉砂质泥岩夹薄层页岩　17.41m

——整合——

中二叠统，孤峰组

07. 灰黑色页岩夹薄层硅质岩，顶部见硅质结核　16.22m
06. 黑色页岩，偶夹薄层硅质岩　8.90m

05. 黑色碳质泥页岩 5.20m
04. 灰黑色-黑色页岩，偶夹硅质条带，夹磷质结核 4.86m

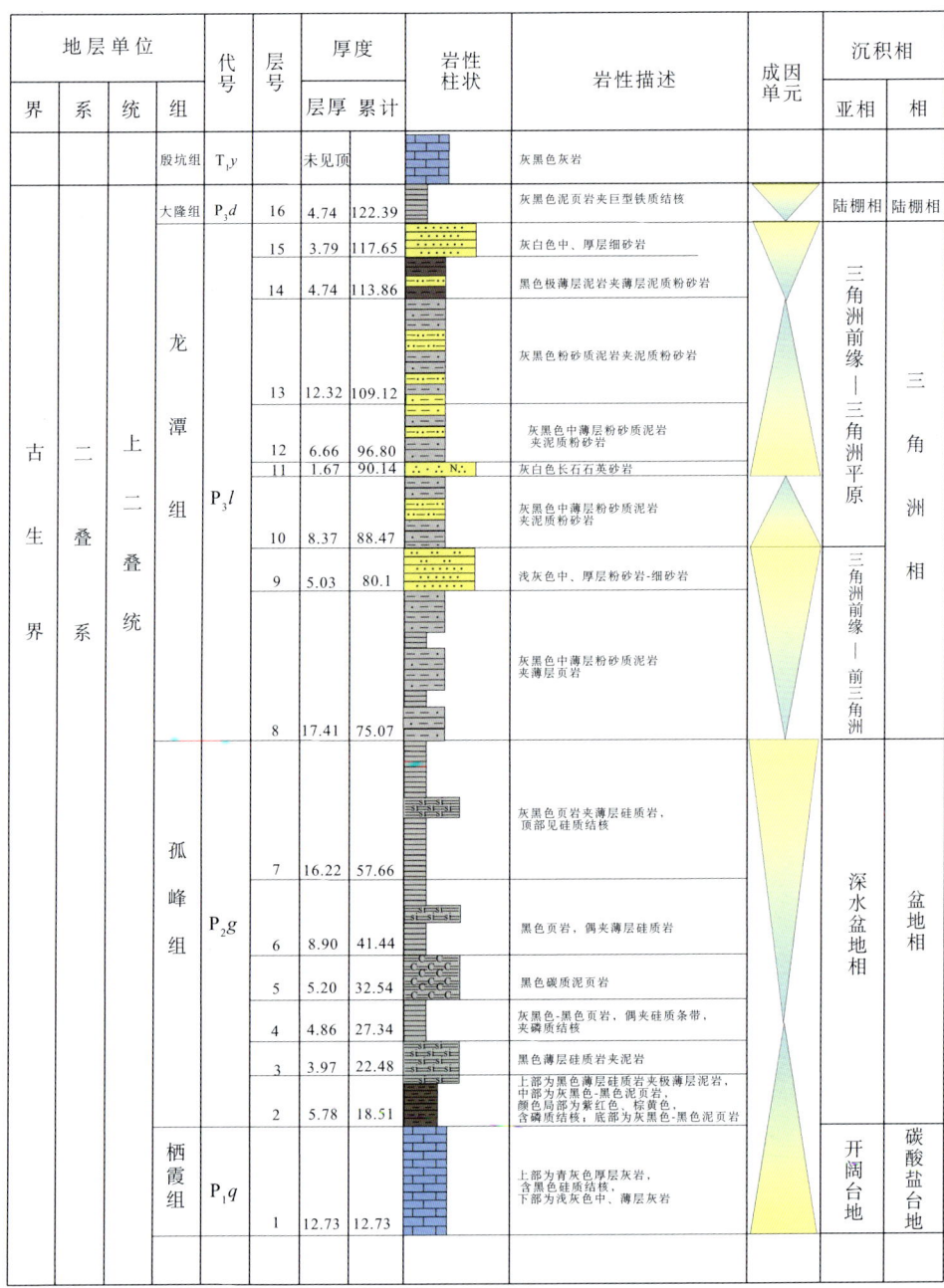

图 2-41 宁镇地区青龙山剖面沉积柱状

03. 黑色薄层硅质岩夹泥岩　　　3.97m

02. 上部为黑色薄层硅质岩夹极薄层泥岩，中部为灰黑色-黑色泥页岩，颜色局部为紫红色、棕黄色，含磷质结核；底部为灰黑色-黑色泥页岩　　5.78m

——整合——

下二叠统，栖霞组

01. 上部为青灰色厚层灰岩，含黑色硅质结核，下部为浅灰色中、薄层灰岩 12.73m

未见底

根据剖面岩性特征和区域沉积背景资料，句容青龙山剖面的栖霞-孤峰-龙潭-大隆-殷坑组可划分为七个沉积旋回（图2-41）。第一沉积旋回从暗灰色层状灰岩开始，至孤峰组下部硅质岩结束，为浅海相硅质碳酸盐岩沉积阶段。第二沉积旋回自孤峰组下部开始，主要沉积灰黑色硅质泥岩、黑色页岩，至本组顶部结束，为盆地沉积阶段。第三个沉积旋回从龙潭组底部灰黑色中薄层粉砂质泥岩夹薄层页岩开始，到浅灰色中、厚层粉砂岩-细砂岩层结束，反映水体变浅的砂泥质沉积阶段，为前三角洲至三角洲前缘沉积阶段。第四至第六沉积旋回从龙潭组下部粉砂岩-细砂岩层开始，以灰黑色粉砂质泥岩夹泥质粉砂岩为主，至龙潭组顶部砂岩段结束，总体反映水体变深的过程，主要为三角洲平原沉积。第七旋回开始于大隆组底部灰黑色泥页岩，反映水体相对加深的沉积，主要为陆棚相沉积。因此孤峰组到大隆组的沉积序列中，相对海平面经历了由低—高—低—高—低的变化过程。其中，孤峰组主要以深水盆地相为主；龙潭组主要为海陆过渡的三角洲相沉积，经历了前三角洲至三角洲平原再到三角洲前缘之间的转变；大隆组主要为陆棚相沉积。

综上，以上四个类型的龙潭组虽然岩性和地域上有一定的差异性，对比分析发现龙潭组在整个下扬子区内由东北向西南逐渐变薄，龙潭组沉积类型以宣泾型与苏南型最为发育，在其主要的分布区（苏锡常和宣泾地区）形成了两个相对独立的沉积中心。

2.3.2.2 区域地层对比和沉积分区特征

1. 区域地层对比

根据前述龙潭煤系的划分方案，下扬子区龙潭组总体上可划分为四段：一段位于龙潭组下部，该段下部以粉砂岩和泥岩互层，上部则以细粒长石石英砂岩为主；二段为含煤段，在苏南地区又称下含煤段，岩性主要为粉砂岩、泥岩夹煤层；三段主要为含海相化石的泥岩，又称为海相段；上段在苏南和浙北地区含煤，也称上含煤段，主要为泥岩、粉砂岩、煤层夹少量砂质灰岩。

通过对下扬子区煤田钻孔资料和实测剖面的对比，我们将下扬子区内典型龙潭组岩性柱状图进行了对比，建立了4条地层对比剖面，其中两条贯穿了整个区域，据此了解龙潭组的分布及沉积特征。其对比剖面位置见图2-42。

1）南京钟山-苏州渡村龙潭组地层对比剖面（Ⅰ）

该地层对比剖面（图2-43）由南京钟山至苏州渡村（湖州南皋桥），涉及整个苏南地区，宁镇地区地层较为完整，而苏锡常地区地层未见底。

按龙潭组四段划分方案，第一段在对比剖面上差异较大，厚度从几十米到300多米，从宁镇地区至苏锡常地区逐渐加厚；第二段（下含煤段）为本区主要的含煤层位，厚度一般为30~60m，顶部可见一层灰岩；第三段（海相段）以泥岩、粉砂岩、少量薄层细砂岩为主，整体上厚度相差不大，一般为10多米到50m；第四段仅在苏锡常等地可见，且较厚，可达50~60m，在苏州一带发育煤层，岩性以薄层细砂岩、泥岩、含煤碎屑岩为主。

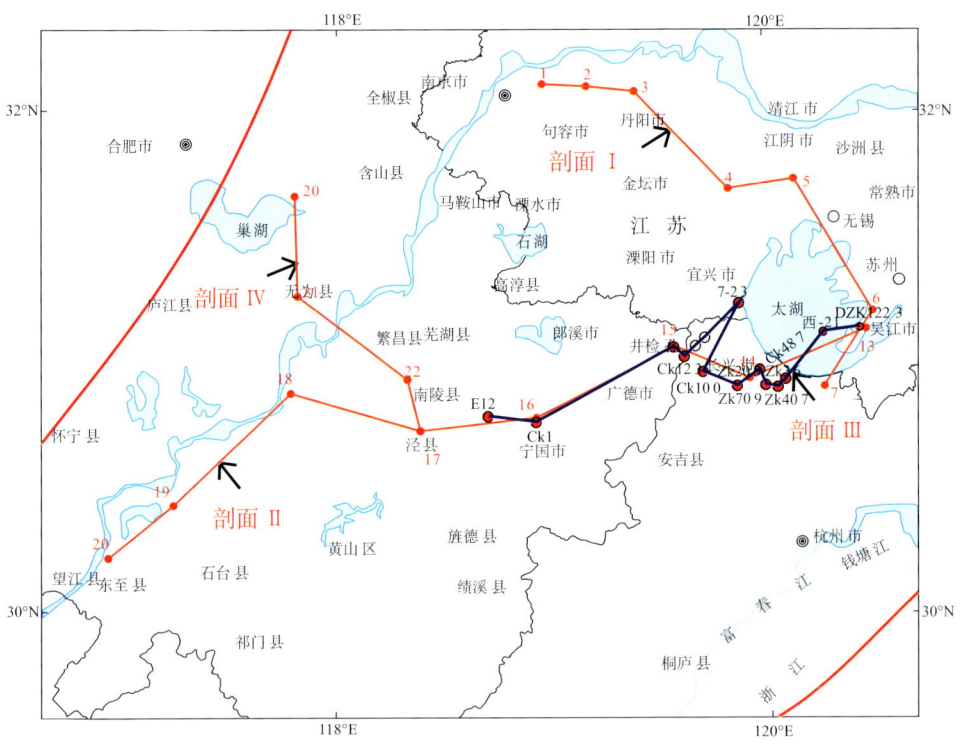

图2-42 龙潭组区域对比剖面位置图

由此可见，苏锡常地区龙潭煤系十分发育，厚度较大，发育2个含煤段，最厚可达500m左右，宁镇地区沉积厚度相对较薄，一般在200m左右。苏南地区龙潭煤系的整体沉积厚度约为100～250m。

2）东至-泾县-苏州龙潭组地层对比剖面（Ⅱ）

该地层对比剖面（图2-44）横穿整个皖南地区，由东至县到苏州渡村，皖南地区龙潭组较完整。

东至—池州一带龙潭组地层厚度较小，约30～60m，岩性主体为含煤碎屑岩、灰岩、硅质岩，说明其沉积环境水体较深；而泾县昌桥—港口罗村一带岩性逐渐以粉砂质泥岩、砂岩、泥岩为主，厚度可达200m左右；新杭一带龙潭组不完整，岩性以泥岩、粉砂岩为主，其厚度较大；金村—苏州一带为江南沉积型龙潭组，沉积物以砂岩为主，在苏州可见2个含煤层位。

整体上来看，龙潭煤系的沉积厚度的变化从北东—南西向逐渐减薄，皖南泾县和苏锡常地区龙潭组沉积厚度较大。

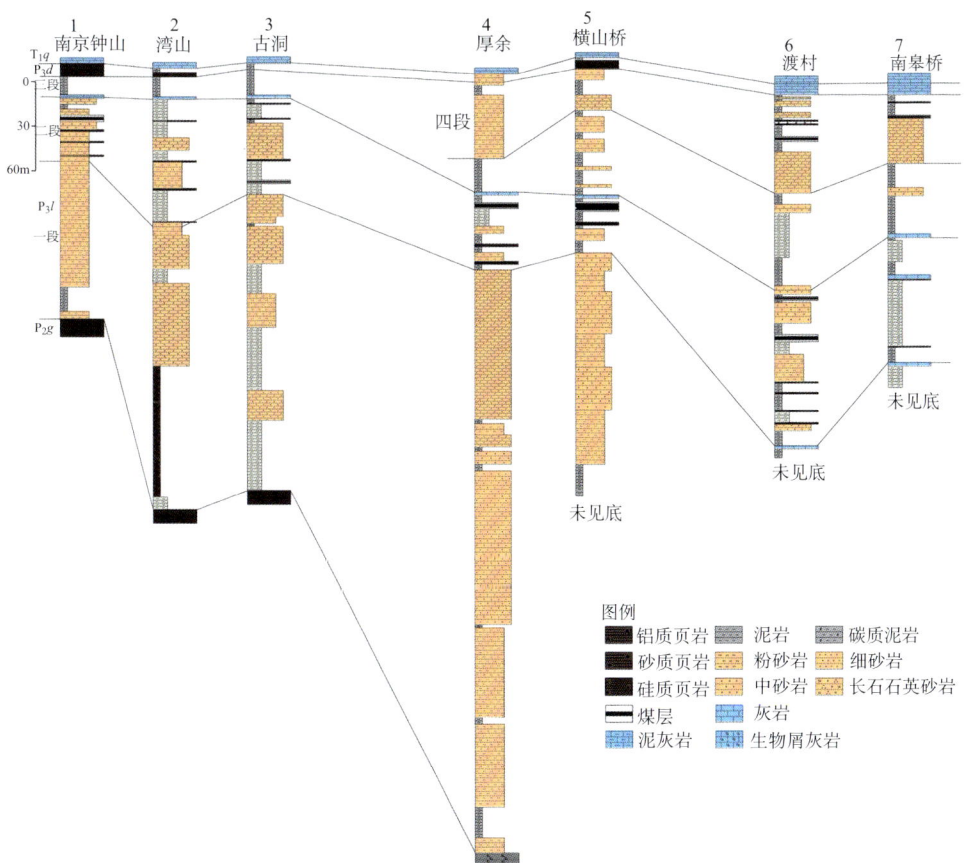

图2-43 南京钟山-苏州渡村龙潭组地层对比剖面（Ⅰ）

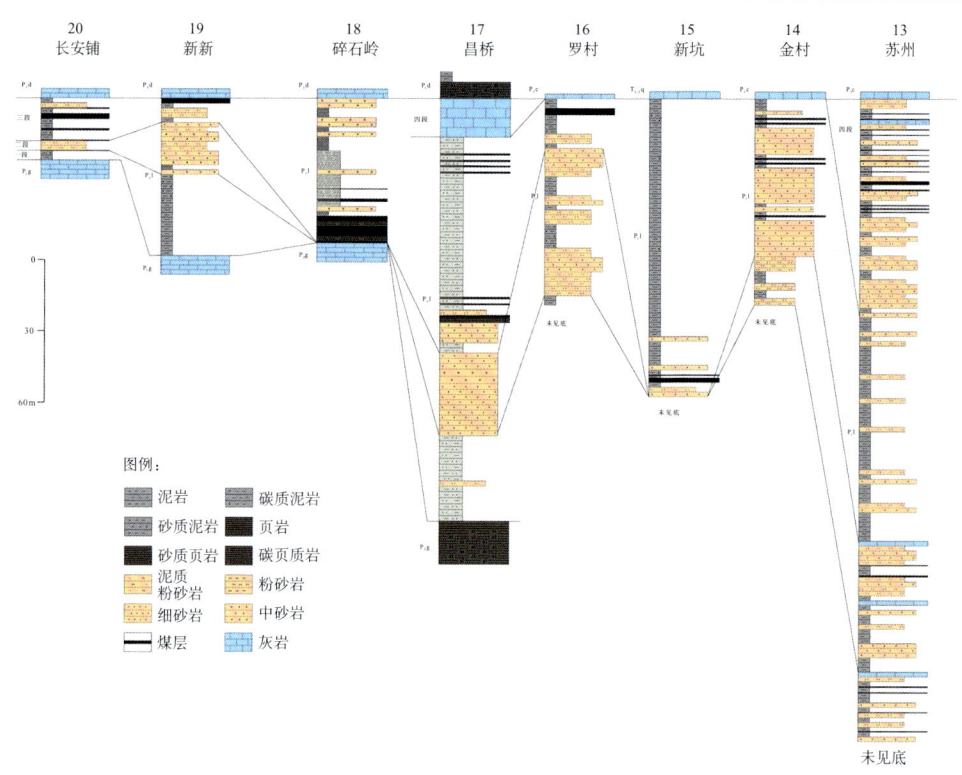

图 2-44 东至-泾县-苏州龙潭组地层对比剖面（Ⅱ）

3）皖南港口-广德-宜兴张渚-浙北长兴-苏州东山龙潭煤系对比剖面（Ⅲ）

该地层对比剖面（图 2-45）贯穿了苏浙皖 3 省，数据主要来源于煤田钻井，龙潭组厚度在区域上变化较大。苏锡常地区龙潭组极为发育，一段砂岩段厚度极大，为典型的三角洲相。宣泾地区一段砂岩及龙潭组总厚度均相对较小，由下往上砂岩和泥岩交替出现，有多个沉积旋回，反映了整个时期沉积环境由海退到海侵变化的过程。由宣泾一带向苏锡常地区，龙潭组厚度明显变厚，且碎屑岩粒径明显变大。

4）巢湖-无为-南陵-泾县龙潭组地层对比剖面（Ⅳ）

巢湖、无为、南陵和泾县四条龙潭组剖面对比如图 2-46，从图中可以看到，龙潭组整合于下伏孤峰组之上，与上覆大隆组整合接触，主要分为三部分，下部为砂岩，厚度 19.0~74.0m，由细-粉砂石英砂岩或长石石英砂岩组成，属于三角洲前缘沉积；中部为含煤碎屑岩，主要为粉砂质和碳质泥页岩，夹煤层，厚度 16.7~59.3m，属于三角洲平原沉积；上部为灰岩，厚度 0~9.0m，属于浅海碳酸盐台地沉积。巢湖—南陵一带龙潭组较薄，巢湖平顶山剖面厚度 60.51m，由南陵至泾县，龙潭组厚度变化较大，南陵丫山剖面龙潭组下部为武穴组灰岩，龙潭煤系的厚度仅 56.2~73.3m，到泾县一带，龙潭组厚度变化至 143.82~291.28m，沉积相差异也较大。

第二章 海相地层沉积特征与烃源岩发育

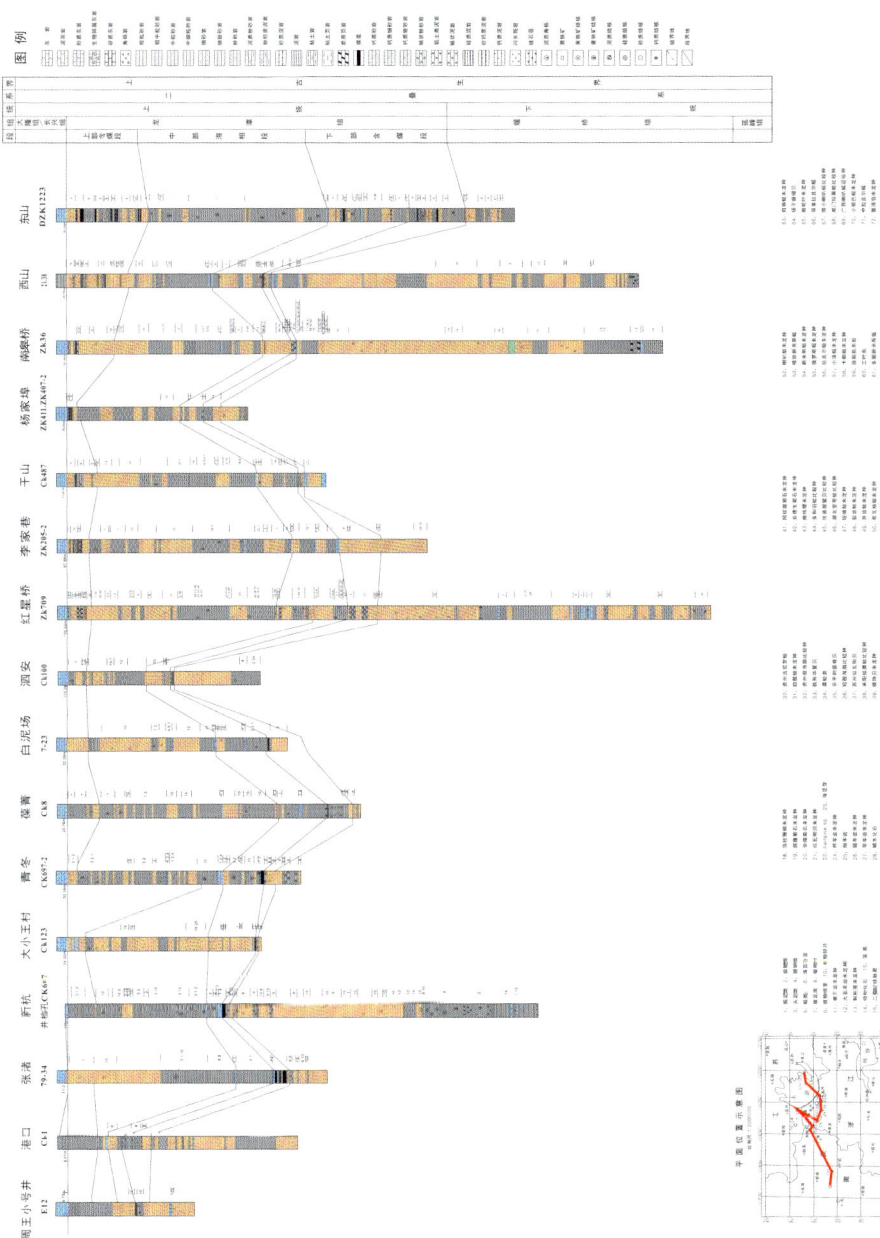

图 2-45 皖南港口-广德-宜兴张渚-浙北长兴-苏州东山龙潭煤系对比剖面（Ⅲ）

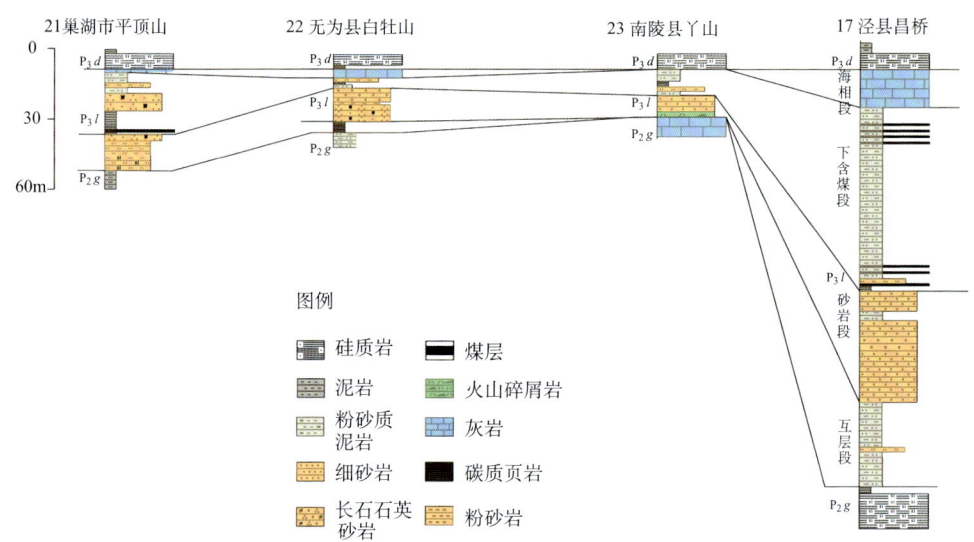

图 2-46 巢湖-无为-南陵-泾县龙潭组地层对比剖面（Ⅳ）

2. 沉积分区特征

通过对下扬子地区晚二叠世地层剖面的观察和对区域地质调查资料的分析和对比，区域上下扬子区晚二叠世龙潭组沉积可划分为东、西两个沉积区。西区包括江苏宁镇、安徽长江沿岸等地，相当于古生界的下扬子地层小区，或称为"扬子沉积区"；东区包括江苏南通、无锡、苏州及浙江长兴、吴兴等地。东区的晚二叠世早期地层在岩相、岩性等方面都与西区的龙潭组有显著差别，它代表此时期另一个沉积区的沉积类型，或称为"江南沉积区"。东区沉积厚度大，岩性变化复杂，西区龙潭组沉积厚度相对较小（图 2-47）。东、西两个沉积特征的明显区别，反映出当时地壳活动、古地理环境、海侵方向、海侵时间的差异性。

东区沉积特征（以苏州东山剖面为例），该区龙潭组厚度较大（400～500m），自下而上岩性分 5 段：

（1）互层段：以底部钙质、碳质页岩与下伏孤峰组顶部硅质岩为界；上部以灰白色砂岩之底为界，厚达 220m。岩性为深灰色粉砂质泥岩与灰白色细砂岩、粉砂岩相间产出，向上粒度变粗。厚度向西变薄，局部该段下部含不可采薄煤层或煤线。

（2）砂岩段：上以灰白色中细粒长石石英砂岩之顶为界，厚度 30～70m。以浅灰、灰白色中细粒长石石英砂岩为主，含火山碎屑物及海绿石。

（3）下含煤段：上以砂质灰岩（一灰）之顶为界。苏南东部厚 100～120m。岩性由细砂岩、粉砂岩、泥岩夹煤层和 4～5 层砂质灰岩组成，含煤 6～10 层。

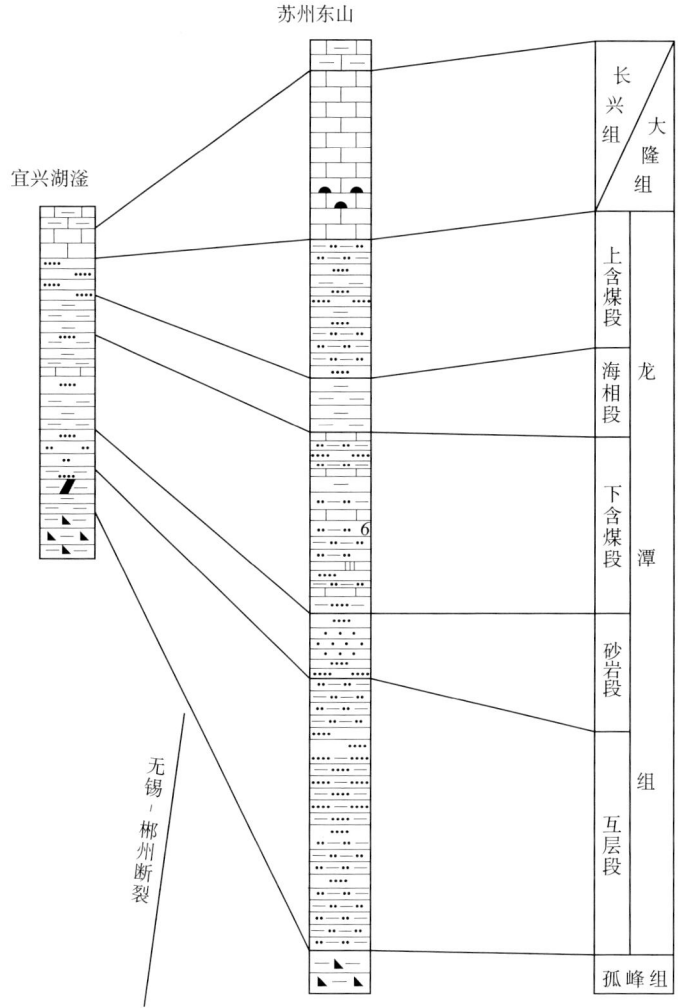

图2-47 下扬子区龙潭组东西区地层对比图

（4）海相段：上以上含煤段底部灰白色细砂岩之底为界。厚度40～80m。岩性为海相深灰色泥岩、粉砂质泥岩，含菊石和腕足类海相化石。层位稳定，分布广泛。

（5）上含煤段：上以长兴组浅灰色灰岩之底为界，厚度40～70m。岩性为粉、细砂岩、粉砂质泥岩夹煤层，含煤8～12层，局部可采，向西相变为海相细碎屑岩。

在煤田地勘部门，常将互层段和砂岩段统称为砂岩段或一段，下含煤段为二段，海相段为三段，上含煤段为四段。

东区龙潭组主要为海陆交互相含煤碎屑岩沉积,其中的海相层很明显,位于龙潭组中部。生物十分丰富,上部以菊石类为主,还有一些少量腕足类化石;下部则以腕足类为最多,此外尚有少数䗴类及双壳类等化石。这一化石组层位稳定、分布广泛,对地层划分、对比都有一定作用。

该组亦具有两个含煤段,在海相层以下的含煤段中产有大量完好的植物化石,薄层灰岩中产有腕足类、䗴类、珊瑚等晚二叠世早期常见化石,是一套比较典型的海陆交互相含煤沉积。在海相层以上的含煤段中亦产有植物化石,但其属种数量和保存程度都不如下部含煤段中所产的植物化石。

两个含煤段的含煤性也各具特点,上含煤段含煤层数少,煤层较薄,本区主要可采煤层多居于下含煤段。

西区沉积特征(以宜兴湖㳇龙潭组为例),该区龙潭组分为三段:

(1)互层段:下以深灰色钙质页岩之底与下伏孤峰组顶部硅质岩为界;上以中粗粒长石石英砂岩之底为界。厚度一般90m。岩性为薄层状粉砂岩夹细砂岩。局部夹薄煤层或碳质页岩。与苏南东部互层段岩性一致,仅厚度变薄。

(2)砂岩段:灰白色中粗粒长石石英砂岩,层位稳定,特征明显,上下岩层界线十分清楚。厚度20~40m。局部夹薄煤层。该段在宁镇个别点见灰岩夹层。与苏南东部砂岩段相当,但砂岩增多。

(3)下含煤段:上以压煤灰岩之顶为界,厚度35~40m。岩性为深灰色粉砂质泥岩、细砂岩夹煤层。含煤3~5层。顶部压煤灰岩厚1.5~2.5m。与苏南东部、浙北的四灰相当。该段所含主采煤层与苏南东部四灰以下的煤层均可对比,由于其层位稳定,分布广泛,整个地区均可对比。

下含煤段之上的泥岩,与苏南东部的海相段相当。由于上含煤段相变为海相泥岩且与上覆的大隆组岩性一致,煤田地质部门将四灰以上的泥岩、硅质泥岩统称为大隆组。

西区龙潭组是以陆相为主的含煤碎屑岩沉积,其海相层均位于上部,它的特点是从宿松往东北,层位渐渐偏高,砂泥质含量增加,厚度变薄。其中的生物十分丰富,以腕足类为主,另有少量菊石、珊瑚、䗴类等。这些海相化石在宿松、贵池、泾县一带相当繁盛,但往东北方向至宣城、溧阳、宁镇等地,数量和属种都少得多。

龙潭组中有两个含煤段,两个含煤段的含煤性也各具特点,下部含煤段一般仅含薄煤层或"煤线",可开采的煤层多在上部含煤段。其所含植物化石,保存完好,属种丰富的也多产自上部含煤段。

上、下两个含煤段之间夹有一厚度不等的长石石英砂岩段。这套碎屑岩的厚度变化较大,靠近"江南隆起带"北缘地区较厚,远离隆起带则逐渐变薄,往西至贵池及其以西地区即已渐灭,使上、下两个含煤段合并成为一个含煤段,其总厚度在宿松一带仅有 10~20m。再往西至赣西北的瑞昌、武宁、鄂东南的广济、大冶等地，这个含煤段逐渐变薄（称为炭山湾含煤段），而其上的灰岩段则增厚（称为下窑灰岩段）。到了赣西北的修水、鄂东南的通山、崇阳、蒲沂一带，该含煤段已渐灭，被海相石灰岩为主的吴家坪组所代替。

陈华成等（1981）认为江南隆起带及其北北东向的延伸部分即江阴—宜兴砺山可能是属于海堤、岛弧或水下隆起，而东西两区的沉积差异是由于这个范围窄小隆起带的分隔造成的。通过对比分析，我们认为同沉积断裂是造成东西区沉积差异的重要原因。江南断裂在龙潭期沉积期间处于活动状态，为龙潭期的同沉积断裂。它是该区段二叠纪煤系的分界线。从茅口期开始，江南断裂就控制了两侧的沉积，下扬子区江南断裂两侧的沉积差异表现如下：

（1）茅口晚期断裂东南侧（东山）以含煤碎屑岩为主，顶部夹薄层灰岩，粗砂岩不发育。西北侧以泥岩沉积为主，夹碎屑岩、不含煤，未见薄层灰岩，发育粗粒长石石英砂岩。

（2）吴家坪期断裂东南侧以含煤碎屑岩沉积为主，有上、下两个煤组，中间夹海相层；西北侧以海相泥岩为主，夹粉砂岩，只有底部一层煤，上煤组相变为海相泥岩及细粉砂岩。

（3）长兴期断裂东南侧为碳酸盐岩沉积（长兴组），西北侧是泥岩夹硅质岩沉积（大隆组）。其中在浙北，长兴期断裂两侧的岩性均为灰岩，但灰岩的特征和沉积厚度都有明显的不同。断裂东南侧为浅灰色中厚层状灰岩（俗称白灰岩），厚度一般130m，西北侧为黑色沥青质、硅质灰岩（俗称黑灰岩），厚度较小，仅1.7~34m。

（4）断裂两侧地层厚度差异明显。茅口期断裂东南侧地层厚度一般大于200m，厚者350m（东山）；西北侧一般小于200m。吴家坪期断裂东南侧厚度大于200m，西北侧小于100m。

2.3.3 龙潭煤系岩相与沉积环境

2.3.3.1 龙潭期沉积相分析

1. 浙北龙潭沉积相分析

结合区内沉积特征，龙潭组上覆地层为沥青质灰岩"长兴组"，下伏地层为黑色硅质页岩夹灰岩透镜体。龙潭组系由砂质页岩、粉砂岩、泥岩、灰岩、砂质泥岩、煤层等组成，斜层理、波状层理、水平层理、交错波状层理发育，旋回结构清晰，表现为海退到海侵的沉积旋回，从沉积相序来看，晚二叠世龙潭组由四个沉积体系组成（图2-48）。

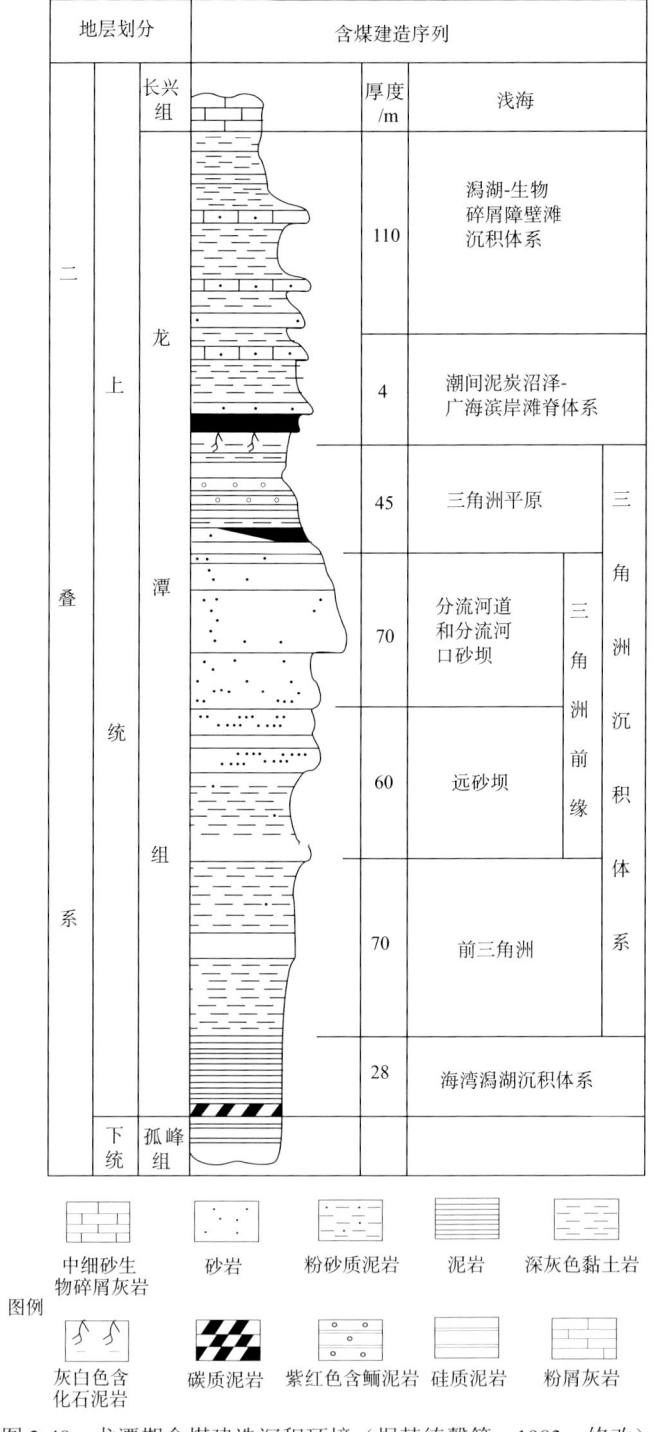

图 2-48 龙潭期含煤建造沉积环境（据韩德馨等，1983，修改）

（1）底部为闭塞海湾潟湖环境的黑色泥岩和碳质泥岩，水平层理、递变层理发育，含较多分散的黄铁矿细晶，产小个体海相腕足类和瓣鳃类等化石。

（2）三角洲沉积体系：垂向上旋回不明显。前三角洲沉积为深灰色、灰绿色粉砂质泥岩，发育水平层理。三角洲前缘沉积为深灰色含泥质粉砂岩和浅灰色粗-中粒长石石英砂岩，后者含少量自生海绿石，发育极好的大中型楔形交错层理。分流河道沉积中常有冲刷面和深灰色泥砾，其粒度概率累积曲线为含有一个跳跃总体的三段型，分流河口沉积的粒度概率累积曲线为含有两个不同跳跃次总体的四段型。三角洲平原的亚环境有：天然堤（沉积物具波状层面和中小型斜波状层理等），流水沼泽，浅水湖泊和泥炭沼泽（形成不稳定薄层亮煤，称为B煤层，显微煤岩类型属于微镜惰煤，未见木栓质体）。各亚环境沉积的复合关系比较复杂，整个三角洲平原沉积以流水沼泽的浅灰色细粉砂岩为主，富产大羽羊齿植物群化石。三角洲沉积体系缺少海洋水体作用的迹象，以高建设性为特征。

（3）潮坪泥炭沼泽-广海滨岸生物碎屑滩脊沉积体系：与三角洲平原沉积逐渐过渡。包括C煤层底板灰白色淡水沼泽泥质沉积，夹有潮道生物碎屑沉积的稳定的树皮残植煤-C煤层，以及C煤层顶板中-细粒级纯生物碎屑滩脊沉积。

（4）潟湖-生物碎屑障壁滩沉积体系：为潟湖与其障壁滩沉积构成的完整层序在纵向上的交替组合，这种交替现象反映了海水多次进退。每一层障壁滩沉积物均为中-细砂级生物碎屑灰岩，厚度0.5~1m，潟湖沉积为深灰色黏土岩和粉砂质泥岩，具水平层理，含小个体薄壳动物化石，夹断续层状分布的巨大菱铁矿结核。

上述沉积体系的垂向关系表明，本区在含煤建造形成过程中一直位于缓慢沉降的滨海地区，三角洲的快速进积和过补偿作用曾引起海岸线的后退。三角洲发育末期，由于河流活动的衰退和陆源碎屑供应的减少，引起平缓的三角洲平原普遍沼泽化，从而为C煤层的形成提供了古地理条件。整个龙潭组沉积相序为：潟湖海湾相-前三角洲相-三角洲前缘相-三角洲平原湖沼相-浅海相。因此，龙潭含煤岩系在旋回上表现为由海退到海进的一个完整沉积旋回。海退系列岩性岩相组合较复杂，海进系列则较简单。

2. 皖南宣泾盆地龙潭组沉积相分析

1）孤峰组盆地相沉积

泾县—南陵地区的孤峰组沉积了属于盆地相的黄绿色、紫色硅质页岩、含锰页岩、灰黑和黑色放射虫硅质岩，南陵丫山孤峰组顶部的蓝灰色及灰黑色骨针粉屑泥晶灰岩，则指示较深水的盆地至盆地边缘沉积环境。另外，孤峰组下部的扁豆体形磷结核是深水相产物，介于栖霞组顶部的斜坡上部相与孤峰组硅质岩段的盆地相之间，属于盆地边缘相或者为斜坡相。

2）龙潭组下部的滨海潟湖相沉积体系

至茅口中期以后，下扬子区沉积作用发生了明显的分异，总体南高北低，在泾县银屏组沉积了 29～135m 的粉砂岩、粉砂质页岩，颗粒较细，含有较多的泥质物，成分成熟度和结构成熟度均不高，指示水体能量较低，属于水循环受局限的潟湖沉积。在巢湖地区也发育了银屏组，银屏组 MnO/TiO_2 比值为 0.014，硼含量为 115ppm，C/S 比值在大于 5 小于 10 之间，指示其为水体受到局限的滨海潟湖环境。从泾县往北水体逐渐加深，到南陵丫山发育武穴组，沉积了一套碳酸盐台地相的浅灰色、灰黑色中厚层状灰岩，结晶灰岩，含有少量燧石结核，产腕足类化石，厚度 38.8m。

3）龙潭组中部的三角洲沉积体系

茅口期末，由于东吴运动的影响，发生了大规模海退，海水由东向西方向退出，仅在原低洼地带残留水体，大部分地区隆升为古剥蚀区。至吴家坪初期，海水重新侵入本区，本区沦为广大的滨浅海或滨海沼泽环境，沉积了龙潭组一套含煤碎屑岩。龙潭组中部下段（二段）发育长石石英砂岩，粉细砂岩，粒度分析资料显示属于河流入海口处的河口砂坝沉积，而且岩石中发育楔状斜层理和羽状交错层理。这些特征表明，此类细砂岩沉积于潮间至潮下带稍高的近岸浅水环境，受潮汐作用影响，属于三角洲前缘沉积。龙潭组中部上段（三段）发育较多的页岩、砂质和碳质页岩夹数层薄煤层，属于三角洲平原相。

4）龙潭组顶部的碳酸盐台地沉积

龙潭组沉积末期，海平面有所上升，在泾县龙潭组顶部发育有薄层灰色、深灰色生物碎屑灰岩，产大量的藻类（红藻居多）和少量的珊瑚、有孔虫、腕足类等，它是龙潭组海陆交互的三角洲相转化为大隆组深水盆地相之间的过渡相-浅水开阔台地相。

5）大隆组深水陆棚-盆地相沉积

吴家坪末期，海平面有所下降，但下降幅度不大，至长兴期再一次发生大规模的海侵，使得本区沦为较深水的盆地环境，在泾县—南陵地区沉积了约 30～61.35m 厚的硅质岩、放射虫硅质岩和硅质页岩，属于盆地到深水陆棚相。末期，海平面有所下降，沉积了深水相的下三叠统殷坑组底部的泥页岩，与盆地相的大隆组整合接触，这样结束了整个二叠纪的沉积（图 2-49）。

第二章 海相地层沉积特征与烃源岩发育

年代地层			岩石地层		厚度/m	岩性柱状	岩性特征简述及解释	沉积相	
系	统	阶	组	段				亚相	相
	乐平统	长兴阶	大隆组		61.35		深灰、灰黑色硅质岩、硅质页岩，含少量放射虫，深水盆地沉积	深水陆棚至盆地	盆地
		吴家坪阶	吴家坪组	四段/海相段	15.84		深灰色至黑色薄层生物碎屑灰岩，产大量的藻类和少量的珊瑚、有孔虫、腕足类等，化石保存完整，泥晶胶结，水体能量低，但水循环良好，属盐度正常的温暖浅海沉积	开阔台地	台地
			龙潭组	三段/下含煤段	78.46		含煤碎屑岩段，主要为深灰色至灰黑色页岩、碳质页岩、砂页岩夹煤层，含腕足类和植物化石，沼泽环境沉积	三角洲平原	三角洲
				二段/砂岩段	47.41		灰黑色至深灰色粉细砂岩，局部夹砂质页岩，发育楔状斜层理和羽状交错层理，与下伏银屏组呈假整合接触，向陆地靠近，属于受潮汐作用影响的三角洲环境沉积	三角洲前缘	
	阳新统	茅口阶	茅口组	一段/银屏组	38.03		灰黑色粉砂岩夹少量细砂岩，颗粒主要呈次棱角状，粒径0.1mm左右，含有较多的泥质(10%~15%)，属于水循环受局限的潟湖沉积。底部为灰黑色页岩，少量粉砂质页岩，低能静水沉积	滨海潟湖	滨海
		孤峰阶	孤峰组		>30		灰黑色至黑色硅质岩、放射虫硅质岩，含硅质碳质页岩夹少量燧石透镜体，含腕足类，深水盆地沉积	盆地	盆地

图 例

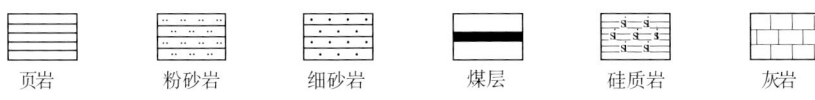

页岩　　粉砂岩　　细砂岩　　煤层　　硅质岩　　灰岩

图 2-49 皖南泾县昌桥剖面沉积相分析

2.3.3.2 岩相古地理

1. 区域沉积环境和物源方向

早二叠世末,东吴运动使本区普遍上升,出现一次时间虽不长,但规模较大的全区性海退。晚二叠世早期,西区龙潭组的沉积特征表现为上部龙潭组在地表多被掩盖,出露零星,现据宿松、宁镇、苏州海相页岩、泥岩、石灰岩的出现及其分布规律,大致可以了解当时江苏宁镇及安徽长江沿岸等地海侵的概况,上述各地所遭受到海侵的时间是由西南往东北方向逐渐推迟,海侵线亦依次逐渐向东北方向移动。区域上,整个扬子板块龙潭煤系沉积时期,物源区主要有东南部的华夏古陆,东北部的胶辽古陆,西部的康滇古陆和南部的云开古陆。中下扬子区沉积特征主要受华夏古陆和胶辽古陆的影响(图2-50)。图2-51为广东-江西-苏浙皖地区的龙潭图组沉积剖面图,从龙潭组的沉积序列和沉积特征等方面来看,苏浙皖地区与江西乐平、丰城、萍乡、广东连阳等地区晚二叠世早期的沉积特征基本相似,都以中部海相段为界分为上、下二个含煤段,中部海相段在广东连阳地区厚度较大,以灰岩为主。江西萍乡、丰城、乐平一带,中部海相段厚度有所变薄,以碎屑岩为主,灰岩夹层总厚度一般只有20~40m;再往东北至吴兴、苏

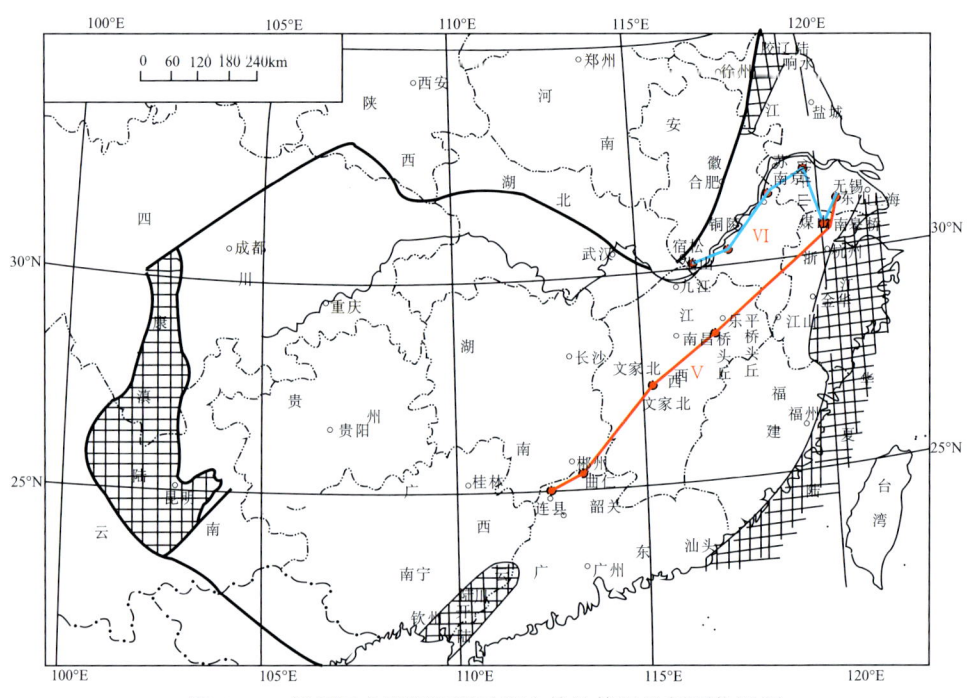

图 2-50 扬子区龙潭组沉积时期古构造格局及剖面位置图

州、无锡等地，中部海相段几乎全是碎屑岩，灰岩夹层总厚度仅有几米。上述各地的上、下含煤碎屑岩段的厚度以苏州、无锡地区较厚，丰城、萍乡一带相对较薄。由上述情况可以看出在萍乡、丰城、乐平、吴兴、苏州、无锡等地晚二叠世早期地层的灰岩厚度和层次在该地层中的比例是由东北向西南方向有明显增加，显示出当时东北高西南低的古地理面貌。根据海相碎屑岩及石灰岩的出现表明各地所遭受到海侵的时间、次数不完全一样，总的是由西南往东北方向逐渐推迟，海侵次数、时间长短从西南往东北逐渐减少。因此，区域上晚二叠世早期的海水应该是从自西南向东北方向侵入。

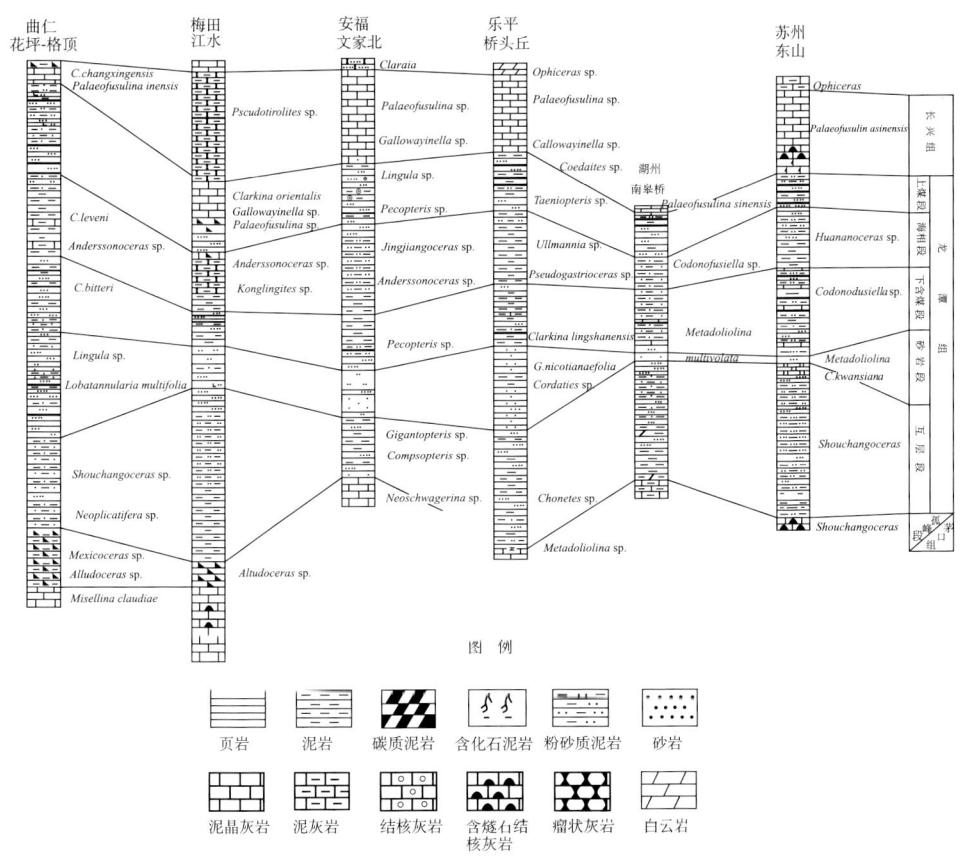

图 2-51　广东曲仁-东山龙潭组地层对比图（Ⅴ）

剖面Ⅵ为下扬子区沉积剖面对比图，从图 2-52 中可以看出，龙潭组在西南部宿松坐山剖面为碳酸盐岩，向东北方向由贵池-繁昌-宁镇地区至苏锡常地区碎屑岩含量逐渐增加，厚度明显增厚。含煤层位逐渐提高，宿松地区不含煤，芜铜地区主要为下部含煤，而苏南和浙北地区则发育 2 个含煤段。上部在下扬子西南部为海相碳酸盐岩、泥页岩和硅质岩、硅质页岩等，在苏锡常地区则相变为含煤碎屑岩沉积，岩性变化特征和含煤层位特征表明：物源方向应是东北向西南方向。

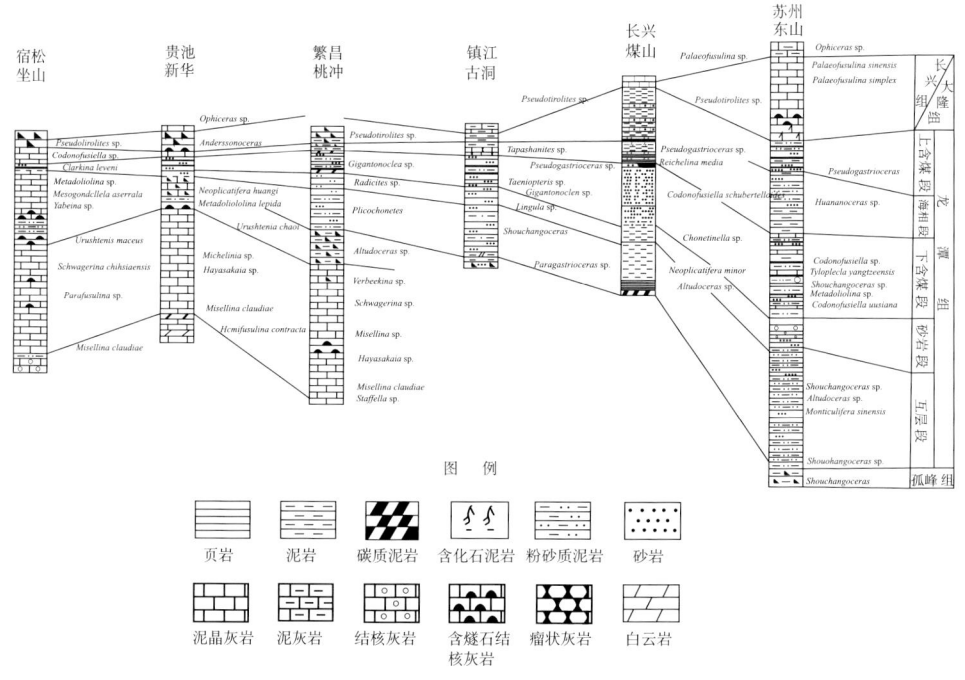

图 2-52　下扬子区龙潭组沉积剖面对比图（Ⅵ）

由此可见：下扬子区龙潭组沉积时期，海侵方向为从西南向东北方向，其物源主要来源于东南部的华夏古陆和东北部的胶辽古陆。

2. 下扬子区岩相古地理

根据多重地层理论进行的研究表明，整个浙西北及其邻近的苏皖地区茅口阶和上二叠统各组普遍穿时（图2-53）。以与其组普遍关联的龙潭组为例，从东向西，其底界即孤峰组顶界，由茅口早期变至茅口晚期，顶界即长兴组和大隆组底界，由吴家坪期末变至吴家坪期初，在江阴—宜兴砺山一带延至长兴期末。茅口阶和吴家坪阶，沉积环境逐渐变化，主要是海退层序向海进层序的转折，转折点位于C煤层与"压煤灰岩"或"四灰"之间。

进入茅口期时，一改栖霞期广袤平坦的碳酸盐台地面貌，三角洲、浅海和碳酸盐台地分割清楚，来自华夏古陆和胶辽（鲁东）古陆的碎屑和清水底栖生物成为塑造全区古地形的主要物质。区域古地理格局显示区内孤峰组生物-岩相变化揭示茅口期早时古地理差异。上二叠统陆屑明显减少，全区呈现碳酸盐台地和陆棚两个相带。大致以天长—南京—泾县一线,以东为三角洲相带,茅口阶以龙潭组下部为主,次为孤峰组。江南由东南向西北减薄,无锡—吴县东山为400m左右,南京—宣城为200m左右,江北由北向南减薄,滨海北大于600m,天长仅100m。主体相为三角洲相。龙潭组下部由下向上显示前三角洲、三角洲前缘、三角洲平原三个亚相。

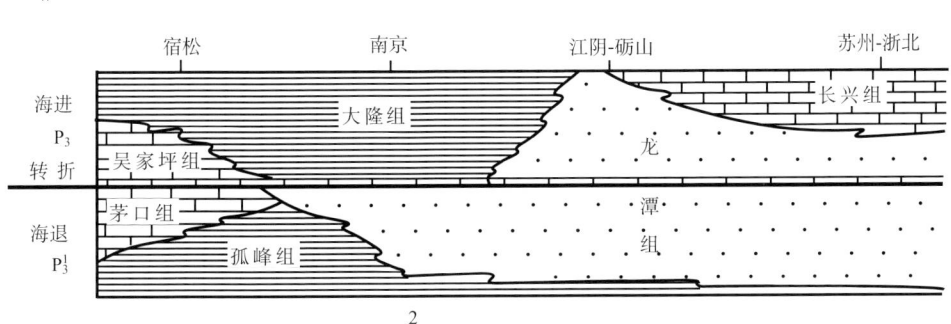

图 2-53　苏浙皖地区 P_3 岩石地层时空分布模式（据王文耀,1998）

天长—南京—泾县一线以西的巢湖—贵池为陆棚相带,茅口阶仍以龙潭组下部为主,但孤峰组厚度明显增大。且龙潭组下部前三角洲厚度亦相应增大。茅口阶 100～500m,由东南向西北减薄。主体相为孤峰组显示的陆棚相。

总体上,龙潭组沉积时期主要发育两个大的三角洲沉积（图 2-54）,分别为苏北三角洲和苏皖南部三角洲,其物源供应方向主要由东部的上海隆起和西北部的灌云隆起,苏北三角洲主要来自于灌云隆起的物源供给。苏皖南部三角洲主要来源于上海隆起的物源供给,苏锡常地区主要处于三角洲平原和三角洲前缘,仅在龙潭中期经历了短暂的海侵,其岩相以砂岩、煤层为主;由北东至南西方向龙潭组沉积厚度逐渐减小,沉积环境逐渐演变为前三角洲至陆棚环境,宣泾地区处三角洲前缘至前三角洲,其物源可能不仅有三角洲带来的沉积物,还可能有江南丘陵的补充;再往西至宿松一带,出现灰岩,为龙潭组沉积时期的浅海台地;其他地区龙潭期沉积较薄,主要为下扬子海相沉积。以 C 煤层顶为界线,苏浙皖地区进入晚二叠世海进期。以南通西—宜兴—歙县一线为界,划为两个相带,分别为无锡—苏州台地相带和巢湖—江阴陆棚相带。无锡—苏州台地相带上二叠统包括长兴组和龙潭组上部,属浅水或滨岸沉积,其中以长兴组碳酸盐台地为代表。上二叠统厚 150～350m,由东南向西北减薄。台地水较浅,水动力较强。台地边缘无锡篙山发育海绵礁。部分地区如长兴葆青一带,长兴组灰岩为深灰、灰黑色薄-中层粒泥岩,底栖与漂游生物共生,反映水体较深,水动力弱的台凹环境。巢湖—江阴陆棚相带上二叠统在大部分地区为大隆组,在西南隅包含吴家坪组,

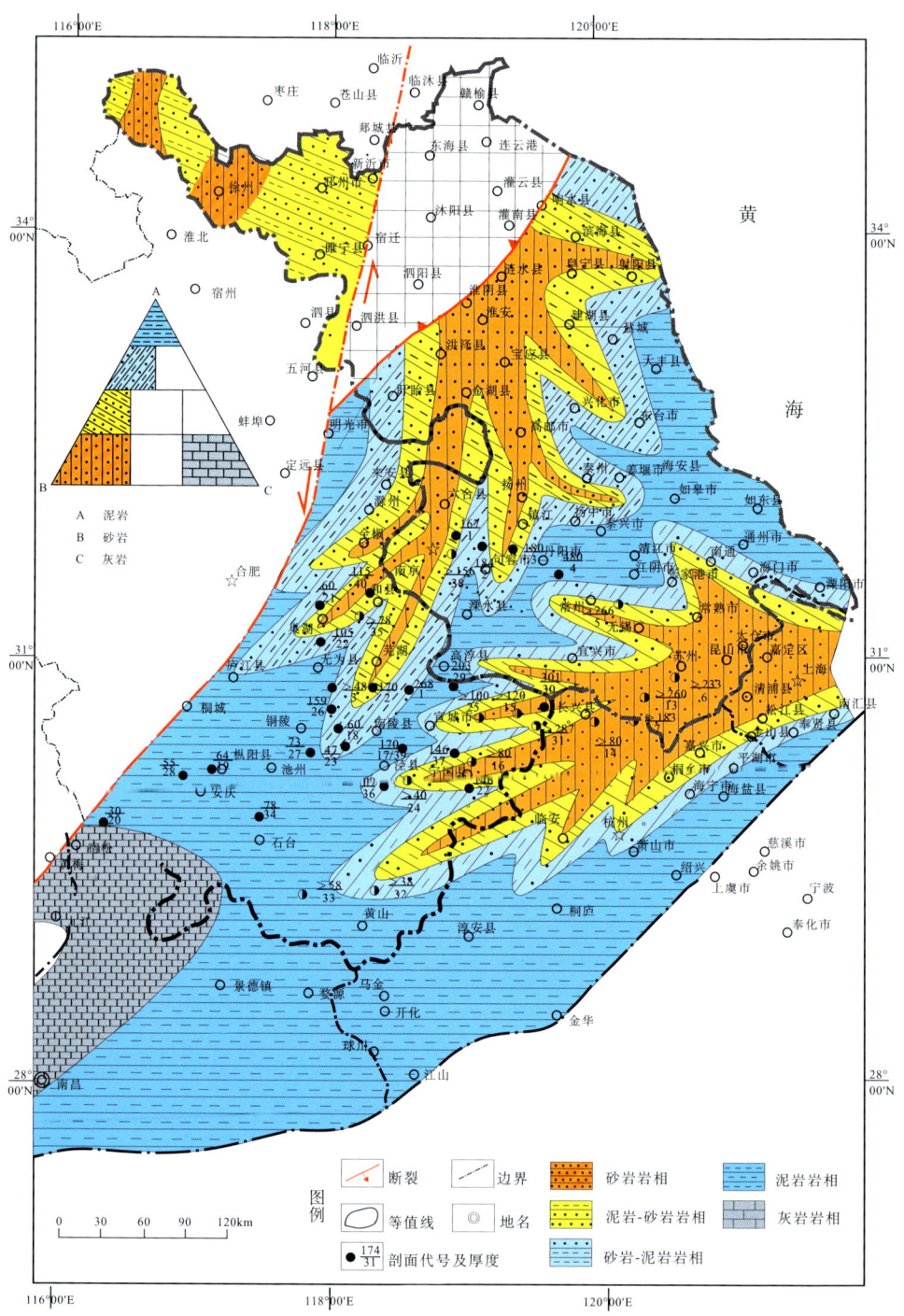

图 2-54 龙潭组岩相古地理略图

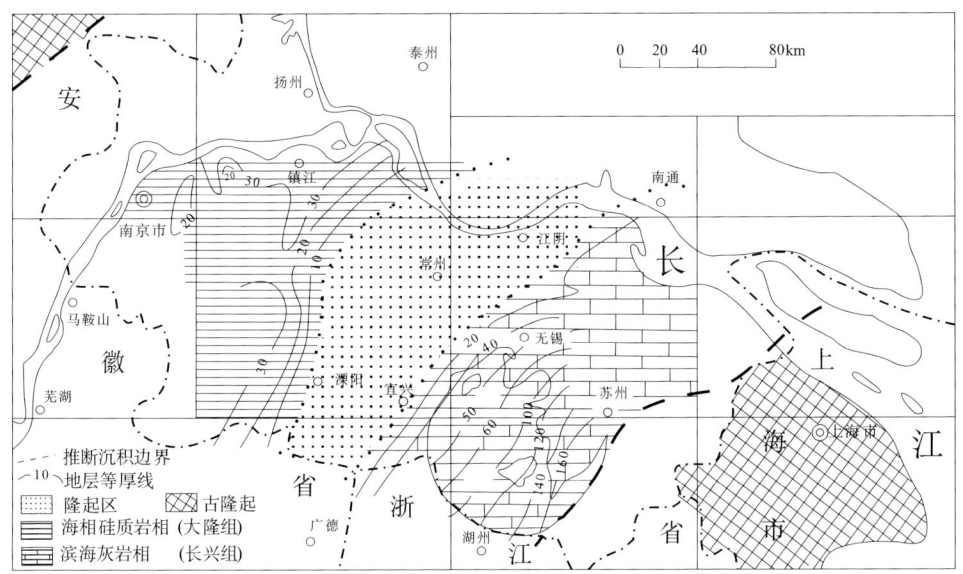

图 2-55 苏南煤田二叠系晚期岩相古地理图（据江苏省煤田局，1978）

在东南缘江阴—砺山一带演变为龙潭组上部。上二叠统厚 50~150m，由东南向西北减薄。上二叠统主体相为以大隆组和东南缘龙潭组上部所代表的陆棚相。大隆组以黑色泥岩、硅质泥岩为主，夹泥质粉砂岩、燧石层及泥灰岩透镜体，富含有机质。薄-中层状，水平纹理发育。以产浮游和假漂浮生物如菊石、鹦鹉螺、薄壳型腕足类、放射虫为主，底栖生物仅有少量适应还原环境的腕足类和瓣鳃类，反映深水陆棚的沉积环境，水体深，沉积界面位于氧化界面之下。江阴—砺山一带相当的地层为龙潭组上部黑色、灰黑色泥岩、粉砂岩，夹薄层和透镜状细砂岩和灰岩，水平纹理及韵律层理发育，以产浮游和假漂浮生态的菊石和薄壳型腕足类为主，属种单调，个体量少，沉积环境属近台陆棚，水体较深，沉积界面位于浪基面之下，水体循环差。

大隆组沉积水体加深，苏北地区为浅海陆棚相，岩石类型为深灰、灰黑色泥岩、硅质泥（页）岩、钙质泥岩，夹薄层硅质岩、薄层粉晶灰岩、泥灰岩，厚度一般在 20~50m，最大厚度为 71m。苏南发育开阔台地相，岩石类型以浅灰、灰白色厚层-块状生物屑含泥粉晶灰岩、微晶灰岩、生物灰岩为主，夹白云质细晶灰岩或灰质细晶白云岩，厚度为 13~234.5m（图 2-55）。

2.3.3.3 龙潭煤系的分布特征

通过对下扬子区内实测剖面及钻孔资料龙潭组厚度数据整理，对龙潭组的厚度及其内暗色泥页岩与粉砂质泥岩厚度分布规律进行了分析与预测。

下扬子区东南部以及西北部地层出露以前二叠系地层为主,龙潭组仅零星分布于前二叠系向斜核部,厚度均较小;其中东至—池州—宁国—广德一线以南地区二叠系地层均遭剥蚀,北部含山—巢湖以北部分地区也遭剥蚀,部分龙潭组仅零星分布于前二叠系向斜核部。在这两条剥蚀线之间,龙潭组地层的厚度整体上呈北东—南西方向递减趋势,极值在苏州和长兴一带,可达 400~500m,其次在皖南南陵—宣城一带,也可达 200m,为该区域的沉积中心;由苏州到宁镇一带厚度变化较大,在宁镇地区为 100m 左右,部分可达 180m;由苏州到东至一带,地层厚度整体呈连续递减变化,铜陵—池州一带厚约 100m,到望江—潜山一带,沉积厚度由宣泾等地 200m 降至 30~50m 左右(图 2-56)。

由于区内构造比较复杂,在苏南—宁镇等地前二叠系也有出露,但是零星分布,为背斜核部。

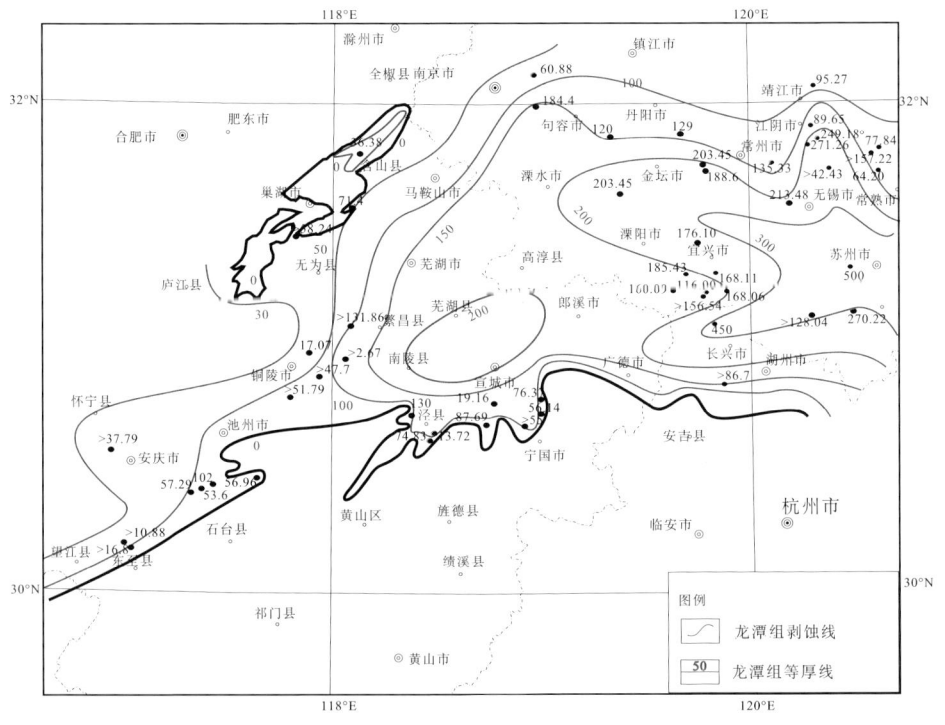

图 2-56 龙潭组厚度等值线图

龙潭组暗色泥页岩整体上呈北东厚、南西薄的分布特征,上二叠统龙潭组及大隆组富有机质泥页岩主要发育在宁镇、苏南、皖南和浙北地区,一般在 50~150m,苏州地区达 200~300m,苏北盆地上二叠统富有机质泥页岩厚度较薄,一般小于

50m，主要发育于滨海及海安—东台一带，沿北东—南西方向递减，宣泾地区泥页岩厚度也在100m左右（图2-57）。

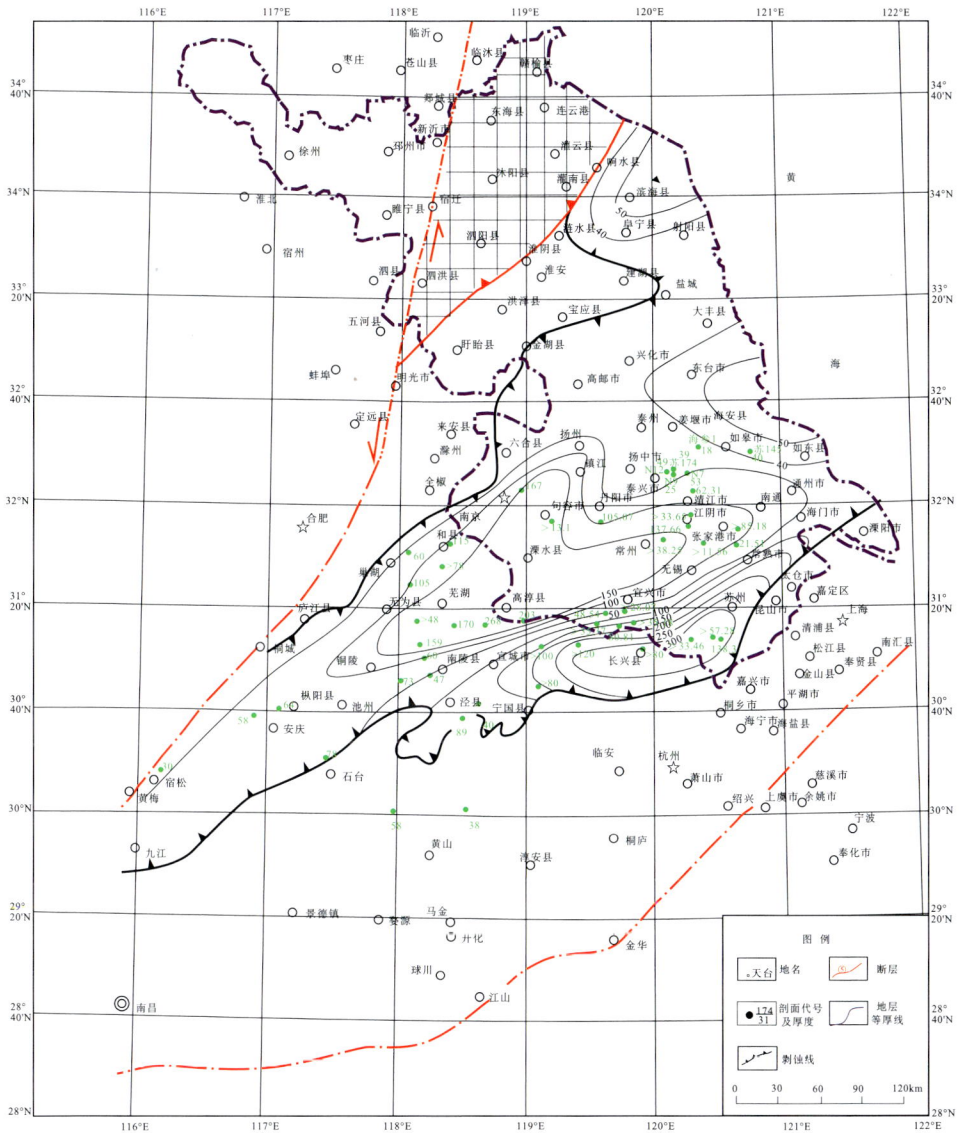

图2-57 上二叠统龙潭组暗色泥岩等厚图

本 章 小 结

（1）下扬子区下寒武统呈现"一台两盆"的构造沉积格局。地层厚度总体从北西向南东方向地层厚度越来越厚。荷塘组黑色泥页岩的平面分布基本上与荷塘组地层等厚图类似，主要发育于皖南、浙北和宁镇地区从西北向东南黑色泥页岩的厚度逐渐增加，在地层相对较厚的沉积中心，黑色泥页岩的厚度也相对较大。皖南的太平—绩溪和石台—泾县，黑色泥页岩厚度均超过200m，最厚在石台县皂角树—黄柏坑剖面，荷塘组黑色碳质页岩硅质页岩总厚超过600m。此外，南京幕府山黑色泥页岩厚度也达到189m。

（2）早志留世下扬子区为一前陆盆地，前缘隆起大致位于南京—庐江一线，句容—芜湖—怀宁一线东南为前陆盆地的前渊。前陆盆地的总体格架控制了高家边组及相当地层的厚度分布以及黑色泥页岩的发育。总体上来看，地层展布方向为北北东向，且从北西到南东地层厚度越来越厚。在下扬子区的最西北面的巢湖—滁县一带，地层厚度不超过500m，向东南到南京幕府山和安庆地区，地层厚度增加到1500m左右，再向东南进入皖南和苏南地区，地层厚度明显增加，最厚处在安吉县附近超过 2571.4m。区域上大致也可以识别出安庆—贵池沉积中心和太平—安吉两个北东向沉积中心，其沉积厚度分别为大于1500m和2000m左右。

下志留统高家边组黑色页岩厚度在平面的分布大体上与地层空间展布规律一致，但也具有自己的特殊性。其中安庆、太平、铜陵和句容地区沉积较厚。其中皖南的太平县地区，黑色泥页岩的厚度最大可达254m，其他地区黑色泥页岩厚度均在20～60m之间。

（3）上二叠统龙潭组主要分布于下扬子区内东至—泾县—宁国—广德—安吉—湖州一线以北、巢湖—含山—南京—镇江—靖江一线以南的广大区域，露头分布较为广泛，整体上呈北东—南西向条带状分布。

从龙潭组整体沉积特征来看，下扬子地区晚二叠世的构造背景为克拉通盆地。盆地以海相碳酸盐和碎屑岩为主，上二叠统龙潭组中富含有机物质，以滨海沼泽含煤碎屑沉积和三角洲沉积为主，物源供应主要来自灌云和上海隆起，厚度最大见于苏锡常一带，可达400余米，龙潭期沉积厚度由北东至南西向逐渐减薄：①苏锡常地区沉积厚度最大，发育有两期含煤沉积，且夹有海相泥岩，龙潭晚期曾经历一次海侵；②宣泾一带沉积厚度较大，约200m，发育大量粉砂质泥岩与黏土岩，为一套前三角洲至三角洲前缘之过渡环境的碎屑沉积；巢湖一带厚度较小，约90m，但发育有长石石英砂岩。龙潭期发育有两个沉积中心，一为苏锡常沉积区，二为宣泾沉积区。

上二叠统龙潭组厚度在空间上的展布规律与其沉积环境密不可分，呈北东向南西递减趋势：苏锡常一带物源充裕，以沉积砂岩为主，泥岩主要海相泥岩段，平均厚度可达100多米；宣泾一带泥页岩以龙潭组底部粉砂质泥岩、黏土岩与顶部粉砂质泥岩为主，厚度较大，约100m左右；巢湖一带龙潭组含泥岩较少。

区域上下扬子区上二叠统龙潭组沉积可划分为东、西两个沉积区。西区包括江苏宁镇、安徽长江沿岸等地，相当于古生界的下扬子地层小区，或称为"扬子沉积区"；东区包括江苏南通、无锡、苏州及浙江长兴、吴兴等地。东、西两区晚二叠世早期地层沉积特征的明显区别，反映出当时地壳活动、古地理环境、海侵方向、海侵时间的差异性。

第三章 主要烃源岩生烃潜力

3.1 海相地层有机质发育概况

根据苏浙皖地区古—中生界暗色岩类的有机碳实测资料分析看（表 3-1）：海相烃源岩系的生烃物质极其丰富，其中有机碳含量分布呈现上古生界烃源岩高于下古生界烃源岩，泥质岩高于碳酸盐岩，煤系烃源岩高于非煤系烃源岩的规律。有机碳等丰度指标表明了研究区具有丰富的成烃物质基础，除泥盆纪等少数层位烃源岩有机碳含量低，为非-差烃源岩外，从震旦纪至三叠纪的各个时代均不同程

表 3-1 苏浙皖地区中—古生界烃源岩残留C丰度表 （单位：%）

烃源岩系	组	岩性	苏浙皖地区			
			范围	均值	样数	评价
T	T_1	灰岩	0.04～0.8	0.22	140	较好
		泥岩	0.04～5.79	0.76	102	好
P	P_3	泥岩	0.19～9.54	2.56	9	好
	P_2		0.12～15.83	2.49	167	好
	P_1	灰岩	0.08～1.96	0.52	35	好
		泥岩				
C	C_2	灰岩	0.04～0.16	0.1	5	差
	C_1	泥岩	0.23～0.44	0.34	2	较好
		灰岩	0.04～0.29	0.28	5	
S	S_1g		0.02～2.08	0.31	103	好
O	O_{1-3}	泥岩	0.04～2.83	0.69	12	较好
		灰岩	0.02～0.19	0.09	38	
Є	$Є_1g$	白云岩	0.03～3.11	0.56	21	非
	$Є_1n$		0.04～1.58	0.43	14	
	$Є_1m$	页岩	0.73～9.93	3.88	49	好
Z	$Z_{2d}n$	白云岩	0.02～3.93	0.91	13	较好

注：苏浙皖地区资料主要来源于江苏油田地质科学研究院（2000）、浙江石油地质研究所（1990）和南京大学（2010）

度地发育各类中等-好烃源岩。根据烃源岩的厚度和分布情况看,研究区发育上震旦统、下寒武统、奥陶系、下志留统、二叠系和下三叠统 6 套烃源岩。具有泥质岩类、碳酸盐岩类和煤岩类多种类型,其中下寒武统、下志留统底部和二叠系有机质丰度较高,具有较高的生烃潜力。

3.2 下寒武统荷塘组烃源条件

3.2.1 有机质丰度

根据下寒武统荷塘组的有机碳资料分析看(表3-2):下寒武统荷塘组黑色页岩是该区分布最广,也是最稳定的烃源层之一,有机碳含量普遍大于 1.0%,最高可达 10.0%以上。其中苏南地区下寒武统幕府山组硅质页岩和硅质岩的有机碳含量为 0.42%~6.08%,平均为 2.14%;皖南地区硅质岩和硅质页岩的有机碳含量为 1.59%~2.96%,平均为 2.49%,泥页岩的有机碳含量分布在 2.26%~3.69%,平均为 2.95%;浙西北地区硅质岩和硅质页岩的有机碳含量为 0.48%~4.63%,平均为 2.50%,泥页岩为 3.19%。因此,无论是硅质岩、硅质页岩还是泥页岩,均为特好烃源岩。

表 3-2 苏浙皖地区古生界主要烃源岩残余有机碳丰度表

烃源岩			苏南地区			皖南地区			浙西北地区		
系	组	岩性	范围/%	均值/%	样数	范围/%	均值/%	样数	范围/%	均值/%	样数
P	P_3l	碳质泥岩	2.46~14.88	6.31	19	2.29~12.93	4.98	35	1.52~6.69	3.3	17
	P_3d	硅质岩	1.96~3.25	2.61	2	1.63~6.26	3.44	7			
	P_3c	灰岩							0.55	0.55	1
	P_2g	硅质岩				2.92~4.46	3.7	8			
S	S_2k	泥岩				2.23~5.34	3.9	5			
	S_1x	粉砂质泥岩				2.93~3.25	3.09	2			
	S_1h	粉砂质泥岩				2.45~4.42	3.43	5			
	S_1g	泥岩				4.33~7.38	5.52	3			

续表

烃源岩		岩性	苏南地区			皖南地区			浙西北地区		
系	组		范围/%	均值/%	样数	范围/%	均值/%	样数	范围/%	均值/%	样数
O	O_3	粉砂岩				3.29	3.29	1			
	O_1n	粉砂岩				1.99~4.26	3.4	6			
	O_1h	硅质页岩				3.12	3.12	1			
ϵ	ϵ_1h	硅质页岩	0.42~6.08	2.14	12	1.59~2.96	2.49	10	0.48~4.63	2.5	18
		泥页岩				2.26~3.69	2.95	11	3.19	3.19	1
Z	Z_2l	黑色页岩				1.8~3.2	2.43	4			
	Z_2d	白云岩							1.29	1.29	1

浙江省石油地质研究所（1990）对浙西北和皖南地区下寒武统有机质丰度测定结果表明（表3-3）：荷塘组52个泥岩样品的有机碳平均含量为5.52%；江苏油田地质科学研究院（2000）测定的苏南地区下寒武统幕府山组（ϵ_1mu）页岩有机碳含量也高达2.5%以上，最高可达10%（表3-4）；童箓岩（1995）对皖南宁国盆地的分析也显示了相似的结果，荷塘组（ϵ_1h）页岩平均有机碳含量为4.11%，均为特好烃源岩的特征。

表3-3 浙西、皖南下古生界有机质丰度表

烃源岩		岩性	丰度		评价
系	组		TOC/%	"A"/ppm	
S		泥岩	0.09/222	25.5/4*	非
O	O_3	泥岩	0.21/118	31.0/1	差
		碳酸盐岩	0.11/85	5.7/1	差
	O_2y	碳酸盐岩	0.16/17	22.5/1*	较好
	O_2h	泥岩	1.37/45*	76.3/7	好
	O_1n	泥岩	0.67/83*	56.9/8	好
	O_1y	泥岩	0.14/37*	36.0/1	差
		碳酸盐岩	0.17/57	29.6/8	较好

续表

烃源岩		岩性	丰度		评价
系	组		TOC/%	"A"/ppm	
∈	$\epsilon_3 x$	碳酸盐岩	0.19/60	48.7/9	较好
	$\epsilon_3 h$	碳酸盐岩	0.22/48	16.2/6	较好
	$\epsilon_2 y$	泥岩	1.53/37*	60.2/2	好
		碳酸盐岩	0.40/120	23.3/5	好
	$\epsilon_1 d$	泥岩	2.76/27	15.0/1	好
		碳酸盐岩	0，85/46	34.3/5	好
	$\epsilon_1 h$	泥岩	5.52/52*	94.9/8	特好
		碳酸盐岩	1.31/15		好
Z	Z_2	泥岩	2.91/18*	31.63/8*	好
		碳酸盐岩	0.31/52*	14.02/3*	好

注：资料引自浙江省石油地质研究所（1900）。加 "*" 引自南京大学（2010）。平均值/数目

从研究结果来看，下古生界有机质丰度在纵向上自下而上呈降低趋势。从有机碳的分布来看，下古生界主要发育两个有机碳高含量层位，分别是早寒武世荷塘期和中奥陶世胡乐期的暗色泥岩，这与早古生代地质历史时期浮游植物如蓝绿藻、绿藻和各种疑源类的第一个高产期有关，但氯仿沥青 "A" 平均含量分别为 94.9ppm 和 76.3ppm，表明在长期埋藏过程中其生成的烃类已大部分运移出去，在浙西地区下古生界岩石裂隙中出现的沥青和古油藏就是源自上述烃源岩。

表 3-4 苏南皖南地区下古生界烃源岩残余有机碳丰度表

烃源岩		岩性	苏南地区				皖南（宁国）盆地			
系	组		范围	均值	样数	评价	范围	均值	样数	评价
S	$S_1 g$	泥岩	0.02~2.08	0.31	103	好	0.4~1.37	0.61	5	好
O	O_{1-2}	泥岩	0.04~0.40	0.24	3	较好	0.09~2.83*	0.56	22	较好
		灰岩	0.02~0.19	0.09	38	非				
∈	$\epsilon_1 g$	白云岩	0.03~0.09	0.05	9	非	0.21~3.11	0.95	12	好
	$\epsilon_1 n$		0.04~0.07	0.05	7		0.23~1.58	0.81	7	
	$\epsilon_1 m$	页岩	0.73~4.31	2.52	7	好	0.73~9.93	4.11	42	
Z	$Z_2 dn$	白云岩	0.02~0.10	0.05	7	非	0.32~3.93	1.91	6	好

注：苏南资料引自江苏油田地质科学研究院（2000）；皖南资料引自童箴言（1995）

此外,下寒武统荷塘组发育的厚层石煤层的有机质丰度更高,一般在20%左右,最高可达40%。据安徽省煤田地质二队对皖南绩溪地区下寒武统荷塘石煤层的调查,该地区荷塘组总厚度为263.29~502.68m,石煤层总厚度为12.93~75.90m。自下而上可划分出Ⅰ、Ⅱ、Ⅲ、Ⅳ四个石煤层,它们相应地赋存于荷塘组中段的Ⅰ、Ⅱ、Ⅲ三个韵律层中,荷塘组上段（ϵ_1h^2）的底部含石煤第Ⅳ层石煤层（表3-5）。

表3-5 绩溪县荷塘组石煤厚度及残余有机碳含量

石煤层名称	石煤层厚度/m			TOC/%
	最小	最大	平均	
Ⅳ	6.01	24.43	15.22	23.57~27.19
Ⅲ	5.66	10.25	7.96	21.15~29.0
Ⅱ	0.78	24.59	12.69	21.82~27.20
Ⅰ	36.25	63.38	49.82	24.85~29.70
合计			85.69	

注：资料引自安徽省煤田地质二队

Ⅰ石煤层：赋存于荷塘组中段的第Ⅰ韵律层的中部或中下部,底板一般为硅质岩、碳质泥岩、含白云质灰岩等,顶板一般为碳质泥岩、含白云质灰岩等。煤层厚2.73~12.74m,平均发热量3.9~4.5MJ/kg,有机碳含量为23.57%~27.19%。

Ⅱ石煤层：赋存于荷塘组中段的第Ⅱ韵律层的中部或中下部,底板有含磷结核硅质泥岩、碳质硅质泥岩、含白云质灰岩等,顶板有白云质灰岩、碳质泥岩夹透镜状灰岩、含硅碳质泥岩。石煤厚11.55~18.23m,平均发热量3.5~4.8MJ/kg。有机碳含量为21.15%~29.0%。

Ⅲ石煤层：赋存于荷塘组中段的第Ⅲ韵律层的中部或中下部,底板有含磷结核碳质泥岩、含硅碳质泥岩、碳质泥岩夹透镜状灰岩、含碳泥质白云质灰岩等,顶板有碳质泥岩、碳硅质板岩、灰岩等。石煤厚8.44~31.55m,平均发热量3.6~4.5MJ/kg。有机碳含量为21.82%~27.20%。

Ⅳ石煤层：位于荷塘组上段（ϵ_1h^2）的底部,底板岩石为灰岩或含黄铁矿结核碳质板岩,夹有硅质板岩和硅质岩条带；顶板为含碳硅质泥岩或硅质岩。石煤层厚14.05~24.06m,发热量4.1~4.9MJ/kg。有机碳含量为24.85%~29.70%。

图3-1为下扬子区下寒武统幕府山组暗色泥岩有机碳含量分布推测图。总体上有机碳含量分布和暗色泥页岩的展布规律基本一致,暗色泥页岩主要有2个沉积中心,分别是北部滁州—南京—镇江沉积中心,南京沉积中心主要分布在皖南地区,南部沉积中心厚度大,有机碳含量高,最高值分布在石台—黄山一线,有

机碳含量达 4%～5%以上，北部沉积中心厚度相对较小，有机碳含量一般在 2%～3%。对江苏地区而言，主要是宁镇地区富有机质泥岩发育，有机碳含量一般在 2%～3%，苏南地区暗色泥页岩不发育，主要以泥灰岩或泥质白云岩为主，少量的泥岩夹层含量一般在 1%以下（如昆 2 井）。因此从有机碳分布和暗色泥页岩的分布来看，主要的富有机质泥页岩以宁镇地区最为富集。

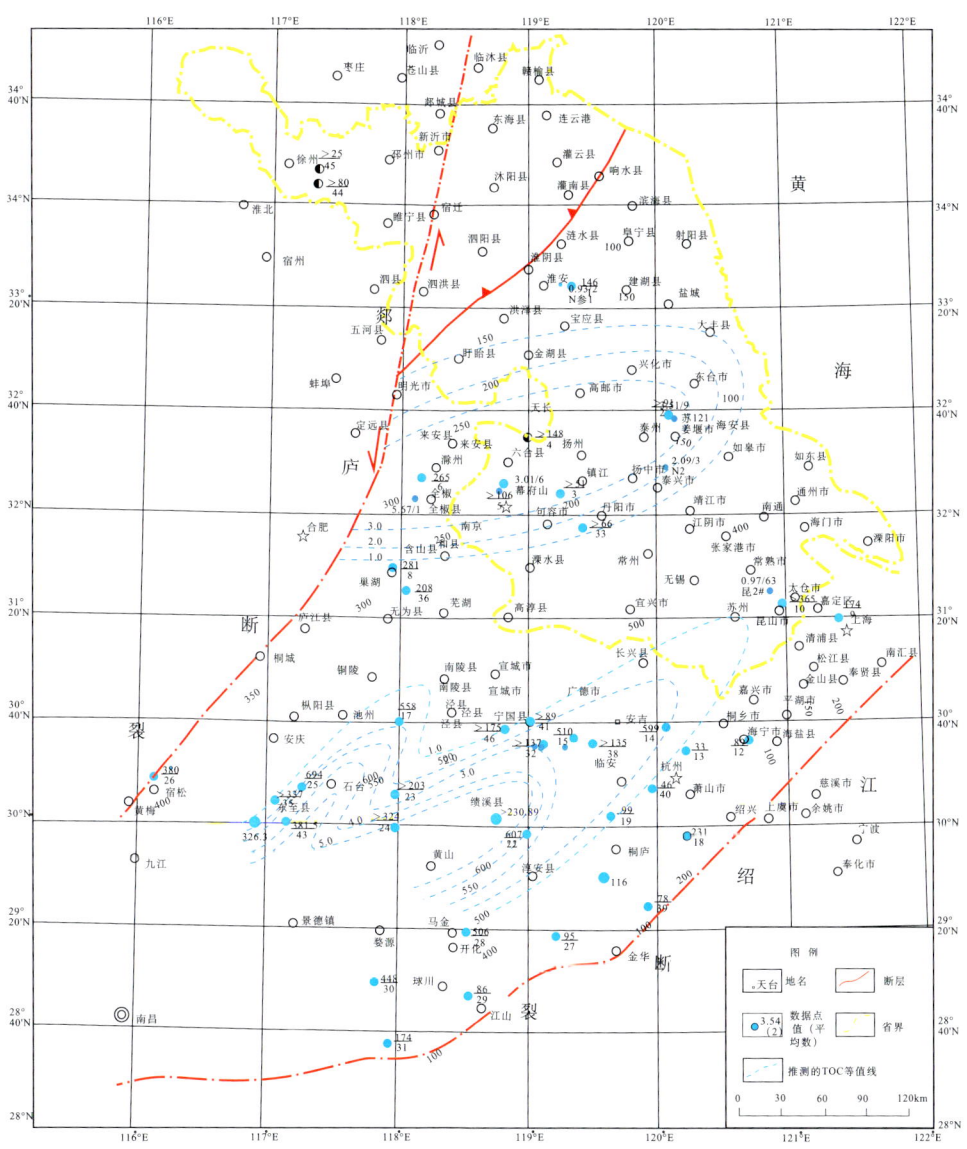

图 3-1　下扬子区下寒武统幕府山组暗色泥岩有机碳含量分布推测图

3.2.2 生源母质特征及有机质类型

下寒武统荷塘组泥页岩中有机质主要有形态显微组分、固体沥青和少量的动物碎屑，其中形态显微组分约占总有机质的70%以上。固体沥青的赋存形式主要为裂隙充填，沿裂隙呈条带状断续分布，少量呈分散状充填于泥页岩的孔隙中，反射光下多呈亮黄白色，透射光下多呈黑色或深红色，无固定形态，沥青的大小差异很大，从小于1μm到几个毫米。形态显微组分以结构藻类体和沥青质体为主，结构藻类体多以圆形或椭圆形形式出现，具多孔状，形态清晰，少量样品中可见层状藻类体，呈明暗相间的条带和纹层分布在岩石中。据童箓言等研究，浙西、皖南下寒武统生源母质主要为蓝藻类，尤其是钙质蓝藻、球松藻和绿藻类高度富集形成石煤。沥青质体是研究区的主要显微组分，是藻类降解的过渡产物。油浸反光下多为灰色、亮黄白色，原生（非裂隙和孔隙中的沥青），形态变化大，一般呈细长条状，似小孢子体，也有呈粒状。在石煤中还常见基质沥青质体，是由腐泥与矿物质结合而成的基质（图版Ⅱ-⑥）。菌藻类植物遗体在有利的覆水还原条件下强烈分解成腐泥。在基质沥青质体中，腐泥与无机矿物混合，难以明显区分。在研究区还偶见海相镜质体，其反射光下一般呈灰色，正方形，表面光滑，似均质镜质体。此外，镜下还见有海绵骨针及硅质和钙质的球状、椭球状、透镜状的动物碎屑。

下寒武统烃源岩中的干酪根碳同位素一般分布在–28‰～–32‰（陈安定，2006），也显示具有菌藻类和浮游生物的特征。

表3-6是研究区各类烃源岩全岩显微组分定量分析结果，从定量结果可以看出，全区下寒武统荷塘组泥页岩主要显微组分沥青质体占显微组分总量的50%以

表3-6 苏浙皖地区下寒武统荷塘组烃源岩有机岩石学分析

剖面位置	样品编号	固体沥青	显微组分			动物碎屑
			藻类体	沥青质体	海相镜质体	
浙江德清官山剖面	GS-01	10		90		t
	GS-02	25	5	70		
	GS-03	25	5	70		
	GS-04	10		90		t
	GS-05	10		90		
	GS-06	10		90		
	GS-07	50		50		t
	GS-08	15	2	83		
	GS-09	50		50		

续表

剖面位置	样品编号	固体沥青	显微组分			动物碎屑
			藻类体	沥青质体	海相镜质体	
浙江德清官山剖面	GS-10	45	5	50		
	GS-11	30		70		
	GS-13	10	3	87		
	GS-14	50		50	t	
浙江安吉罗村剖面	LC-01	100				
	LC-02	10		90		
	LC-04	5		95		
	LC-07	10	5	85		
	LC-10	5		95		
	LC-13	15	5	80		
	LC-16	5		95		
	LC-19	10	5	85		
	LC-21	10		90		
南京幕府山剖面	MF-01	95		5		
	MF-03	10	20	70		
	MF-05	10	30	60		
	MF-07	20	5	75		
	MF-10	10	10	80		
	MF-12	30		70		
	MF-14	50		50		
	MF-16	20	10	70		
皖南石台红桃村剖面	PY-03	100				
	PY-05	100				
	PY-07	10		90	t	
	PY-09	50		50		
	PY-11	90		10		
	PY-13	50	t	50		
	PY-17	50		50		
	PY-19	10		90		
	PY-21	100				

注：t 表示微量

上，藻类体一般在 10% 以下，但在石煤中藻类体的含量较高，可达 20%～30%，固体沥青一般多分布在 10%～30%，少量样品含量较高，可达 50% 以上，海相镜质体和动物碎屑只在极少量的样品中见及，由于含量极少，未进行统计。显微组分定量分析结果表明：下寒武统荷塘组烃源岩主要以沥青质体为主的Ⅰ型有机质。

3.2.3 生烃条件评价

下寒武统荷塘组烃源岩的生烃物质极其丰富，其中寒武系黑色页岩及石煤的平均有机碳含量分别为2.52%与20.97%（表3-3，表3-4，表3-5），已经超过了

表3-7 下寒武统泥页岩热解分析结果

样号	岩性	剖面	地层	S_1 /(mg/g)	S_2 /(mg/g)	T_{max} /℃	TOC /%	HI	OI
YSL-02	硅质岩	宁国杨树岭	荷塘组	0.01	0.00	—	0.43	0	47
AXX-01	硅质页岩	宁国仙霞镇	荷塘组	0.00	0.00	608	12.3	0	10
ZLB-14	碳质页岩	宁国柘林坝	荷塘组	0.04	0.00	600	5.49	0	2
SX-06	石煤	歙县洪村	荷塘组	0.07	0.01	626	10.6	0	1
SX-09	硅质泥页岩	歙县洪村	荷塘组	0.06	0.00	—	16.1	0	1
SX-10	硅质泥页岩	歙县洪村	荷塘组	0.05	0.00	624	17.8	0	1
SX-17	硅质泥页岩	歙县柏川村	荷塘组	0.00	0.01	494	14.9	0	37
SX-18	石煤	歙县柏川村	荷塘组	0.00	0.00	—	9.91	0	1
HTC-02	硅质泥页岩	石台红桃村	荷塘组	0.00	0.00	—	2.32	0	19
HTC-05	硅质页岩	石台红桃村	荷塘组	0.00	0.00	—	15.9	0	1
HTC-06	硅质岩	石台红桃村	荷塘组	0.00	0.00	573	12.1	0	2
HTC-08	石煤	石台红桃村	荷塘组	0.00	0.01	528	13.3	0	1
HTC-10	泥页岩	石台红桃村	荷塘组	0.00	0.00	—	3.34	0	36

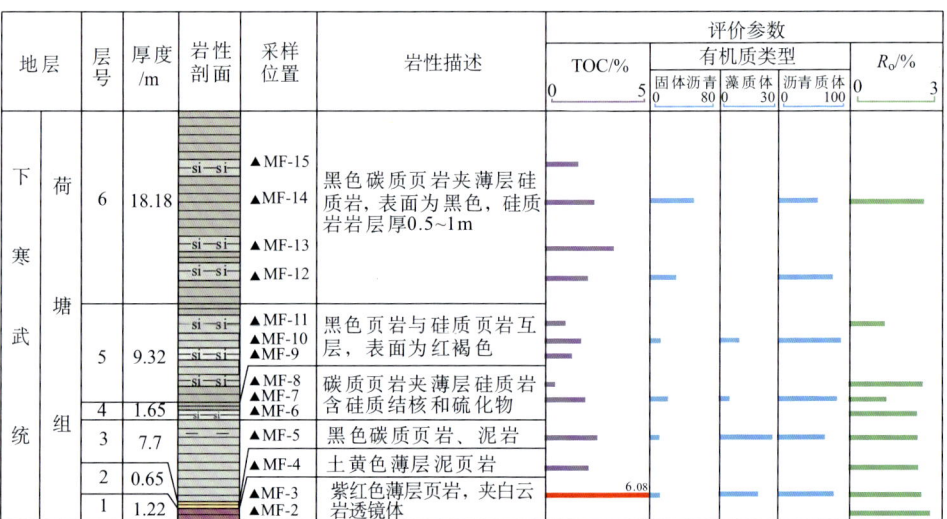

图3-2 宁镇地区幕府山荷塘组地球化学综合剖面图

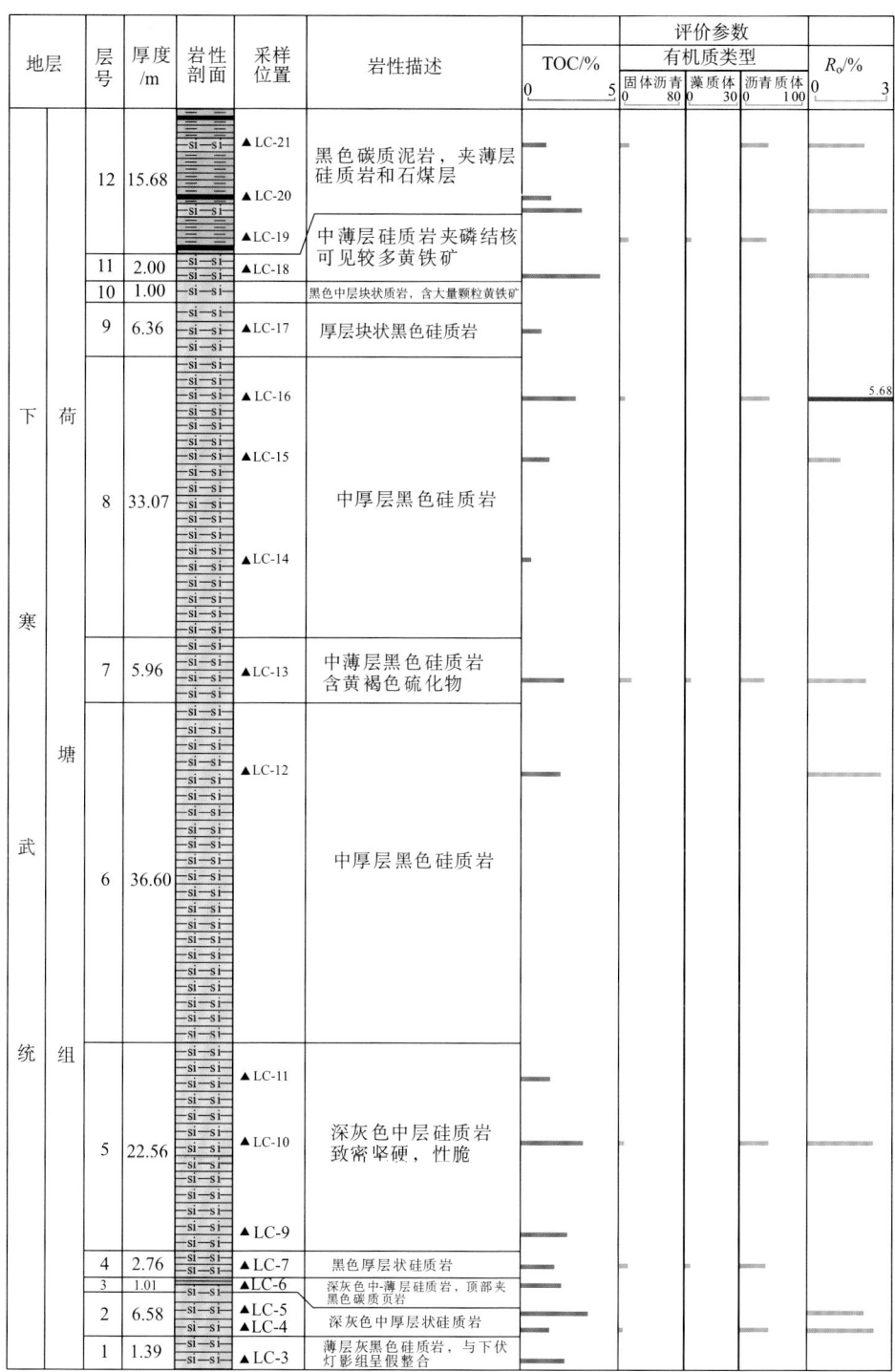

图 3-3 浙西安吉罗村荷塘组地球化学综合剖面图

好烃源岩的下限。烃源岩有机质类型以腐泥型为主,根据烃源岩有机碳含量标准,该套烃源岩绝大多数已达到好-特好烃源岩标准。但由于地质时代老,埋深较大,下寒武统烃源岩的热演化程度较高,热解结果表明(表 3-7):S_1 和 S_2 几乎为 0,氢指数均为 0,氧指数相对较高,介于 1~47,平均 12.23,T_{max} 达到极限值。

下面从各个剖面的地球化学特征结合前人研究成果进行生烃潜力分析。

图 3-2 是宁镇地区幕府山荷塘组地球化学综合剖面图。该剖面主要为黑色页岩夹硅质页岩,所测剖面厚度为 38.72m。其有机碳含量为 0.415%~6.081%,最大值位于荷塘组下部,平均值为 2.14%。显微组分主要为沥青质体和藻类体,还

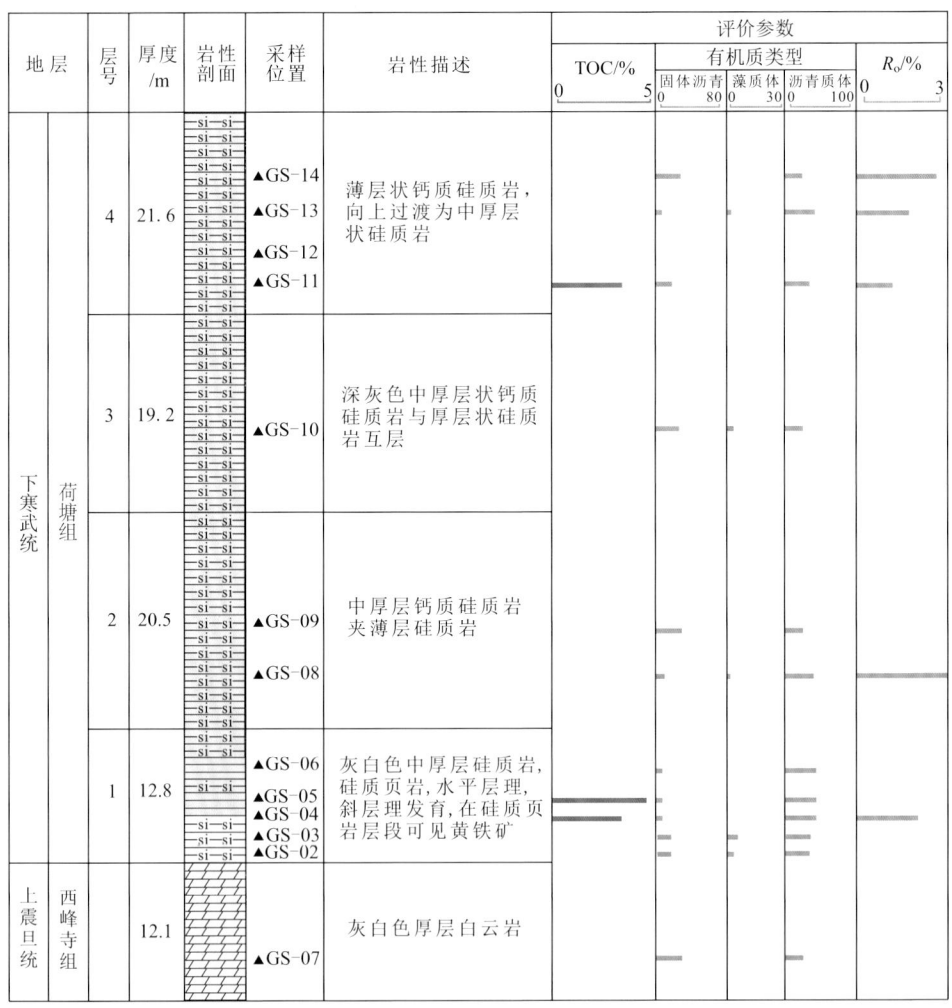

图 3-4 浙西北德清官山荷塘组剖面地球化学综合图

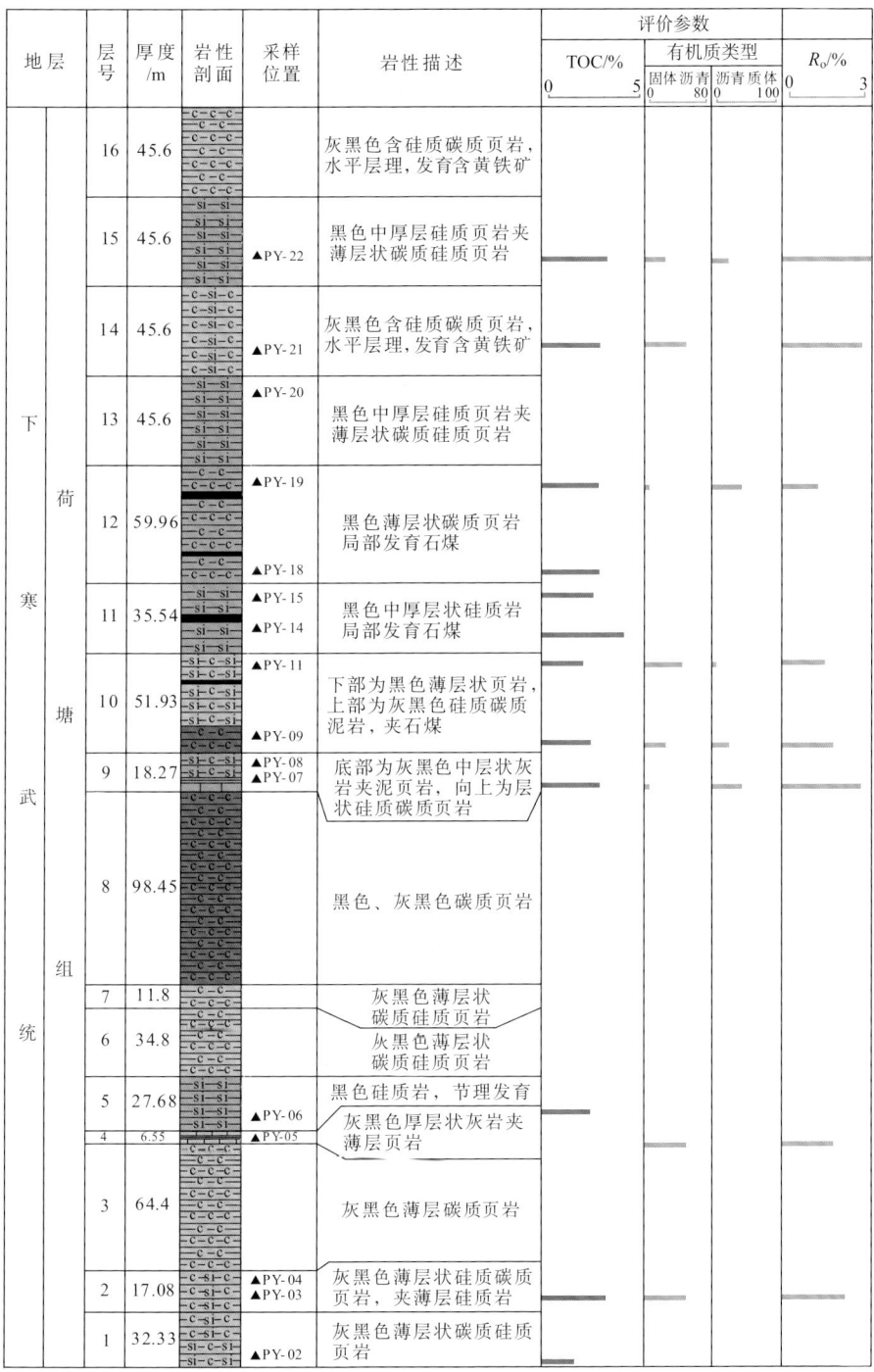

图 3-5 皖南石台丁香树剖面地球化学综合柱状图

含有大量的固体沥青，沥青质体含量占总有机质的 50%～80%，平均为 60%，藻类体在荷塘组下部达到 20%～30%，固体沥青在剖面上部含量较高，含量达 20%～30%。从母源特征来看，有机质类型主要为 I 型。R_o 值分布在 3.21%～3.83%，平均值为 3.46%，显示为过成熟特征。

图 3-3 是浙西安吉罗村荷塘组地球化学综合剖面图。该区荷塘组中下部主要为硅质页岩，上部为黑色泥页岩和石煤层，累计厚度为 134.97m，其中中下部硅质页岩厚度为 119.29m。有机碳含量为 0.475%～11.24%，平均值为 2.65%，为特好烃源岩。主要显微组分为沥青质体，含量一般在 85%～95%，偶见藻类体，固体沥青含量在 5%～15%，主要为腐泥型有机质。沥青反射率为 3.07%～5.68%，均值达 3.96%。也处于过成熟演化阶段。

图 3-4 是浙西北德清官山荷塘组剖面地球化学综合图。该剖面主要为硅质岩，厚度为 74.1m，有机碳含量 3.38%～4.63%，平均值为 3.81%，显示为极好烃源岩。显微组分主要以沥青质体为主，含量从 50%～90%，其次是固体沥青，含量一般 10%～30%，偶见藻类体和海相镜质体，显示为腐泥型有机质特征。R_o 值为 2.99%～4.48%，平均为 3.82%，也处于过成熟演化阶段。

图 3-5 是皖南石台丁香树剖面地球化学综合柱状图。该剖面累计厚度为 641.19m，是研究区沉积厚度最大的地区。主要为黑色硅质页岩和泥页岩。有机碳含量范围为 1.58%～44.6%，去除石煤层的平均有机碳含量为 2.87%，显示为极好烃源岩。有机质以沥青质体为主，但固体沥青十分发育，一些样品中几乎全为固体沥青，藻类体等形态显微组分少见，R_o 值为 3.79%～4.62%，平均值为 4.18%。也处于过成熟演化阶段。

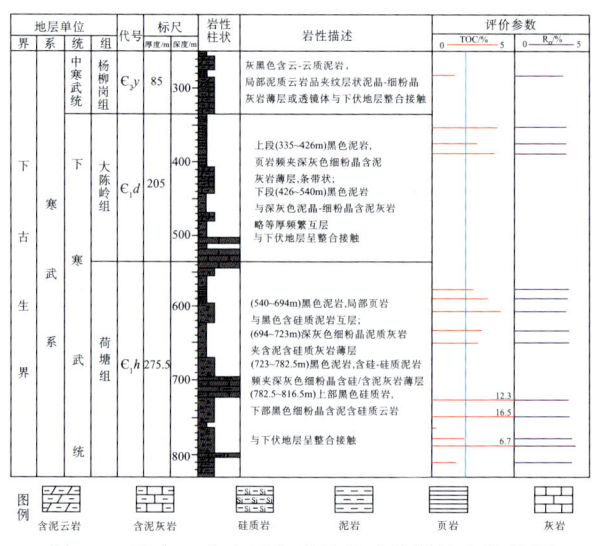

图 3-6 皖宁 2 井中下寒武统地球化学综合柱状图

图 3-6 是皖宁 2 井中下寒武统地球化学综合柱状图。该剖面主要为黑色页岩夹硅质页岩、泥灰岩等。其有机碳含量为 0.22%～16.5%，最大值位于荷塘组下部，平均值为 4.02%，为特好烃源岩。R_o 值分布在 3.24%～4.1%，平均值为 3.57%，显示为过成熟特征。

图 3-7 是宣页 1 井中下寒武统地球化学综合柱状图。该剖面中下部主要为黑

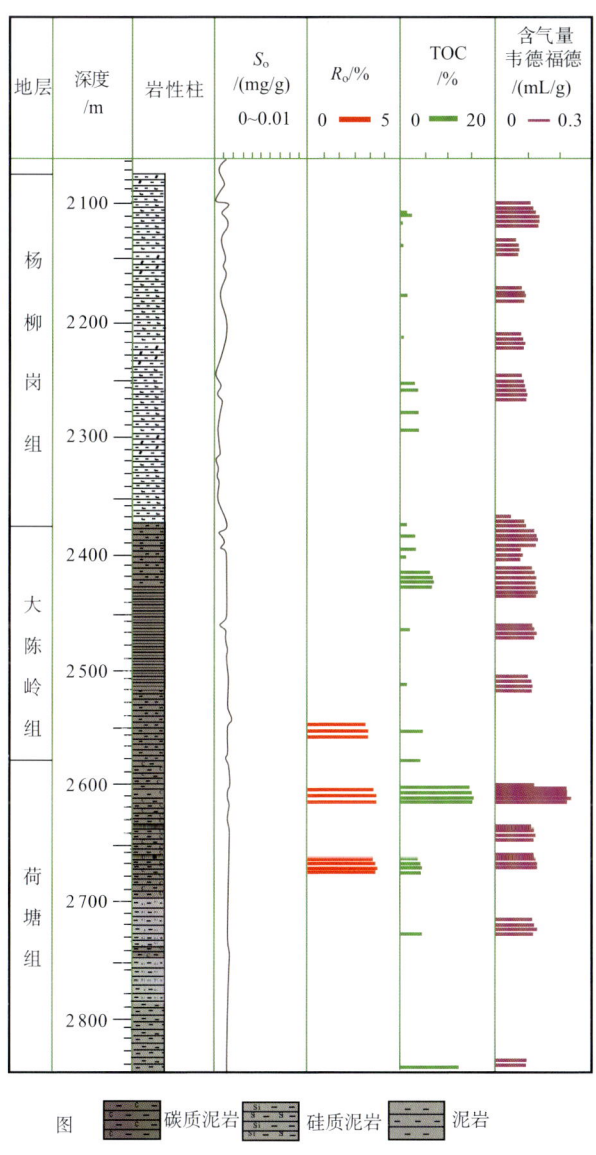

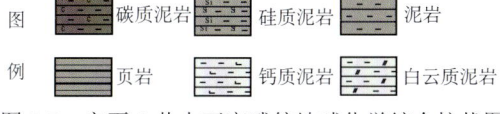

图 3-7　宣页 1 井中下寒武统地球化学综合柱状图

色页岩夹硅质页岩、泥灰岩等。其有机碳含量为 1.1%～15.5%，最大值位于荷塘组下部，平均值为 4.2%，为特好烃源岩。R_o 值分布在 3.8%～4.4%，平均值为 4.1%，显示为过成熟特征。

苏南、浙西北和皖南地区的实测剖面分析结果显示：研究区有机质丰度高，类型好，为好到极好的烃源岩，但有机质成熟度高，全为过成熟烃源岩，因此，研究区荷塘组烃源岩的生烃潜力主要取决于成熟演化程度。关于下古生界高过成熟烃源岩的生烃潜力，一直存有争议。陈安定（2006）通过重建沉积埋藏史和盆地模拟研究，提出研究区海相地层经历建造和埋藏-改造两个时期，后者又分为 T_3—K 强烈挤压改造-压性盆地叠加和 K_2—Q 伸展-挤压交替改造、大型断-坳复合型盆地叠加阶段。下古生界烃源岩在 T_3 前的沉积建造阶段已达到高过成熟阶段，其原生油气藏在 T_3—K 强烈构造活动时期被严重破坏，在此阶段之后的生烃潜力（或二次生烃）即晚白垩世及以后处于高过成熟阶段的下古生界烃源岩生烃作用将对重建新的油气系统具有至关重要的作用。

根据重建地史、埋藏史并开展盆地模拟，明确三套主要源岩在早白垩世末和现今所能达到的值（表 3-8）。同时根据修正的热模拟产烃率曲线（油气分别按当量比相加），二叠系采用 II-III 型中间类型干酪根产烃率曲线，下志留—上奥陶统采用 II 型干酪根产烃率曲线，下寒武统采用 I 型干酪根产烃率曲线，用图示的方法标明它们在 K_2—Q 阶段可能释放出来的烃潜力。如图 3-6 所示，二叠系干酪根从 97Ma 时的 R_o=0.6%增熟至现今 R_o=1.0%、1.5%、2.0%时所释放的烃量分别是 50m^3 烃气/t TOC、100m^3 烃气/t TOC、140m^3 烃气/t TOC；下志留—上奥陶统干酪根从 97Ma 时的 R_o=1.2%增熟至现今 R_o=2.0%、2.5%、3.5%时所释放的烃量分别是 70m^3 烃气/t TOC、115m^3 烃气/t TOC、155m^3 烃气/t TOC；下寒武统干酪根从 97Ma 时 R_o=2.0%增熟至现今 R_o=2.5%、3.5%时所释放的烃量分别是 50m^3 烃气/t TOC、70m^3 烃气/t TOC（图 3-8）。

表 3-8 盆地模拟再现下扬子烃源岩演化史（陈安定，2006）

生油层	97Ma 前		现今	
	台地	盆地	台地	盆地
P	0.45～0.6		0.8[1]	1.6～2.0[2]
S_1g	0.8～1.2	1.6～4.8	2～2.4（a）	2.8～5.2
		（无锡-休宁）	1.6～4.8（b）	
$\epsilon_1 m$	1.8～2.1	2.4～5.1	2.4～2.8（a）	4.8～5.2
		（无锡-休宁）	3.6～5.2（b）	

注：1.晚白垩世盆地，早第三纪抬升；2.晚白垩世、早第三纪连续沉降盆地

为验证从生烃量曲线上截取的"阶段生烃量",陈安定等开展了岩样在线热解分析。图 3-8 所反映的是不同成熟度源岩从原始 R_o 升高至 R_o=3.5%时释放的烃气量。应说明的是,目前在全区很难找到完全与盆模指示的 97Ma 时成熟度相当的烃源岩样品。实验样品的成熟度偏高。但是实验说明,下古生界腐泥干酪根在晚燕山—喜马拉雅山阶段的"二次生烃"仍具有一定潜力。由图 3-9 可见,成熟的大隆组泥岩-混合型母质残留生气量最高,为 160m³ 烃气/t TOC;其次为高成熟、过成熟早期的下古生界泥页岩-腐泥、混合型干酪根,残留生气量为 44~80m³ 烃气/t TOC,平均 56.8m³ 烃气/t TOC;低丰度(TOC=0.17%)、成熟的三叠系泥灰岩-混合型母质以及成熟的龙潭组泥岩-腐殖型母质,接近高成熟的栖霞组灰岩-腐殖为主的混合型母质残留生烃能力为 30~40m³ 烃气/t TOC,平均 36m³ 烃气/t TOC。

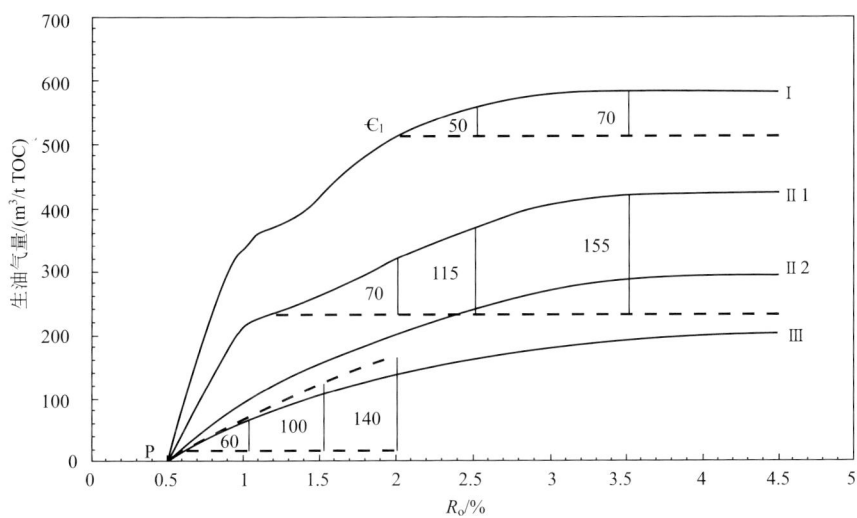

图 3-8 根据产烃率曲线截取源岩阶段生烃量(陈安定,2006)

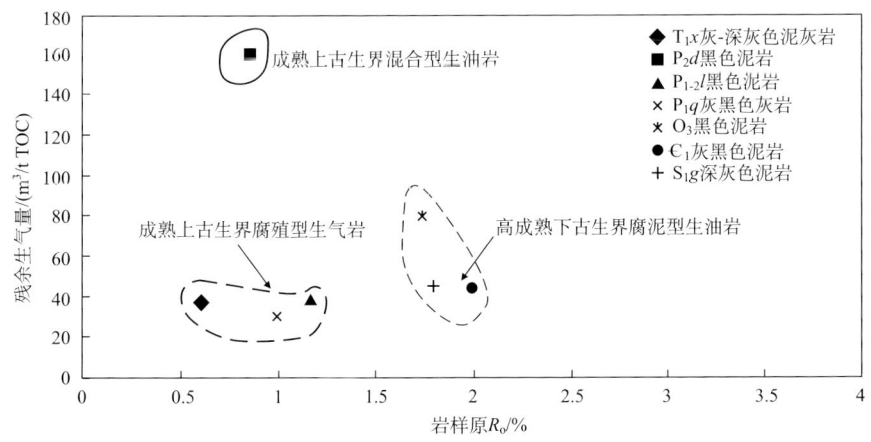

图 3-9 热解分析不同成熟度源岩残留生烃量(据陈安定,2006)

谢增业等（2002）利用环境扫描显微镜——生排烃可视化动态模拟技术研究陕甘宁盆地奥陶系 R_o=2.4%～3.3%的含沥青碳酸盐和干酪根样品，观察到试验温度大于 300℃时有烃气涡流出现，恒温 1h，气流不停地产生。另利用全岩热模拟方法获得的产气率为（3.7～115）m^3/t TOC，平均 43.4m^3/t TOC。泰州地区苏 121 井揭示幕府山组（ϵ_1m）黑色页岩厚 70.9m，有机碳 2.5%，资料表明（表 3-9），幕府山组（ϵ_1m）尚有生烃能力。

表 3-9　高成熟烃源岩热解产气率（郭念发等，1999a）

井号	层位	岩性	200℃	300℃	350℃	400℃	450℃	500℃
苏 174	S_1	泥岩	0	0	0	1.7	>1.7	12.07
新苏 159	S_1	泥岩	0	0	0	0	0	较少
昆 3	O_3	白云岩	0.45	1.15	3.66	6.26	>6.28	>6.28
昆 3	O_2	泥质白云岩	0	0	0	1	1.26	3.26
苏 103	O_1	白云岩	0	0	0.643	>0.643	2.62	>2.26
苏 121	ϵ_1m	泥岩	0	0	0	4.18	11.3	12.5

下古生界固体沥青主要分布于江南隆起的东北边缘，共发现沥青点 70 余处，其层位几乎遍及整个下古生界。陈安定（2006）根据碳沥青和源岩碳同位素特征对比（图 3-10），结合地质分析，发现研究区碳沥青的碳同位素值分为三组，偏负的一组 $\delta^{13}C$ 为－33.5‰～－32.5‰，中值组 $\delta^{13}C$ 为－31.5‰～－30‰，偏正的一组 $\delta^{13}C$ 为－28‰～－27‰。将碳沥青和烃源岩对比可见，碳同位素最轻的偏负组碳沥青（来自浙西、皖南太平等地）对应于下寒武统页岩。碳同位素最重的碳沥青组（来自皖南石台堤湖岭）应来自中—上寒武统源岩；中值组（来自浙西）应对应下志留统—上奥陶统页岩。固体沥青的发现是下古生界油气生成、聚散过程的直接证明。除固体沥青外，在区内北部钻井中还发现下古生界丰富的油气显示。位于宁镇山脉西端的苏 32 井在钻至泥盆系砂岩时，发生泥浆外溢，并析出少量可燃天然气，点燃后火焰高达 1m，气源无疑来自下古生界（毛凤鸣等，2005）。资料表明，黄桥地区少量烃类气体可能来自下古生界。N4、苏 174 井烃类气体属于腐泥气，来自下古生界，反映了下古生界油气前景仍很广阔。因此，尽管下古生界烃源岩演化程度较高，但在后期增熟过程中仍有相当的剩余生烃潜力。

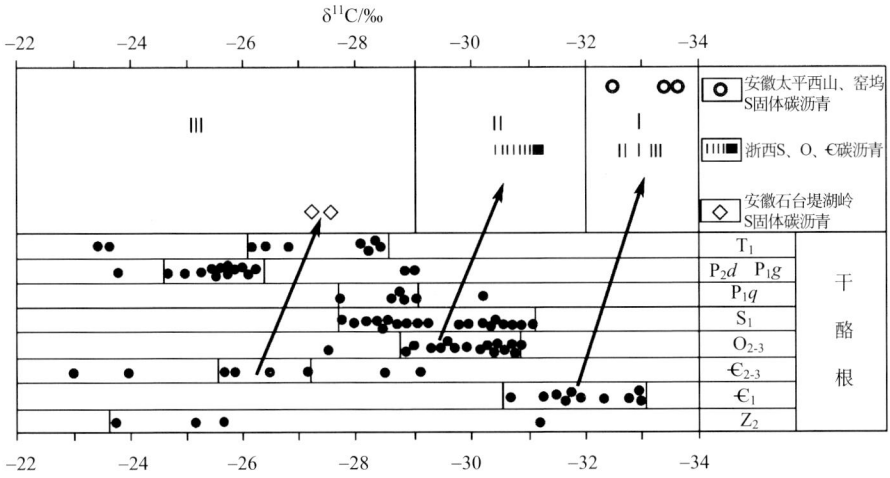

图 3-10 碳沥青与源岩干酪根碳同位素对比图（据陈安定等，2004）

3.3 下志留统高家边组烃源条件

3.3.1 有机质丰度

下志留系高家边组及相当层位有机质分布差异很大。在皖南一带黑色碳质页岩的夹层有机质丰度最高，其中霞乡组（S_1x）粉砂质泥岩残余有机碳含量为 2.93%~3.25%，平均为 3.09%，河沥溪组（S_1h）粉砂质泥岩有机碳含量为 2.45%~4.42%，平均为 3.43%（表 3-10），均在特好烃源岩之列。此外，皖南地区下志留统还分布大量的沥青，如黄山市太平西山煤矿（碳沥青矿）、石台县七都提壶岭碳沥青脉等，其有机碳含量分别为 42.98%~66.29% 和 30.21%~36.51%，其烃源岩可能是下志留统本身的暗色泥岩。苏南地区最好的高家边组黑色泥岩分布在宁镇地区的句容仑山，位于高家边组底部，厚约 50m，有机碳变化在 0.11%~3.91%，平均 1.24%。荻垛地区荻 3 井五峰组（O_3w）厚 15.6m（地层不全），有机碳 1.25%，高家边组（S_1g）页岩有机碳 0.51%~0.80%。研究区北部的巢湖高家边组岩性主要为黄绿色页岩，有机碳含量极低，一般小于 0.1%，处于非烃源岩之列。有机碳分布表明：苏南高家边组底部的黑色泥页岩和皖南浙西地区霞乡组（S_1x）、河沥溪组（S_1h）泥页岩均为好烃源岩。

表 3-10 下志留统烃源岩残余有机碳丰度表

样品号	位置	层位	岩性	TOC/%
HS-05	黄山市太平西山煤矿	S_1h	碳沥青	43.29
HS-06	黄山市太平西山煤矿	S_1h	碳沥青	42.98
HS-07	黄山市太平西山煤矿	S_1h	碳沥青	66.29
HS-09	黄山市太平西山煤矿	S_1h	碳质泥岩	4.42
HS-10	黄山市太平西山煤矿	S_1h	灰黑色泥岩	3.98
KS-03	安吉县康山村	S_2k	碳沥青	68.68
KS-04	安吉县康山村	S_2k	碳沥青	71.26
MJ-02	池州市贵池区梅街村	S_2k	泥岩	5.33
MJ-03	池州市贵池区梅街村	S_2k	灰黑色泥岩	2.23
MJ-05	池州市贵池区梅街村	S_2k	黑色泥岩	3.5
MJ-06	池州市贵池区梅街村	S_2k	灰黑色泥岩	4.37
MJ-07	池州市贵池区梅街村	S_2k	沥青	19.36
MJ-09	池州市贵池区梅街村	S_2k	黑色泥岩	4.04
MJ-10	池州市贵池区梅街村	S_1g	黑色泥岩	7.37
PY-25	石台县红桃村	S_1g	钙质粉砂岩	4.84
PY-27	石台县红桃村	S_1g	泥岩	4.32
QD-01	石台县七都提壶岭	S_1h	碳沥青	30.21
QD-02	石台县七都提壶岭	S_1h	粉砂质泥岩	2.54
QD-03	石台县七都提壶岭	S_1h	碳沥青	36.51
QD-05	石台县七都提壶岭	S_1h	粉砂质泥岩	2.45
QD-08	石台县七都提壶岭	S_1x	粉砂质泥岩	2.93
QD-11	石台县七都提壶岭	S_1x	粉砂质泥岩	3.24
QD-14	石台县七都提壶岭	S_1h	粉砂岩	3.75

3.3.2 生源母质特征及有机质类型

下志留统泥页岩中有机质主要为沥青质体和固体沥青，含有少量的藻类体。中下志留统固体沥青十分发育，皖南地区有太平西山沥青矿（S_1h）、太平窑坞碳沥青脉（S_{2-3}）、石台堤湖岭（S_1）碳沥青脉、绩溪洪塘碳沥青脉（S_2），浙西有著名的安吉康山沥青矿（S_2k）、德清筏头碳沥青脉（S_1）等。这些沥青脉大小不一，局部可达几十米厚。其中皖南太平西山沥青矿位于安徽太平仙源镇东 5km 的西山村，矿区有近 40 条断裂，分南北、东西、北东、北西四组，沥青只分布在 7

条南北向断裂中,脉近直立,M_2主脉已发现两个煤包,最大宽度 26m,估算沥青储量 20 万 t,是全国第二大焦沥青脉。沥青质地松软,污手,遇水成粉末,水面漂有似油膜,绵纸包裹有油浸,挤压镜面与擦痕发育,局部见气孔构造,五氧化二钒含量达 0.2%~0.6%,沥青反射率 4.34%,氢碳原子比 0.18,稳定碳同位素 $\delta^{13}C$ 为 $-30.1‰$~$-28.8‰$。

浙西安吉康山沥青脉位于浙江安吉塘埔乡康山,沥青脉出露于志留系中,矿区面积 2.5km²,共见 7 条沥青脉,以东西向断裂为界可分南北 2 组,北部 4 条(1、2、3、4)呈南北展布,基本直立。围岩为康山组石英砂岩和页岩,南部 3 条(5、6、7)呈北东走向,围岩为大白地组砂岩。沥青黑色易污手,比重 1.31%,半工业分析水分 1.16%,灰分 21.95%,碳 65.78%,挥发分 11.16%,发热量 6437cal/g,灰分中五氧化二钒含量 0.36%~1.37%,氯仿沥青"A"含量 0.134%,族组分含饱和烃 10.55%、芳烃 40.66%、非烃 28.47%、沥青质 20.32%,红外光谱以含烷烃链结构的基团为主,芳核结构的峰普遍出现,反映成熟度较高。沥青反射率 2.21%~2.69%。

沥青在显微镜下似均质镜质体,反射光下呈灰-亮黄白色,呈带状分布于裂隙或呈星散状充填于泥页岩的孔隙中或充填于黄铁矿的粒间。沥青质体为泥页岩中原生有机质的降解残留物,由于成熟演化程度高,绝大部分原生菌藻类有机质均受到强烈降解而演化成沥青质体,因此,沥青质体是下古生界重要的生源显微组分。在遭受强烈降解的有机质中,仍有少量有机质颗粒显示藻类体的形貌,呈多孔状、圆形或椭圆形,似疑源类,大小几微米至几十微米。在安吉孝丰泥页岩样品中,还见有宏观藻类体,反射光下呈灰色,网状结构。

根据反射光下显微组分的估算结果(表 3-11):下志留统沥青质体的相对含量一般在 70%以上,其次为固体沥青,一般为 10%~30%,主要以疑源类为主的藻类体含量较低,部分样品中含有 5%~10%。从生源母质特征来看,下志留统烃源岩应主要为 $I-II_1$ 型有机质。

表 3-11 下志留统烃源岩有机岩石学分析

剖面位置	样品编号	沥青质体	藻类体	固体沥青
石台县七都提壶岭	QD-05	90		10
	QD-06	85	5	10
	QD-07	80	10	10
	QD-09	70	10	20
	QD-11	90		10
	QD-12	30		70
	QD-13	50		50

续表

剖面位置	样品编号	沥青质体	藻类体	固体沥青
安吉孝丰	AJ-01	10		90
	AJ-02	65	5	30
	AJ-03			100
	AJ-04	90		10
	AJ-05	90		10
	AJ-06	85	5	10
	AJ-07	70	5	25
池州市贵池区梅街村	MJ-01	85	5	10
	MJ-07			100
	MJ-09	10		90
	MJ-11	80	10	10
	MJ-13	90		10
	MJ-14	90		10
石台县红桃村	PY-25	90		10
	PY-27	90		10

3.3.3 生烃条件评价

下志留统烃源岩岩性以粉砂质泥页岩和泥质粉砂岩为主，生烃物质较丰富，霞乡组和河沥溪组平均有机碳含量分别为 2.25%、3.66%，达到了好烃源岩的标准。高家边组有机碳含量较低，一般在 0.1%以下，但江苏地区高家边组底部含笔石页岩段泥页岩含量较高，可达 2%以上，也达到了好烃源岩的标准。与高家边组底部含笔石页岩段呈连续沉积的五峰组有机碳含量也达到了 1.50%以上。有机岩石学研究结果表明有机质类型以腐泥型为主，表明五峰组—下志留统泥页岩具有较高的原始生烃潜力。但热解生烃潜量（S_1+S_2）值都低于烃源岩的下限标准。表明五峰组—下志留统烃源岩已进入过成熟干气阶段，热演化程度较高。

对仑山 5 号井钻井岩心从 1.5m 处到 45m 处进行等距（间隔 0.5m）取样，总共取样 88 个岩石样品。图 3-11 是仑山 5 井高家边组地球化学综合剖面图。该井高家边组中下部主要为灰黑-黑色泥岩，上部为深灰-灰黑色泥页岩夹粉砂质泥岩、粉砂岩。通过有机碳含量测试结果可发现共有 50 个样的有机碳含量 TOC>0.5%，其中 39 个样的有机碳含量 TOC>1%，22 个样的有机碳含量 TOC>2%。有机碳含量 TOC 平均值为 1.18%。有机碳含量较高部分主要集中在 20.2~41.6m 处。有机

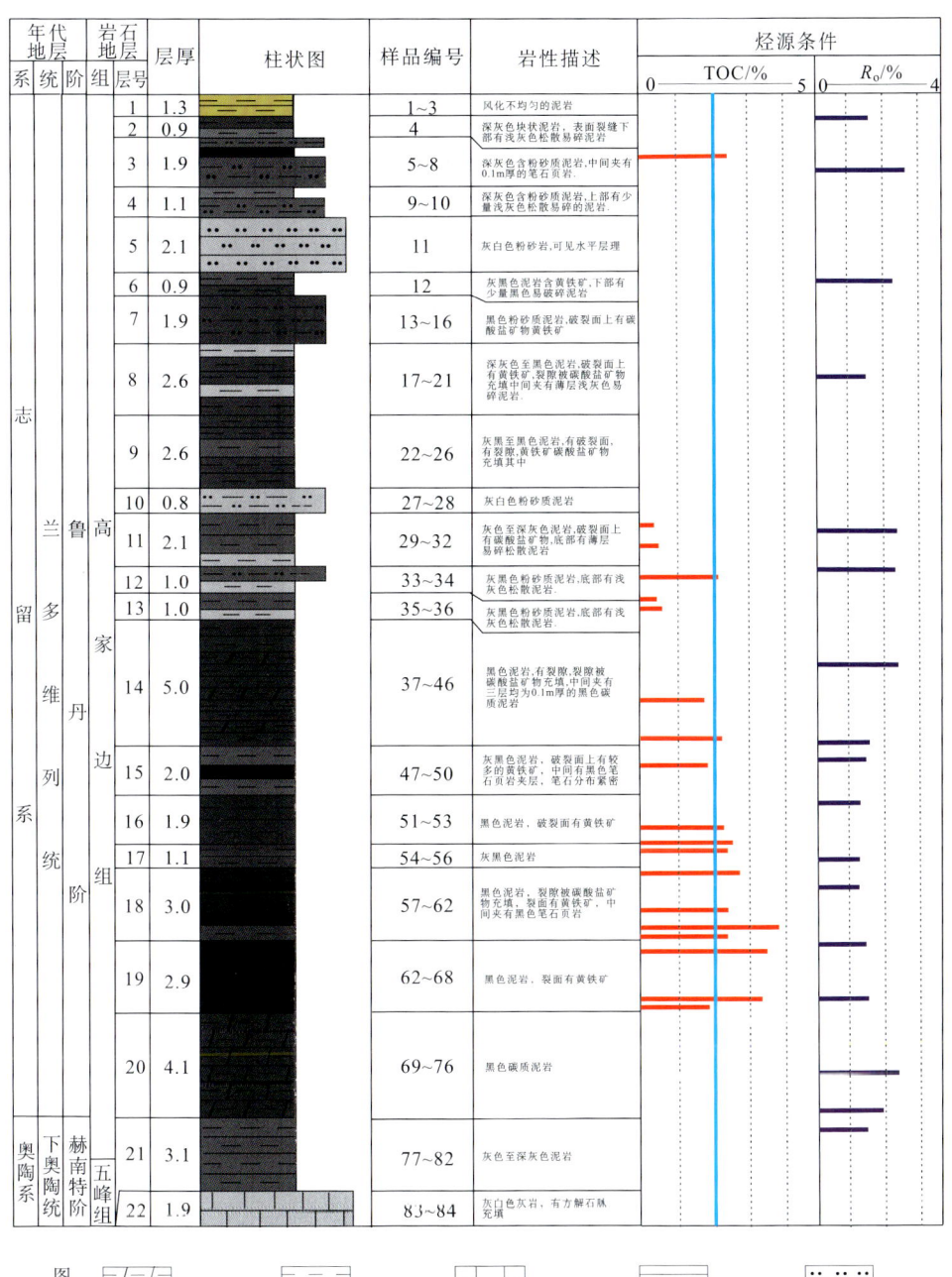

图 3-11 仑山 5 井高家边组地球化学综合剖面图

碳含量较高层位主要位于高家边组底部和五峰组顶部，该段优质泥岩段有机碳含量 TOC 大多都大于 2%，基本处于 2%～4%之间，平均值为 2.69%。

高家边组-五峰组烃源岩 $\delta^{13}C$ 整体变化范围为－28.99‰～－32.26‰，平均值为－30.91‰，整体偏幅在 3.3‰左右。从五峰组到高家边组底部，$\delta^{13}C$ 总体呈现为负向偏移；高家边组底部向上整体则呈现为正向偏移，碳同位素分析表明仑山 5 井钻井岩心干酪根类型属于 I 型腐泥型，显微组分以藻类体和由藻类降解的沥青质体为主，具有较好的生油气基础。沥青反射率为 1.1%～2.6%，均值达 1.74%。也处于高成熟演化阶段。

汤山 2 井的黑色页岩主要由黑色泥页岩、硅质页岩、碳质页岩组成，页岩厚度大于 52m，TOC 含量为 1.2%～2.5%。汤山 3 井主要由深灰色-黑色泥页岩、碳质页岩、硅质泥页岩，夹薄层粉砂质泥岩、页岩厚度大于 80m，TOC 含量一般在 1.5%～3%。可见，句容地区黑色页岩总有机碳的含量中等偏上，显示了较强的生烃能力。汤山 2 井的黑色页岩 R_o 含量为 2.0%～2.5%，汤山 3 井 R_o 介于 1.7%～2.6%之间。反映该区五峰组—高家边组热演化程度较高，属于高-过成熟晚期。

3.4 上二叠统龙潭组烃源条件

3.4.1 有机质丰度

研究区内上二叠统的主要烃源岩为早期发育的海陆交互相含煤岩系（龙潭组），晚二叠世晚期发育一套以硅质岩为主的大隆组，但浙北、苏南（除宁镇地区外）发育一套碳酸盐岩（长兴组）烃源岩。

前人研究成果也表明上二叠统是研究区重要的烃源岩。据江苏油田地质科学研究院资料（2000）：苏南地区龙潭组暗色泥岩有机碳含量范围为 0.12%～15.83%（161 个样品），平均有机碳含量为 2.26%，大隆组有机碳含量范围为 0.19%～9.54%（5 个样品），平均含量为 2.76%，均为好烃源岩，氯仿沥青"A"平均为 0.0527%。童箓言（1995）对皖南地区的上二叠统的统计结果表明：龙潭组暗色泥岩有机碳含量范围 0.48%～22.3%（6 个样品），平均为 8.62%，大隆组有机碳含量范围为 1.77%～2.91%（4 个样品），平均为 2.31%，也都处于好烃源岩之列。

苏浙皖地区龙潭组煤系的煤的各项有机质丰度指标均达到好-最好烃源岩的标准，特别是发育在浙北、皖南和苏南一带的乐平煤，据杭州石油地质所资料（1994），苏浙皖地区龙潭组煤最显著的特征是氯仿沥青"A"高，一般在 1%以上（表 3-12），其中下煤段煤的氯仿沥青"A"平均含量高达 4%左右，族组分组成上具有沥青质和非烃含量较高，芳烃含量大于饱和烃的特征，但总烃含量均在 10 000μg/g，均达到极好油源岩的标准，比国内其他盆地富氢煤也要高 1～2 倍，如华北苏桥石碳—二叠系残植煤的氯仿沥青"A"含量只有 1.61%～2.06%。研究显示长兴牛山煤矿龙潭组煤抽提的氯仿沥青"A"达到 5.07%，该煤低温干馏时焦油产出率高达 7.12%～18.8%，具炼油性能，生油潜力巨大，是极好的油源岩。

表 3-12　苏浙皖地区龙潭组煤氯仿沥青"A"与族组分统计表

地区	层位	"A"/%	饱和烃/%	芳烃/%	非烃/%	沥青质/%	总烃/%	总烃含量/ppm
皖浙	下煤段	2.43～6.16 /4.09（7）	0.89～15.8 /7.97	13.85～36 /22.97	13.2～28.46 /20.53	23.95～51.3 /31.0	14.74～51.8 /31.08	12 166
苏南	下煤段	0.31～8.34 /4.52（6）	7.7～23.8 /16.65	17.2～31.1 /25.4	7.5～28.1 /19.42	26.9～54.0 /39.06	26.9～54.9 /34.06	17 651

注：资料来源于杭州石油地质所（1994）和本次实测数据综合

1. 黄桥地区溪 2 井有机地球化学特征

江苏省黄桥地区为苏北盆地和苏南隆起的交接位置，海相古生界地层保存良好，有好的油气研究前景。该区二叠系富有机质层位埋深较浅，不足 1800m。中二叠统孤峰组为黑色碳质泥岩；上二叠统龙潭组上部为灰、深灰色泥岩与灰色细-粉砂岩互层，下部为深灰色泥岩夹灰色粉砂岩；大隆组上部为黑色碳质泥岩与灰色泥岩等厚互层，下部为灰、深灰色泥岩夹黑色碳质泥岩。

溪 2 井取样深度在 1486.70～1739.26m，主要地层为上二叠统大隆组、龙潭组。岩性主要有灰色细砂岩、黑色泥岩、黑色碳质泥岩等。图 5-23 为孤峰组—龙潭组—大隆组有机碳含量和镜质体反射率分布图。从图 3-12 中可以看出，总体上 TOC 含量分布在 0.42%～32.42%之间，其中大隆组和孤峰组的有机碳含量较高，大隆组三个样品 TOC 含量均在 10%以上，TOC 为 12.13%～13.46%，龙潭组 5 个样品的 TOC 为 8.38%～14.12%，孤峰组 1 个含碳质硅质页岩的 TOC 也达到近 10%。表明溪 2 井中上二叠统暗色泥岩有机质丰度高，为优质烃源岩。镜质体反射率 R_o 分布在 0.85%～1.37%，属于成熟-高成熟阶段，其中大隆组 R_o 平均为 0.97%，龙潭组 R_o 平均为 1.26%。

2. 句容青龙山剖面上二叠统剖面有机地化特征

图 3-13 为句容青龙山剖面有机碳含量分布图。该剖面龙潭组暗色泥岩有机碳含量范围为 0.39%～9.41%，平均为 3.30%。其中中下部有机碳含量较高，特别是长石石英砂岩之上的暗色泥岩段，平均有机碳含量在 3%以上。上部有机碳含量较低，一般小于 1%。宁镇地区龙潭组富含基质镜质体和壳质组，一般为Ⅲ型偏

Ⅱ型有机质，为较好的生气源岩。

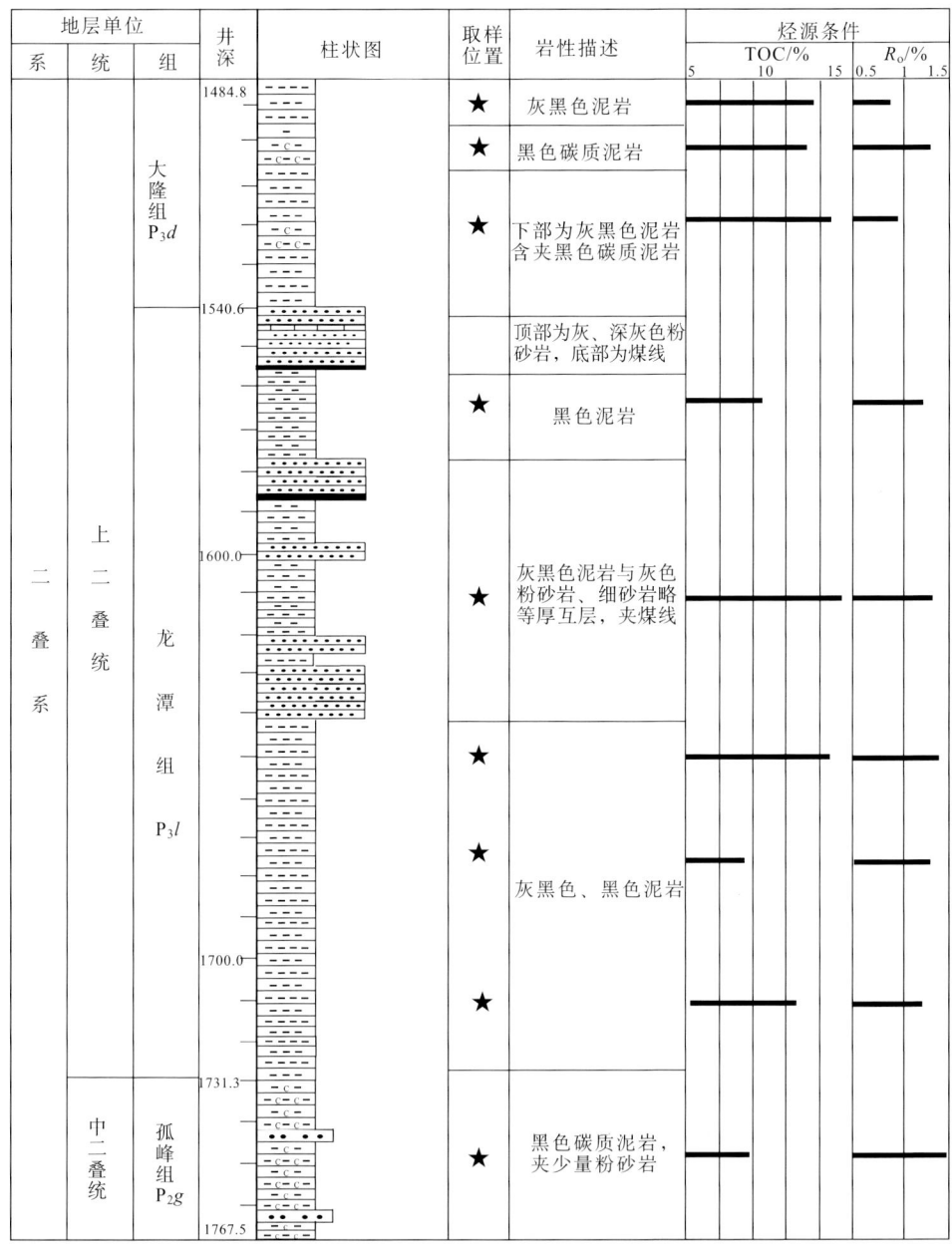

图 3-12　黄桥地区溪 2 井地球化学特征

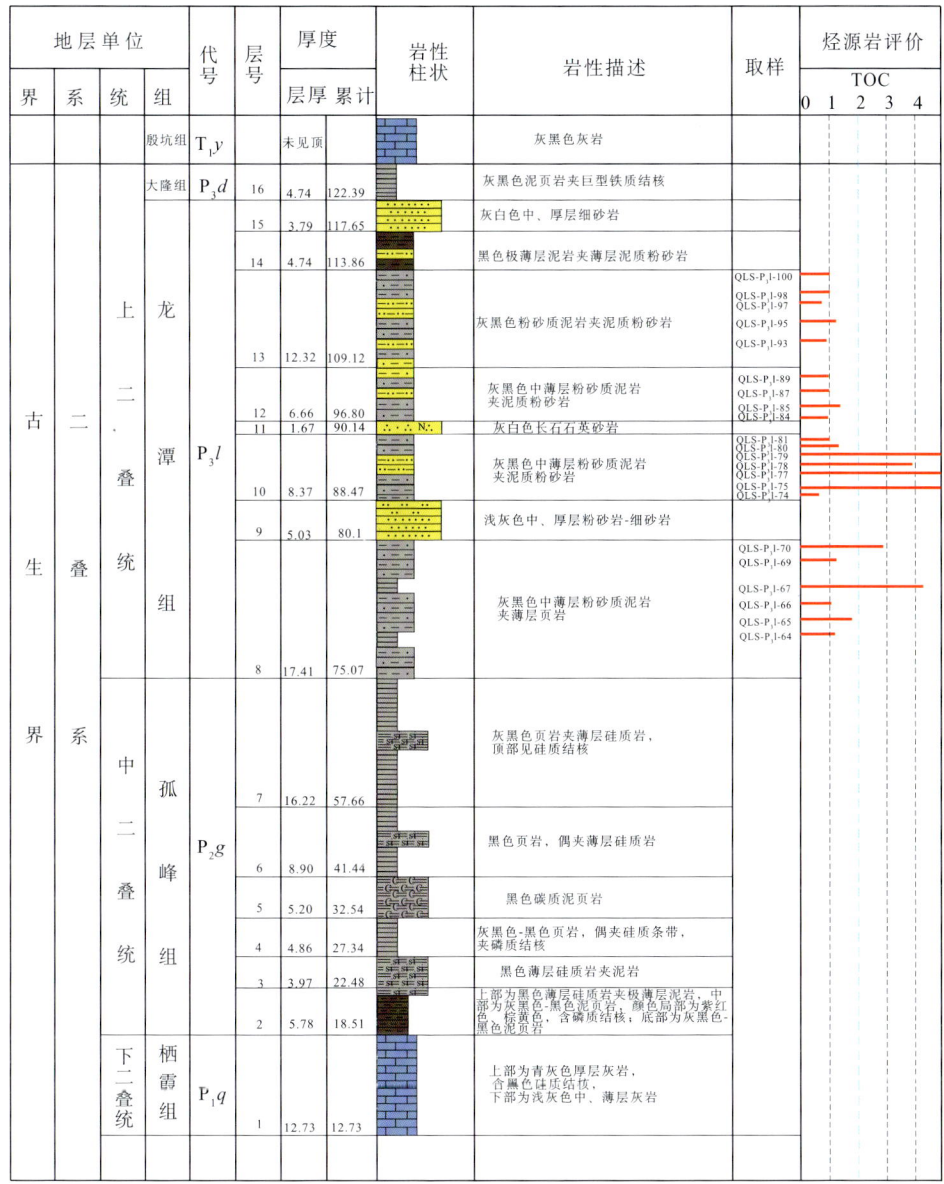

图 3-13 句容青龙山剖面有机碳含量分布图

3. 浙北长兴金村上二叠统龙潭组剖面有机地化特征

图 3-14 是浙北长兴金村剖面地球化学综合柱状图。该剖面厚度为 86.7m。其暗色泥岩有机碳含量范围为 0.55%～6.69%，平均为 3.15%，为较好的烃源岩。镜质组含量一般在 70%～90%，惰性组含量一般为 10%～30%，为典型的Ⅲ型有机质。R_o 为 1.81%～4.41%，平均为 3.3%。长兴地区成熟度普遍偏低，该剖面 R_o 已

达过成熟阶段，可能受岩浆热变质的影响所致。

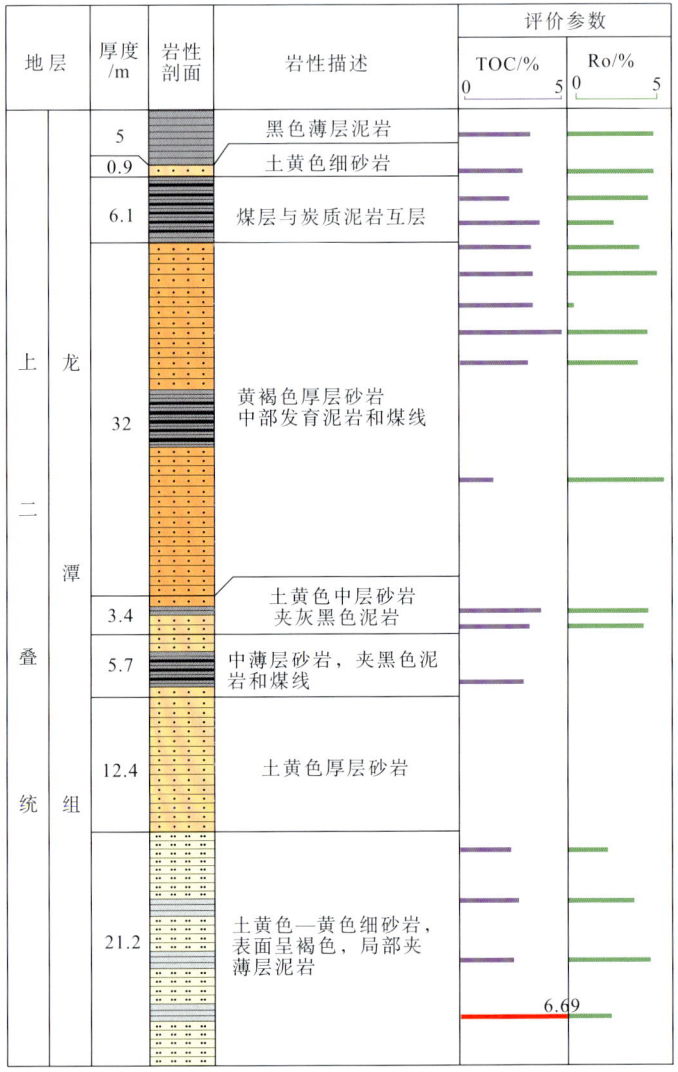

图 3-14 浙北长兴金村剖面地球化学综合柱状图

4. 皖南泾县昌桥镇中上二叠统剖面有机地化特征

图 3-15 是皖南泾县昌桥镇剖面地球化学综合柱状图。该剖面龙潭煤系累计厚度为 177.74m。其暗色泥岩有机碳含量范围为 1.91%～14.87%，平均为 5.86%。从煤系烃源岩的评价标准来看，为较好的烃源岩。显微组分以镜质组占绝对优势，一般含量在 90%以上，其次是惰性组，壳质组含量极低，为典型的Ⅲ型有机质。R_o 分布在 0.89%～2.19%，平均值 1.47%，处于高演化湿气阶段。

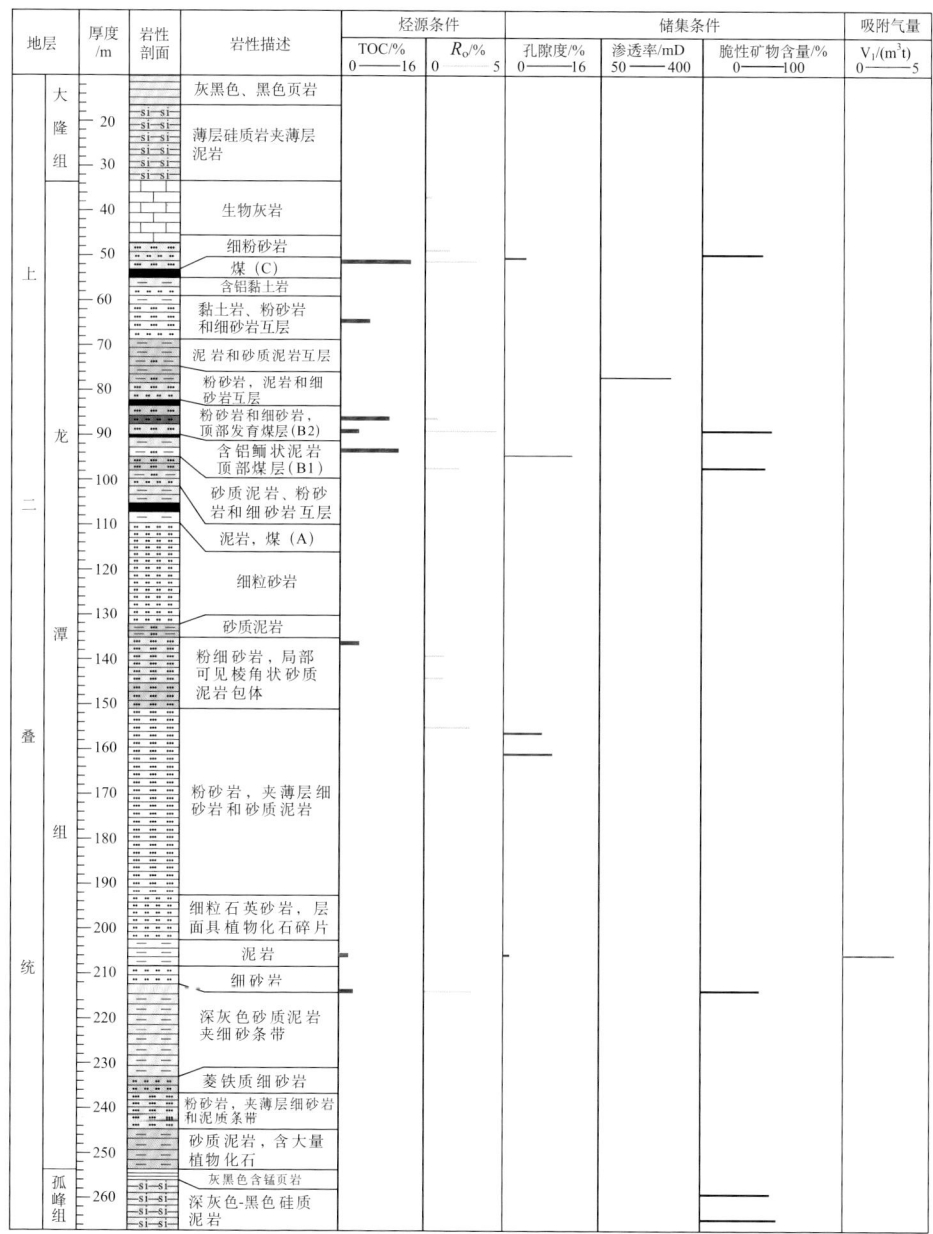

图 3-15 泾县昌桥剖面龙潭组烃源岩地球化学综合剖面

图 3-16 为皖南牛山剖面上二叠统有机碳分布图,测试结果表明牛山剖面总有机碳含量具有比较宽的变化范围,除龙潭组的四层煤层外,219 个数据分布在 0.04%~10.90%,均值 2.06%。垂向上看,大隆组中下段,深水盆地/陆棚相沉积的黑色泥岩 TOC 相对较高,平均达 3.78%。相比而言,龙潭组顶部(除煤层外)和殷坑组底部

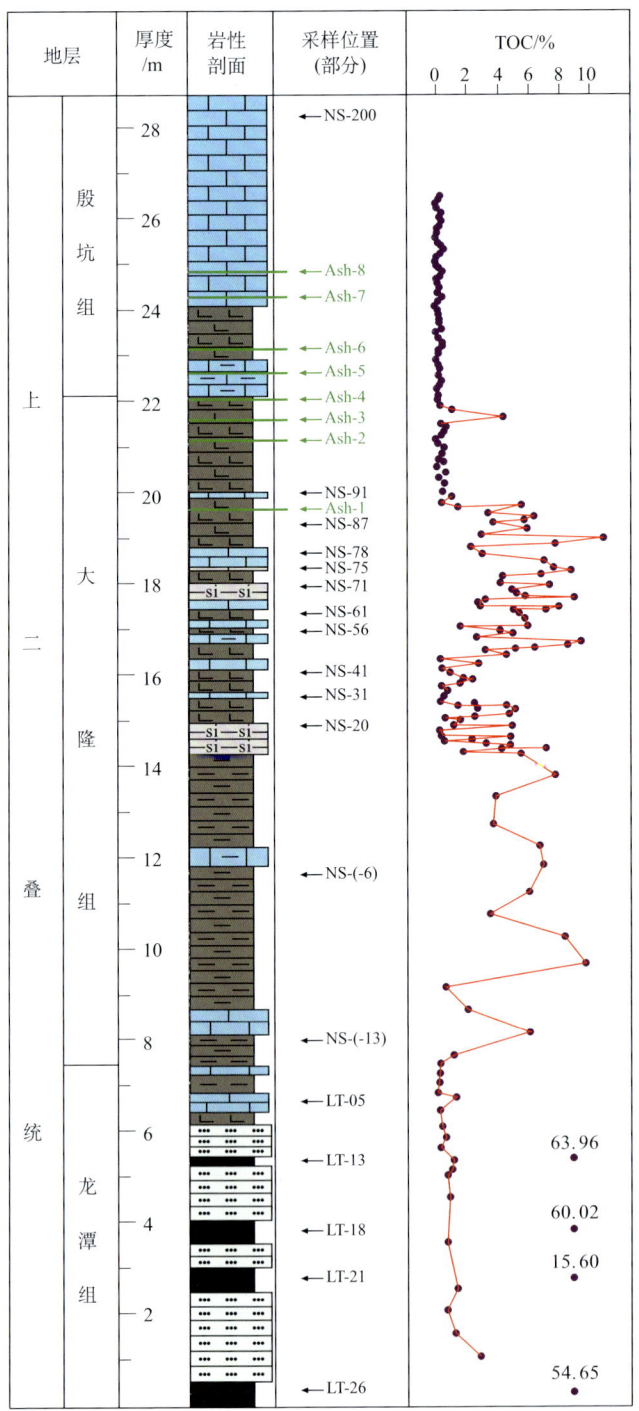

图 3-16 皖南宣城朱桥乡北部牛山剖面上二叠统地球化学剖面

则主要为相对较浅水的砂岩和碳酸盐岩组成,因而以较低的TOC含量为特征,一般处于0.12%~0.74%,反映TOC与岩性(沉积环境)具有一定程度的相关性。

中海油上海分公司于2012年在无为盆地和泾县昌桥钻探了4口页岩气参数井,并对孤峰和大隆组页岩地球化学特征进行了综合评价。其中,大隆组岩性组合主要为黑色碳质硅质岩、碳质页岩,厚度一般在30~60m,TOC含量一般2%~6%,R_o分布在1.6%~2.3%,有机质类型为Ⅰ、Ⅱ型,页岩孔隙度一般2.5%~7%,渗透率处于100~150mD,脆性矿物含量达60%~80%。孤峰组岩性组合为黑色碳质硅质岩、碳质页岩,厚度一般为30~90m,TOC含量一般2%~9%,R_o分布在1.5%~2.0%,有机质类型为$Ⅱ_1$~Ⅲ型。

图3-17为下扬子区龙潭组有机碳含量分布推测图。总体上有机碳含量分布和

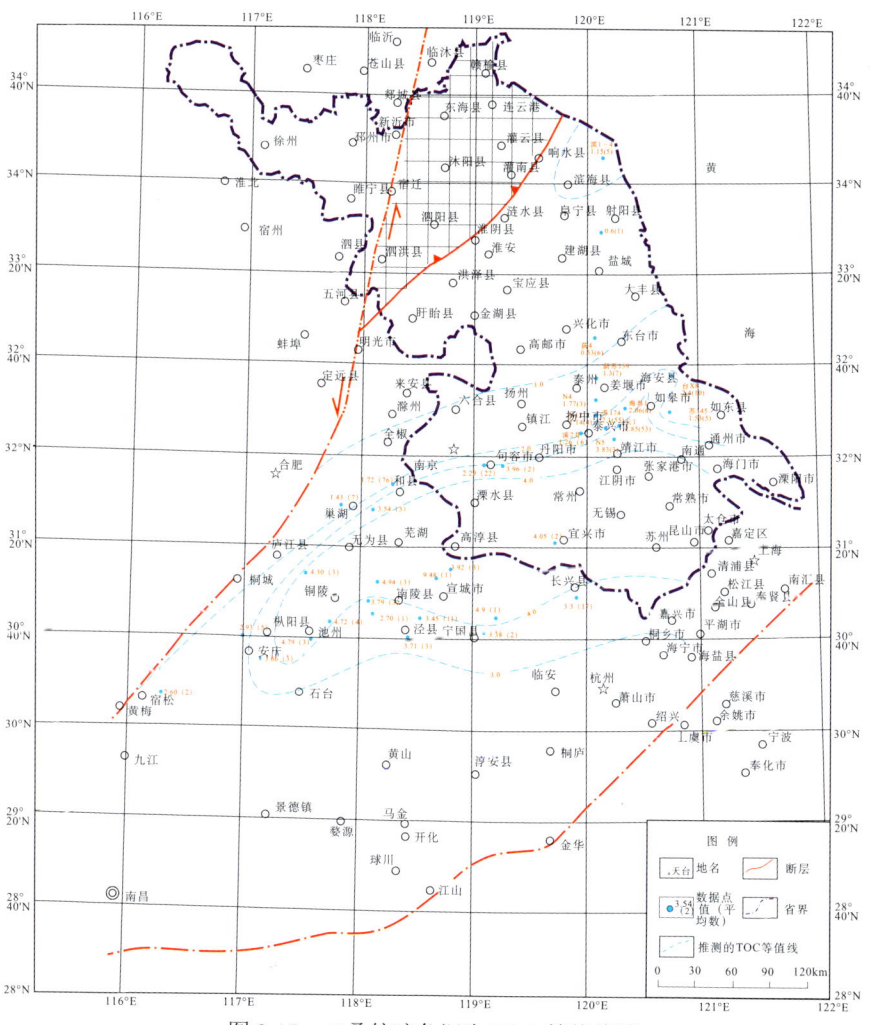

图3-17　二叠统暗色泥岩TOC等值线图

暗色泥页岩的分布相似，南部厚度大，有机碳含量高，北部厚度小，有机碳含量低。苏南（苏州、无锡和常州地区）和皖南地区龙潭组有机碳含量较高，一般富有机质泥页岩的有机碳含量可达3%以上，宁镇地区有机碳含量一般在1%～2%，苏北地区总体上有机碳含量较低，一般在1%以下，个别碳质泥岩有机碳含量较高。因此，从有机碳平面展布特征来看，有机质富集中心位于南通—常州—芜湖—无为—池州—南陵—长兴—苏州等地构成的弧形区域内，TOC>4%，即这一中心主要分布于下扬子地层小区内。由此富集中心向南、向北和向西方向延伸，TOC含量均逐渐减小；宿松—怀宁—巢湖—全椒线以西的少量分布区域TOC值1%～2%，根据资料推断，来安—天长地区残余二叠系煤系有机碳含量主要分布在1%～2%，来安—滁州线以西的部分地区泥岩TOC含量小于1%。

3.4.2 生源母质特征及有机质类型

上二叠统龙潭组烃源岩中显微组分类型十分丰富，主要的显微组分有镜质组、惰性组、壳质组和极少量的藻类体。其中镜质组主要发育无结构的基质镜质体和均质镜质体，其次为结构镜质体。结构镜质体在油浸反光下呈灰色，细胞结构常不完整，细胞腔中多充填均质镜质体或黏土。浙北煤田和安徽广德二叠系煤在反射蓝光激发下，大部分基质镜质体显示暗褐色、棕褐色荧光。均质镜质体多呈宽窄不一的条带状、透镜状或其他不规则状。碎屑镜质体形态不规则，颗粒细小，多分布在碳质泥岩和暗色泥岩中。惰性组是研究区内仅次于镜质组的显微组分，主要为丝质体和惰屑体。丝质体主要是氧化丝质体，火焚丝质体很少，细胞结构比较清楚-不清楚，常见的多为残留细胞结构，破碎状的丝质体，反射光为灰白-白色，透光下为黑色，无荧光性。惰屑体是粒度小于30μm，不具细胞结构，形态不规则，归属难确定的惰质体碎屑，反射光下的颜色，突起和惰质组相似，多分布于基质镜质体中。此外，还常见有粗粒体，反射光下呈浅灰色-灰白色-白色，透射光下为黑色，无荧光性，反射色的差异，说明丝碳化作用的强弱不同。粗粒体的形成是一个比较复杂的过程，其存在说明在丝碳化作用之前已经历了较强烈的凝胶化的氧化的产物。研究区内碎片状粗粒体比较多，说明成煤沼泽微环境的变化比较明显。粗粒体具有与丝质体相似的惰性，但有资料报道，其并非完全惰性。

壳质组（或稳定组）的类型多样，其中树皮体是研究区特有的来源于高等植物的显微组分，主要分布在长兴-广德地区，多数树皮体具有较清楚的细胞结构，呈叠瓦状排列，少数细胞结构不太清楚，有的表面比较均匀，没有结构显示。树皮体的产出形式有多种：大片状、厚薄不一的长条带状、透镜状、团块状和碎屑状。反射光下多呈深灰色、局部颜色不均匀变浅。透光下为黄色、橙黄色。反射蓝光激发下呈黄色、褐黄色、灰黄色荧光，荧光下树皮体的细胞结构和细微特征更明显突出。其他壳质组还有孢子体、角质体、树脂体、壳屑体和藻类体。孢子体见于各种类型的岩石和沉积环境中，主要为小孢子体，偶见大孢子体，反射光下多为深灰色，透光下为黄色，荧光下为黄色，多数保存较完整，为薄壁、无纹饰的光面小孢子体，在煤中常呈分散状分布于基质镜质体中。角质体为叶或茎的表皮保护层角质膜转变而来，是研究区煤和暗色泥岩壳质组中最为常见的一种显微组分。Stach（1982）根据角质体壁的厚度将其分为薄壁角质体和厚壁角质体，这两种类型在研究区均有分布，但大量出现的是薄壁角质体，厚壁角质体只是偶尔有所发现。角质体的最大特征是呈细长条状，有时锯齿状边缘特别清晰，其产出状态有单体产出的，亦有成层分布的，油浸反光下多为灰黑色，但荧光强度和颜色差异较大。树脂体呈深灰色，透光下为黄色，圆或椭圆形，单个分布，具较强的黄色荧光，有的表面不均匀，有微孔隙。本区树脂体分布较少。研究区藻类体主要为结构藻类体，形态清晰，低成熟时常具有黄至黄绿色荧光，主要分布在长兴-广德的树皮煤中。壳屑体是粒径小于 $2\sim3\mu m$ 的屑状壳质体，在普通显微镜下很难确认，与黏土矿物也很难区分，在高倍荧光显微镜下，由于壳屑体具有强的荧光性，较容易与黏土分开。壳屑体多呈分散状或密集状分布于基质镜质体之中。

显微组分分析结果表明（表3-13）：苏南地区煤主要以镜质组为主，含量在70%以上，其次为惰性组，类型指数 Ti 值多小于-70%，为Ⅲ型有机质；但太湖南缘，如宜兴白泥场龙潭组煤和长兴地区龙潭组煤均为树皮煤，壳质组含量高，局部以壳质组占优势，白泥场煤样中壳质组含量达 60%以上，Ti 值大于 0，为Ⅱ型有机质。煤系泥岩中仍以镜质组为主，含量多在 70%以上，Ti 值在-50%以下，主要处于Ⅲ型有机质范围。浙北地区包括邻近的安徽广德地区龙潭组煤主要为树皮煤，成熟度低，壳质组含量高，一般均在 10%以上，局部达到 70%以上。其次为镜质组，一般在 10%~80%，惰性组含量较低。类型指数 Ti 值平均为-14%，其中有近 50%的样品类型指数达到Ⅱ型有机质的标准（图3-18）；泥岩中主要以镜质组为主，含量多在 80%以上，类型指数 Ti 值多小于-70%，为Ⅲ型有机质。皖南地区除广德为树皮煤外，其他地区煤和暗色泥岩均以镜质组占绝对优势，含量可达 90%以上，Ti 值小于-75%，为典型的Ⅲ型有机质。

表3-13　上二叠统龙潭组全岩显微组分定量分析结果

地区	样品位置	岩性	镜质组/%	惰性组/%	壳质组/%	Ti
苏南地区	镇江小力山	煤	73.5	17.1	9.4	-67.525
	宜兴白泥场	煤	27.1	10.4	62.5	0.525
	宜兴川埠	煤	85.1	14.9		-78.725
	川埠	泥岩	70		30	-65
	常州卜弋	煤	93.5	6	0.5	-75.875

续表

地区	样品位置	岩性	镜质组/%	惰性组/%	壳质组/%	Ti
浙北地区	长广东风岕	煤	27.7	12.3	60	−3.075
	长兴县温塘	煤	85	5	10	−63.75
	长兴煤山煤矿	煤	15	0.5	84.5	30.5
	独山矿区查扉村	煤	25	5	70	11.25
	独山矿区白墙井田	煤	15	10	75	16.25
	独山矿区小独山	煤	10	5	85	30
	独山矿区西边村	煤	14.5	0.5	85	31.125
	独山矿区王村井田	煤	10	10	80	22.5
浙北地区	独山矿区北沟井田	煤	8	0.3	91.7	39.55
	JC-01	泥岩	95	5		−76.25
	JC-03	泥岩	100			−75
	JC-07	泥岩	100			−75
	JC-11	泥岩	80	20		−80
	JC-13	泥岩	70	30		−82.5
	JC-15	泥岩	90	10		−77.5
	JC-16	泥岩	100			−75
	JC-18	泥岩	80	20		−80
皖南地区	安徽广德新杭	煤	40	20	40	−30
	CQ-01	泥岩	100			−75
	CQ-02	泥岩	95	5		−76.25
	CQ-04	泥岩	100			−75
	CQ-09	泥岩	100			−75
	CQ-13	泥岩	100			−75
	CQ-15	泥岩	95	5		−76.25
	CQ-16	泥岩	95	5		−76.25
	CQ-18	泥岩	95	5		−76.25
	CQ-21	泥岩	95	5		−76.25
	CQ-25	泥岩	95	5		−76.25
	CQ-27	泥岩	95	5		−76.25
	CQ-28	泥岩	95	5		−76.25
	CQ-34	泥岩	100			−75
	CQ-36	泥岩	100			−75
	CQ-37	泥岩	100			−75

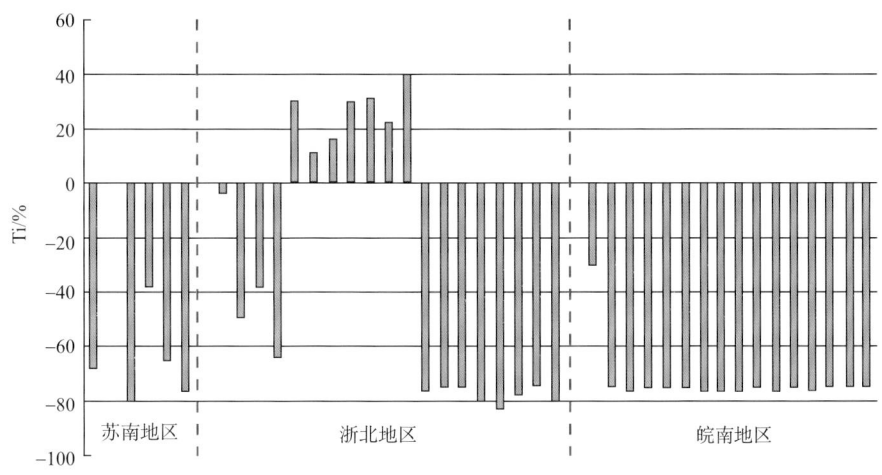

图 3-18 类型指数 Ti 分布图

从龙潭组煤和烃源岩的有机岩石学分析结果看，下扬子地区龙潭组煤岩特征及其有机相呈明显的分带特性。依据显微煤岩组分的含量变化及煤岩类型特征，研究区二叠纪主采煤层自北而南大致可划分为三个不同的煤岩类型条带：①北部光亮-半亮型煤层带，该带位于苏南—皖南的长江中下游一带。区内除以半亮型煤层为主外，在皖南尚赋存光亮型煤层。显微组分中镜质组含量高，有时可达 98%。②中部半亮-半暗型煤层带，该带位于苏、浙、皖交界的太湖流域。煤层中的三种显微煤岩组分：镜质组、惰性组、壳质组都有出现。并且绝大多数煤层均含有壳质组组分，特别是浙北长广煤田一带极为富集。组分中除了少数角质层、孢子和树脂外，主要是树皮体组分。树皮体特征因腐解程度的差异而不同。如苏南宜兴等地腐解程度较深，树皮的细胞组织已溶融不清，较难与凝胶化物质区别；而浙北长广的腐解程度较浅，树皮主细胞组织尚能明显可见。③南部光亮-半亮型煤层带，该带位于浙西，宏观煤岩类型以半亮型为主，其次为光亮型和少量半暗型煤层。显微组分中的结构镜质体多而清晰，少量惰性组。有时镜质组与惰性组在镜下观察中无法分开。壳质组极少见。

3.4.3 生烃条件评价

研究区的显著特点是上二叠统龙潭煤系的泥岩和煤有机碳含量都较高，平均值分别为 3.69%、76.42%，浙北地区上二叠统龙潭煤系的煤的氯仿沥青"A"与生烃潜量（S_1+S_2）普遍较高，如长兴牛头山矿区的龙潭煤的氯仿沥青"A"与生烃潜量（S_1+S_2）甚至达到了 5.0724% 与 255.49mg/g，是极好的烃源岩。

研究区成熟度差异较大，皖南、苏南地区多为高过成熟区，其龙潭组煤种主要为贫煤和无烟煤，大多数开采的煤矿均为高突瓦斯矿井，表明煤层含气性好。

但太湖流域苏州吴江向西越过太湖至浙北长兴-安徽广德，再向西可到皖南的宁国盆地港口镇，热演化程度较低，其煤种主要为长焰煤和气煤，R_o值一般小于0.9%，分布在生油窗范围内。局部地区二叠系龙潭组烃源岩R_o值小于0.5%，处于未成熟状态。

前人对龙潭煤系的生烃潜力评价已做了相当多的工作。本次结合模拟实验和前人研究成果对龙潭煤系煤的生烃潜力进行评价。研究区煤有两种类型，一种是富氢煤，主要是长兴-广德煤田的树皮煤，含有大量的树皮体，模拟样品的煤种为气煤，树皮体含量高者可达80%，其次为镜质组；另一种为正常的腐殖煤，主要由镜质组显微组分构成，镜质组含量大于90%，分布于苏南和皖南的广大地区，模拟样品的煤种为长焰煤，其镜质组含量为92%，惰性组为7%。

对上二叠统龙潭组树皮煤模拟实验结果，显示其生成油及气态烃的能力都比较强（表3-14）。从实验结果可以看出：树皮煤在350℃左右达到生油高峰，产率高达413.2kg/tC。400℃以后油潜力迅速下降。气态烃产率在生油高峰期后快速增长，350～450℃气态烃增长相对较缓，在400℃以后气态烃产率已经超过液态烃的产率。450℃以后，即在R_o>2%，气态烃的产率急剧上升，相当于镜质体反射率>2.5%时。500℃，气态烃产率达到666.93kg/tC，在500℃之后仍产生相当多的气态烃，500～600℃之间新增烃气40kg/tC，表明高过成熟阶段树皮煤具有一定的生气潜力。

正常的腐殖煤壳质组含量低，一般在5%以下。腐殖煤的油产率相当低，最高油产率12.68kg/tC（表3-14），尽管也有一定的烃油生成，但远达不到形成工业油藏的烃源层的标准，但总烃气的最高产率可达90.98kg/tC，在模拟温度500℃以后仍有相当高的产气潜力，其500～600℃之间新增烃气为34.02kg/tC，和树皮煤在该阶段内的产气潜力相似，表明高演化阶段的腐殖煤仍有相当的生气潜力。

表3-14 树皮煤和富氢煤的热模拟实验产率

样号	腐植煤		树皮煤	
模拟温度/℃	总油/（kg/tC）	总产烃/（kg/tC）	总油/（kg/tC）	总产烃/（kg/tC）
OS	0.72	0.72	32.78	32.78
250	6.19	6.31	42.33	44.22
300	5.96	6.47	88.48	93.97
325	12.18	15.67	240.45	281.19
350	12.68	33.64	413.21	531.72
400	0.28	40.57	159.39	621.02
500	0.18	56.96	7.4	666.93
600	0.17	90.98	1.38	706.92

由此可见，研究区优质油源岩主要为龙潭组树皮煤，树皮煤由于富含壳质组显微组分，生油潜力大，而上二叠统泥岩有机碳含量高，生气潜力大，是好的气源岩。

本 章 小 结

通过对研究区古生界三套烃源岩烃源条件和生烃潜力分析和研究，得出以下几点认识：

（1）研究区古生界烃源岩有机质丰度总体呈现上古生界烃源岩高于下古生界烃源岩，泥质岩高于碳酸盐岩和硅质岩，煤系烃源岩高于非煤系烃源岩的规律。

（2）下寒武统荷塘组黑色页岩有机碳含量普遍较高，苏南、皖南和浙西北地区硅质页岩和硅质岩有机碳含量均值分别在 2.14%、2.49% 及 2.50%，黑色泥页岩有机碳含量均值分别为 2.52%、2.95% 和 3.19%，下寒武统荷塘组发育的厚层石煤层的有机质丰度更高，一般在 20% 左右，最高可达 40%。无论是硅质岩、硅质页岩还是泥页岩和石煤，均为特好烃源岩。荷塘组烃源岩有机质类型好，主要显微组分为沥青质体，为Ⅰ型有机质。一般处于过成熟演化阶段，但实验和勘探实验表明部分相当低演化的烃源岩仍有一定的烃气生成潜力。

（3）志留系高家边组及相当层位有机质分布差异很大。在皖南一带黑色泥页岩夹层有机质丰度较高，有机碳含量均值在 3% 以上。苏南宁镇地区高家边组底部和五峰组有机碳含量均值也在 1% 以上。均显示为好烃源岩特征。其他地区有机碳含量较低，一般小于 0.1%，处于差-非烃源岩之列。烃源岩主要为腐泥型和腐泥腐殖型，热演化程度较高，皖南地区下志留统分布大量的沥青，是该地区重要的烃源之一。

（4）上二叠统龙潭煤系是区内分布最广、有机质丰度最高的烃源岩，其泥岩的平均有机碳含量在苏南地区和皖南地区大于 4%。发育在浙北、皖南和苏南的树皮煤，氯仿沥青"A"在 2.38%～5.07%，生烃潜量(S_1+S_2)在 255.5～370.1mg/g，生烃潜力大。有机质类型存在较大差异，树皮煤为Ⅱ型有机质，其他煤种和暗色泥岩为Ⅲ型，煤的有机质类型要好于暗色泥岩。仝区煤种从长焰煤到无烟煤均有分布，显示成熟度差异很大。其中以长兴-广德地区成熟度最低。

（5）研究区古生界广泛发育三套有机质丰度高的烃源岩，为油藏和气藏的形成打下了良好的物质基础，有机质的丰度不会成为制约烃源岩成藏的因素，控制本区烃源岩能否成为有效烃源岩的关键因素是烃源岩的演化程度。古生界烃源岩有机质热演化程度普遍较高，上古生界烃源岩基本上处于生油阶段晚期；下古生界大部分已进入过成熟干气阶段。

第四章 烃源岩热演化特点及控制因素分析

烃源岩中有机质的热演化是个复杂的地质-地球化学过程。控制烃源岩热演化的最主要因素是烃源岩所经历的最高古地温及其持续的时间。由于烃源岩热演化系列的不可逆性,现在所见到的反映热成熟度的各种参数指标,是在地史时期中各种地质因素综合作用的结果。目前能用以研究烃源岩中有机质热演化作用的方法和指标很多,主要有不溶有机组分的化学组成和光学性质及可溶有机组分的质和量的特征,具体包括镜质体反射率(沥青反射率)、黏土矿物、裂变径迹、包裹体测温、牙形石色变指数及同位素等方法。可溶有机质和不溶有机质的研究可以相互印证油气的生成和演化历史。尤其是不溶有机质受运移和浸染的影响小,因而更能反映有机质的本来面目。其中镜质体反射率是目前国际上可以对比的唯一指标,因此,本次研究将主要依据镜质体反射率,结合二叠系煤种分布及前人工作中的磷灰石裂变径迹、牙形石色变指数等数据,综合评价研究区寒武系荷塘组、志留系高家边组、二叠系龙潭组等潜在生气源岩的热演化程度。

4.1 主要烃源岩热演化规律

苏南、皖南、浙西北等地区是我国东部下扬子区具有油气远景的地区之一。五十余年来,地质矿产部、煤炭部、中国石油天然气总公司等在该地区展开了大量的区域地质调查、地球物理测量和油气勘探工作,取得了广泛而重要的认识。据江苏油田地质科学研究院(2000)资料:江苏及邻近下扬子地区中、上古生界烃源岩在部分地区为成熟,部分地区为高成熟甚至过成熟;下古生界烃源岩在极少部分地区存在高成熟,大部分地区为过成熟。并且苏南宜兴及苏锡常地区由于岩浆活动强烈,造成一部分地区源岩异常增熟(表4-1,图4-1)。

通过对苏浙皖地区地层的岩性、埋深、生烃潜力等潜在生气源岩的必要条件进行筛选,初步确定寒武系幕府山组、荷塘组、大陈岭组,志留系高家边组及其相当地层,二叠系龙潭组具备成为潜在生气源岩的条件。烃源岩的成熟度是衡量其能否成为潜在生气源岩的重要指标,美国Appalachian、Michigan、Ilinois、Fort Worth、San Juan 等盆地已进行商业化开采,泥页岩的镜质组反射率 R_o 范围在 0.4%~1.88%(Curtis,2002),而 Jarvie 等(2007)认为富含有机质泥页岩的 R_o 须达到1.3%以上才能生成并聚集热成因气,亦有在高成熟度下(R_o>3.5%)有机质类型以Ⅲ型干酪根为主的泥页岩具有生气潜力的报道。

表 4-1　江苏、皖南下扬子区中、古生界有机质成熟演化阶段划分表（据江苏石油勘探局，2000）

层位	苏北 $R_o/\%$	苏南 $R_o/\%$	皖南（宁国） $R_o/\%$	成熟演化阶段
T_1—P_2	0.77～2.28	0.6～1.82	0.74～2.02	成熟生油/高熟-湿气
P_1—D_3	0.98～1.84	1.02～2.18	1.71	高熟-湿气为主
S_1—Z_2dn	1.49～4.31	1.95～3.64	2.79～3.69	高熟-湿气/过熟干气为主

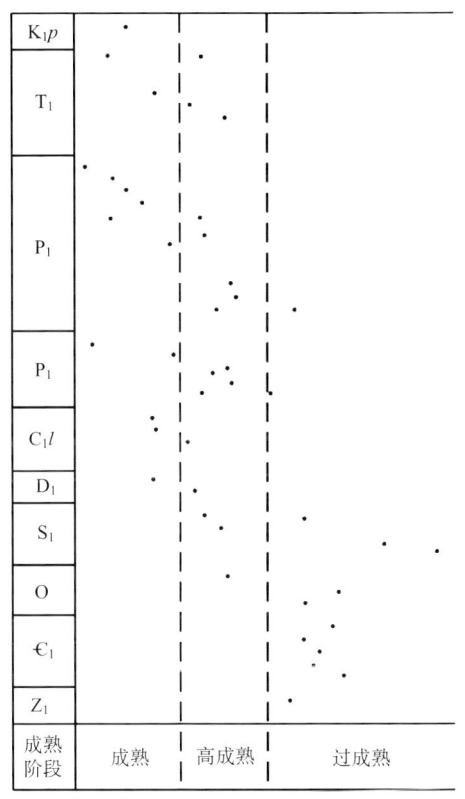

图 4-1　江苏下扬子区中、古生界 R_o 纵向变化图（据钱基，2000）

江苏地区下古生界烃源岩热演化程度普遍较高，大部分地区为过成熟区，仅南通—无锡—溧阳—南京一线以北的苏北地区及苏中的大部分地区为高成熟分布区，构造相对简单，岩浆活动微弱，沥青反射率 R_o 值均小于 2.5%，CIA 值一般均在 2～3 级，T_{max} 多在 460～490℃，并且在下古生界地层中多处见到油气显示。过成熟区，尤其是在南部地区，侵入岩密集分布，喷发岩大面积覆盖，沥青反射

率等效的 R_o 值一般在 3%～6%，CIA 值达 4～5 级，T_{max} 多在 490～590℃，多处见沥青显示。

4.1.1 寒武系烃源岩现今热演化状态与分布规律

研究区寒武系主要烃源岩包括幕府山组、荷塘组、大陈岭组，由于寒武系地层中缺少高等植物来源的镜质组，因此一般测试沥青反射率 R_b，然后将其换算成相应的等效镜质体 R_o 表示其成熟度。由于寒武系地层年代老，岩石中存在多期次的沥青，若整体取均值必然导致测试所得的反射率较其真实值偏低。因此，在测试中我们选取年代最老的一组沥青（反射率最大的）的反射率平均值作为其反射率值（表 4-2）。利用此种方法测试得到的 R_b 及换算得到的等效镜质体 R_o 只能尽可能地接近原始地层的真实值，但却始终比其真实值偏低。

表 4-2 寒武系、志留系样品 R_b 测试数据取舍情况举例（宣页 1 井 14 筒次 1/34 段）

R_b/%	判定情况	数据取舍情况
3.5390	晚期沥青	舍弃
7.6145	早期沥青	可用
2.7741	晚期沥青	舍弃
7.1900	早期沥青	可用
8.5377	早期沥青	可用
2.7135	晚期沥青	舍弃
8.3572	早期沥青	可用
6.7957	早期沥青	可用

1. 典型剖面等效镜质体反射率

研究区内寒武系地层在庐江—巢湖—含山—全椒—南京—镇江一线有零星出露，东至—石台—绩溪—安吉一带有较多出露。本次研究对石台县丁香树剖面、休宁县仙缘荷塘组剖面、安吉县德清官庄剖面、滁州市全椒县黄栗树剖面、南京市幕府山剖面共 6 个实测剖面，绩溪县荷塘组岩性观察点等踏勘点及宣页 1 井、皖宁 2 井、绩溪 SM02 井共 3 口钻井的沥青反射率进行了测试分析。

其中，对石台县丁香树剖面、休宁县仙缘荷塘组剖面、安吉县德清官庄剖面、滁州市全椒县黄栗树剖面、南京市幕府山剖面 6 个实测剖面实测 R_o 进行筛选与统计之后，对有效的 33 个样品的 R_o 值进行分布频率投图（图 4-2），结果表明，研究区寒武系荷塘组露头样品的 R_o 值大部分位于 3.0%～4.0%，占总体的 60% 以上；

其次为 4.0%～4.5%，约占样品总数的 18%；R_o<3.0%及 R_o>4.5%的样品数量较少，分别占总数的 9%与 6%，反映出研究区寒武系荷塘组过成熟的热演化现状。

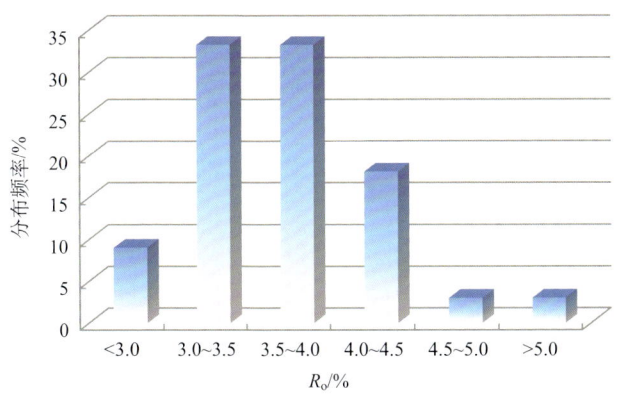

图 4-2　研究区寒武系荷塘组露头样品 R_o 值分布频率图

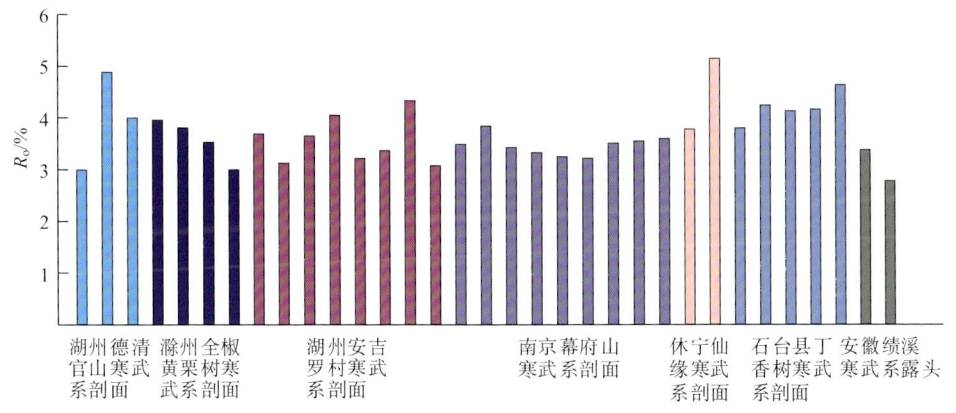

图 4-3　研究区部分寒武系剖面（露头）R_o 值分布图

根据图 4-3 中 6 个剖面及部分露头样品的 R_o 分布可以看出，除湖州德清官山寒武系剖面与安徽绩溪寒武系荷塘组露头有 2 块样品的 R_o 值小于 3%之外，其余实测剖面的 R_o 值均大于 3%，处于过成熟阶段。整个研究区中 R_o 值大于 4%的剖面有 2 条，分别为石台县丁香树剖面与休宁县仙缘剖面，其 R_o 平均值分别为 4.18%与 4.46%。湖州德清官山剖面、滁州全椒黄栗树剖面、湖州安吉罗村寒武系剖面与南京幕府山剖面的 R_o 平均值分别为 3.83%、3.76%、3.56%及 3.46%。此外，安徽省绩溪县荷塘组 2 个露头样品的 R_o 平均值为 3.07%，比研究区内其他剖面低一些。

2. 典型钻孔现今热演化状态

皖宁 2 井位于安徽省宁国市宁墩乡乐川村桥南 75m 公路东侧 15m 处，构造位置处于江南隆起东北端施姑萍背斜的东北倾伏部位，钻遇地层有第四系、寒武系中统杨柳岗组、下统大陈岭组、荷塘组及震旦系上统西尖山组，终井井深 821.9m。本次研究对皖宁 2 井 575～810m 井段的荷塘组岩心样共 24 块进行了 R_o 测试，去除无效 R_o 值之后，20 个有效 R_o 值的平均值为 3.89%，范围 3.55%～4.57%，比宁国地区其他寒武系剖面及踏勘露头点 R_o 值偏高，可能是由于其位置靠近燕山晚期侵入岩体，受到岩体带来的高地温的影响。

宣页 1 井位于安徽省宁国市中溪镇市口村月红村民组，构造位置处于下扬子盆地江南隆起北部倾没端梅林向斜东南侧。钻遇宁国组、印渚埠组、西阳山组、华严寺组、杨柳岗组、大陈岭组及荷塘组，终井井深 2848.8m。本次研究对宣页 1 井 2381.6～2848.8m 井段寒武系大陈岭组及荷塘组共 19 块岩心样进行了 R_o 测试，去除无效 R_o 值之后，14 个有效 R_o 值的平均值为 4.32%，范围 4.01%～4.62%，比皖宁 2 井及宁国地区其他寒武系剖面及踏勘露头点均要高出一些。

SM02 井位于安徽省绩溪县，钻遇地层有第四系及寒武系荷塘组，终井井深 150m。本次研究对 SM02 井 16～112m 井段寒武系荷塘组共 5 块岩心样品进行了 R_o 测试，去除 1 个无效 R_o 值之后，4 个有效 R_o 值的平均值为 3.08%，范围 2.74%～3.39%，是区内荷塘组现今热演化程度最低的钻孔。

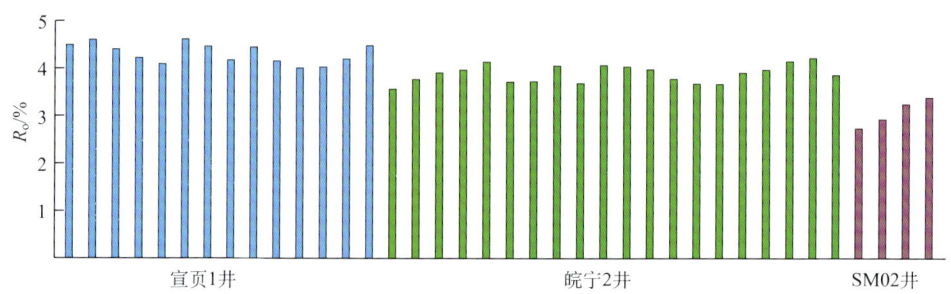

图 4-4　寒武系钻孔 R_o 值分布图

从图 4-4 可以看出，宣页 1 井所测样品的有效 R_o 值都大于 4%，明显比皖宁 2 井和 SM02 井要高，其平均值要分别比两者高出 11.05%与 40.25%，三口钻孔中除 SM02 有部分样品处于高成熟阶段之外，其余钻孔均已处于过成熟演化阶段。

3. 寒武系现今热演化状态平面分布

根据实测的寒武系荷塘组等地层的 R_o 值，绘制了研究区寒武系荷塘组现今热演化程度图（图4-5）。由于数据点较少，结合岩浆岩的分布特征，大致勾画了研究区的现今热演化程度图。从图中可以看出，研究区荷塘组都已处于过成熟的热演化阶段，总体上，成熟度由西南向东北逐渐降低，石台—休宁—宣城—黄山区域的寒武系 R_o 值最高，达 4%以上，安吉—宁国南部—绩溪一线及滁州—南京一线的荷塘组、幕府山组 R_o 值为 3%～4%，苏南广大地区缺少资料，但据昆2井实测反射率资料显示，其 546m 处的空气中测得的反射率值为 12.72%，大致相当于油浸下反射率值 2.54%，处于 3%之下。根据反射率的变化趋势及昆2井资料推测，苏南广大地区荷塘组烃源岩等效镜质体反射率值应在3%以下，但也处于过成熟阶段。

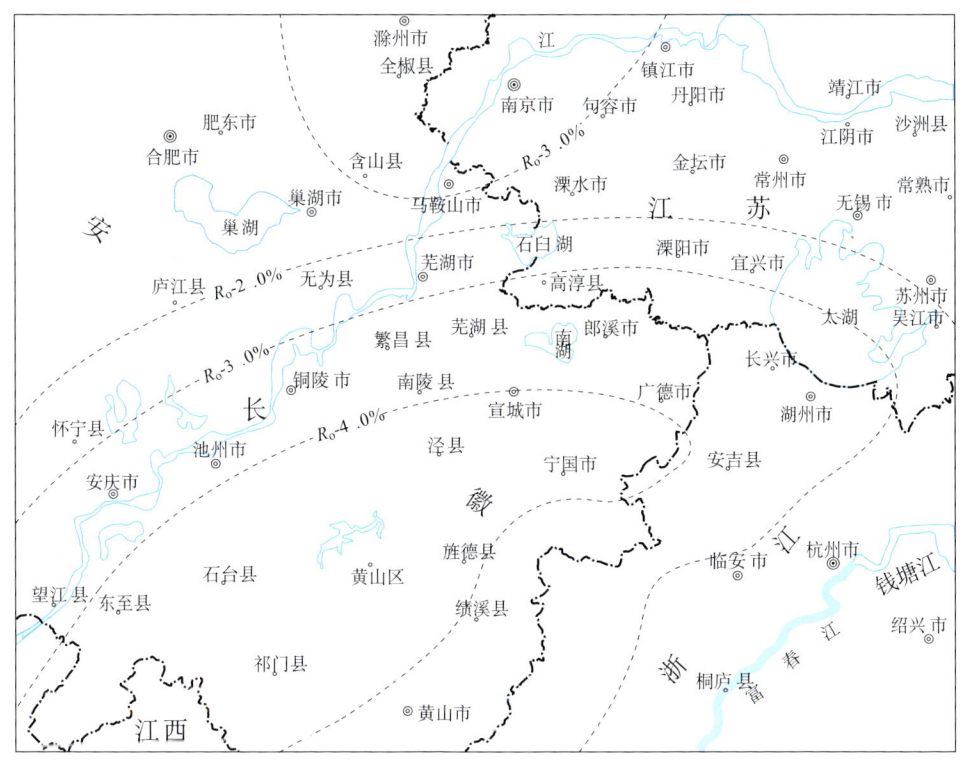

图 4-5　寒武系荷塘组现今热演化程度图

4.1.2　志留系烃源岩现今热演化状态与分布规律

　　研究区志留系高家边组及与之相当的分布于皖南的霞乡组、河沥溪组以及浙北的安吉组也是一套潜在生气源岩。下志留统主要出露于研究区南部太平县、宁国、广德和安吉地区，在其西北侧南京—巢湖一带也有少量出露，总体上呈复背斜的方式向北东倾伏，在苏南地区均被覆盖。

　　本次研究我们对巢湖旗山、芜湖湾沚镇、梅街公路旁康山组—高家边组—霞乡组—奥陶系、石台县七都提壶岭霞乡组剖面、石台县七都提壶岭河沥溪组、安吉县孝丰康山古油藏、太平县西山煤矿、安徽红桃村等多个实测剖面的样品进行了R_o测试，其R_b测试及R_o换算方法类似于寒武系地层，此处不再赘述。

研究区志留系地层主要实测R_o值分布见图4-6，由图可见，分布在浙西北地区的安吉孝丰安吉组、康山古油藏康山组的R_o值及巢湖地区的旗山高家边组的R_o值均小于2%，以康山古油藏处的康山组R_o最低，处于成熟的演化阶段。而黄山仙缘河沥溪组，石台县七都提壶岭河沥溪组、霞乡组，红桃村高家边组，芜湖湾沚镇坟头组的样品R_o值均大于3%，处于过成熟的热演化阶段。

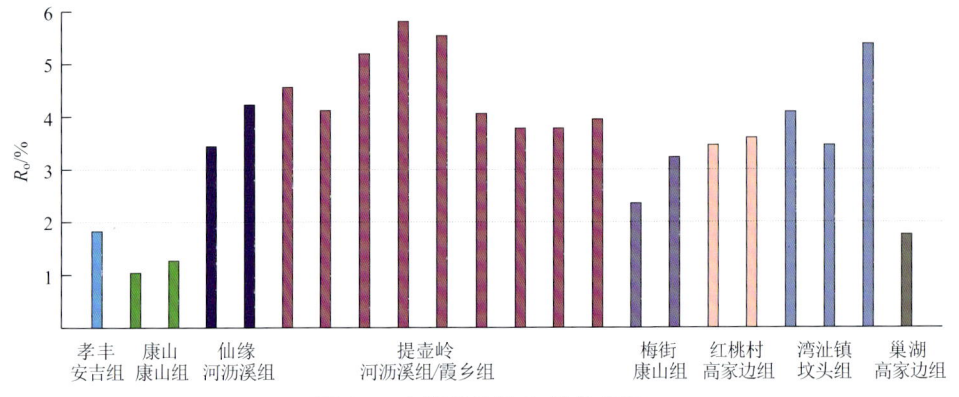

图4-6　志留系地层R_o值分布图

从志留系地层R_o值分布频率图（图4-7）不难看出，研究区志留系地层R_o值大于3.0%的样品数最多，其分布频率达70%以上。此外还有少量样品R_o值处于1%~2%，这部分样品全部分布在浙西安吉孝丰附近。

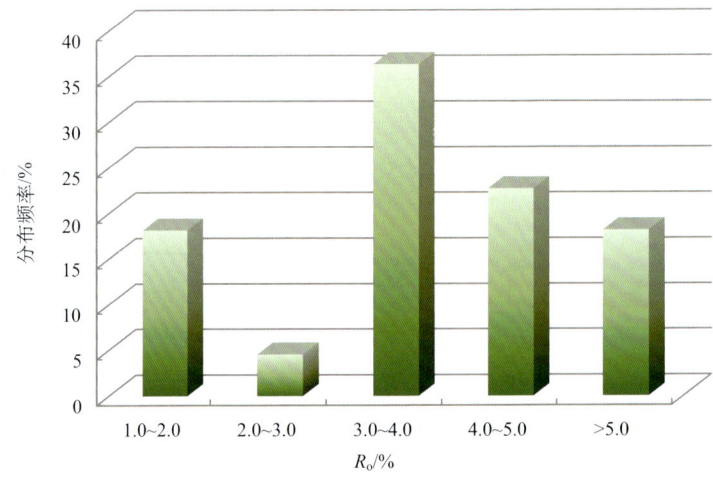

图4-7　志留系地层R_o值分布频率图

从志留系地层现今热演化程度平面分布来看（图 4-8），皖南宣城—泾县—石台一带的志留系地层已达过成熟-生烃死限，部分受燕山期岩浆活动影响较大地区甚至已经达到生烃死限。而远离岩浆活动的地区（如巢湖地区）则表现出成熟-高成熟的演化阶段。

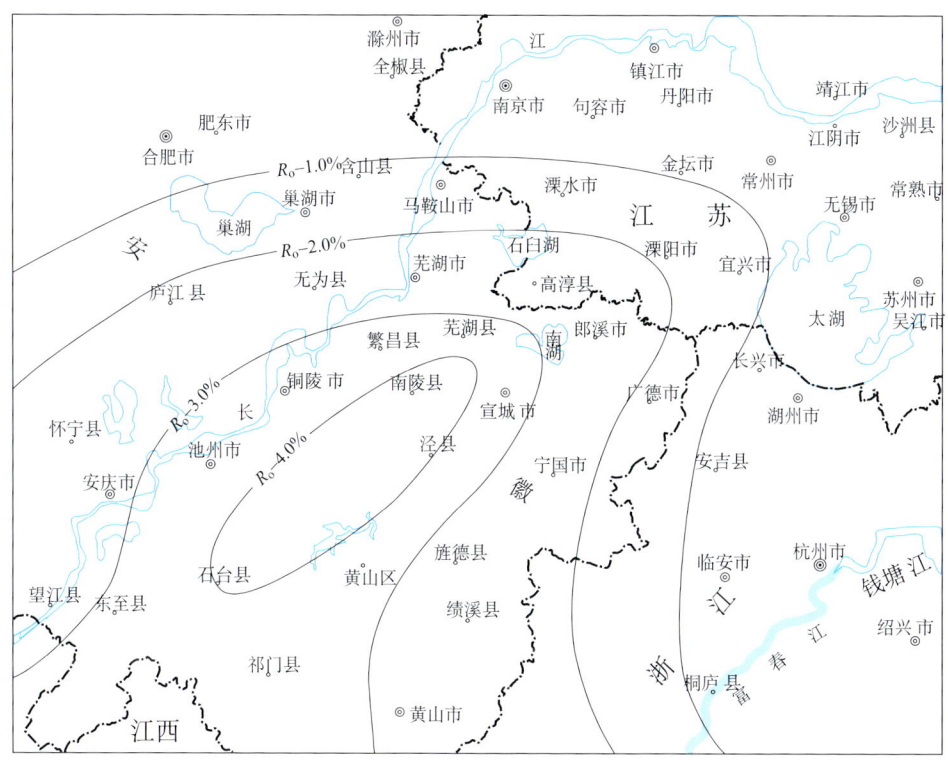

图 4-8 志留系地层现今热演化程度图

4.1.3 二叠系烃源岩现今热演化状态与分布规律

4.1.3.1 二叠系煤种分布特征

二叠系煤系地层在下扬子地区广泛分布，资料相对丰富，是讨论研究区二叠系烃源岩热演化程度的重要层系。区内有苏南煤田、宣泾煤田、芜铜煤田、贵池煤田、安庆煤田、巢湖煤田、长广煤田 7 个二叠系龙潭煤系煤田。本次研究在广泛收集江苏、安徽、浙江 3 省煤田煤质资料的基础上，编制了研究区二叠系煤种分布图（图 4-9，表 4-3），在此基础上，实测了大量野外露头样品的镜质体反射率，绘制了宣城—无锡地区二叠系龙潭组煤系地层成熟度演化图（图 4-10）。从二叠系煤种分布图中可以看出，下扬子地区低牌号煤种主要在环太湖—广德—宁国地区，宁镇地区的南含煤条带（句容至丹阳一带），苏北沿江的靖江和苏锡北部的东端沙洲至塘桥一带 3 个区域，其余地区以贫煤、无烟煤等高牌号煤为主。现将苏南、皖南、浙西北地区的煤种分布特征分述如下（表 4-3）。

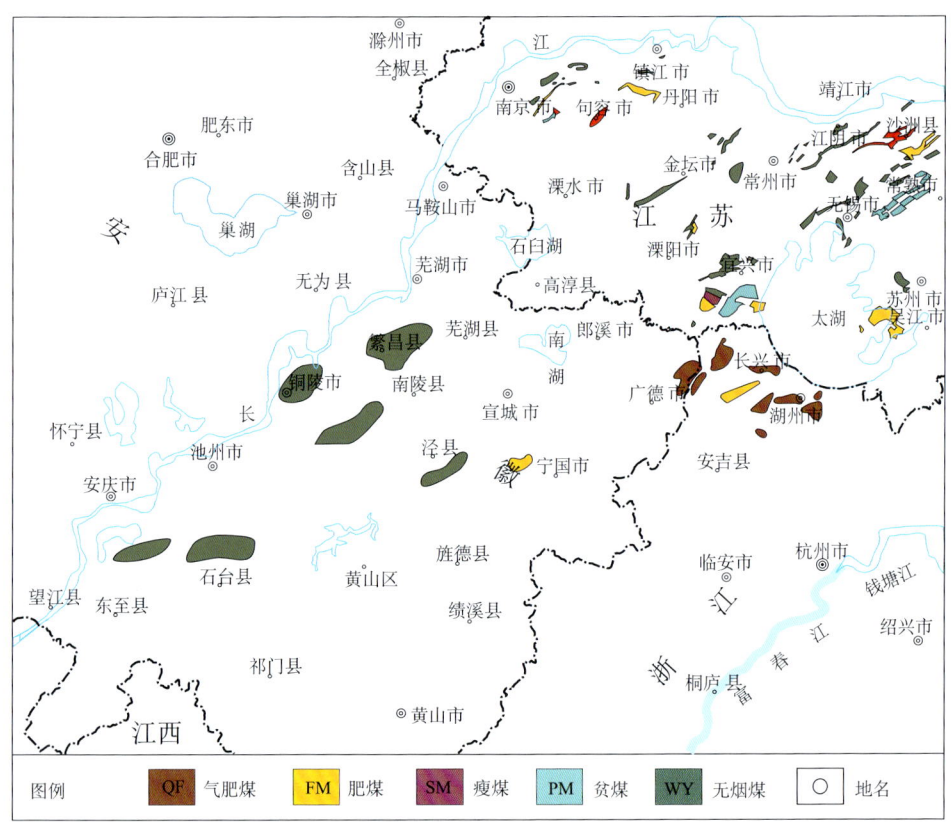

图 4-9　下扬子地区龙潭煤系煤种分布图

苏南地区：煤种牌号复杂多变，分带现象不明显。全区从中低变质的气煤、肥煤、焦煤至高变质的瘦煤-贫煤和无烟煤，甚至天然焦均有分布，但以高变质为主，个别地点还轻微石墨化。往往在一个井田内可同时存在多个牌号的煤。然而，从平面上分析，在这种复杂多变的现象中仍有一些微弱的分带特征。西区：以宁镇地区的北、中、南三个含煤条带为例，由北向南变质程度逐渐下降，北带的灵山、钟山至宝华山、刘家边几乎全部为贫煤、无烟煤，局部为天然焦。中带的长山、官塘、排山、湾山等处则有部分的瘦煤和焦煤，南带除青龙山全为贫煤外，团山、东凤、小蛎山、伏牛山等有相当数量的焦煤、肥煤和气煤，是苏南煤田变质程度较低的一个条带。东区亦大致可划分两个变质较轻的带，一个位于最南端，大致由张渚盆地的南翼园田一带经白泥场，越过太湖至西山、东山一线。除蛎山、湖滏附件为贫瘦煤外，还分布着较多的焦煤、肥煤和部分气煤，从储量上看是苏南煤田最重要的中低变质煤区。另一个以中低变质煤为主的区域大致在苏北沿江的靖江和苏锡北部的东端，沙洲至塘桥一带，亦有一定的焦煤、肥煤和少量气煤，中部地区，包括常州周围、无锡—苏州一线则几乎全部为高变质煤。由此可见，苏浙皖地区低煤种主要围绕着太湖地区分布。

皖南地区：主要有宣泾煤田、芜铜煤田、贵池煤田、安庆煤田、巢湖煤田 5 个煤田。皖南地区的主采煤层龙潭组 C 煤层煤类较齐全，从低变质的气煤到高变质的无烟煤都有，但以贫煤和无烟煤为主，其具体分布情况为：广德至休宁之间，以气煤、肥煤为主；宣城、泾县、东至局部地区、和县、含山一带，主要为肥煤、1/3 焦煤、焦煤、瘦煤、贫瘦煤；铜陵、贵池、安庆—巢湖一带以贫煤、无烟煤为主。

浙西地区：浙江省二叠系煤主要分布在浙北和浙西地区，在研究区内的浙西北地区仅包括长广煤田一个煤田，其龙潭组煤变质程度为气煤、肥煤阶段，处于低中煤变质带区域内。长广煤田发育有特种煤树皮煤，具有良好的生烃潜力。

表 4-3　宣城—无锡地区煤种分布统计表

矿区名称	地理位置	采煤层位	煤种
读山煤矿	贵池殷江镇西南 5km	龙潭组	无烟煤
月山煤矿	怀宁月山镇	龙潭组	无烟煤
立新煤矿	铜陵市东郊 4km	龙潭组	无烟煤
大通煤矿	铜陵市董店乡	龙潭组	贫煤、无烟煤
碎石岭煤矿	铜陵市新建乡碎石岭东	龙潭组	无烟煤
港口一矿	宁国县港口镇东角	龙潭组 C 煤层	肥气煤
新田煤矿	宣城县新田公社	龙潭组 C 煤层	烟煤和无烟煤
武山煤矿	宁国县水东镇南王胡村	龙潭组 C 煤层	肥气煤
金宝煤矿	宣城市周王镇境内	龙潭组	无烟煤
胜利煤矿	宁国县港口镇东 4km 山口村	龙潭组 C 煤层	肥气煤至气肥煤
杨村煤矿	宣城市周王镇境内	龙潭组	瘦煤
摇头岭煤矿	泾县潘村乡境内	龙潭组 C 煤层	肥焦煤
独山第一煤矿	广德县独山镇境内，距镇 5km	龙潭组	烟煤
独山第二煤矿	广德县独山镇境内	龙潭组	气肥煤
新槐煤矿	长兴县槐坎乡	龙潭 C_2 煤层	气肥煤
广兴煤矿	长兴县煤山镇西北 4km	龙潭 C_2 煤层	气肥煤

续表

矿区名称	地理位置	采煤层位	煤种
长广一矿	广德县流洞镇与新杭乡境内	龙潭 C_2 煤层	气肥煤
龙山洼煤矿	查扉村煤矿井田北部	龙潭 C_2 煤层	气肥煤
湖州市敢山煤矿	湖州市郊，距市中心 12km	龙潭 D 煤层	无烟煤
长兴县青冬煤矿	长兴县槐坎乡青冬村	龙潭 C_2 煤层	气肥煤
常州卜弋桥矿区	常州卜弋桥	龙潭组	贫煤夹无烟煤
常州导市井田	常州导市	龙潭组	瘦煤
常州卜弋桥二区	常州卜弋桥	龙潭组	贫煤
江宁九华山勘探区	江宁县汤山镇	龙潭组	无烟煤
南京钟山勘探区	栖霞镇	龙潭	暗煤
丹徒县华山地区	镇江丹徒县	龙潭 A、B 煤层	焦煤
东山煤田	苏州市吴县	龙潭	贫煤
马村勘探区	太湖西山岛	龙潭	焦煤-肥煤
澄江盆地勘探区	江阴	龙潭	贫煤
文林勘探区	江阴	龙潭	瘦煤
花山煤田	江阴	龙潭	贫煤
孤山一井	靖江	龙潭	肥煤
妙桥勘探区	苏州市沙洲县	龙潭	肥焦煤
塘桥二区勘探区	苏州市沙洲县	龙潭 A、B 煤层	焦煤-瘦煤
方桥一区勘探区	无锡	龙潭	贫煤
横山桥勘探区	常州市	龙潭	瘦煤
善卷煤矿	宜兴	龙潭	贫煤
白泥场煤矿	宜兴	龙潭	气肥煤
红塔二区煤田	宜兴	龙潭	贫煤
栗园田煤矿	宜兴县张渚镇	龙潭	肥焦煤

4.1.3.2 二叠系现今热演化程度

二叠系现今热演化程度图的绘制的数据点主要来自于野外露头剖面、煤矿井下巷道和钻井岩心样品的实测镜质体反射率，样品岩性为煤和顶底板的暗色泥岩。对个别煤系不发育的地区，参考了上下二叠统烃源岩的实测镜质体反射率值，以补充和丰富二叠系煤系现今热演化分布图。

从图 4-10 中可以看出，研究区二叠系龙潭组现今热演化状态普遍较高，大部分地区二叠系龙潭组为高-过成熟状态，但有两条较为明显的低-中演化条带沿北

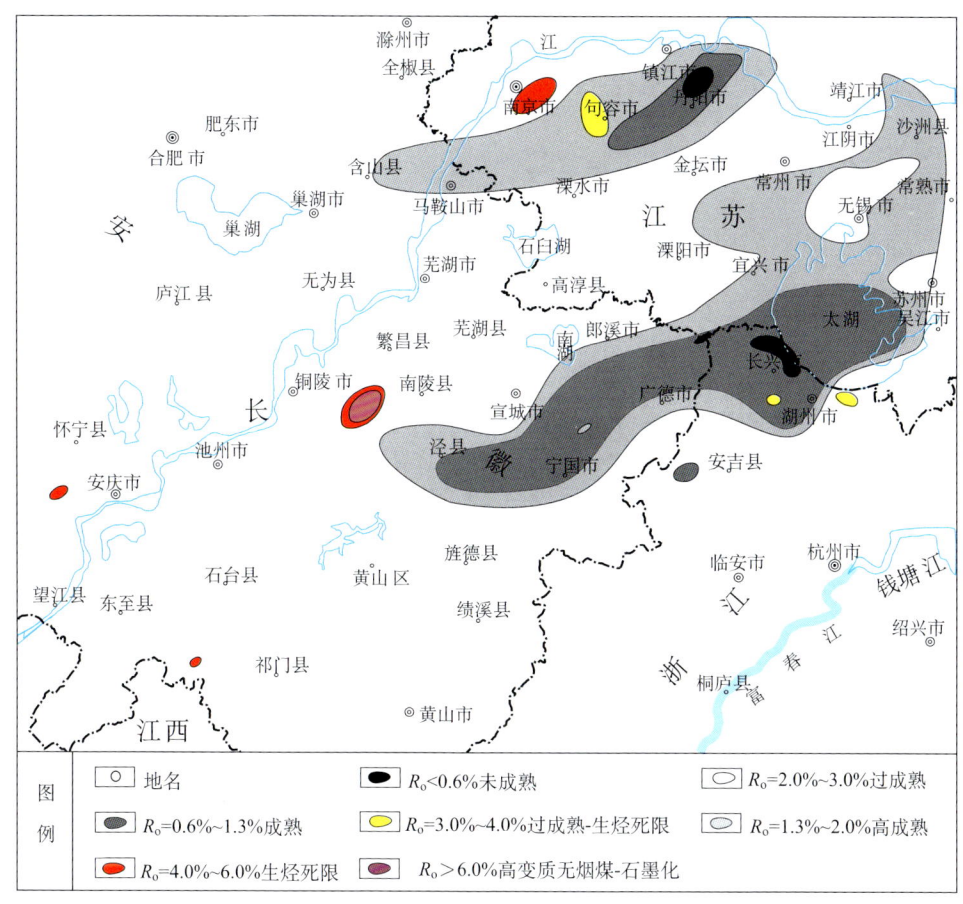

图 4-10 二叠系龙潭组现今热演化程度图

东—北东东向展布。北部低演化带沿扬中—丹阳一线展布，其 R_o 值以丹阳东北部地区为最低，为未成熟状态。南部低-中演化区为环太湖地区 广德—宁国—泾县一线，在这一低-中演化区内，成熟度最低的烃源岩分布在长兴—广德，主要为低成熟烃源岩，R_o 值一般小于 0.9%，局部地区二叠系龙潭组烃源岩 R_o 值小于 0.5%，处于未成熟状态，其余大部分地区烃源岩 R_o 值分布在 0.9%~1.3% 的生油窗范围内。此外，镇江—马鞍山—含山一线，苏南苏锡常部分地区，皖南宣城、宁国、泾县部分地区的二叠系龙潭组处于高成熟演化阶段，其 R_o 值多在 1.3%~2.0%。苏南常州、无锡、苏州附近部分地区，皖江一带的巢湖、芜湖、铜陵、安庆、池州等大部分地区的二叠系龙潭组已处于过成熟演化阶段，R_o 值在 2.0%~3.0%。研究区内龙潭组 R_o 值大于 3.0% 的地区多呈"点状"分布，分布在南京、句容、湖州东部、繁昌南部等区域，这些区域的龙潭组地层多是由于燕山期岩体的烘烤而失去了生烃能力。

4.2 烃源岩热演化史

控制烃源岩热演化的主要因素是烃源岩所经历的最高古地温及其持续的时间，这些因素都与盆地构造和热演化有紧密联系，因此系统论述研究区盆地构造演化史，对阐明烃源岩热演化的历史与现状就显得尤为重要。

4.2.1 盆地热演化反演

目前，恢复沉积盆地古地温主要是应用地质"温度计"或"温标"来指示地质作用过程中曾经历过的温度。用镜质体反射率确定沉积盆地、生油层、煤层的古地温已有 20 多年的历史。

镜质体反射率的高低不仅仅是现今成熟度的反映，同时也从侧面反映出一个地区达到最高古地温时样品所在地层的温度，而且它本身是受盆地热流史和热演化的制约。因此，可以用 R_o 反演盆地的热流史。

1. 镜质体反射率（R_o）数据分析

R_o-深度剖面图不仅表达了镜质体反射率随深度变化快慢，其不同构造层对应 R_o-深度剖面图上的直线段之间的关系还能反映热事件的期次与相对强度、抬升剥蚀事件与不整合面的存在。R_o-深度剖面图上的直线段之间的关系主要有三种类型（图 4-11）：

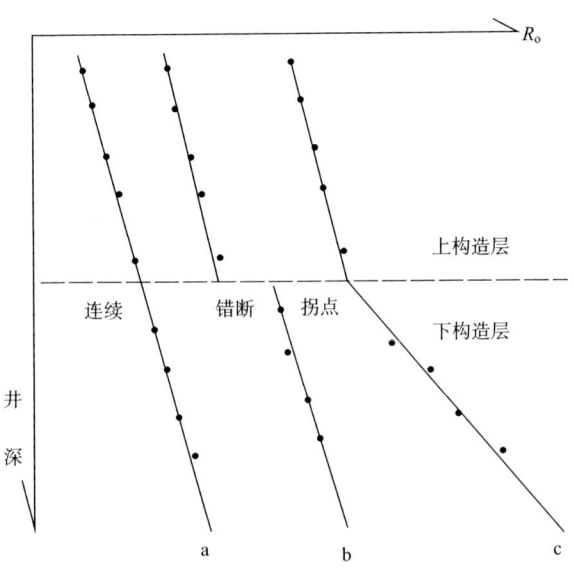

图 4-11 R_o-深度剖面图三种类型

a.连续关系——表明上、下地层之间为连续沉积且具有相同的古地温梯度;

b.错断关系——表明上、下构层之间存在不整合与地层剥蚀;

c.拐点关系——表明上、下构造层形成于不同的构造热背景,具有不同的古地温梯度。

本次研究中重点分析宣页 1 井、绩溪 SM02 井、皖宁 2 井的荷塘组层段,并参考前人对皖南无为地区的 N 参 4 井、苏南句容地区圣科 1 井测井数据,以期能反演研究区的盆地热演化史。

图 4-12 分别为皖宁 2 井荷塘组 R_o-深度图和绩溪 SM02 井下寒武统荷塘组 R_o-深度剖面示意图。由图可以看出,皖南地区下寒武统烃源岩 R_o 普遍较高,一般都>3%,且随深度增大而升高,具有较好的线性关系,皖宁 2 井 R_o-深度的相关系数 $R^2=0.57$,而绩溪 SM02 井的相关系数为 $R^2=0.9$。皖宁 2 井荷塘组 R_o-深度图和绩溪 SM02 井 R_o-深度图都是属于连续型,代表在荷塘组沉积时期无地层剥蚀、抬升等事件发生。地温梯度变化较小,说明寒武系时古地温梯度较为稳定,盆地构造和热演化较弱,趋于稳定状态。

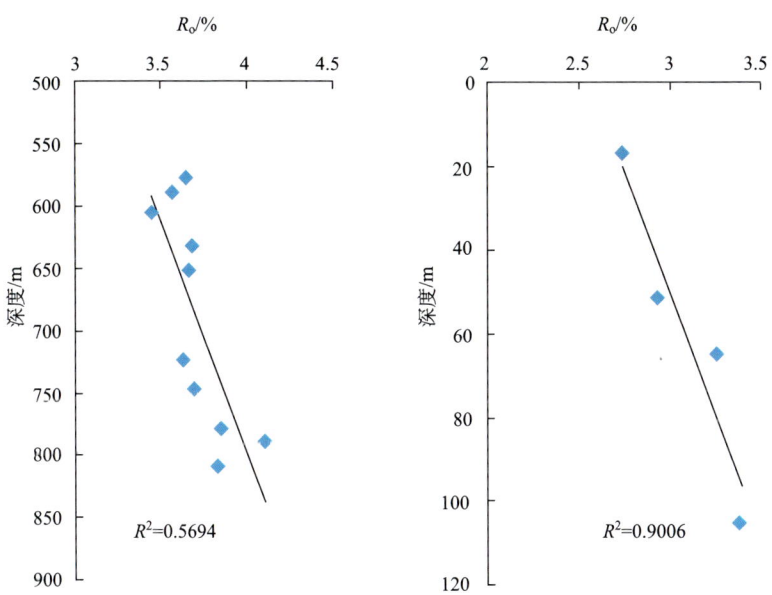

图 4-12 皖宁 2 井荷塘组 R_o-深度图(左)与绩溪 SM02 井荷塘组 R_o-深度图(右)

图 4-13 为宣页 1 井大陈岭组和荷塘组的 R_o-深度剖面图,可以看出大陈岭组和荷塘组各自的 R_o 随深度也大致呈线性关系,相关系数分别为 $R^2=0.87$,$R^2=0.78$,说明在宣页 1 井所在位置荷塘组沉积时期无地层剥蚀、抬升等事件发生。地温梯度较为稳定,变化较小,盆地构造和热演化较弱,趋于稳定状态。

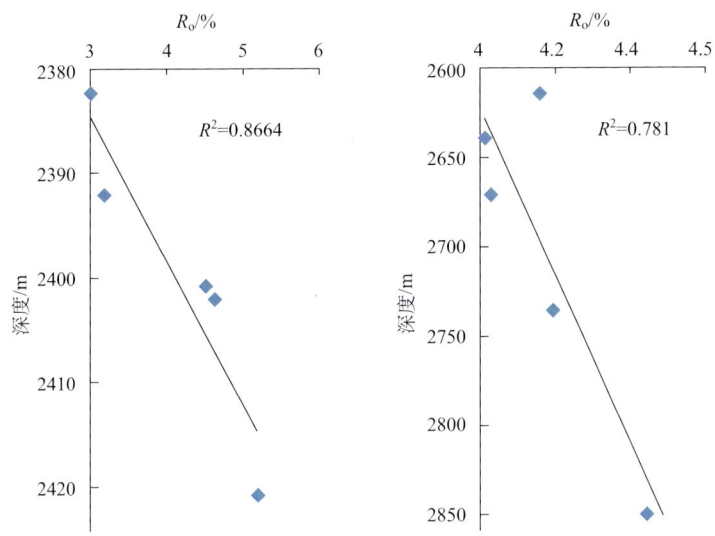

图 4-13　宣页 1 井大陈岭组 R_o-深度剖面图（左）和荷塘组 R_o-深度剖面图（右）

由图 4-14 看出，皖南无为地区 N 参 4 井的 R_o 值明显高于苏南圣科 1 井，而且 R_o 值与深度变化具有较明显的相关性。N 参 4 井 R_o 随深度变化异常快，尽管下三叠统和二叠系现今埋藏深度不大（小于 2000m），但有机质成熟度已经很高，R_o 都大于 2%，全部达过成熟。而同一深度段内、来自相同时代地层的样品，句容地区的圣科 1 井 R_o 值就小得多，小于 1%。可见，不同的区带，经历的沉积埋

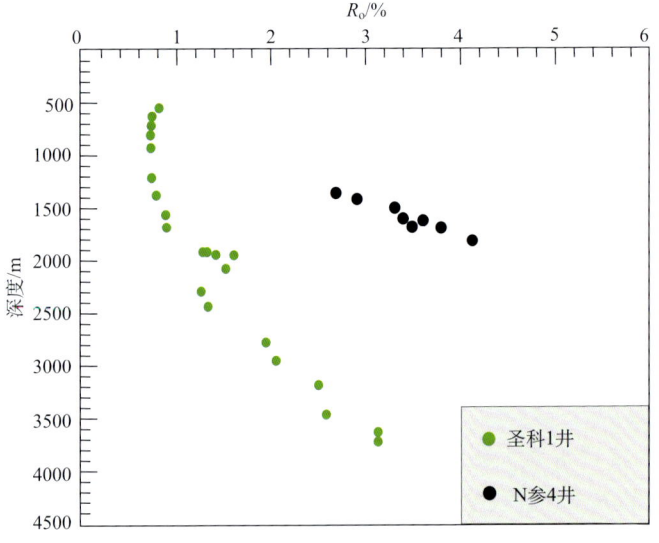

图 4-14　圣科 1 井、N 参 4 井 R_o 剖面图（据曾萍，2005）

藏史和构造-热演化史存在差别，从而导致有机质热演化程度的差异。无为地区 N 参 4 井有机质热演化程度异常高的现象在一定程度上还说明，无为地区中、古生界海相地层过去埋深较现今大得多，盆地古热流值高，曾经历过更高的古地温，晚期抬升幅度高、剥蚀量大。

2. 典型钻孔热演化反演结果

基于古温标的盆地热史恢复方法主要有随机反演法、古地温梯度法和古热流法。曾萍（2005）运用古热流法通过对无为地区的 N 参 4 井、句容地区的圣科 1 井、黄桥地区的 S174 井和长 1 井、海安地区的安 1 井以及苏北盐城地区的盐参 1 井，对下扬子区进行了盆地热流史反演，本次研究采用位于研究区内的 N 参 4 井和圣科 1 井的反演结果。

古热流反演法采用的模型为平行化学反应模型（EASYR_o（%））。反演前先将反演井剖面按实际地层和不整合分为若干构造层，每一构造层内至多有两个未知量：剥蚀厚度（H_e）和剥蚀开始时的热流值（Q_i），然后，从最上一个构造层开始，自上而下逐层反演。由于古热流模型采用分段线性模型，现今热流和岩石热导率、比热及密度都是已知的，因此反演时间段（t_l）之前（t_{l-1}）段内任意时刻（t）的热流（$Q_{(t)}$）为：$Q_{(t)} = Q_{l-1}(1+\lambda_l \Delta_{tl})$，$\lambda_{l-1} = (Q_l - Q_{l-1})/\Delta_{tl}$，$\Delta_{tl} = t_l - t_{l-1}$。式中，$Q_{l-1}$ 为 t_{l-1} 时刻的热流值，λ_{l-1} 为 Δ_{tl} 时间段内的热流变化率。通过二分法或非线性牛顿迭代法对 H_e 和 Q_i 进行迭代，以使构造层内实测 R_o 值与相应的 EASYR_o% 理论模型计算值达到最佳拟合，H_e 和 Q_i 即可同时确定。

宣页 1 井钻遇宁国组、印渚埠组、西阳山组、华严寺组、杨柳岗组、大陈岭组及荷塘组，终井井深 2848.8m。

宣页 1 井热演化史模拟结果如图 4-15 所示，该区域寒武系烃源岩在寒武纪末期至奥陶纪初期开始进入生油门限，在奥陶纪中期逐步达到生油极限，古地温达 130～140℃，是下扬子盆地最早的油气生成、运移、聚集区（张建球，1996）。奥陶纪末期，寒武系烃源岩进入高成熟阶段，古地温在 160～220℃，在经历了志留纪时期快速沉积之后，于志留纪末期达到过成熟阶段，其古地温达到 260℃，烃源岩达过成熟阶段，仅有少量气体生成。后于三叠纪末期达到最高古地温，其中下寒武统最高古地温大约在 310℃，中、上寒武统最高古地温可达 280℃ 左右。之后烃源岩不再增熟，热演化过程终止。达到最高古地温后紧接着进入第二次构造抬升时期——印支运动，侏罗纪后期，地层重新沉降，达到第三次最大埋深，后期的燕山事件，地层被大幅度抬升，剥蚀厚度达 4400m。不再有二次生烃作用。

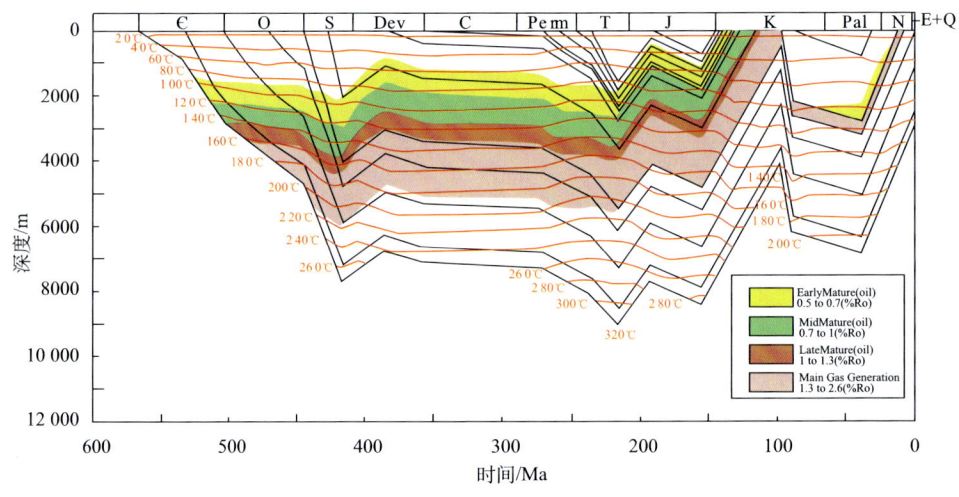

图 4-15　宣页 1 井热演化史图

皖宁 2 井钻遇地层有第四系、寒武系中统杨柳岗组、下统大陈岭组、荷塘组及震旦系上统西尖山组，终井井深 821.9m。

皖宁 2 井热演化史如图 4-16 所示，下寒武统烃源岩在寒武纪中晚期进入生油门限，开始生烃。在寒武纪末期便达到高成熟演化阶段，于奥陶纪末期达到过成熟演化阶段，古地温在 200～220℃。在经历了志留纪时期快速沉积之后于志留纪末期其古地温达到 260℃，仅有少量气体生成。之后烃源岩沉降缓慢，增熟缓慢，仅可能生成少量干气或者不再生气。

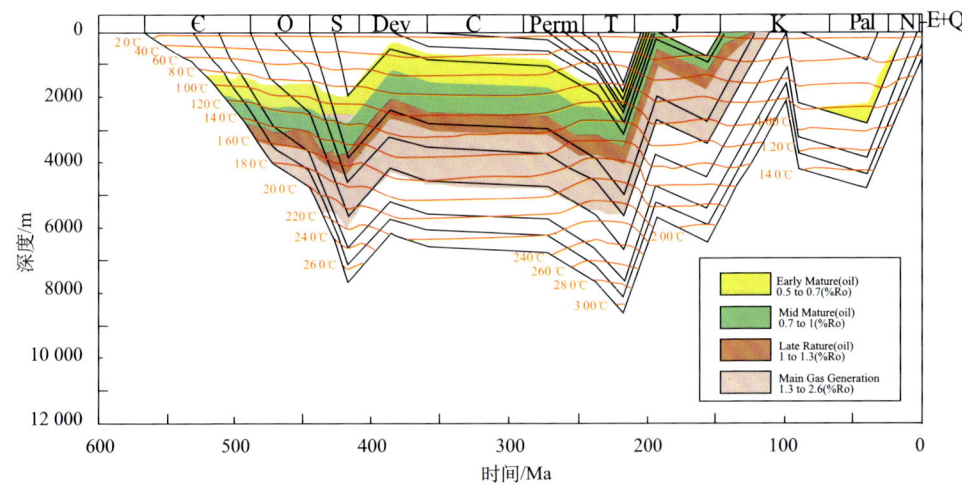

图 4-16　皖宁 2 井热演化史

N参4井是无为盆地目前最深的石油探井,井深3200m,钻井揭示地层较多,中三叠统以上为陆相地层,主要是上第三系和上白垩统浦口组,下第三系断缺。钻井揭示的地层自下而上有中上志留统、上泥盆统、石炭系、二叠系、三叠系及上白垩统、上第三系。

N参4井烃源岩热成熟度史如图4-17所示,志留系底部烃源岩于420Ma(S_3)已经开始成熟生油,二叠系、三叠系烃源岩在240Ma(T_3)开始进入低成熟演化阶段。主要海相烃源岩从240Ma开始迅速增熟至过成熟阶段,达到生干气阶段。到137Ma(K_1)不再增熟,成熟度热演化终止。尽管志留系烃源岩成熟较早,但从志留纪—二叠纪,镜质体反射率增加缓慢,烃转化率低,生烃高峰出现在早、中三叠世,侏罗纪末生烃结束。二叠系和下三叠统烃源岩都从中三叠世开始生烃,生烃期为中三叠世—晚侏罗世。N参4井海相烃源岩生烃过程早,都只有一次生烃过程。J_3—K_1时期的抬升剥蚀,导致烃源岩成熟度演化终止,并且晚白垩世及其以后,盆地沉降量较小,地层埋深再也没有达到J_3之前的深度,同时,盆地底部热流也降低,海相烃源岩的地层温度再没有达到J_3之前的温度,因此,没有二次生烃过程发生。

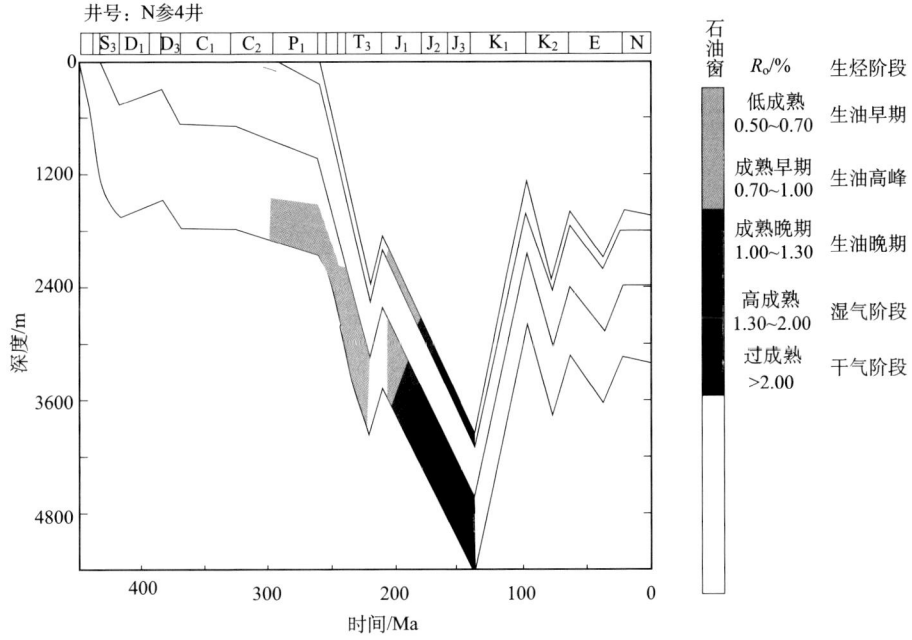

图4-17 无为N参4井志留系、二叠系烃源岩热史及生烃期次(据曾萍,2005)

3. 下扬子区构造运动与盆地热演化

下扬子区地史上的构造运动主要有加里东运动、海西运动、印支运动、燕山运动、喜马拉雅山运动。

志留纪末随着下扬子台地南、北两侧海盆的崛起，整体隆升，历经长达45Ma的剥蚀与沉积间断，中、上志留统大部分地区被剥掉，全区缺失中、下泥盆统沉积，直至晚泥盆世才在准夷平面上沉积了五通组石英砂岩。此期全区处于统一的热背景下，至志留纪末，已处于裂谷盆地演化的热沉降阶段，热流值中等，加里东期剥蚀量较小。

印支运动是下扬子区乃至整个南方具有变革意义的构造运动，是亚洲大陆与太平洋板块之间构造体制演化新阶段的开始，发生于中三叠世—中侏罗世。印支运动后，整个南方（除钦防海槽外）由海变陆，结束了中、古生代海相盆地沉积演化历史。燕山运动在下扬子地区表现为强烈的挤压、推覆作用，造成强烈隆升与剥蚀，致使印支与燕山两构造面重叠。此期及以后，早期统一的热背景出现分化，不同区带具不同的热演化特征和不同的隆升剥蚀程度。由南至北，达到最高古热流的时间由早至晚，反映构造演化是由南往北迁移的，皖南无为地区从236～137Ma一直处于高热流背景之下（90mW/m^2），苏南句容地区在101Ma达最高古热流（84mW/m^2）。

喜马拉雅山期构造运动有吴堡、真武、三垛和盐城事件等，但波及范围最广、剥蚀时间最长、造成剥蚀量最大的是三垛事件。但由于新生代为断陷盆地发育阶段，各断块平面上高程悬殊，不同构造部位剥蚀量亦差别显著，隆起带、斜坡带剥蚀量可能上千米，而凹陷区可能只有几百米。苏南喜马拉雅山期相对于印支—燕山期是一个冷却过程，拉张程度小，从而盆地沉降量也小，与苏南地区缺失第三系沉积相一致。

总之，盆地演化的低热流阶段与古生代海相盆地演化的稳定阶段相对应，印支—早中燕山期热流值小幅度升高是新构造运动体制下地壳开始活化的表现，晚燕山期高热流与该时期中国东部岩石圈减薄、软流圈上升及强烈的区域构造岩浆活动热事件相对应，喜马拉雅山期的冷却过程表明中生代构造热事件的结束，且在盆地演化的伸展阶段，研究区拉张作用相对较弱，岩石圈较厚，基底热流值较低。

4.2.2 盆地热演化与烃源岩成熟度史及生烃期次

烃源岩在地质历史不同阶段的成熟度状况，它由地层热史决定，而地层热史取决于地层埋藏史和盆地热流史。在地层埋藏史和盆地热流史恢复的基础上，就可以计算地层热史，从而正演出烃源岩的成熟度史。

生烃期次是有机质成熟度史在油气生成阶段上的反映，烃源岩处于不同的热演化阶段对应于不同的油气生成阶段，或者说烃源岩处于不同的温度区间内对应不同的油气生成阶段（表4-5）。地层连续增温时，烃源岩热演化程度不断增高，当盆地抬升冷却，地层温度降低时，会导致烃源岩生烃过程的中止，因此，地层热史决定烃源岩的生烃期次。下扬子地区中、古生界海相烃源岩具有"二次或晚期生烃"的特点，主要是指早白垩世末以后构造活动相对减弱条件下由上白垩统和第三系沉积引起的增熟生烃。二次生烃的根本原因是烃源岩的受热温度的增高，即当其受热温度超过抬升冷却事件发生之前的温度时，生烃过程又重新开始。

表4-5 烃源岩成熟度与生烃阶段划分表

成熟度状态	低成熟	成熟早期	成熟晚期	高成熟	过成熟
生烃阶段	生油早期	生油高峰	生油晚期	湿气阶段	干气阶段
R_o/%	0.5～0.7	0.7～1.0	1.0～1.3	1.3～2.0	>2.0

根据典型钻孔埋藏史及热史解析，我们将研究区烃源岩热演化分为以下4个阶段。

1. ϵ—T_1

这一阶段下扬子地区整体处于稳定沉积阶段，期间加里东期构造运动在下扬子地区主要表现为区域性抬升运动。在这一阶段下扬子区海相中、古生界烃源岩热演化具有很大的相似性，主要特点为：稳定的地温场下，由深埋作用控制的成熟度演化。因此这一时期烃源岩成熟度的演化主要受盆地沉降中心迁移影响。下古生界的沉降、沉积中心位于宁国、苏州一线；上古生界沉降、沉积中心北界在安庆—镇江一线，南界在湖州、苏州一线。

上述沉积中心的存在使得相关地区的古生界烃源岩在印支期开始以前的演化程度远高于其他地区。在这一阶段，S_1与T_1是快速沉积时期，也是成熟度快速增加的两个时期。

2. T_2—K_1

这一时期沉降、沉积中心位于沿江安庆—芜湖—镇江一线，但除安庆等局部地区可能会超过2km，推测沉积厚度小于1km，由于沉积厚度不大，对成熟度的影响不明显。这一时期下扬子地区较为均一和稳定的地温场开始发生变化。主要表现为J_3—K_1期间，下扬子地区一系列北北东向走滑断裂的控制及古太平洋板块运动的制约，发育一系列走滑拉分火山岩盆地，如宁芜、庐枞、溧水、溧阳、句容等盆地。无为盆地的成熟度非常高，可能与其靠近宁芜火山盆地及庐枞火山岩盆地，导致 J_3—K_1 期间的地温梯度较高有关，而非主要由于中三叠—中下侏罗统沉积埋深所致。走滑拉分盆地的地温梯度不一定都很高，例如句容地区的成熟度就比较低，而且地温梯度也不大（见圣科 1 井的讨论），表明该地区受走滑拉分影响的深度有限，尽管沉降明显，但是岩石圈并未减薄。

3. K_2—E_1

这一阶段伴随着一系列的拉张断陷盆地的形成，下扬子地区开始了快速的陆相地层沉积（K_{2p}—E），与此同时，地温梯度也迅速增高。在时间上，苏南地区拉张的时间早于苏北地区，苏南地区达到最高地温梯度的时间在 K_2，苏北拉张的时间一直持续到 E_1，最高地温梯度在 K_2—E。

这一时期下扬子地区由于沉积埋深作用和较高的地温梯度，部分海相烃源岩的成熟度进一步增加。但就某一地区的某一套烃源岩，成熟度是否在这一时期增加，取决于三个因素：印支—早燕山的剥蚀量，K_2—E_1f 期间的沉积厚度和 K_2—E_1f 期间的地温梯度。印支期剥蚀量越小，表明残余的海相烃源岩年轻，成熟度低，更容易受到后期的高温改造作用；同时 K_2—E_1f 期间的沉积厚度越大，K_2—E_1f 的地温梯度越高，海相烃源岩也更容易受到后期的高温改造。

4. E_2—现今

E_2 开始，下扬子地区地温梯度快速下降。地温梯度下降和快速的沉积对海相烃源岩成熟度演化起着相反的作用。数据分析表明，地温梯度下降的影响更大。由于地温梯度的快速下降，E_2 以后的沉积深埋作用没有使海相烃源岩进一步演化。

4.3 燕山期岩浆活动对烃源岩热演化的影响

烃源岩的热演化特征与多种因素有关，其中最重要的因素就是热作用（戴金星，1997；马安来等，1997；郭小文等，2007）。使烃源岩受热的主要热源是来自地幔的大地热流，这是最为普遍的热源。另外，一些盆地形成演化的漫长过程中的突发性地质事件会使盆地的热演化经历突变和异常，局部热源如岩浆侵入带、断裂活动带、放射性元素富集区等也会在特殊地质条件下成为烃源岩的热源，其中影响最大的是岩浆的侵入（朱传庆等，2010）。目前，岩浆侵入对沉积有机质演化的影响已广泛受到重视。下扬子地区岩浆活动相当广泛，印支、燕山、喜马拉雅山期均有一定程度的岩浆活动，并以燕山期的岩浆活动最为强烈。

4.3.1 下扬子地区燕山期岩浆活动概况

研究区燕山期出现了大规模岩浆侵入和火山喷发活动，包括基性岩、酸性岩至碱性岩，与内生矿床关系十分密切，对煤田、烃源岩也有十分重要的影响。研究区内燕山期的岩浆活动年龄值集中在100～160Ma，周珣若等（1994）以140Ma为界分为早期与晚期，燕山期岩浆以中、酸性岩浆活动为主，特别是酸性花岗岩最为发育，在平面上分布具有明显的规律。

燕山早期花岗岩分布范围从印支期黄山岩穹向外迁移，推进到绍兴—嘉山一线西南，岩石组合类型为闪长岩-花岗闪长岩，属贫铝型钙碱性岩石。从研究区来看，岩浆活动以喷发活动为主，主要集中于苏南、庐枞、宁芜、溧水、溧阳等地区，形成大小不等的断陷火山岩盆地（如宁芜、庐枞、溧水、溧阳、句容盆地等），发育巨厚的陆相火山-侵入岩系（图 4-18）。燕山晚期花岗岩进一步北移，达崇明—嘉山一线以南。崇明—嘉山一线以北岩浆活动宁静，该线以南至宁波—铜陵—金寨一线，侵入岩呈孤立状分布，而宁波—铜陵—金寨一线以南，岩浆岩分布广泛，由侵入岩和火山岩组成。从研究区来看燕山晚期岩浆活动以侵入为主，侵入岩体在研究区分布十分广泛，苏南地区、皖南地区、浙西北区均有大片侵入

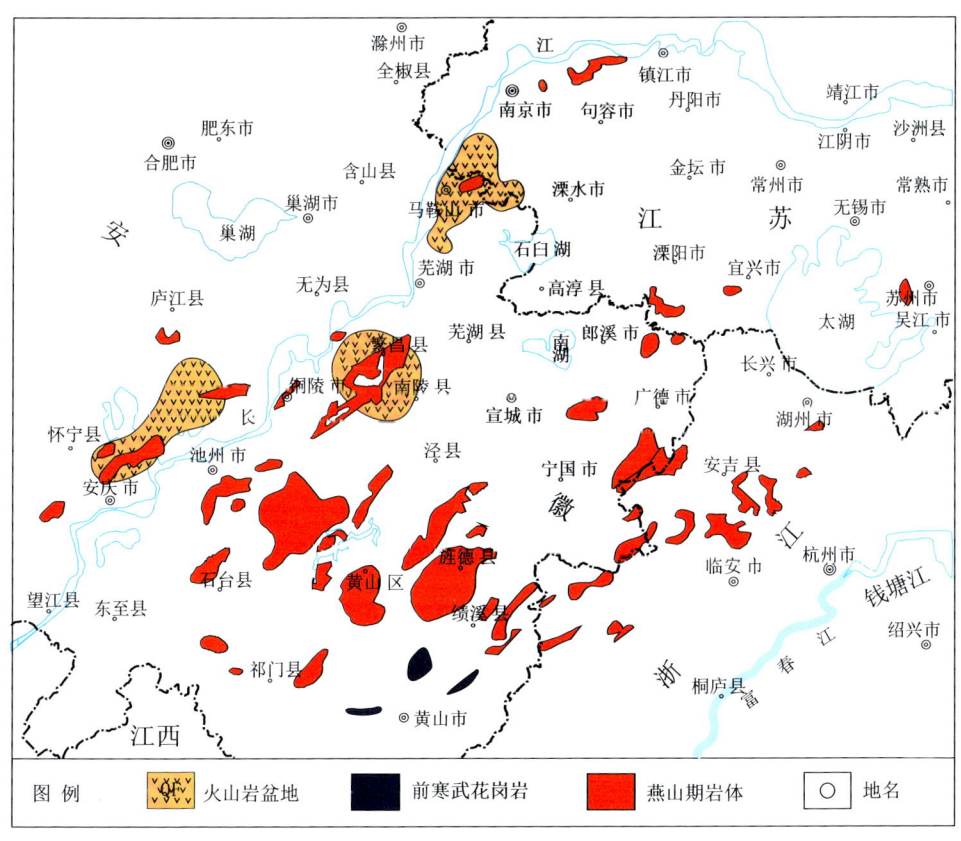

图 4-18 苏皖南部侵入岩分布图

岩体出露，以皖南贵池—石台—绩溪一线分布最为广泛。侵入岩岩石组合类型为闪长岩-花岗闪长岩，正长岩-钾长花岗岩，以酸性和中酸性为主，呈岩基、岩株、岩瘤、岩脉等多种形式产出。火山岩岩石组合类型有玄武岩-安山岩-英安岩-流纹岩和粗面玄武岩-粗安岩-粗面岩-响岩两种形式，属碱性岩石。研究区岩浆的侵入与喷发存在着互为消长的关系，即当侵入活动十分强烈时，喷发活动相对变得微弱，而喷发活动强大时，侵入活动显得微弱。

为了研究不同深度场源特征以对研究区隐伏岩体的分布状态提供依据，系统分析了研究区航磁 ΔT 及航磁 ΔT 上延 5km、10km、15km、20km、25km、30km、35km 图（图 4-19～图 4-26）。由图可见，研究区 ΔT 主体为高正异常，上延主体

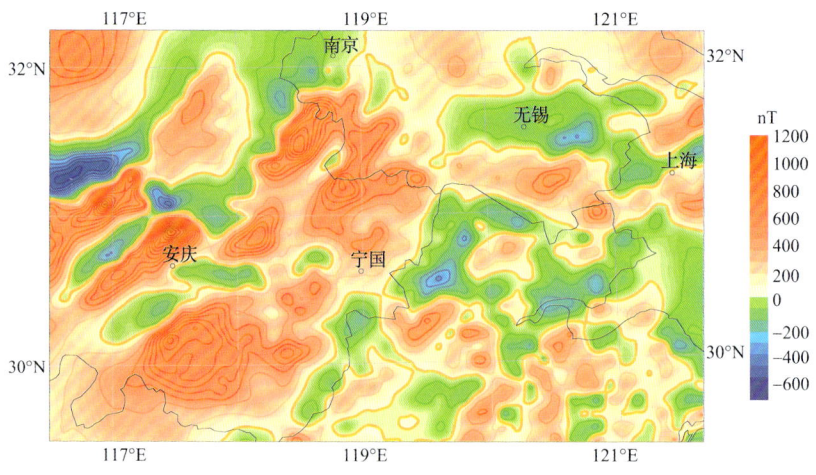

图 4-19　航磁 ΔT

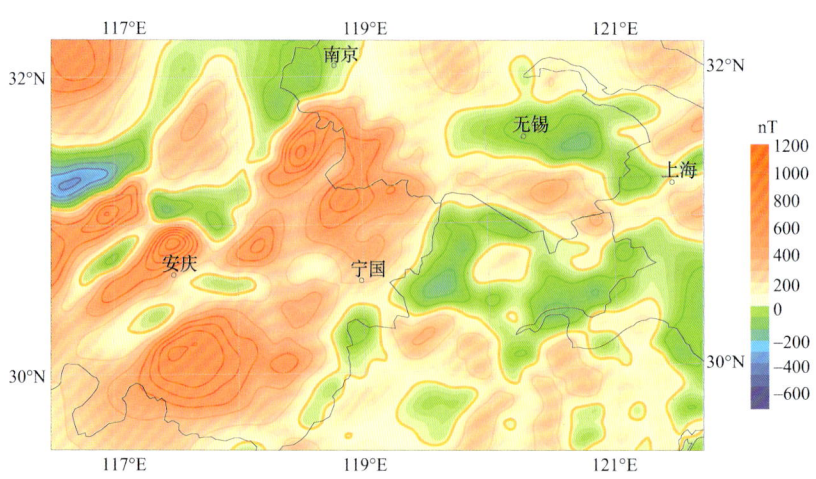

图 4-20　航磁 ΔT 上延 5km

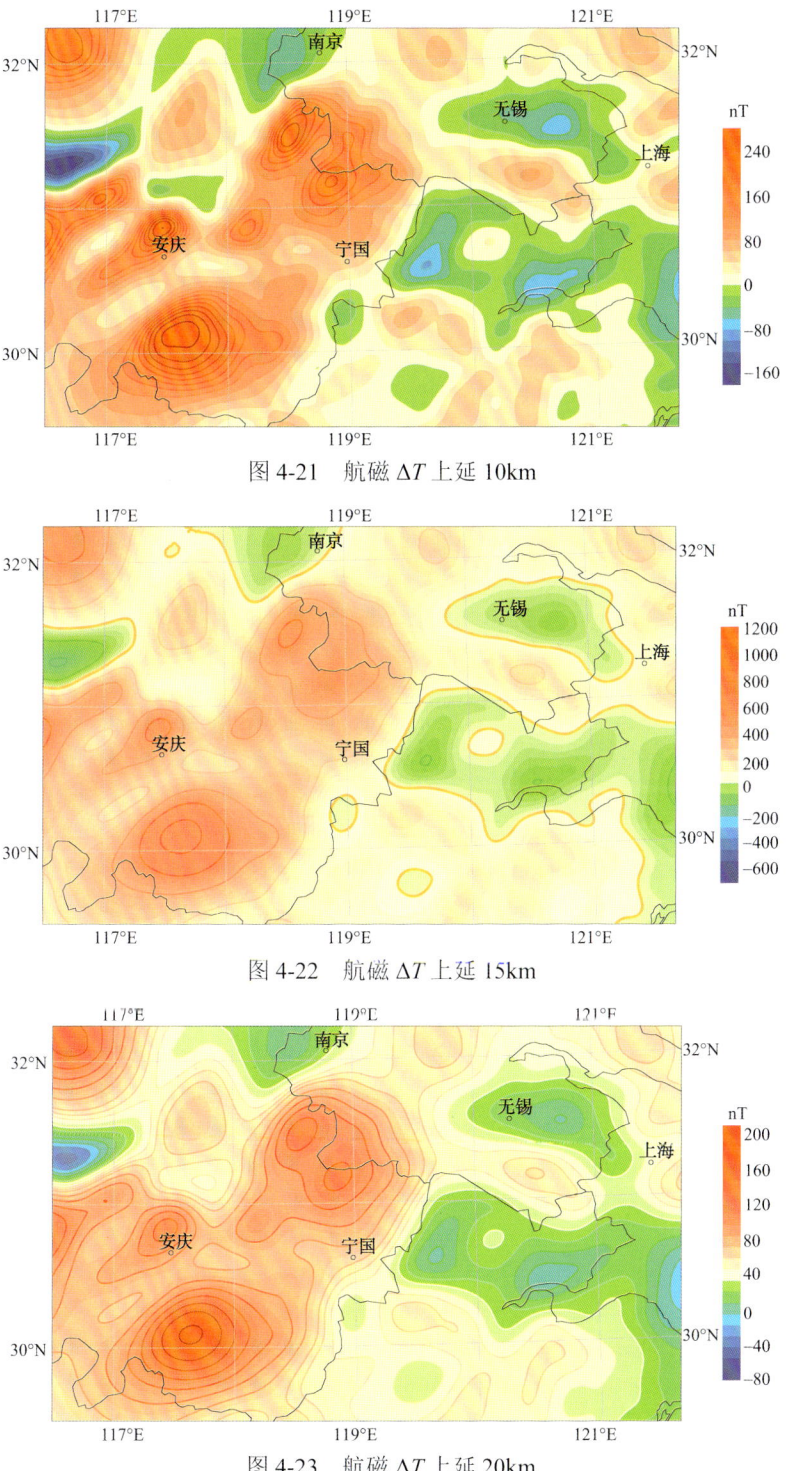

图 4-21　航磁 ΔT 上延 10km

图 4-22　航磁 ΔT 上延 15km

图 4-23　航磁 ΔT 上延 20km

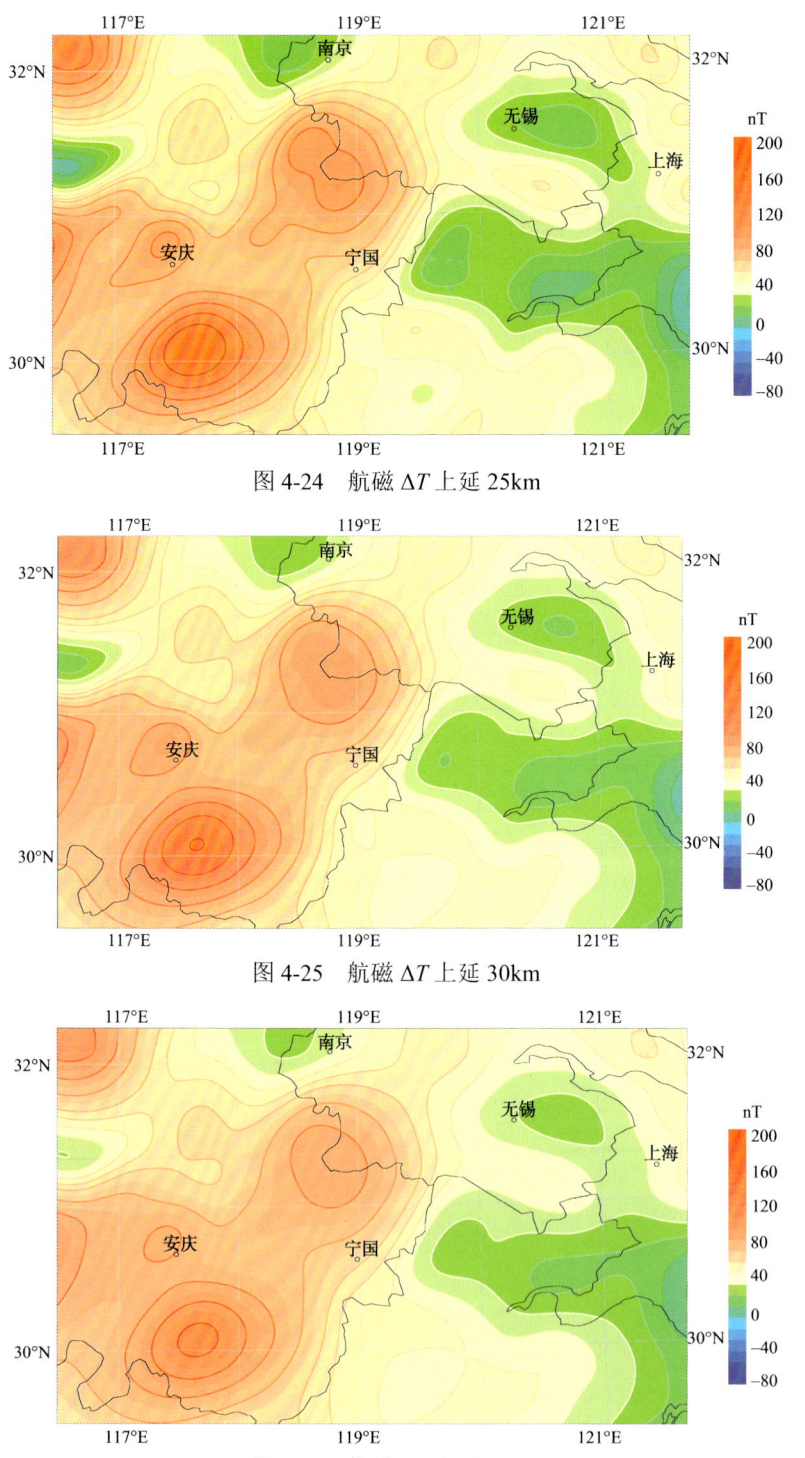

图 4-24　航磁 ΔT 上延 25km

图 4-25　航磁 ΔT 上延 30km

图 4-26　航磁 ΔT 上延 35km

走向呈现北向。研究区 ΔT 异常剧烈变化,存在正负异常相间的高磁异常条带,安庆、马鞍山处为正异常值的中心。安庆—马鞍山两侧为相同走向的负磁异常条带,两侧异常类似,西侧负异常幅度较大,铜陵西北为负异常值中心。在无锡—上海一线正线性异常由北东向转为北东东向。研究区内的 ΔT 及 ΔT 上延高正异常区可能指示着隐伏岩体的分布区域。

中国东部在燕山期主要表现为岩石圈减薄,并在其东部出现软流层地幔与地壳直接接触的独特地质现象,早先存在的古老岩石圈地幔大多由于拆沉作用而不复存在,现今岩石圈地幔主体是在燕山晚期及其以后形成的。因此中国东部燕山运动的本质就是岩石圈的减薄。岩石圈减薄软流圈上升,盆地基底热流升高,对烃源岩的热演化产生了重要影响。

4.3.2 岩浆活动对龙潭组煤变质程度的影响

对煤而言,成煤过程的煤化作用阶段和分散有机质的热解和变质作用过程十分相似,煤化作用形成不同级别或牌号的煤,它们具有不同的化学组成、结构和性质,也影响煤的化学工艺性能和经济价值。岩浆活动带来的构造活动不利于煤田的保存,同时,大量的热量也会使岩浆活动区的煤发生不同程度的热变质,造成与岩浆活动相关的煤种变化。

苏南地区二叠系龙潭煤系普遍发育,煤矿众多,燕山期岩浆活动在区内十分活跃,现以苏南煤田为例,说明岩浆活动可能对龙潭煤系造成的影响。在构造区划的基础上,苏南煤田被划分为东区和西区以及中部地区。西区主要包括宁镇、茅山地区。东区介于茅东断裂-苏州北西向断裂之间,进一步被分为南亚区和北亚区,南亚区为宜、溧和苏、锡南部,北亚区为苏锡北部及苏北沿江。区内燕山期岩浆活动十分活跃,既有喷发又有侵入,从酸性至基性各类岩浆岩均有分布,与煤田关系密切。

苏南煤田的岩浆活动在燕山早期,以喷发为主,具明显的喷发旋回,分布于宁芜断陷盆地、溧水盆地、戴埠盆地、太湖周围至上海附近。岩浆侵入活动也有所显示,但分布不广。燕山晚期是侵入岩最广泛活动时期,几乎遍及苏南地区,以酸性、中酸性为主,并有不少中性和基性的浅成侵入岩,从规模很大的岩体至小型岩脉均有产出。对煤田的保存和煤种有相当密切的关系,比较集中的有宁镇、宜溧和苏锡三个地区。

图 4-27 为苏南煤田煤种分布图,煤种牌号复杂多变,分带现象不是特别明显,然而从平面上分析,在这种复杂多变的现象中仍有一些微弱的成带性。

在西区的宁镇地区主要有两种侵入方式,一种为酸性和中酸性的大岩体,主要集中分布于接近弧顶的部位,如下蜀-高资闪长岩体,徐湾-石头岗和镇江石英二长岩体,以及麒麟门石英二长斑岩体等,往往整体吞蚀龙潭组及其上下各组地

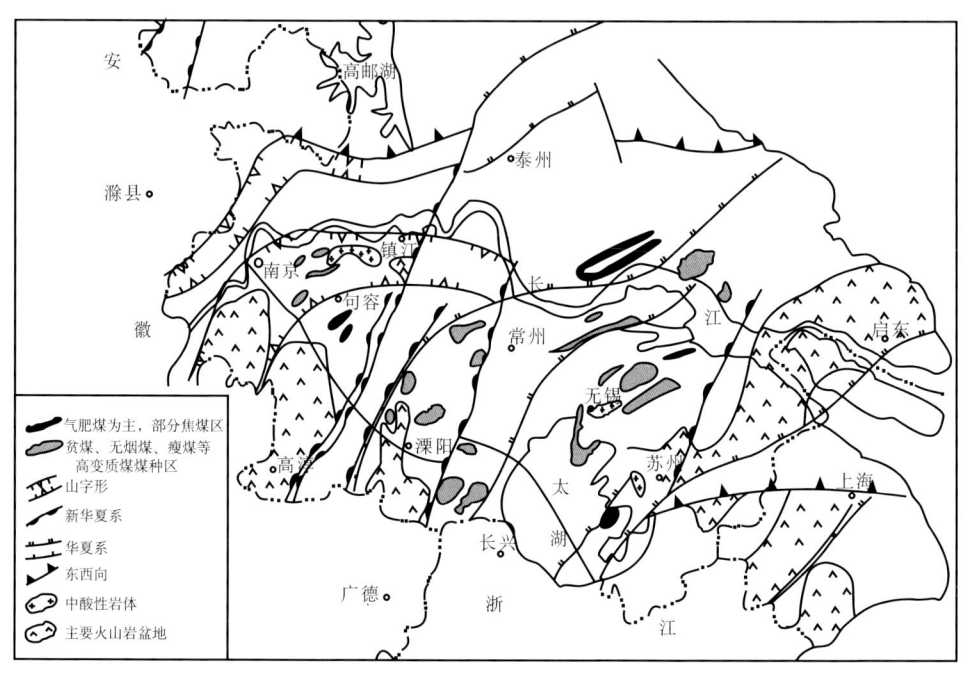

图 4-27 苏南煤田煤种分布图（据江苏煤炭地质局，1978）

层，或变成岩体的俘虏体，煤系有蚀变现象，个别地点煤层出现石墨化。另一种为岩床，岩脉侵入或穿插于煤层层位，全部或部分吞蚀煤层，或使煤层结构变得复杂，煤高度变质，直至天然焦。其中以北、中两含煤条带最强烈。从刘家边、宝华山至钟山、灵山矿，以及羊山至龙潭所有矿区和井田几乎均有侵入，全部为高变质的贫煤、无烟煤以及天然焦，煤灰分均高于 30%，甚至接近 50%。中条带从湾山、九华山、湖山、排山以至官塘、长山一带也全有侵入岩穿插于煤层之中，大体由东向西逐渐变弱，煤质由无烟煤变为焦煤，局部有肥煤、气煤的分布，如九华山矿西翼曾沿煤层掘进巷道近千米，几乎有 50%～60% 为岩浆岩所吞蚀，陈家边矿中部断裂两侧亦明显不同，东侧大部受吞蚀，而西侧却无岩浆岩分布，煤层保存完好，大部分可采。湖山至长山段则呈零散状分布，出现从焦煤至无烟煤的复杂煤种。南带较为轻微，仅有零散分布，仅局部出现高变质煤，是以肥煤、气煤为主的矿区。总的来说，宁镇地区北、中、南三条含煤带，自北向南煤的变质程度逐渐下降，这是与由北向南的岩浆岩分布对应的。

东区的苏锡地区以苏州花岗岩体和无锡隐伏的石英二长岩体为代表，前者主要分布于木渎向斜核部，后者位于无锡复背斜的主背斜轴部附近，不仅吞蚀煤系，而且围岩蚀变十分显著，使无锡至常熟间的本来已为高灰分的煤层，遭受强烈变质后，灰分进一步增高，甚至失去工业价值，常熟一区和二区属于这一情况，而其他矿区和勘探区则侵入活动相对较为微弱，保留了不少的焦煤至肥煤煤种。

东区的宜溧地区未见较大规模的岩体，而以近东西向或北西西向的岩脉带的方式展布，然后穿插于煤层层位中，对煤层破坏相当严重，尤以善卷洞地区最为突出，川埠、小张墅、上黄等地亦有类似情况。

由此可见，燕山期岩浆岩无论是以大型岩体或者是小型岩脉等产出，均对苏南煤田具有重要影响，其一是岩浆作用不利于煤的保存，其二是煤种受岩浆作用影响较大，具体为离岩浆岩越近，越倾向于形成高变质的贫煤、无烟煤等，而离岩浆岩越远，越倾向于保存低变质的肥煤、气煤及焦煤等。而从烃源岩热演化的角度来看，这便是岩浆作用使得烃源岩的热成熟度大大增高的表现。

从整个研究区的范围来看，燕山期岩体分布与二叠系龙潭组煤种分布有着显著的相关性（图4-28）。在燕山晚期岩体及可能隐伏岩体分布区域，如皖南地区的宣泾煤田、芜铜煤田、贵池煤田、安庆煤田等煤田的煤种几乎全部为无烟煤。

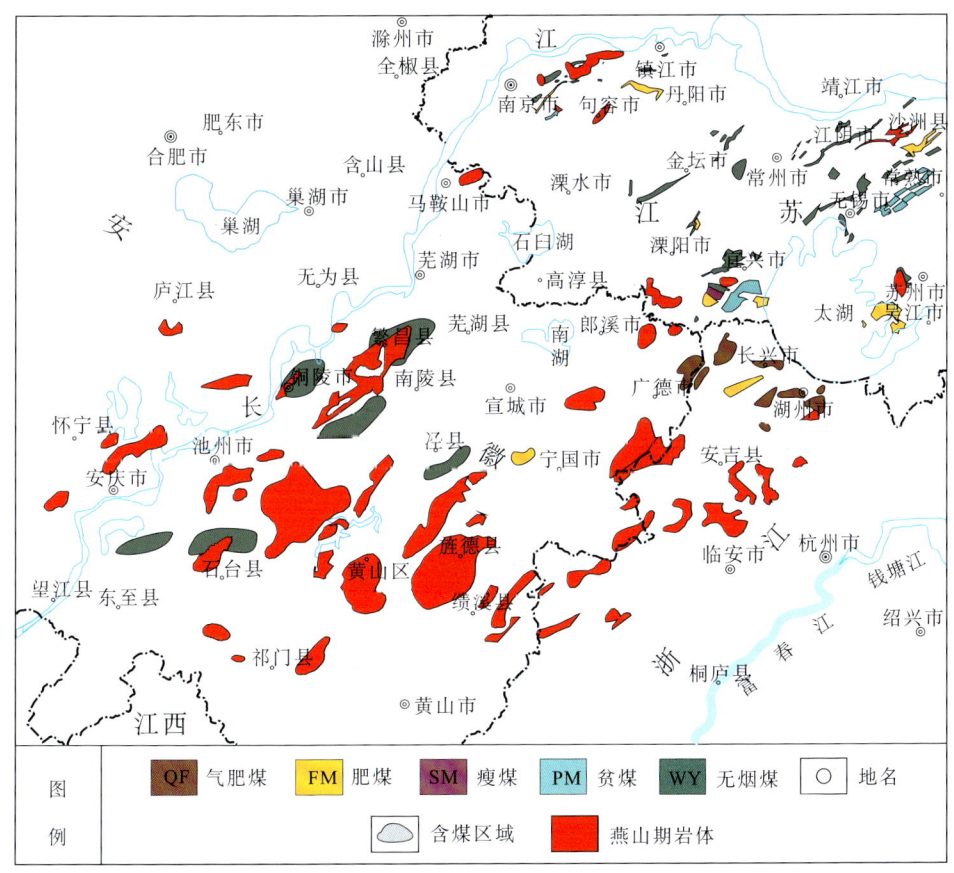

图4-28 龙潭煤系煤种与燕山期岩体分布图

类似地，在苏南煤田宁镇地区及宜溧、苏锡地区等岩浆活动剧烈的地区的龙潭煤系煤种大部分为无烟煤。仅在远离岩体的地区有零星的低牌号煤种分布。相反地，在岩浆活动微弱的长广煤田，煤种则为低牌号的气肥煤及肥煤。可见，燕山期的岩浆活动对研究区内的煤种分布起到了重要的控制作用。

4.3.3 主要烃源岩热演化与燕山期岩浆活动的关系

岩浆活动及其相关的构造变化一方面能够影响烃源岩的分布、赋存等条件，部分岩体还能直接侵入甚至自下而上吞蚀烃源岩，使其热演化程度急剧提高以致失去生烃能力。这些岩体一般为酸性至中酸性的大岩体，主要集中分布于接近弧顶的位置，如下蜀-高资闪长岩体，徐湾-石头岗和镇江石英二长岩体，以及麒麟门石英二长斑岩体等，往往整体吞蚀龙潭组及其上下各组地层，或变质岩体的俘房体，对烃源岩造成极大的破坏以致丧失生烃能力。亦有部分岩脉侵入或穿插于烃源岩中，使其邻近烃源岩的成熟度大大提高（图4-29）。另一方面，岩浆活动带来的热量及地温梯度的变化直接影响了烃源岩热演化的首要条件——温度，加快了烃源岩的热演化。研究区内燕山期岩浆活动剧烈，研究其对三套主要烃源岩热演化造成的影响就显得尤为重要。

图 4-29 浙江安吉罗村荷塘组剖面中的侵入岩体

火山岩体与荷塘组硅质岩界线点，点南西为荷塘组厚层深灰-黑色硅质岩，致密坚硬，粒度较细，具水平纹层；点北东为中酸性浅成侵入岩，灰白色，斑状结构，长石含量较高，斑晶主要为斜长石，见少量石英颗粒及星点状黄铁矿，暗色矿物大多蚀变。

研究区的三套主要烃源岩(寒武系荷塘组、志留系高家边组及二叠系龙潭组)的埋藏时间都要远早于燕山期岩浆活动的时间，燕山期侵入岩体更有可能在上升的过程中将热量传递给烃源岩加快其热演化过程。为了查清主要烃源岩热演化程度与燕山期侵入岩体分布之间的关系，弄清燕山期岩体与主要烃源岩的现今热演化程度的平面分布关系就显得尤为重要。

下寒武统荷塘组烃源岩实测反射率最大的地区都分布在南部黄山-石台等岩浆岩大量发育的地区，实测反射率值均大于4%；烃源岩反射率值3%～4%的区域是岩浆岩较为发育的地区，如安吉-绩溪等地；而小于3%的苏南地区岩浆岩仅零星发育，因此，区内燕山期岩体分布与寒武系烃源岩的现今热演化程度之间具有较为明显的相关性。表明燕山期岩浆作用明显影响了研究区下寒武统烃源岩热演化的分布特征。

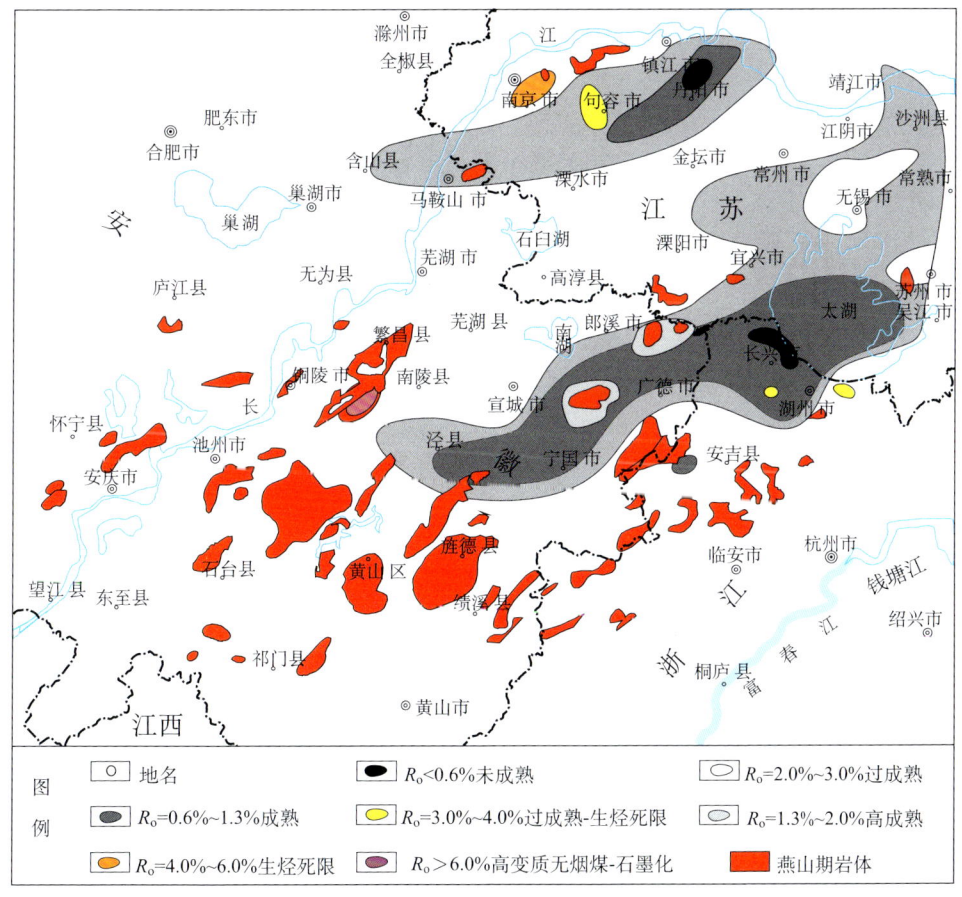

图4-30　苏皖南部和浙北地区二叠系现今热演化程度与岩体分布图

志留系烃源岩的现今热演化程度也明显受到了燕山期岩浆活动的影响。皖南石台、绩溪一带靠近燕山期岩体的志留系地层的成熟度明显高于巢湖地区等远离燕山期岩体的成熟度。

研究区二叠系龙潭组的现今热演化程度与燕山期岩浆岩分布也具有明显的关系（图 4-30）。在岩浆活动微弱的环太湖—广德—宁国地区，龙潭组烃源岩的 R_o 值基本在 2%以下，长兴地区东北部甚至有未成熟烃源岩。而在岩浆活动相对较大的苏锡地区、宁镇地区及皖南广大地区，龙潭组烃源岩已处于过成熟或更高的热演化阶段。部分离岩体位置很近或者与岩体直接接触的烃源岩，成熟度已经超过生烃死限，甚至已经石墨化。

综上，由于埋深较大，在燕山期岩浆活动之前研究区寒武系地层就已处于高演化阶段，燕山期岩浆活动加大了下寒武统烃源岩热演化程度，对志留系、二叠系烃源岩的热演化的影响更大，使得侵入岩体出露地区的大部分烃源岩处于高-过成熟演化阶段，基本丧失生烃潜力。但在燕山期岩浆活动较为微弱的地区，志留系、二叠系烃源岩则处于成熟-高成熟的演化阶段，部分地区甚至处于未成熟的演化阶段，从热演化的角度看，二叠系烃源岩的生烃潜力最大，其次是志留统高家边组，下寒武统荷塘组烃源岩的残余生烃潜力最小。

本 章 小 结

通过对下扬子区三套主要烃源岩现今热演化特征、盆地构造热演化史以及燕山期岩浆活动对烃源岩热演化影响的研究，得出以下几点认识：

（1）研究区下寒武统烃源岩成熟度已达过成熟，石台—休宁一带已接近生烃死限。志留系高家边组、河沥溪组、霞乡组除巢湖、安吉等部分地区处于高成熟演化阶段外，其余地区均已处于过成熟演化阶段。大部分地区二叠系龙潭组为高-过成熟状态，但有两条较为明显的低-中演化条带沿北东—北东东向展布，北部低演化带沿扬中—丹阳一线展布，南部低-中演化区为环太湖地区—广德—宁国—泾县一线分布。

（2）研究区烃源岩热演化分为以下 4 个阶段：①稳定沉积阶段（ϵ—T_1），稳定的地温场下，由深埋作用控制的成熟度演化；②走滑拉分火山岩盆地发育阶段（T_2—K_1），靠近火山岩盆地地区，地温梯度很高；③拉张断陷盆地发育阶段（K_2—E_1），伴随着快速的陆相地层沉积与地温梯度的迅速增高，是研究区烃源岩高-过成熟的主要影响阶段；④地温梯度快速下降阶段（E_2—现今），此阶段的快速沉积往往没有使烃源岩进一步演化。

（3）研究区燕山期岩浆活动可分为早晚两期。早期以喷发活动为主，形成大小不等的断陷火山岩盆地（如宁芜、庐枞、溧水、溧阳、句容盆地等），晚期以侵入为主，在苏南地区、皖南地区形成了大片出露的侵入岩体。燕山期岩浆活动下古生界寒武系、志留系、二叠系烃源岩的热演化均造成了重要影响，使得侵入岩体出露地区的大部分烃源岩处于高-过成熟演化阶段。但在燕山期岩浆活动较为微弱的地区，志留系、二叠系烃源岩则处于成熟-高成熟的演化阶段，部分地区二叠系烃源岩甚至处于未成熟的演化阶段。从热演化的角度看，二叠系烃源岩的生烃潜力最大，其次是下志留统高家边组，下寒武统荷塘组烃源岩的残余生烃潜力最小。

第五章 典型区块油气地质特征与勘探前景

5.1 油气显示及成因类型

5.1.1 油气显示基本特征

下扬子区内的油气显示具有多源多时代（Z—K）、多类型（沥青、油、气）的特征。具体而言，下古生界的油气显示主要为古油藏沥青，主要分布在江绍和江南两大断裂之间的钱塘拗陷区，而上古生界—新生界的油气显示多表现为油气流或油气藏，主要分布在扬子地层区内。从类型上讲，可大致分为 7 种，分别是油气田、油气藏、工业性油气流、油气流、油气显示、沥青及古油藏（表 5-1）。

表 5-1 下扬子地区油气分布简表

油气类型	分布		油气源	
	地区	层位	来源	资料来源
油气田（藏）	苏北盆地	E	E	中石化江苏油田
		P	P	中石化华东勘探分公司
工业性油气流	镇江句容	P—K	P 为主（含 T）	中石化江苏油田、中石油浙江石油
油气流	安徽南陵—无为	P—T	T（含 P）	野外工作
	浙江煤山	P	P	中国石油地质志
	江西萍乡—乐平	C—K	P、T	中石油浙江石油
油气显示	全区	S—K	自生自储	中国石油地质志
沥青	全区	S—K	自生自储	野外工作
古油藏	钱塘拗陷	Z—S	Z、€	中石油浙江石油

油气田和油气藏主要分布在苏北盆地和海域，目前的油气均主要赋存于古近系中，少量分布于二叠系，普遍认为油气源也来自于古近系和二叠系，具有自生自储特征。

工业性油气流除了在以上的油气田和油气藏中有发现外，还在镇江句容等地区有发现。镇江句容一带的工业性油气流主要赋存于二叠系—白垩系中，据中石化江苏油田和中石油浙江油田公司研究,其油源认为主要来源于二叠系的含煤地层,此外,可能还包括部分来自下三叠统的贡献。

油气流的分布地区有所扩大,从皖南到浙江的煤山地区,再至江西的乐平地区皆有发现。这些油气流的分布层位主要集中在二叠系—三叠系,其次是白垩系。其油气聚集也具有一定的自生自储特征,因此认为油源也是以二叠系—三叠系的煤系为主,还包括白垩系的暗色泥岩。此外,乐平地区聚集在白垩系中的原油的油源也来自于上二叠统龙潭组,因此还具有下生上储的运聚特征。

油气显示的分布更为普遍,层位上主要是从上古生界—新生界,平面上基本覆盖了全区,一些研究工作也针对这些油气显示开展过成因分析,提出它们主要也是具有自生自储的特征。

沥青的分布与油气显示分布的特征类似,即层位多、范围广,其沥青的成因与对油气显示的分析类似,亦具有自生自储的特征。

古油藏沥青的分布相对比较局限,层位上主要集中在下古生界,平面上主要是在浙西北钱塘拗陷区,这说明年代越老,烃类被破坏蚀变而演变为沥青的可能性越高。

5.1.2 古生界油气分布与成因类型

下扬子地区海相古生界油气显示十分活跃,分布简况如图 5-1 和图 5-2 所示。从图中可以看出,以江南断裂为界,下古生界油气显示主要分布在江南断裂以南,油气显示有 130 多处,油气显示类型主要为沥青(图 5-1);上古生界油气显示分布在江南断裂以北,油气显示 300 多处,油气显示具有多类型(沥青、油、气)的特征(图 5-2)。上述资料表明下扬子地区具有良好的找油气前景(张永鸿,1991;孙肇才,1994;郭念发,1996;郭念发等,1998,1999a,1999b,2000b;杨方之等,2001)。

下古生界固体沥青主要分布于江南隆起的东北边缘(图 5-1),其层位几乎遍及整个下古生界。固体沥青的发现是下古生界油气生成、聚散过程的直接证明。除固体沥青外,在苏北盆地钻井中还发现了丰富的油气显示。除此之外,CO_2 气显示也异常活跃,黄桥地区苏 174 井在志留系茅山组和坟头组也分别见到良好的 CO_2 气显示,反映了下古生界油气前景非常广阔。

上古生界油气显示活跃,油气显示集中于石炭系、二叠系(图 5-2)。除此之外,与下古生界类似,CO_2 气显示也很活跃,如黄桥地区的 N9 井、N13 井、苏 174 井等均在上古生界见到了 CO_2 气显示。

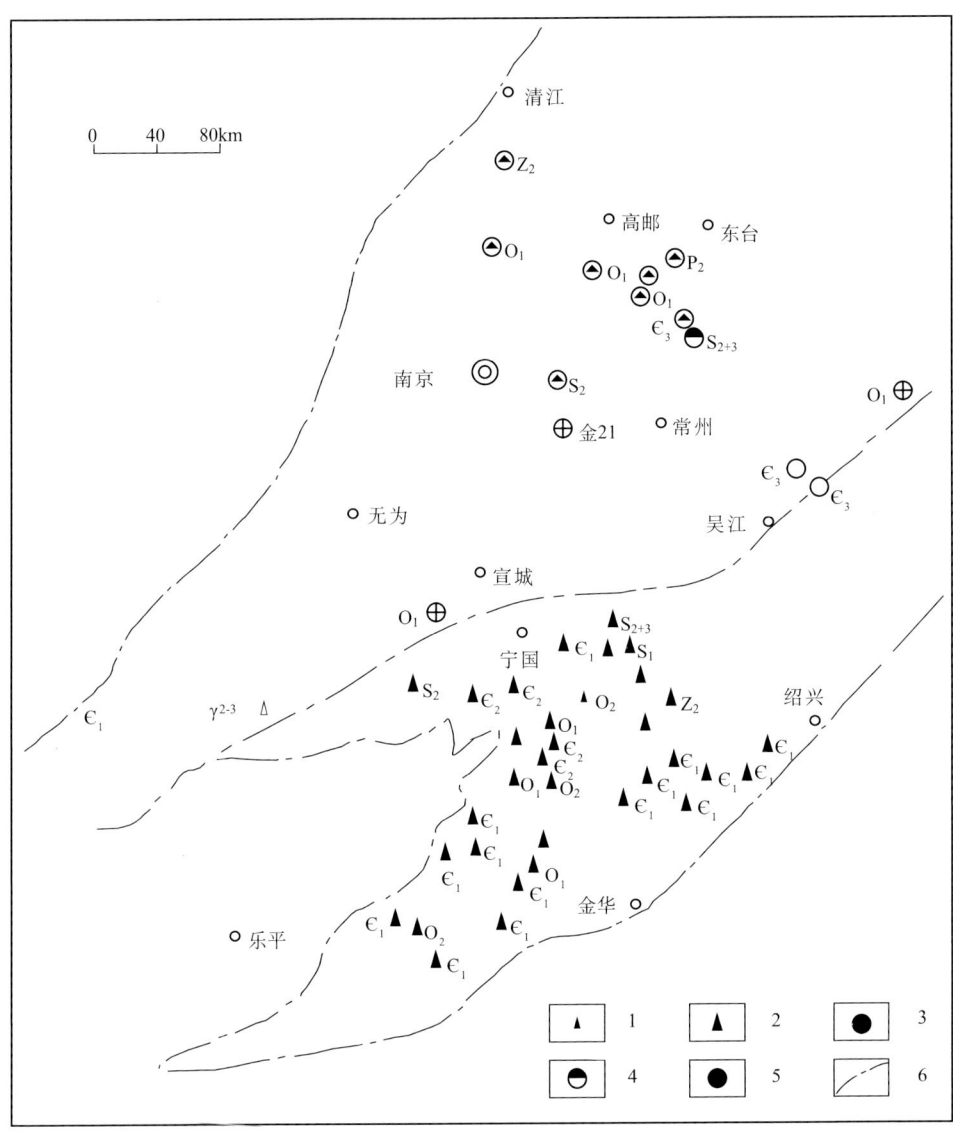

图 5-1 下扬子地区下古生界油气显示分布图（郭念发等，2002b）

1. 地表沥青；2.地面煤化沥青；3.井下油显示；4.井下油流；5.井下沥青；6.构造单元界线

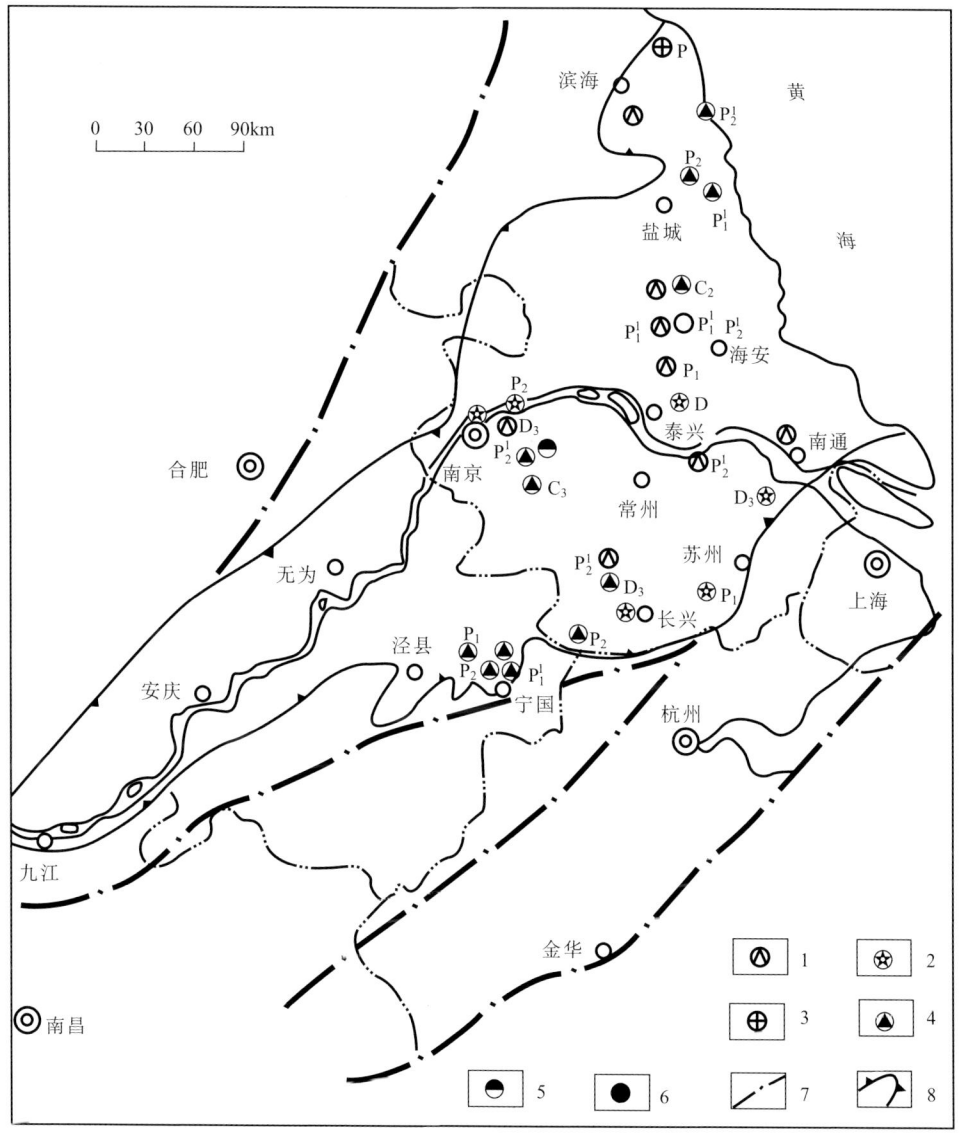

图 5-2 下扬子地区上古生界油气显示分布图（郭念发等，2002b）

1.井下气显示；2.地表油显示；3.井下沥青；4.井下油显示；5.井下油流；6.井下油气流；7.构造单元界线；8.地层保存区范围

5.1.2.1 下古生界沥青的成因类型

1. 沥青分布特征

皖浙边界震旦纪至早古生代是一个呈北东走向，北、东、南三面为浅水沉积环绕，西南向华南洋开口的一个深水沉积盆地，亦称为钱塘拗陷（图5-3），根据盆地构造线走向（NE）与基底构造线（EW）高角度相交，盆地伸入扬子地块东部凹角处，中心深水区沉积厚度明显大于北、东两侧浅水区（图5-4），研究表明盆地具有拗陷沉积的地堑、过渡、下弯沉降、下弯回返这四个阶段，加里东运动回返缺乏严重变形和岩浆作用的五大特点，其形成分布与周缘焦沥青脉具有密切联系（图5-5）。

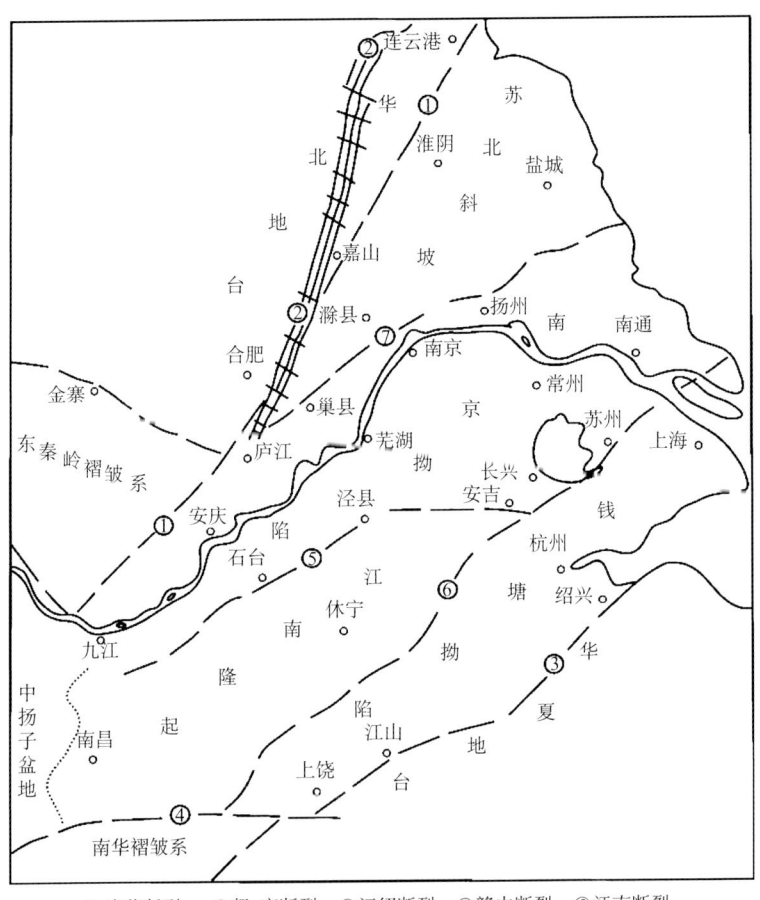

①连黄断裂；②郯-庐断裂；③江绍断裂；④赣中断裂；⑤江南断裂；
⑥马金-湖苏断裂；⑦滁河断裂

图5-3 苏浙皖地区海相建造构造区划图

第五章 典型区块油气地质特征与勘探前景

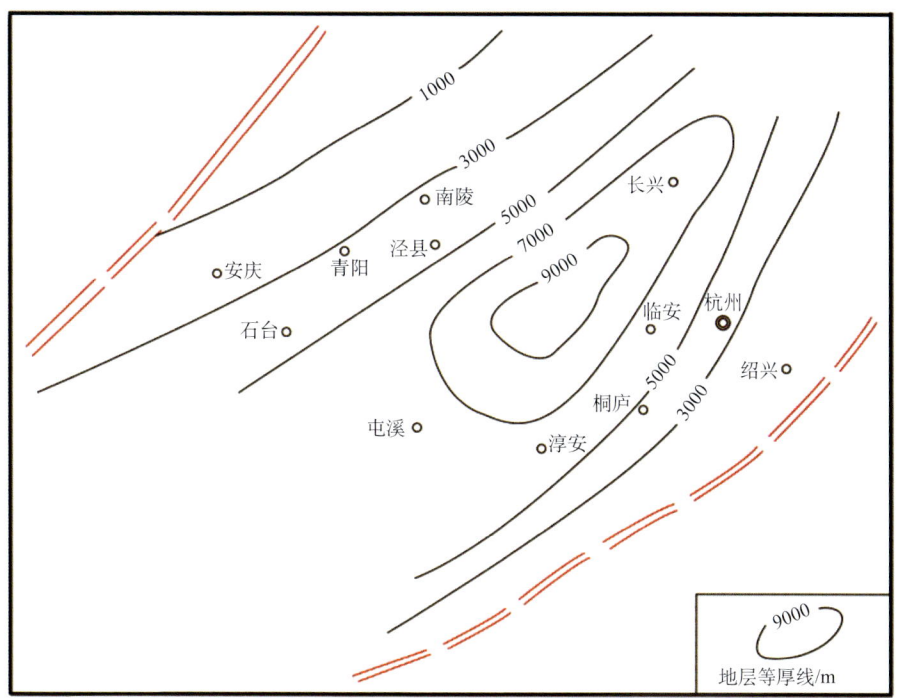

图 5-4　钱塘拗陷下古生界地层等厚图

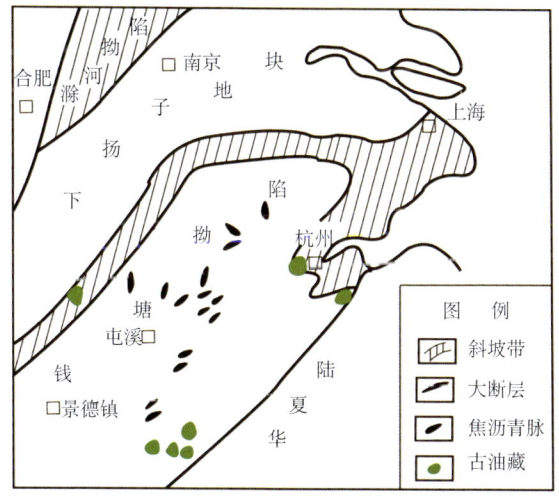

图 5-5　钱塘拗陷古油藏分布及早古生代沉积环境关系图

（1）初步统计钱塘拗陷中共见沥青脉点 55 处，其中震旦系 4 处、寒武系 40 处、奥陶系 7 处、志留系 4 处（图 5-6），各时代焦沥青分布情况见图 5-7。

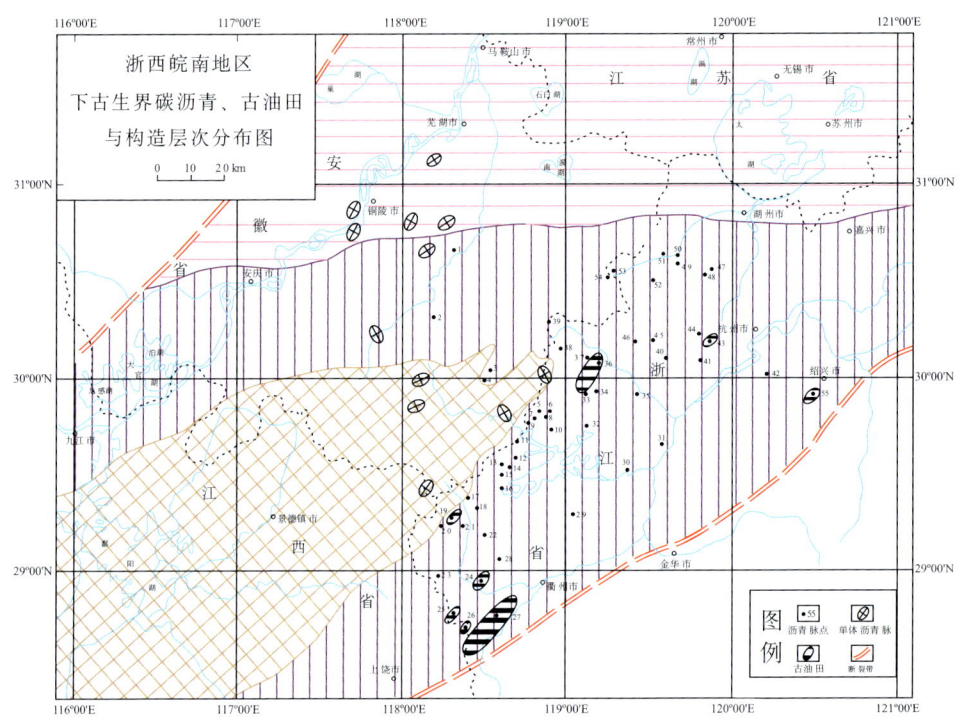

图 5-6 浙西—皖南地区下古生界碳沥青、
古油藏与构造层次分布图（据江苏油田资料汇编）

各时代岩性及厚度以安吉地区为代表；矿点规模系指浅部储量规模，多数为估量值。

（2）单体沥青脉走向以北东向为主，其次南北向，个别南东、东西、北北东，总体环绕拗陷呈半环状分布（图5-8），脉体全部分布在拗陷下弯阶段深水相带范围内，以拗陷中心加里东运动后的褶皱隆升区相对最为富集（图5-6）。

（3）沥青多呈树枝状脉体，部分呈串珠状、束状、扁豆状、楔状，一般宽约0.2~4m，最宽26m。长度通常在10~100m，有6处长度超过1000m（图5-9）。

（4）沥青脉的分布密度与下寒武统荷塘组厚度有关，荷塘组厚度最大地区，沥青脉分布密度最大，荷塘组厚度小于100m地区很少见沥青脉，只有在拗陷的西南部见到少量（图5-6）。这可能说明沥青脉的形成与荷塘组的烃源岩有关。

（5）震旦寒武系的沥青脉多分布在碳酸盐岩中，少量在硅质岩和石煤中，相比而言，奥陶系的脉体多分布在钙质泥岩中，志留系的分布在砂岩中。具体而言，沥青的储集体包括上震旦统的岩礁、点礁、滩相石英砂岩，上震旦统和下寒武统的混杂硅质岩，上奥陶统的藻礁、灰泥丘与滩、志留系砂岩。比较典型的是硅质岩裂缝孔隙型储层。

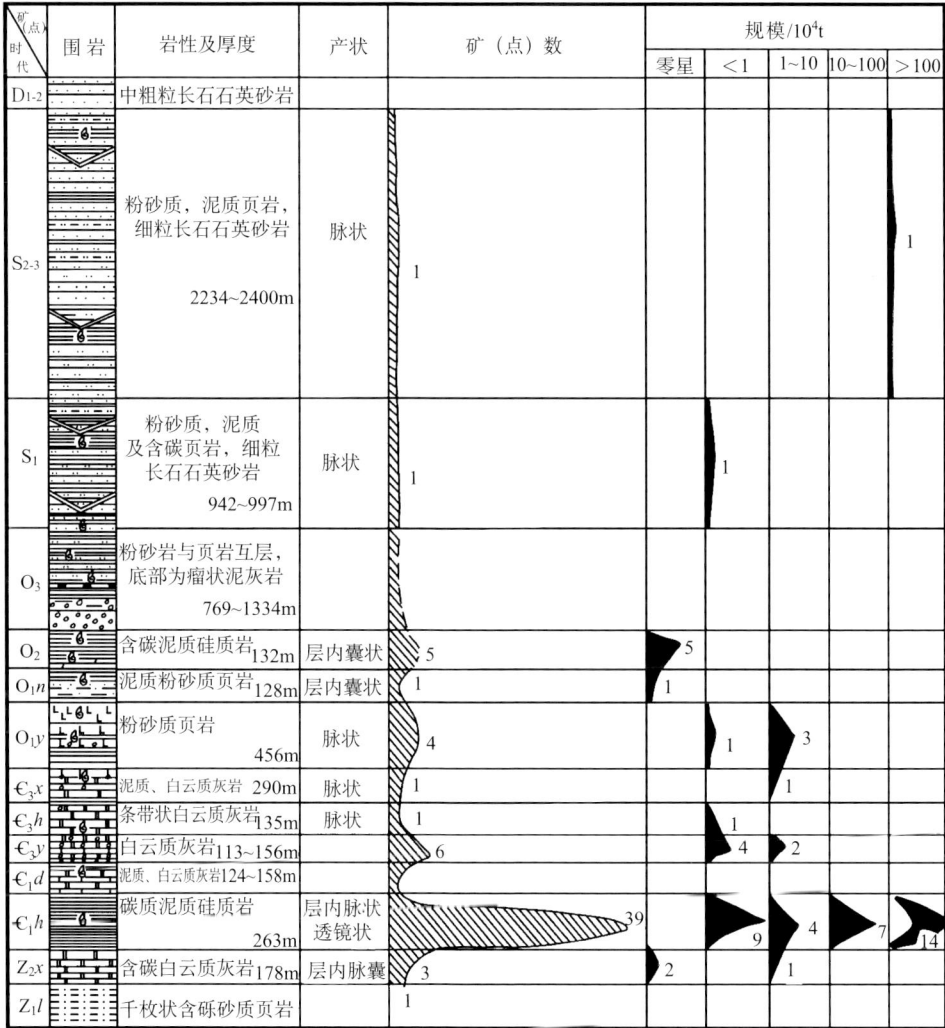

图 5-7 浙西各时代沥青分布情况（据浙江石油勘探处，1990）

各时代岩性及厚度以安吉地区为代表；矿点规模系浅部储量规模，多数为估量值

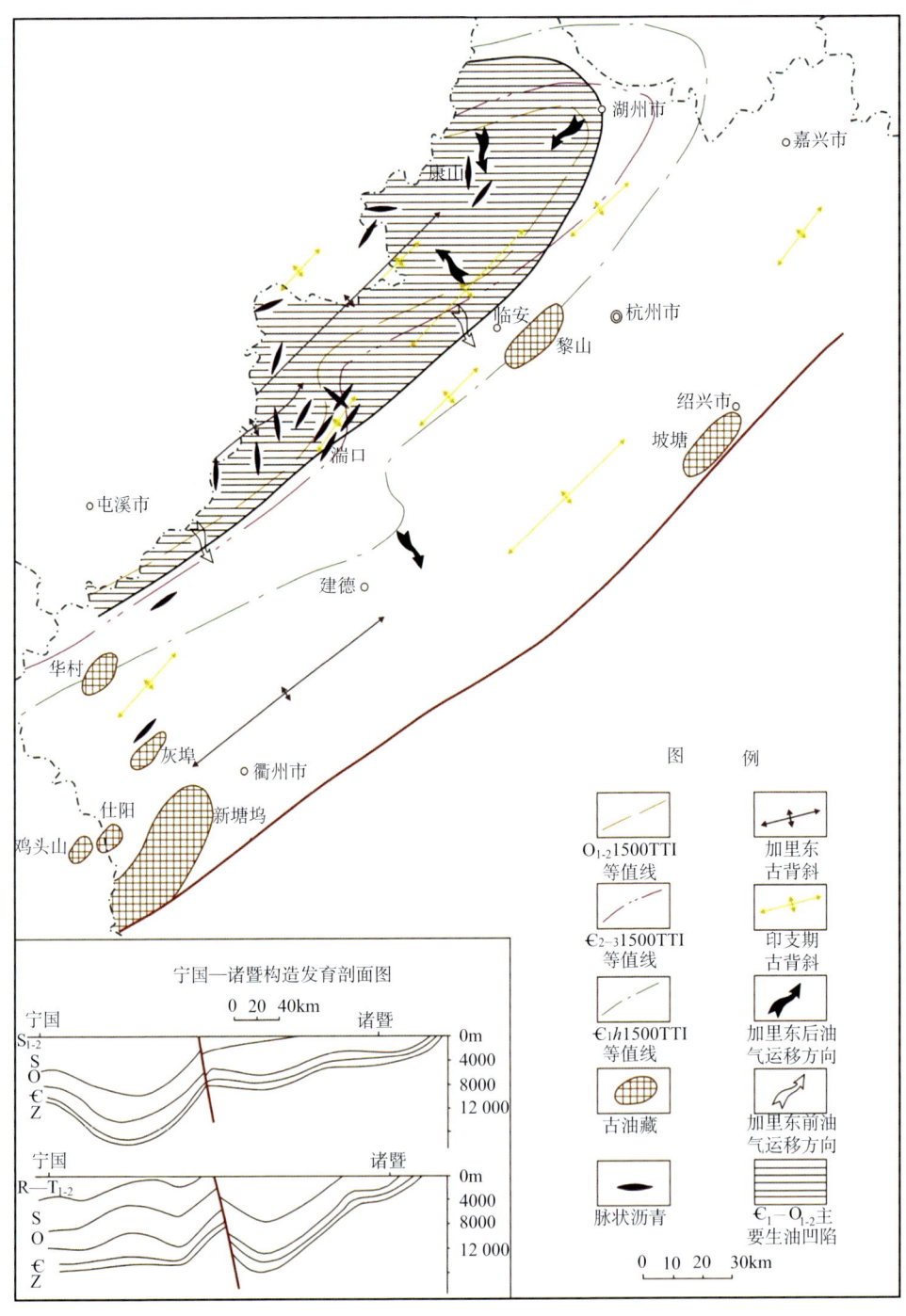

图 5-8 浙江省西北部油气运移条件（据浙江石油勘探处，1990）

第五章 典型区块油气地质特征与勘探前景

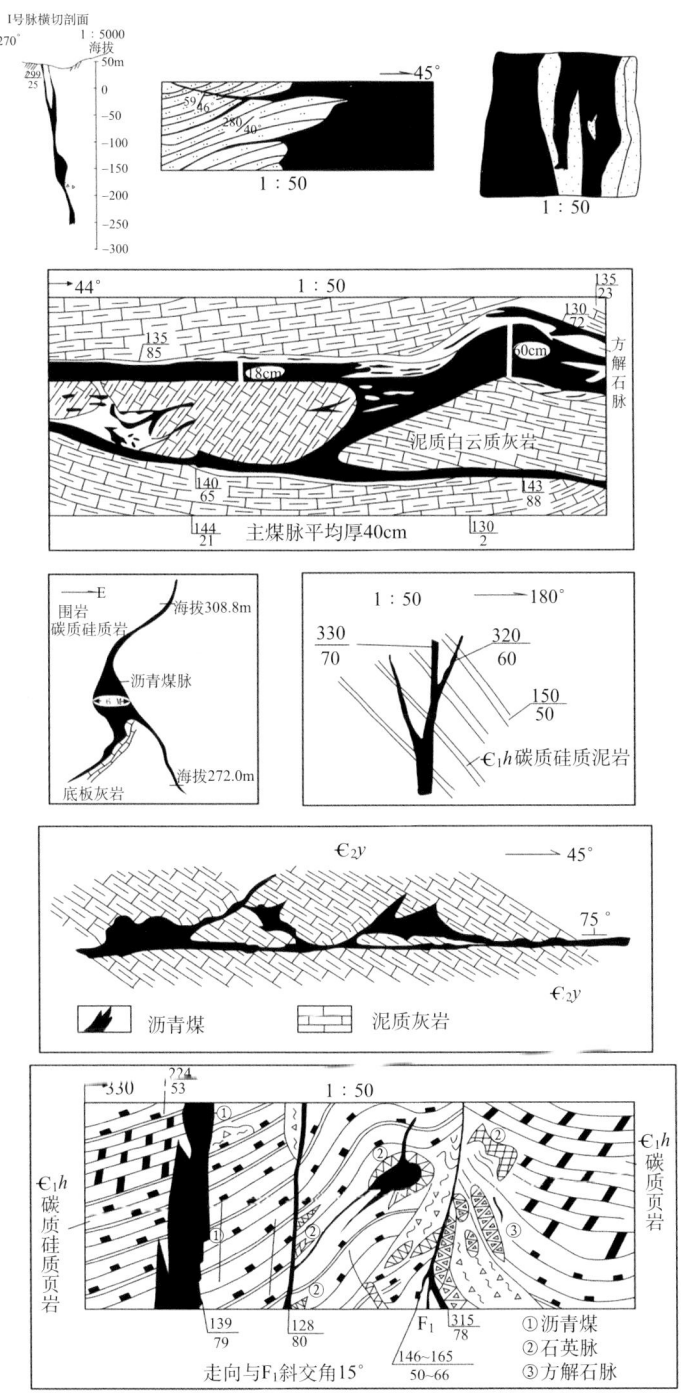

图 5-9 安吉康山焦沥青形态图（据浙江石油勘探处，1990）

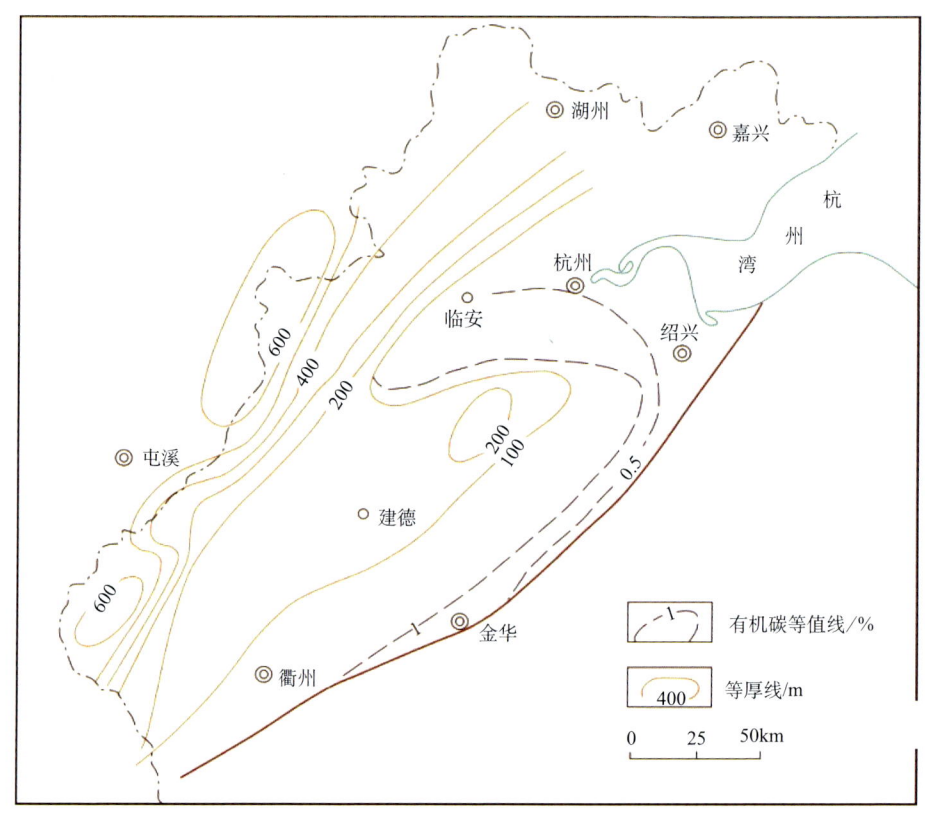

图 5-10 浙江省西北部下寒武统荷塘组烃源岩等厚度与有机碳含量等值线图
（据浙江石油勘探处，1990）

（6）一般拗陷中心的沥青脉出现层位最老，如震旦系沥青脉出现在拗陷中心的歙县桑园太、草泥塘、开化华村等地，而寒武系的沥青脉则分布于近拗陷中心，奥陶系沥青脉分布在深水相区的外侧，志留系沥青脉只分布在拗陷深水相区北侧（图 5-5）。

（7）与可动油有关的沥青脉主要分布在志留系中，如太平西山焦沥青有油浸、安吉康山有荧光显示，安吉黄墅可见沥青进入周围的砂岩；有甲烷气体逸出的沥青脉，主要见于志留系中。

2. 典型沥青脉描述

1）安吉康山沥青脉

位于浙江安吉塘埔乡康山，沥青脉出露于志留系中，矿区面积 $2.5km^2$，共见 7 条沥青脉（图 5-11），以东西向断裂为界可分南北 2 组，北部 4 条（1、2、3、4）呈南北展布，基本直立。围岩为康山组石英砂岩和页岩，南部 3 条（5、6、7）

呈北东走向，围岩为大白地组砂岩。沥青黑色易污手，比重1.31%，半工业分析水分1.16%，灰分21.95%，碳65.78%，挥发分11.16%，发热量6437 Cal/g，灰分中五氧化二钒含量0.36%~1.37%，氯仿沥青"A"含量0.134%，族组分含饱和烃10.55%、芳烃40.66%、非烃28.47%、沥青质20.32%，红外光谱以含烷链结构的基团为主，芳核结构的峰普遍出现，反映成熟度较高，沥青反射率2.21%~2.69%。

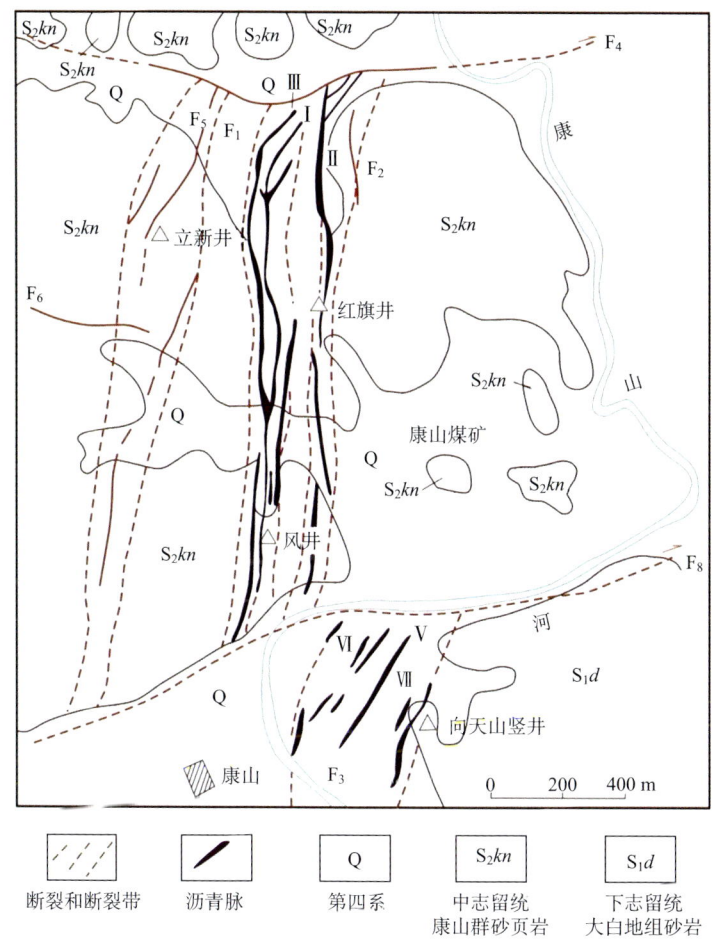

图5-11 浙江省康山脉状古油藏脉体分布图（据浙江石油勘探处，1990）

7条沥青脉中以1号脉规模为最大，脉体呈膨胀、收缩、分枝、合并状（图5-12），控制长度1240m，一般宽度为1~3m，最大宽度为21.8m，沥青总储量168.8×10^4t，是全国最大的焦沥青矿脉。根据井下观察，首先在围岩中形成断层裂隙，断裂带中出现围岩碎块，然后沥青脉侵入，使砂质围岩受轻质油浸染，并使沥青脉穿插入围岩碎块角砾中，沥青干涸，破碎成角砾状，然后有方解石脉穿插进沥青中。

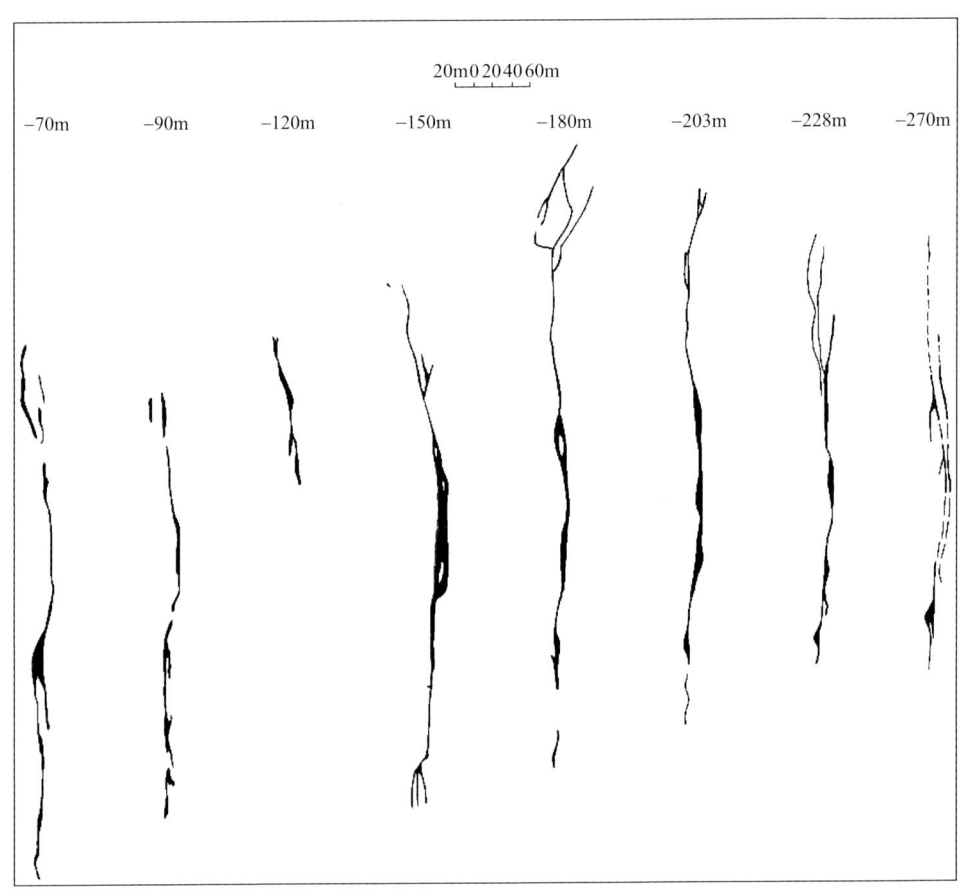

图 5-12 浙江省安吉县康山古油藏立新井补勘区 1 号沥青脉水平形态切面图（据浙江石油勘探处，1990）

2）太平西山焦沥青脉

位于安徽太平仙源镇东 5km 的西村，出露于志留系中，矿区有近 40 条断裂，分南北、东西、北东、北西四组，沥青只分布在 7 条南北向断裂中（图 5-13，图 5-14），脉近直立（图 5-15），M_2 主脉已发现两个"煤包"，最大宽度 26m，估算沥青储量 $20×10^4$t，是全国第二大焦沥青脉。沥青质地松软，污手，遇水成粉末，水面漂有似油膜，绵纸包裹有油浸，挤压镜面与擦痕发育，局部见气孔构造，五氧化二钒含量达 0.2%～0.6%，沥青反射率 4.34%，氢碳原子比 0.18，稳定

碳同位素 $\delta^{13}C$ 为 $-30.1‰ \sim -28.8‰$。

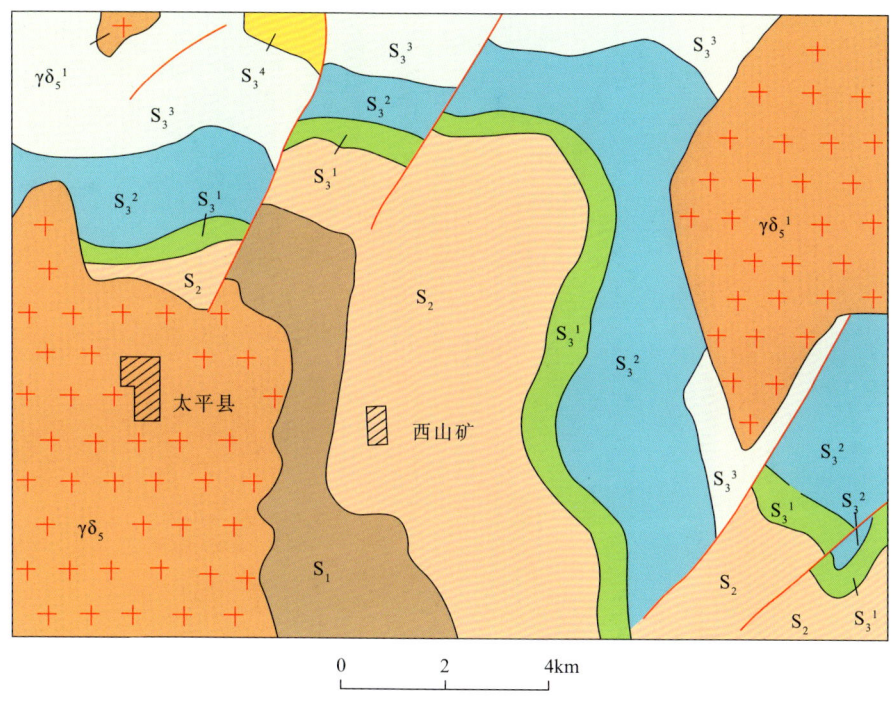

图 5-13　太平西山焦沥青脉矿点区域地质背景示意图

3）余杭泰山沥青

浙江余杭泰山古油藏位于杭州之西 30km，余杭、临安、富阳三县交界地带泰山村附近（图 5-16）。泰山古油藏属华南造山带之钱塘拗陷，其形成发展受北东向延伸的基底隆起背斜控制（图 5-17），产于震旦系上统灯影组（西封寺组）和寒武系下统荷塘组中（图 5-18）。由于油藏中的原油已热演化变质为焦沥青，故称古油藏。区内出露地层为：南华系雷公坞组—下奥陶统留下组、雷公坞组冰川相，震旦系灯影组开放陆架边缘至斜坡相，下寒武统荷塘组盆地相，下寒武大陈岭组至上寒武统华严寺组盆地至台地边缘相，上寒武统西阳山组—下奥陶统留下组斜坡相。主要沥青类型可分构造、地层 2 大类 4 小类，与基底隆起有关的背斜层状（砂岩）古油藏沥青储量最大，其次是藻礁古油藏，地层不整合古油藏与岩性尖灭古油藏储量最小。

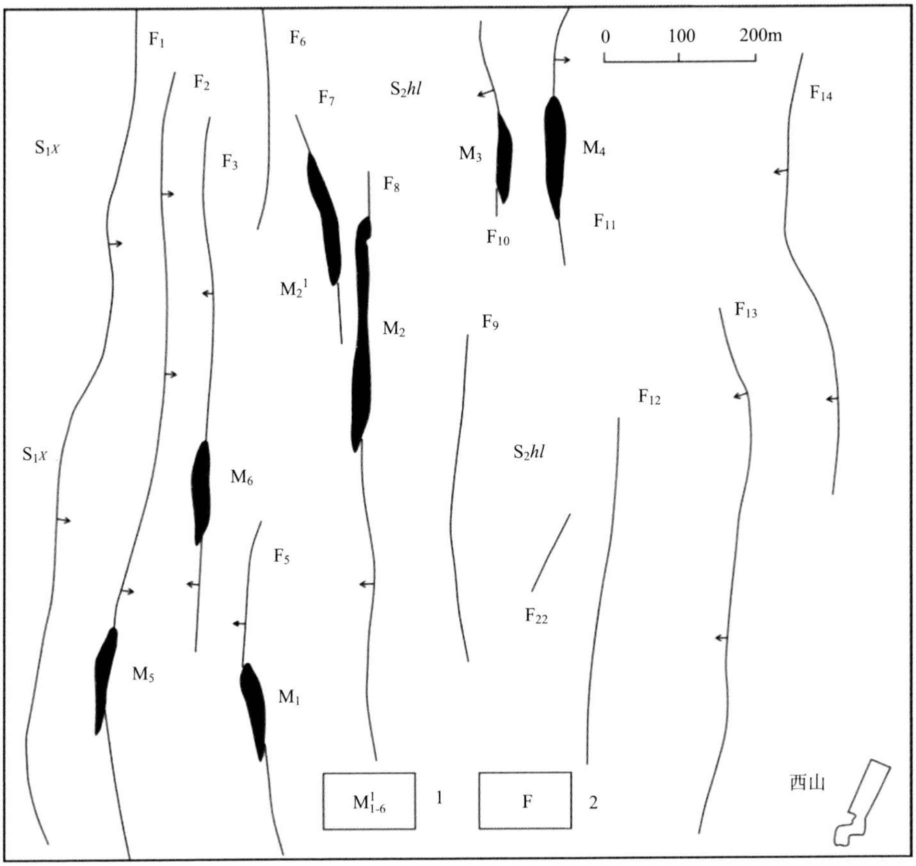

图 5-14 太平西山焦沥青脉矿点地质略图（据陈安定等，2004 修改）

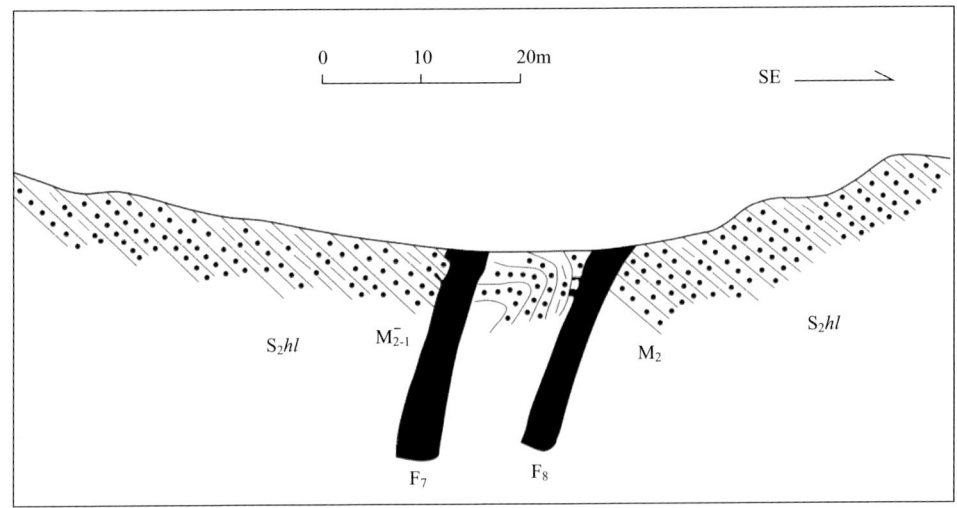

图 5-15 太平西山焦沥青脉的矿点剖面示意图

第五章 典型区块油气地质特征与勘探前景

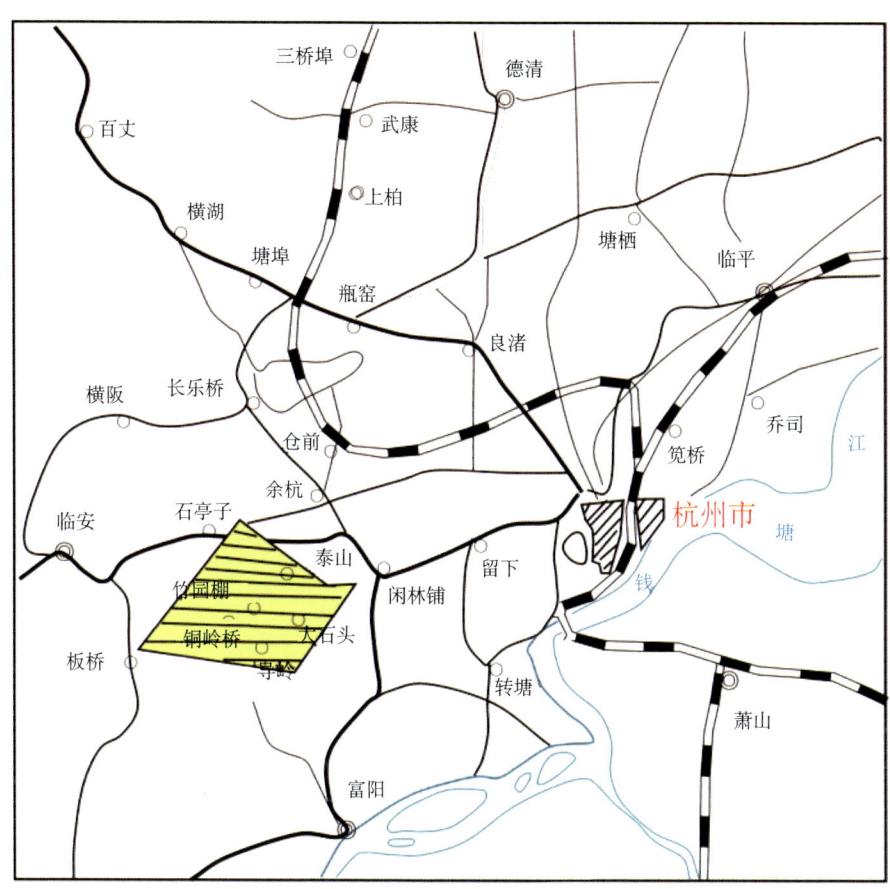

图 5-16 余杭泰山古油藏地理位置示意图（据罗璋，1995）

泰山含沥青砂岩范围约 60km²。主要储层石英砂岩，有 29 处含沥青，主要为灯影组中上部含沥青石英砂岩、灰云质石英砂岩和荷塘组底部的云质石英砂岩（表 5-2）。显微镜下观测可见溶蚀现象，说明有酸性油气流体的注入（图 5-19（a））。

此外背斜层状古油藏间分布藻礁古油藏，藻礁分布在灯影组上部，大石头、寺前一带，礁长约 4.5km，宽 3km，最厚 45m，总面积 14km²，沥青赋存于碳酸盐岩中（图 5-20）。显微观测中可见溶蚀的孔洞是沥青的储集空间（图 5-19（b）），孔洞边缘见不规则溶蚀状，因此说明与砂岩中所观测到的情形类似，也反映了酸性油气流体的注入。

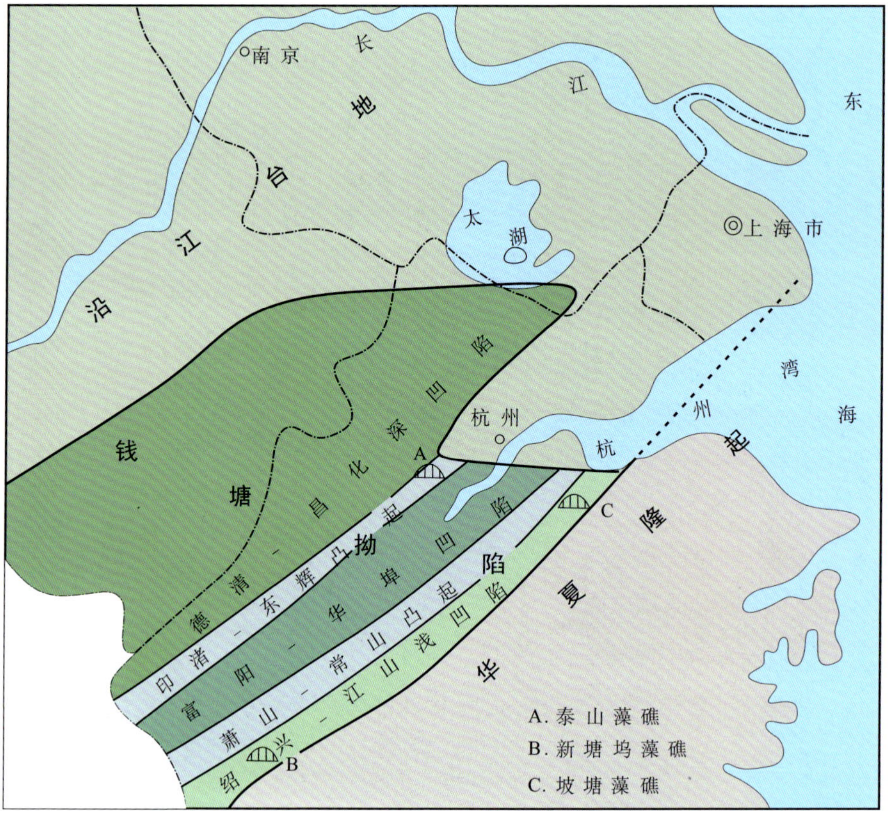

图 5-17 余杭泰山古油藏构造位置示意图

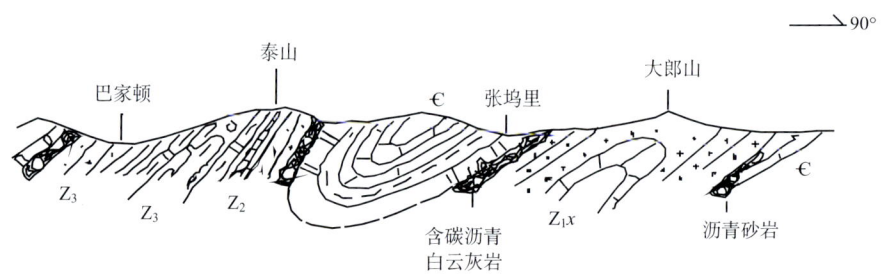

图 5-18 余杭泰山古油藏地质剖面略图（据《中国石油地质志》第八卷）

表 5-2　泰山古油藏赋存的 3 种主要砂岩

砂岩特征	高熟石英中细砂岩	灰云质石英砂岩	云质石英底砂岩
层位	灯影组中上部	灯影组上部或与高熟砂岩相变	荷塘组底部
主要颗粒	石英 80%～95%，长石 5%～10%	石英占 80%～75%，也有碳酸盐颗粒	石英 50%～70%，部分藻屑、砂屑
胶结物	硅酸盐、磷酸盐	碳酸盐 10%～15%	灰云质 30%～35%
孔隙类型	较多格架孔，原生为主，部分次生粒间孔	部分格架孔	
岩相	开放陆架边缘较浅处	开放陆架边缘较深处可相变为砂质云岩	藻礁顶
厚度	3.87～20.26m	变化大	0～12m
沥青含量	3%～8%	2%～5%	小于 3%
沥青分布	原生粒间孔粒内溶孔	缝合线粒间次生孔	粒间溶孔
成岩作用序列	压实-压溶及次生加大胶结（残留原生孔）-进油，以后变为沥青	压实-压溶-次生加大-碳酸盐沉淀-溶蚀成次生孔-进油变沥青	

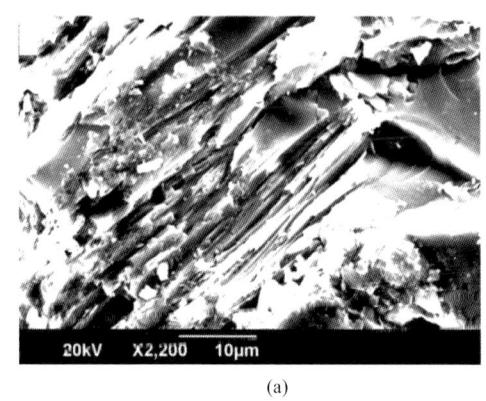
(a)

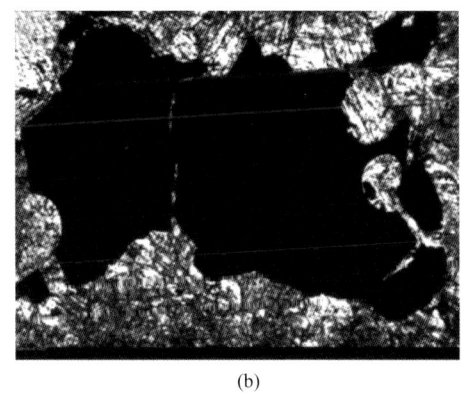
(b)

图 5-19　泰山古油藏中的显微岩石学特征

(a) 砂岩；(b) 白云岩

3. 沥青成因

焦沥青脉充填在震旦纪至早古生代地层中（图 5-6，图 5-7），成脉状、透镜状穿过地层，似金属矿脉（图 5-11，图 5-12），呈黑-灰黑色，块状或粉末状，反射光下呈灰黄、灰白色，常见菱形收缩纹，有不规则气孔定向分布；扫描电镜

图 5-20 余杭泰山的含沥青白云岩和泥岩

(a) 上震旦统西峰寺组中的含沥青藻纹层白云岩；(b)、(c) 下寒武统荷塘组中的含沥青白云岩；(d) 下寒武统荷塘组中的含沥青白云岩

下有海绵状多孔结构与收缩纹，呈凝胶状均质体。无荧光，暗半金属光泽；含碳高，可燃，燃点和发热量高，灰分 13.28%～50.28%，挥发分 5.16%～13.55%，钒、镍含量高，钒镍比 16.7～13.44；显微有机组分以碳沥青体为主，并有浮游藻类，无显微组分的形态分子；氯仿沥青"A"含量 0.6～1340ppm，正构烷烃主峰碳多位于 nC_{17}、nC_{18}，OEP 值多数小于 1，部分略大于 1；异构烷烃普遍含姥鲛烷和植烷，姥植比在 0.49～0.8，具明显植烷优势；红外光谱主要出现与饱和烃有关的基团。检出过微量的镍卟啉、钒卟啉，钒镍比大于 8%，通常富含五氧化二钒；沥青反射率变化于 2.08%～7.64%，据亚肖布分类，属中成至深成焦沥青，说明沥青普遍过成熟，相比而言，只有志留系中沥青脉的热演化程度较低，沥青反射率一般小于 4.0%，最低可在 2.0%左右；沥青的热演化程度与围岩的热演化基本同步，近拗陷中心热演化程度高，沥青反射率也较高（图 5-21）；T_{max} 在 535～598℃；稳定碳同位素 $\delta^{13}C$ 绝大部分小于−28‰，比较而言，寒武系中的沥青脉稳定碳同

位素 $\delta^{13}C$ 变化幅度较大，奥陶、志留系较小。

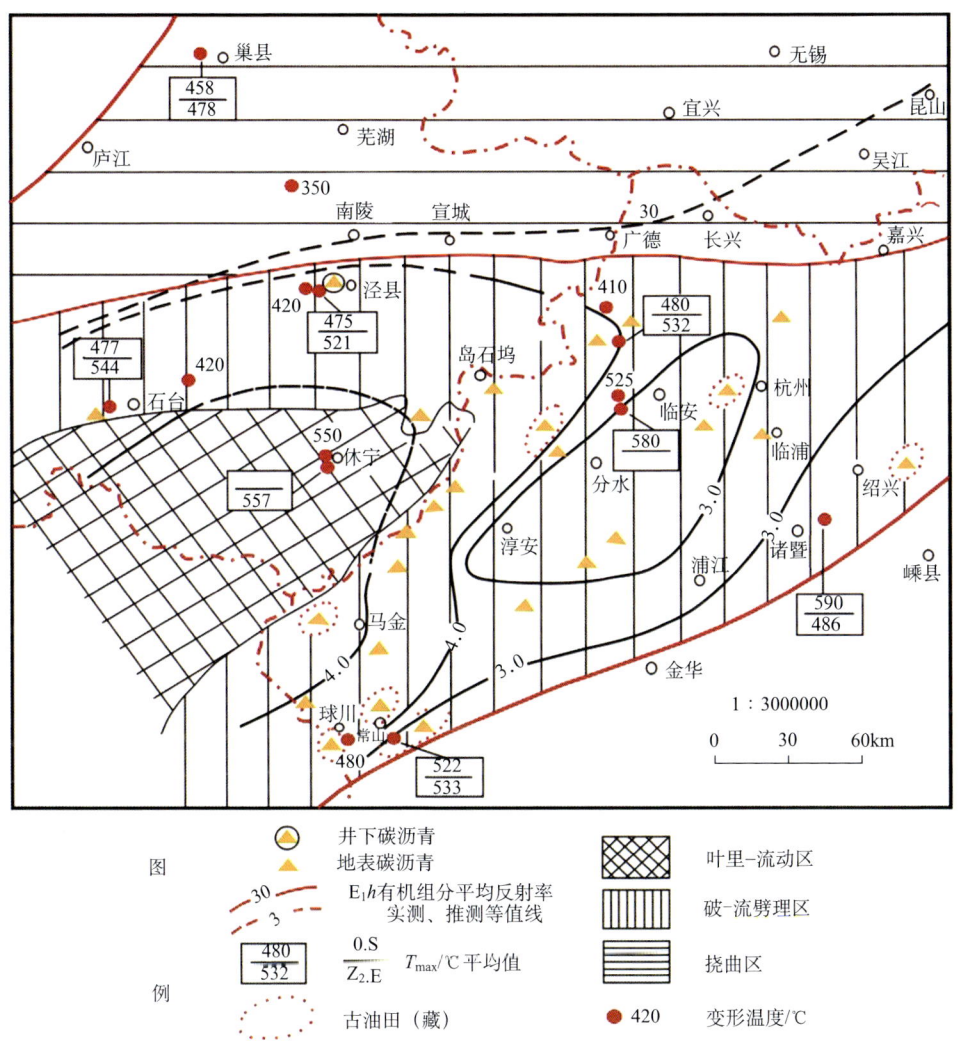

图 5-21　浙西皖南地区下古生界碳沥青分布与热演化关系图等值线（据浙江石油地质研究所，1990）

根据以上焦沥青脉的基本特征，可见由于其中检出了钒、镍卟啉等有机生物标记化合物，沥青中常有菌藻类混入，显微组分以碳沥青为主，尽管焦沥青与荷塘组石煤组成有某些相似之处，但煤岩鉴定和野外观测均表明焦沥青和荷塘组石煤的结构、构造和产状完全不同，焦沥青为富碳的胶状塑性脉状体，而石煤为含碳低的劣质层状煤。总而言之，沥青成因属于石油衍生物，主要依据包括：

（1）有机岩石学鉴定发现，其组成物质为凝胶状的均质体，不规则气孔定向分布、菱形收缩纹、电镜下的海绵多孔结构都具流塑性特点，说明焦沥青原始物质是能流动的塑性体，而不是固体，能流动的塑性可燃物质只能是石油或其衍生物。

（2）焦沥青的显微组分以碳沥青为主，占85%以上。在亨特原子比值图（图5-22）上，志留系沥青脉点都有落在储层沥青范围，其他时代的沥青点，变质程度较高，但也落在焦沥青和腐殖煤区周围，属于焦沥青可能性较大。

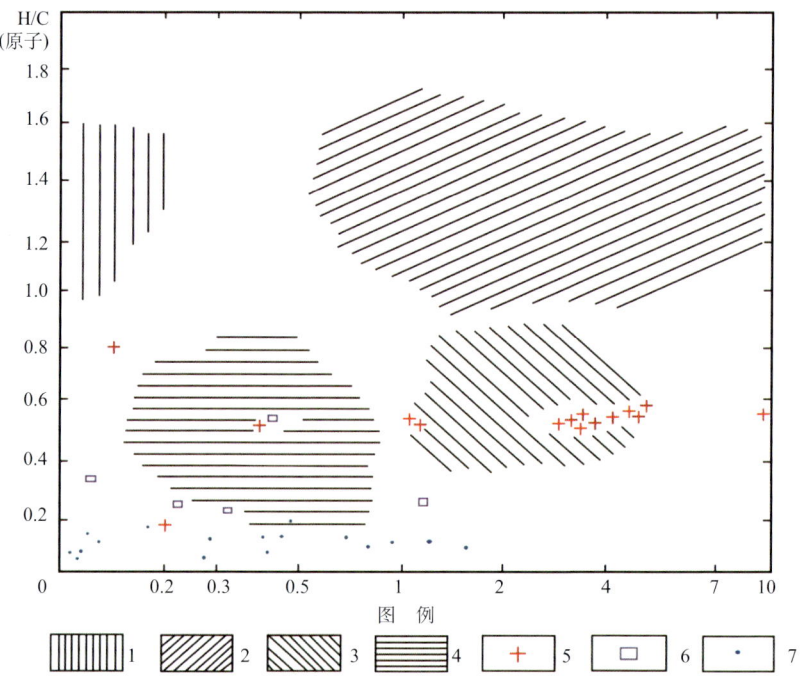

图5-22 浙西北地区各沥青点在亨特煤和沥青原子比值图上的位置

1. 亨特腐泥煤范围；2. 亨特石油沥青质焦沥青范围；3. 亨特储层沥青范围；4. 亨特腐植煤和焦沥青范围；
5. 浙西北志留系沥青点；6. 浙西北奥陶系沥青点；7. 浙西北寒武系沥青点

（3）变质程度较低的焦沥青有油渗出，并发油质沥青荧光。

（4）沥青脉分布与拗陷形成发展关系密切，沥青脉分布在主要烃源岩荷塘组厚度最大、有机碳含量最高的地区，硅质岩储层最发育地区，拗陷回返后的隆起区；其形成条件和石油完全一致，和煤、金属矿完全不同。实际上，拗陷是盆地找油非常有利的领域，只是后期受破坏强烈，所以只发育了古油藏和大量焦沥青脉，但对找油有指示意义。

对 2 件泰山古油藏含沥青的白云岩样品进行了有机地球化学分析（YH-5、

YH-2），其中样品 YH-2 为与后期脉体共生的沥青。实验结果发现，氯仿沥青"A"含量较低，仅为 20.98ppm（YH-5）和 27.87ppm（YH-2），结合沥青反射率 2.69%（YH-5）和 3.43%（YH-2），反映古油藏沥青已处于高成熟演化，逐渐向焦沥青阶段演变，导致可溶有机质的含量很低。氯仿沥青"A"的碳同位素为–28.37‰（YH-5）和–32.54‰（YH-2），总体反映出低等水生生物的有机质来源特征。饱和烃、芳烃、非烃、沥青质系列碳同位素分别为–29.44‰、–27.55‰、–27.82‰、–27.59‰（YH-5），以及–27.90‰、–26.17‰、–35.63‰、–36.64‰（YH-2），未呈现出逐渐增大的趋势，反映有生物降解或热变质作用的影响。比较而言，氯仿沥青"A"的碳同位素，以及族组分系列碳同位素，特别是氯仿沥青"A"、非烃和沥青质的同位素相差幅度较大，超过 2‰，反映有机质碳同位素在热演化作用下的变化特征，并且鉴于 YH-2 样品的热演化程度高于 YH-5 样品，所以可能说明偏轻的氯仿沥青"A"、非烃和沥青质碳同位素是热作用的地质记录，机理可能与 ^{13}C 在热作用下裂解成 ^{12}C 有关。

在饱和烃气相色谱图中（图 5-23），正构烷烃碳数分布不完整，反映可溶有机质含量较低，见 UCM 鼓包，反映出生物降解和（或）热变质作用的影响。主峰碳分别为 nC_{18} 和 nC_{16}，表现出前主峰，Pr/Ph 比值为 0.41 和 0.68（表 5-3），均低于 1.0，这些特征均指示低等水生藻类的生源。需要注意的是，OEP 值为 0.41 和 0.22（表 5-3），大大低于 1.0，似乎表现为未成熟特征，实际上，根据显微镜下观测和沥青反射率的测试，已表明沥青进入过演化阶段，所以极低的 OEP 值缘于有机质高演化，碳数分布不大规则，这从另一方面也表明，OEP 值不宜在有机质高演化阶段应用于反映成熟度。

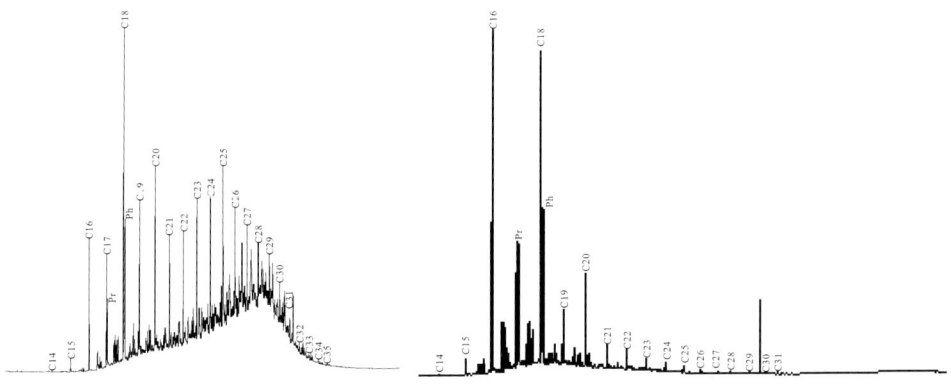

图 5-23　余杭泰山古油藏的饱和烃气相色谱分析图

左为样品 YH-5，右为样品 YH-2

表 5-3 余杭泰山和江山古油藏链状烃类的主要地球化学参数

样号	主峰碳	奇偶优势 OEP	姥鲛烷/正十七烷 Pr/nC_{17}	植烷/正十八烷 Ph/nC_{18}	姥鲛烷/植烷 Pr/Ph
YH-5	nC_{18}	0.41	0.75	0.52	0.41
YH-2	nC_{16}	0.22	1.16	0.64	0.68
CS-6	nC_{18}	0.74	0.93	1.04	0.44

在饱和烃气相色谱-质谱图中（图5-24），2件样品的特征反映孕甾烷和三环萜烷的相对丰度，以及三环萜烷的分布形式表现出较大差异外，其他特征化合物的丰度与比值总体差异不大（表5-4），由此反映无论是砂岩，还是白云岩中，其有机质来源均较一致。此外三环萜烷和孕甾烷的相对丰度较高，可能表明白云岩中的有机质受到过更高程度的热作用，这与其赋存在碳酸盐岩脉中，沥青反射率较高的特征一致。

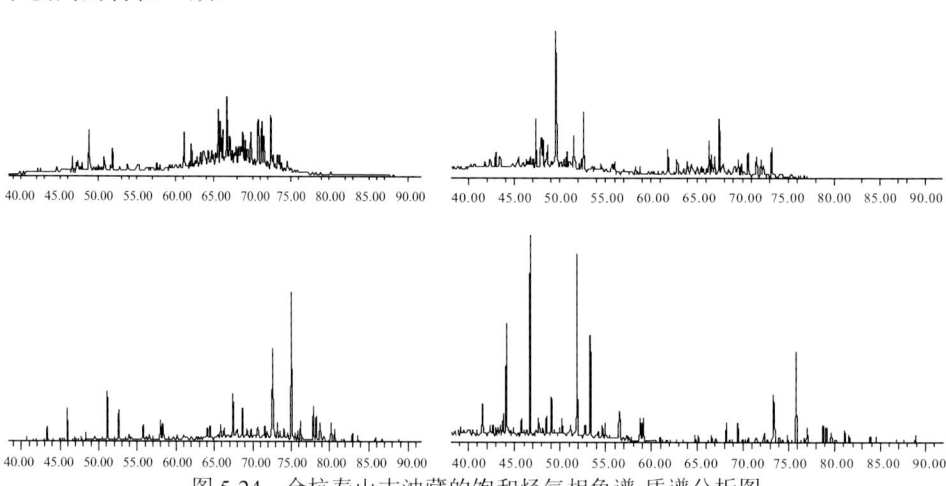

图 5-24 余杭泰山古油藏的饱和烃气相色谱-质谱分析图
左为样品 YH-5，右为样品 YH-2

表 5-4 余杭泰山和江山古油藏有机质的萜烷和甾烷类分析参数

样号	萜烷										甾烷					
	1	2	3	4	5	6	7	8	9	10	11	12	13	14	15	16
YH-5	C_{23}	0.37	C_{30}	0.22	1.35	0.32	0.11	0.11	0.57	0.07	41	24	35	0.59	0.38	1.05
YH-2	C_{21}	0.37	C_{30}	1.49	0.95	0.30	0.06	0.13	0.55	0.12	43	23	37	0.46	0.36	0.65
CS-6	C_{23}	0.44	C_{30}	0.53	0.67	0.25	0.08	0.12	0.57	0.06	34	26	40	0.48	0.39	0.50

注：1. 三环萜烷主峰；2. C_{24} 四环萜烷/（C_{24} 四环萜烷+C_{26} 三环萜烷）；3. 藿烷主峰；4. 三环萜烷主峰/藿烷主峰；5. Ts/Tm；6. C_{29}Ts/C_{29} 藿烷；7. C_{30} 重排藿烷/C_{30} 藿烷；8. 伽马蜡烷/藿烷主峰；9. C_{31} 藿烷 22S/（22S+22R）；10. C_{29}-25-降藿烷/C_{30} 藿烷；11. % C_{27} ααα 20R 甾烷；12. % C_{28} ααα 20R 甾烷；13% C_{29} ααα 20R 甾烷；14. C_{29} 甾烷 ααα 20S/（20S+20R）；15. C_{29} 甾烷 αββ/（αββ+ααα）；16. C_{30}-4-甲基甾烷/C_{29} ααα 20R 甾烷

泰山古油藏范围内震旦系与寒武系间存在桐湾运动间断面，灯影组顶部曾遭抬升剥蚀，顶部云岩受强烈溶蚀，形成良好储油空间（图 5-19（b）），其上有寒武系荷塘组黑色泥岩作良好盖层（图 5-20（d）），二者间可形成油藏（图 5-25）。

这种类型的不整合圈闭形成于早寒武世荷塘组沉积后，根据荷塘组富有机质泥岩的热演化史分析，烃源岩的生油主力时期在 O_3—S_1，S_2 后，随地层埋深加大，烃源岩已进入生干气阶段，圈闭中原油逐渐变为沥青，油藏变为古油藏。印支早燕山运动，全区发生强烈褶断，加上中燕山运动后的岩浆活动，古油藏中的沥青高度变质，并抬升地表，已无找油可能。根据沥青的演化史分析，印支运动前古油田内应储集过天然气，但构造运动形成的大量断裂和节理裂缝，使得天然气逸出，从而导致气藏彻底破坏。

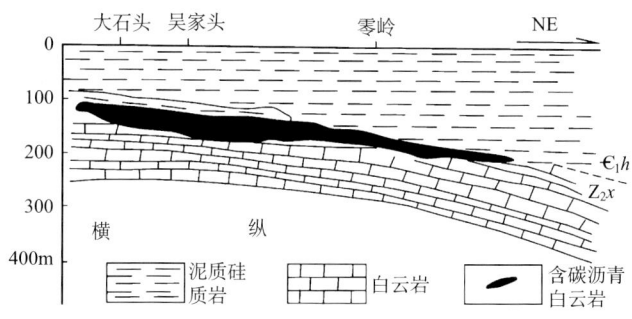

图 5-25 泰山古油藏沥青的聚集空间示意图

此外，浙江江山地区的 1 件奥陶系上统长坞组（O_3ch）沥青样品的有机地球化学分析显示，其反射率为 2.42%，氯仿沥青"A"含量 22.25ppm。与泰山古油藏沥青相比，反射率稍低，氯仿沥青"A"含量大致相当，反映沥青与泰山古油藏沥青类似，也已进入高演化阶段，导致可溶有机质的含量很低，并且由于地层相对较新，所以成熟演化程度低一些。氯仿沥青"A"的碳同位素为-26.19‰，饱和烃、芳烃、非烃、沥青质系列碳同位素分别为-28.45‰、-25.06‰、-25.44‰、-26.11‰，对比泰山古油藏的样品数据，出现较大的差异。仔细对比发现，这种差异实际上主要是由于非烃和沥青质碳同位素的不同所造成的，因此可以推断，在热作用影响下，非烃和沥青质可能具有较大的碳同位素分馏效应。并且结合泰山古油藏样品的 2 组数据，同样显示出随成熟度变高，碳同位素特别是非烃和沥青质的碳同位素逐渐偏轻的趋势。当然，江山奥陶系这件样品可能还与其油源母质的原始碳同位素组成有关，因为随时代变新，有机质的碳同位素总体呈现出变重的趋势，故若该沥青来源于奥陶系，其原始碳同位素组成也应稍重。

含沥青样品的气相色谱和色谱-质谱分析谱图（图 5-26），典型地球化学参数（表 5-3 和表 5-4），与泰山古油藏沥青样品的对比可见，该沥青来源也应是下古生代以低等菌藻类生源为主的烃源岩，所以油气运聚也应具有自生自储特征，这与泰山古油藏的特征是一致的，可能反映了下古生界古油藏沥青均具有自生自储特征。

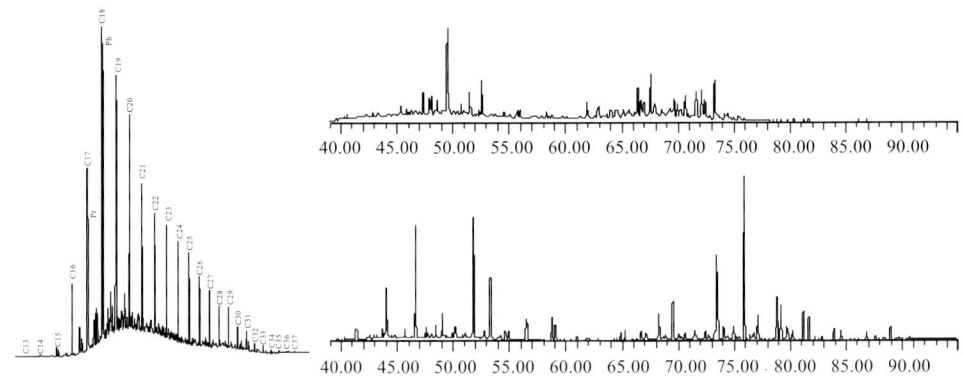

图 5-26　江山古油藏沥青的饱和烃气相色谱（左）和色谱-质谱分析图（右）

研究表明，印支—早燕山运动在本区形成了强烈的挤压改造，中古生界地层产生逆冲、推覆变形，发育有断裂和裂隙。据此，在印支运动前，区域油气应已变质，形成固体，所以无异地运移聚集的实例。实际上，根据烃源岩的热演化史研究，油藏的形成时间为晚奥陶世—早志留世，泥盆纪后，原油已逐渐干枯变成沥青。

5.1.2.2　上古生界油气成因

如图 5-1 和图 5-2 所示，在第一油气区内，除以上已经讨论分析的浙西北古油藏沥青外，还在其他地区广泛发现了油气流、油气显示与储层沥青，特别是二叠系和三叠系是区域海相最重要的两套生烃岩系，油气显示也十分明显。

1. 前二叠系（S—C）油气成因

1）样品

在江苏南京湖山和安徽巢湖地区，广泛出露有海相地层，是下扬子区海相地层的典型发育区。为揭示这套海相地层的地质地球化学特征，迄今为止，已有不少研究者开展了构造、地层、古生物等方面的基础地质研究。然而，对于地层中有机质的研究尚不多见，仅在中国石油地质志以及一些地矿部门的内部科研报告中，有过一些关于基础有机地球化学特征的报道，包括有机质丰度、类型和成熟度等，并据此侧重于讨论生烃潜力，但对其成因及运聚特征的研究较少。

在湖山和巢湖地区采得 6 件样品,为对比分析,其中 1 件样品来自三叠系南陵湖组（T_1n）。湖山地区的 3 件样品分别为坟头组（S_2f）黄绿色石英砂岩、老虎洞组（C_1l）灰白色云质细晶灰岩,以及黄龙组（C_2h）深灰色砂屑灰岩;巢湖地区的 3 件样品分别为坟头组（S_2f）黄绿色岩屑石英砂岩、和州组（C_1h）灰色炉渣状亮晶生屑灰岩,以及南陵湖组（T_1n）深灰色泥晶灰岩。

如图 5-27 所示,通过对薄片进行显微镜下观测,可以发现样品中普遍含有一定数量的有机质,有机质在荧光显微镜下几乎无荧光显示,反映有机质成熟演化程度高。

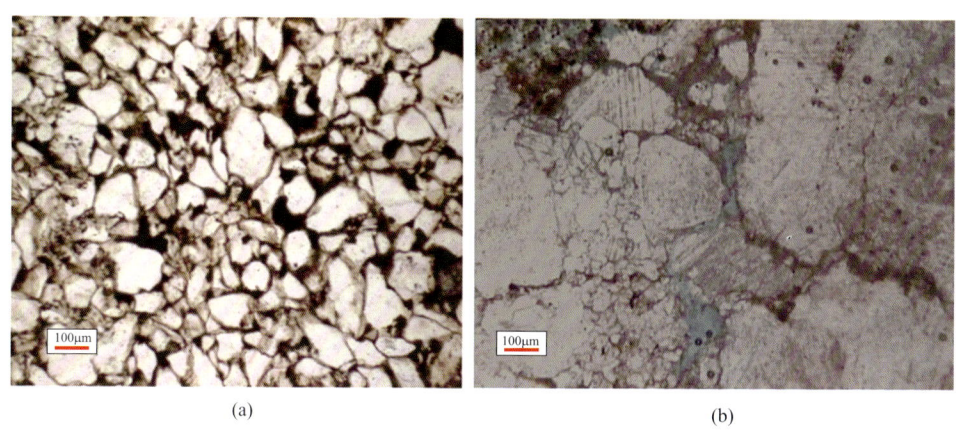

图 5-27　有机质的显微岩石学特征

(a) 湖山地区,坟头组（S_2f）黄绿色石英砂岩,普通岩石薄片,单偏光；(b) 巢湖地区,和州组（C_1h）灰色炉渣状生屑灰岩,蓝色铸体薄片,单偏光

2) 有机质生物标志物特征

有机质饱和烃的气相色谱和色谱-质谱分析结果表明,所有样品中均检出了丰富的正构烷烃、类异戊二烯烷烃以及萜类和甾类化合物。

（1）正构烷烃和类异戊二烯烷烃。

在 6 件样品中,有 5 件的正构烷烃和类异戊二烯烷烃在分布特征上总体比较相似,而 3 号样品,即湖山地区中石炭统黄龙组（C_2h）的深灰色砂屑灰岩比较特殊。

如图 5-28 (a) 所示,5 件特征比较相似的样品,其正构烷烃峰形均为单峰,基线有上隆现象,出现不可辨识峰（UCM）,并且主峰多以低碳峰（C_{16}、C_{18}、C_{19}）为主。相比而言,在 3 号样品中,虽然正构烷烃基线也有上隆,这与前述 5 件样品的特征类似,但正构烷烃出现了双峰（C_{20}、C_{27}）（图 5-28 (b)）。

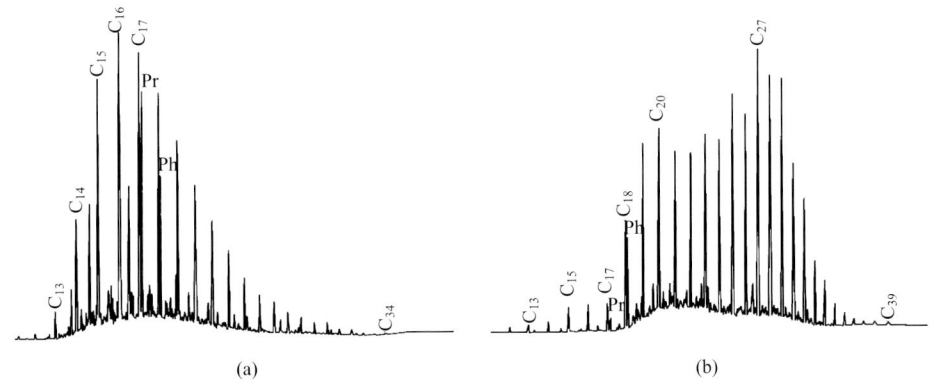

图 5-28 有机质的正构烷烃和类异戊二烯烷烃分布特征

（a）巢湖地区，下三叠统南陵湖组（T_1n）深灰色泥晶灰岩；（b）湖山地区，中石炭统黄龙组（C_2h）深灰色砂屑灰岩

表 5-5 列出了典型的正构烷烃和类异戊二烯烷烃地球化学分析参数，6 件样品的 OEP 值均在 1.0 左右，Pr/nC_{17} 为 0.63～1.18，Ph/nC_{18} 为 0.89～2.45，Pr/Ph 为 0.18～1.47。

表 5-5 有机质的正构烷烃和类异戊二烯烷烃分析参数

序号	剖面	地层	岩性描述	主峰碳	奇偶优势	姥鲛烷/正十七烷	植烷/正十八烷	姥鲛烷/植烷
					OEP	Pr/nC_{17}	Ph/nC_{18}	Pr/Ph
1	南京湖山	S_2f	黄绿色石英砂岩	nC_{18}	0.96	1.18	2.45	0.39
2	南京湖山	C_1l	灰白色云质细晶灰岩	nC_{19}	1.03	0.86	1.40	0.24
3	南京湖山	C_2h	深灰色砂屑灰岩	nC_{20}、nC_{27}	1.18	0.79	1.15	0.18
4	安徽巢湖	S_2f	黄绿色岩屑石英砂岩	nC_{19}	0.98	0.71	1.26	0.17
5	安徽巢湖	C_1h	灰色炉渣状亮晶生屑灰岩	nC_{19}	1.01	0.63	0.94	0.29
6	安徽巢湖	T_1n	深灰色泥晶灰岩	nC_{16}	0.94	1.03	0.89	1.47

（2）萜烷。

与正构烷烃和类异戊二烯烷烃的分布特征有些类似，在所分析的 6 件样品中，也是有 5 件样品的分布特征总体比较相似，而另外 1 件有所不同，但这件样品不是 3 号样品，而是 6 号样品，即来自巢湖南陵湖组（T_1n）的深灰色泥晶灰岩（图 5-29，表 5-6）。

5 件萜烷分布特征类似的样品中均检出了三环萜烷、四环萜烷和五环三萜烷（藿烷）系列，并且还发现了 25-降藿烷系列（图 5-29（a））。三环萜烷系列碳

数分布范围 C_{19}~C_{29}，主要以 C_{23} 为主峰，仅 5 号样品以 C_{21} 为主峰；四环萜烷检出了 C_{24} 和 C_{25} 两种化合物，藿烷系列碳数分布 C_{27}~C_{35}，以 C_{30} 为主峰，检出了伽马蜡烷和 C_{30} 重排藿烷（图 5-29（a））。

相比而言，图 5-29（b）中，在巢湖地区南陵湖组 6 号样品中，三环萜烷、四环萜烷和五环三萜烷（藿烷）系列的分布不甚完整，无降藿烷系列检出，藿烷系列以 C_{30} 重排藿烷为主峰，这与前述 5 件样品的特征明显不同。

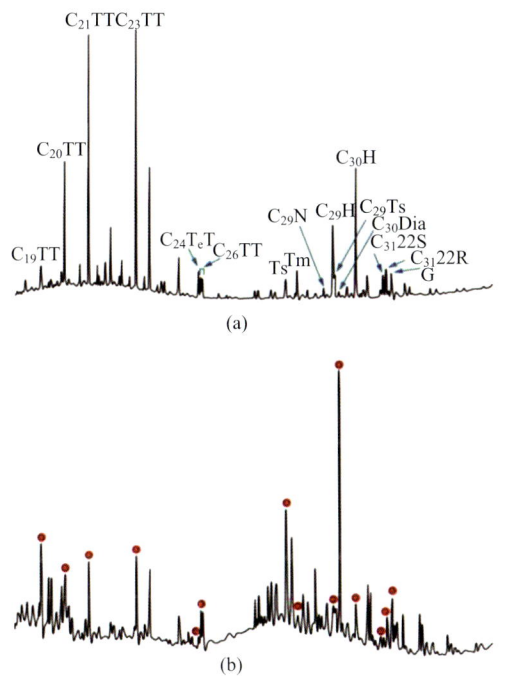

图 5-29 有机质的萜烷类分布

（a）样品来自湖山地区，中志留统坟头组（S_2f）黄绿色石英砂岩；（b）样品来自巢湖地区，下三叠统南陵湖组（T_1n）深灰色泥灰岩

（3）甾烷。

与萜烷系列的分布特征类似，在所分析的 6 件样品中，也是 6 号样品的特征比较特殊，而其他 5 件样品的特征大体相似。在 5 件特征相似的样品中，甾烷系列检出的主要成分是规则甾烷 C_{27}~C_{29}，重排甾烷 C_{27}~C_{29}，孕甾烷 C_{21}，升孕甾烷 C_{22}，以及 C_{30}-4-甲基甾烷，规则甾烷 C_{27}-C_{28}-C_{29} 呈"V"字形分布，并以 C_{27} 甾烷含量相对最高（图 5-30（a），表 5-6）。相比而言，6 号样品中虽然也检出了规则甾烷、重排甾烷、孕甾烷和升孕甾烷系列，规则甾烷 C_{27}-C_{28}-C_{29} 也呈"V"字形分布，但是以 C_{29} 甾烷含量相对最高，并且未检出 C_{30}-4-甲基甾烷（图 5-30（b），表 5-6）。

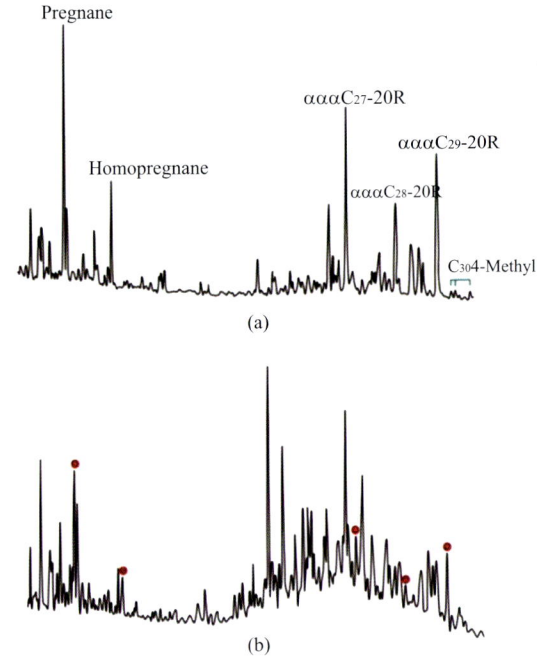

图 5-30 有机质的甾烷类分布

（a）样品来自湖山地区，中志留统坟头组（S_2f）黄绿色石英砂岩；（b）样品来自巢湖地区，下三叠统南陵湖组（T_1n）深灰色泥灰岩

表 5-6 有机质的萜烷和甾烷类分析参数

样号	萜烷										甾烷					
	1	2	3	4	5	6	7	8	9	10	11	12	13	14	15	16
1	C_{23}	0.36	C_{30}	1.34	0.66	0.19	0.06	0.24	0.46	0.12	38	28	34	0.34	0.30	0.18
2	C_{23}	0.40	C_{30}	0.58	0.93	0.30	0.07	0.16	0.55	0.12	43	24	33	0.38	0.32	0.34
3	C_{23}	0.36	C_{30}	0.31	0.90	0.24	0.07	0.12	0.55	0.09	39	26	35	0.48	0.34	0.61
4	C_{23}	0.36	C_{30}	0.61	0.86	0.31	0.07	0.18		0.17	41	26	33	0.46	0.37	0.33
5	C_{21}	0.40	C_{30}	1.85	0.97	0.25	0.07	0.18	0.52	0.16	44	24	32	0.41	0.33	0.32
6	C_{23}	0.16	C_{30} 重排	0.24	5.82	0.80	6.12	0.24	0.21	—	35	17	48	0.45	0.46	/

注：1. 三环萜烷主峰；2. C_{24} 四环萜烷/（C_{24} 四环萜烷+C_{26} 三环萜烷）；3. 藿烷主峰；4. 三环萜烷主峰/藿烷主峰；5. Ts/Tm；6. C_{29}Ts/C_{29} 藿烷；7. C_{30} 重排藿烷/C_{30} 藿烷；8. 伽马蜡烷/藿烷主峰；9. C_{31} 藿烷 22S/（22S+22R）；10. C_{29}-25-降藿烷/C_{29} 藿烷；11. % C_{27} $\alpha\alpha\alpha$ 20R 甾烷；12. % C_{28} $\alpha\alpha\alpha$ 20R 甾烷；13. % C_{29} $\alpha\alpha\alpha$ 20R 甾烷；14. C_{29} 甾烷 $\alpha\alpha\alpha$ 20S/（20S+20R）；15. C_{29} 甾烷 $\alpha\beta\beta$/（$\alpha\beta\beta$+$\alpha\alpha\alpha$）；16. C_{30}-4-甲基甾烷/C_{29} $\alpha\alpha\alpha$ 20R 甾烷

3）讨论

（1）有机质来源及其运聚特征。

研究样品中的有机质已普遍进入高演化阶段（图5-27），而有机质在高演化阶段，很多生物标志物参数会因"趋同化"而失去生源指示意义。尽管如此，甾烷类参数仍可以较好地反映有机质生源特征。

（a）甾烷反映的有机质来源特征

规则甾烷 C_{27}、C_{28}、C_{29} 的相对含量是判断有机质母质来源的重要指标，通常认为 C_{27} 和 C_{28} 甾烷来源于低等植物，而 C_{29} 甾烷与高等植物的关系较大。如图5-30和表5-6所示，6件样品的规则甾烷 C_{27}、C_{28}、C_{29} 分布特征大致可以分为两类，一类以 C_{27} 和 C_{28} 甾烷为主，包括1～5号样品，另一类以 C_{29} 甾烷为主，为6号样品。因此，6号三叠系样品有机质中的高等植物输入量高于1～5号样品，而1～5号样品中的低等植物输入量较高。

C_{30}-4-甲基甾烷通常被认为是反映低等藻类输入的指征性甾烷类化合物。1～5号样品中检出了丰度不等的甲基甾烷，而6号样品中未检出（图5-30，表5-6），据此，1～5号样品中藻类的来源含量较高，这与规则甾烷 C_{27}、C_{28}、C_{29} 相对含量的判识一致。

实际上，从沉积环境演化来看，至三叠纪时，本区正从海相向陆相环境转变，因此，有机质中高等植物的输入量逐渐增高。这说明应用甾烷进行有机质生源特征判识是有效的，同时表明即使在有机质的高过成熟演化情况下，甾烷类仍可以用来反映有机质的母源输入特征。

（b）正构烷烃反映的有机质来源特征

正构烷烃的碳数分布通常可以用来反映有机质的来源与沉积环境，一般认为，低碳数的正构烷烃反映低等浮游生物和细菌等生源，而高碳数正构烷烃则与高等植物的关系较大。研究区6件样品的正构烷烃分布总体以前主峰为主，仅3号样品中出现了双主峰，另一主峰为 nC_{27}（图5-28，表5-5），这说明有机质的来源总体以低等生物和细菌类为主，3号样品中可能存在一定含量高等植物的输入。这与前述通过甾烷的认识不甚一致。实际上，鉴于本区有机质的热演化程度高，而在高演化背景下，高碳数部分的正构烷烃易裂解成低碳数，所以仅根据正构烷烃的碳数分布，不易确定有机质母源特征。

（c）萜烷类反映的有机质来源特征

通常认为，三环萜烷的前身可能是低等藻类，而五环三萜烷（藿烷）类的前身可能是细菌，因此，通过三环萜烷和五环三萜烷的相对比例，可以定性-半定量地反映有机质的来源特征，但有研究发现，随成熟度的升高，五环三萜烷有向三环萜烷裂解的趋势，从而造成这一参数逐渐变大，给解释带来了不确定性。因此，尽管这一参数在 6 件样品中有差异（表 5-6），但由于有机质的热演化程度较高，所以与正构烷烃的碳数分布类似，用来分析有机质的母源特征就具有不确定性。

具体到三环萜烷的主峰，均主要以 C_{23} 为主，仅 5 号样品以 C_{21} 为主峰，表明海相地层中的低等藻类生源有机质类型基本相似。

属于五环三萜烷类化合物的藿烷，其主峰在 6 号样品中为 C_{30} 重排藿烷，而其他 5 件样品中均为 C_{30} 藿烷。C_{30} 藿烷占优势的藿烷类分布形式比较常见，而 C_{30} 重排藿烷的检出通常认为与高等植物有机质有关。例如，在川中石龙场的侏罗系原油中，重排藿烷丰度非常高，反映油源母质来自于氧化环境中的陆源有机质。因此 6 号样品中的高等植物有机质输入较其他 5 件样品要高。这与应用甾烷分析得出的认识一致。

藿烷类化合物 Ts 和 Tm 也可用来反映有机质的母源输入，并且 Ts 的成因可能与 C_{30} 重排藿烷以及 C_{29}Ts 具有一致性。这 3 个参数均是在 6 号样品中最高，进一步反映 6 号样品中的高等植物有机质输入较其他 5 件样品要高。

（d）有机质的运聚特征

以上分析可见，有机质均主要来自于同层的富有机质沉积岩，因此有机质也就具有自生自储特征。

（2）有机质的沉积环境。

类异戊二烯烷烃类的姥鲛烷（Pr）和植烷（Ph）是常用的沉积环境标志物，通常在强还原、高含盐的环境中，具有强烈的植烷优势；反之，在氧化环境中则具有强烈的姥鲛烷优势，另外，Pr/nC_{17} 和 Ph/nC_{18} 也可用于判断沉积环境。6 件研究样品的 Pr/nC_{17}-Ph/nC_{18}-Pr/Ph 三端元分布图（图 5-31），6 号样品与其他 5 件样品具有不同的沉积环境特征，其 Pr/Ph 比 1.47 为所有样品中最高的（表 5-5），反映其有机质的沉积环境相对氧化，这与其有机质生源组成中高等植物的含量高相一致。

C_{30} 重排藿烷、Ts 以及 C_{29}Ts 除了如上分析可用于反映有机质来源特征外，还可以反映沉积环境，并且通常认为其与富含黏土催化作用的氧化环境有关。6 件样品的这 3 个化合物丰度均以 6 号样品为最高，说明其有机质沉积环境最为氧化，这与图 5-31 所反映的结果一致。

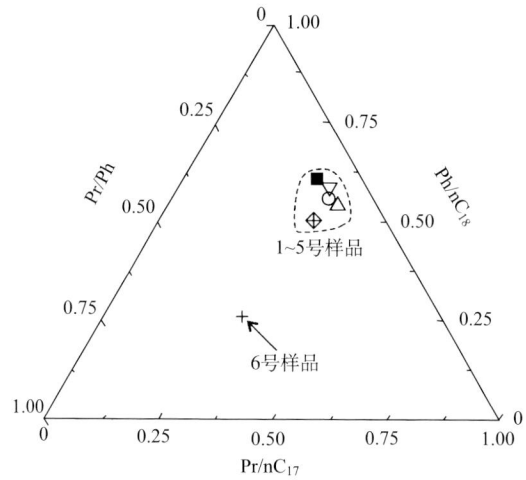

图 5-31　有机质的 Pr/nC_{17}-Ph/nC_{18}-Pr/Ph 三端元分布图

藿烷类化合物中的 25-降藿烷通常被认为反映了生物降解现象，25-降藿烷指数（C_{29}-25-降藿烷/C_{29} 藿烷比值）若较低（通常低于 0.55），则多与有机质来源中的细菌类母质有关。6 件研究样品中仅 6 号样品未发现 25-降藿烷，其他 5 件样品的 25-降藿烷指数分布于 0.09～0.17，反映 6 号样品中有机质的环境较为氧化，这与前述认识一致。

伽马蜡烷通常被用来指示沉积环境的盐度。6 件样品中均检出了一定丰度的伽马蜡烷，伽马蜡烷/藿烷主峰的比值分布在 0.12～0.24，反映水体盐度正常。

（3）有机质的成熟度。

根据镜下显微观测，有机质已普遍进入高成熟演化阶段（图 5-27）。下扬子湖山和巢湖地区位于长江断裂破碎带内，区内构造活跃、岩浆活动频繁，已有油气显示，以沥青为主，因此，有机质的高演化可能与火山-岩浆活动有关。

然而，生物标志物参数反映的结果却不同。通常认为，在众多可以表征有机质热演化程度的生物标志物参数中，C_{29} 甾烷 20S/（20S+20R）、C_{29} 甾烷 αββ/（αββ+ααα），以及 C_{31} 藿烷 22S/（22S+22R）比较常用，其成熟平衡值（R_o 在 1.0% 左右）分别为 0.52～0.55、0.67～0.71、0.60。据此，6 件样品均基本进入成熟窗，但尚未到达平衡值（表 5-6）。对于这种矛盾，国内外实际上也已有过类似报道，原因可能是因为在高-过成熟阶段，因矿物的催化作用，使得 S 构型比 R 构型、ββ 构型比 αα 构型生物标志化合物的裂解速率更快。因此，在有机质的高-过成熟演化阶段，这几个常用的生物标志物成熟度指标可能发生了"倒转"。此外，正构烷烃化合物的 OEP 值在 1.0 左右（表 5-5），反映这些样品均已成熟。有研究报道，在异常热作用影响下，OEP 值会大为减小，表现出偶碳优势。但本次工作所研究的样品未发现此特征，这说明正构烷烃的分布所受影响因素复杂，因此，OEP 值在有机质高-过成熟时，也不宜用来分析成熟度。

2. 二叠系油气成因

下扬子地区二叠系的油气显示主要集中在萍乐拗陷、苏南句容盆地、浙皖长兴—广德地区。

根据二叠系龙潭组原油及煤的族组成对比（表 5-7），龙潭组煤系砂岩中原油的族组成以饱和烃为主，沥青质含量极低，其饱和烃+芳烃高达 96.8%。一般认为煤系成油的饱和烃含量在 50%～80%。这是由于煤层和煤系泥岩的吸附能力强和大量的微孔隙，致使非烃和沥青质这部分结构复杂、分子质量大的物质难以从煤系中运移出来，从而导致煤系成油组分中非烃和沥青质含量低，而饱和烃和芳烃含量相对较高。与此形成鲜明对比的是，煤和相应泥岩中的氯仿沥青"A"的族组分，一般具有沥青质>非烃>芳烃>饱和烃的组成关系（表 5-7），沥青质+非烃大于 50%，这是煤成油母岩（煤+泥岩）的一般特征。上述龙潭组原油及煤的族组成关系表明，二叠系龙潭组的原油来自于龙潭组煤系本身的煤或泥岩，因此油气具有自生自储特征。

表 5-7 二叠系龙潭组原油及煤的族组成对比表

矿区	岩性	"A"/%	饱和烃	芳烃	非烃	沥青质	饱/芳	T_{max}/℃	备注
乐探 1 井	油	—	78.01	13.02	1.07	7.89	5.99	—	有流油现象
鸣 6-4 井	油	—	80.1	16.7	1	2.2	4.8	—	
江苏古洞	一煤	1.61	14	28.8	28	29.2	0.49	439	
江苏古洞	二煤	0.81	18.8	27.5	25.6	28.1	0.68	443	
江苏小力山	三煤	6.84	23.8	31.1	28.1	17	0.77	439	
浙皖长广	C_2煤	3.09	12.8	24.6	13.2	49.3	0.52	451	
浙皖长广	C_2煤	4.47	9.2	24.7	18.4	50.6	0.42	446	
安徽新田	C煤	2.26	15.3	36	20.3	28.4	0.43	480	
江西鸣山	B_3煤	1.58	12	24.1	17.9	46	0.5	442	
江西鸣山	B_2煤	1.39	10.5	28.1	25	36.4	0.37	443	
江苏古洞	油	—	40.1	22.1	18.5	19.4	1.81	—	砂岩流油
江苏小历山	油	—	27.6	22.6	32.1	17.7	1.22	—	
浙皖长广	油	—	36.6	16.6	45.4	1.4	2.2	—	
浙皖长广	油	—	46.3	15.6	37.4	0.7	2.97	—	
安徽新田	油	—	62.2	11.8	23.6	2	5.27	—	
乐平 6-4 孔	油	—	74.4	11.9	8.1	5.7	6.25	—	

续表

矿区	岩性	"A"/%	饱和烃	芳烃	非烃	沥青质	饱/芳	T_{max}/℃	备注
江苏川外埠	C煤	8.35	7.7	24.8	14.7	52.8	0.31	451	
江苏白泥场	C煤	4.62	9.7	17.2	7.5	65.6	0.56	450	无流油
江西桥头丘	B_5煤	3.56	3.8	19.7	15.5	61	0.19	441	

原油饱和烃的碳数分布为$C_{12} \sim C_{33}$，主峰碳$C_{15} \sim C_{18}$，CPI值一般低于1.30，奇偶优势不明显（表5-8，图5-32），以低碳数饱和烃为主，C_{21}^-/C_{22}^+值大于1.5，反映为煤系油源的特征。二叠系煤系岩石样品除水1井S1-83、S1-62、S1-106、S1-117等4个样品、七宝山剖面QBS-9样品、宜春松山SS-5样品等个别样品外，大部分岩石样品的碳数分布为$C_{14} \sim C_{39}$，主峰碳多为$C_{18} \sim C_{19}$，OEP低于1.20，奇偶优势总体来看不明显，以低碳数饱和烃为主，C_{21}^-/C_{22}^+值远大于1（图5-33）。煤系烃源岩特征与原油特征相似，说明二叠系原油具有自生自储特征。

表5-8 油、岩饱和烃气相色谱对比参数

矿区	岩性	碳数分布	主峰碳	OEP	Pr/Ph	Pr/nC$_{17}$	Pr/nC$_{18}$	C_{21}^-/C_{22}^+
江苏古洞	油	$C_{14} \sim C_{33}$	C_{18}	0.96	0.65	0.86	1.08	1.6
浙皖长广	油	$C_{14} \sim C_{33}$	C_{18}	1.0	1.37	0.88	0.58	1.59
浙皖长广	油	$C_{14} \sim C_{30}$	C_{17}	1.08	1.54	0.89	0.65	3.61
安徽新田	油	$C_{12} \sim C_{33}$	C_{15}	1.02	1.02	0.66	0.63	3.57
乐平6-4孔	油	$C_{12} \sim C_{33}$	C_{15}	1.02	2.55	0.41	0.22	9.31
CSL-3	碳质泥岩	$C_{14} \sim C_{34}$	C_{19}	1.13	0.55	0.813	0.84	2.64
QBS-8	泥岩	$C_{15} \sim C_{36}$	C_{18}	0.70	0.21	1.032	1.37	1.61
QBS-9	泥岩	$C_{15} \sim C_{37}$	C_{20}	0.90	0.16	1.17	1.36	0.77
QBS-12	灰岩	$C_{14} \sim C_{37}$		0.63	0.33	1.09	1.36	2.74
QBS-13	泥页岩	$C_{14} \sim C_{18}$		0.72	0.47	1.41	1.67	3.71
QBS-15	泥页岩	$C_{15} \sim C_{34}$		0.59	0.37	1.38	1.54	4.43
QBS-16	灰岩	$C_{15} \sim C_{37}$	C_{18}	0.66	0.23	1.17	1.49	1.64
QBS-23	碳质泥岩	$C_{14} \sim C_{35}$	C_{18}	0.52	0.27	1.24	1.24	2.64
QBS-24	碳质泥岩	$C_{15} \sim C_{34}$	C_{18}	0.74	0.43	1.49	1.78	7.29
QBS-28	灰岩	$C_{14} \sim C_{35}$	C_{19}	1.0	0.18	1.19	1.69	2.15
QBS-29	灰岩	$C_{14} \sim C_{35}$	C_{18}	0.70	0.18	1.02	1.43	1.76
QBS-30	灰岩	$C_{15} \sim C_{36}$	C_{18}	0.672	0.18	1.32	1.70	2.19

续表

矿区	岩性	碳数分布	主峰碳	OEP	Pr/Ph	Pr/nC_{17}	Pr/nC_{18}	C_{21}^-/C_{22}^+
Lp-1	泥岩	$C_{13}\sim C_{39}$	C_{18}	0.97	1.88	0.88	0.41	1.09
Lp-24	煤	$C_{14}\sim C_{38}$	C_{19}	1.09	2.75	2.30	0.64	1.51
Lp-36	泥岩	$C_{15}\sim C_{37}$	C_{20}	0.96	0.19	1.59	1.31	1.07
S1-83	泥岩	$C_{15}\sim C_{38}$	C_{23}	1.07	0.16	1.61	1.13	0.47
S1-62	泥岩	$C_{15}\sim C_{36}$	C_{20}	0.99	0.05	0.95	1.30	0.85
S1-117	泥岩	$C_{16}\sim C_{38}$	C_{23}	1.03	0.08	0.74	1.01	0.42
S1-106	泥岩	$C_{15}\sim C_{37}$	C_{21}	1.05	0.09	0.62	1.08	0.51
Lp-13	树皮煤	$C_{14}\sim C_{32}$	C_{17}	0.99	5.70	2.48	0.50	2.02
SS-5	碳质泥岩	$C_{14}\sim C_{38}$	C_{20}	0.83	0.19	0.63	1.023	0.76
SS-13	泥岩	$C_{14}\sim C_{37}$	C_{18}	0.33	0.22	1.50	0.83	3.75
SS-14	碳质泥岩	$C_{15}\sim C_{32}$	C_{18}	0.37	0.44	1.44	0.98	17.91
SS-16	泥岩	$C_{14}\sim C_{36}$	C_{18}	0.39	0.32	1.38	0.94	4.51
SS-18	泥岩	$C_{14}\sim C_{36}$	C_{18}	0.34	0.27	1.30	0.82	3.41
JGS-47	B_4煤	$C_{14}\sim C_{36}$	C_{20}	0.47	0.08	0.67	0.77	1.02

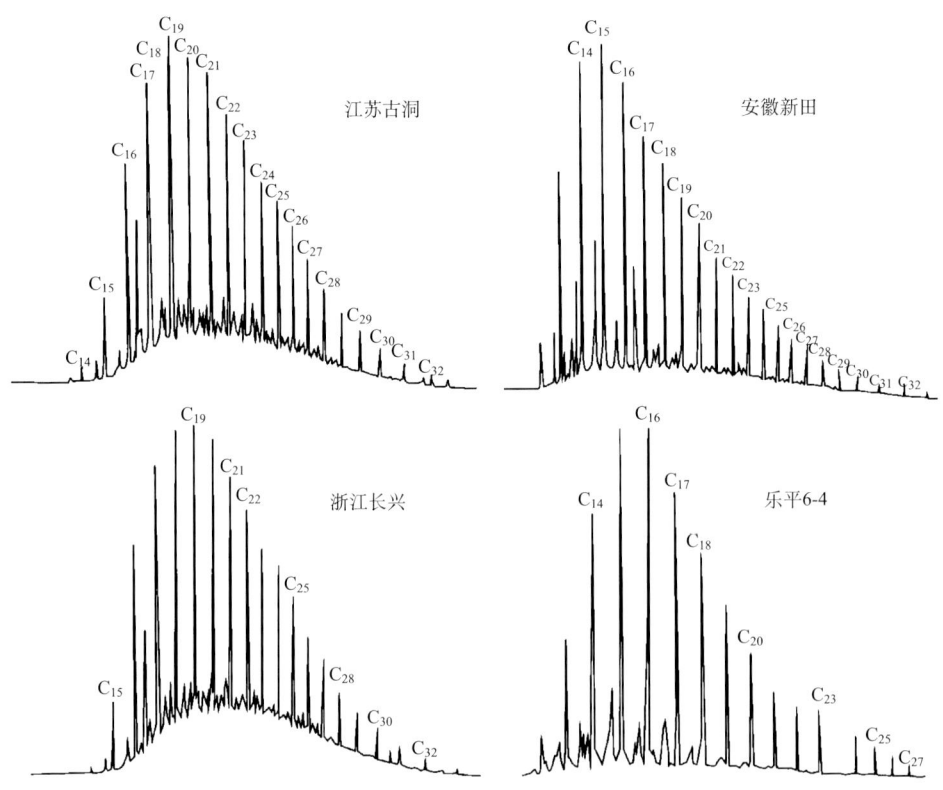

图 5-32 下扬子地区二叠系原油饱和烃气相色谱图

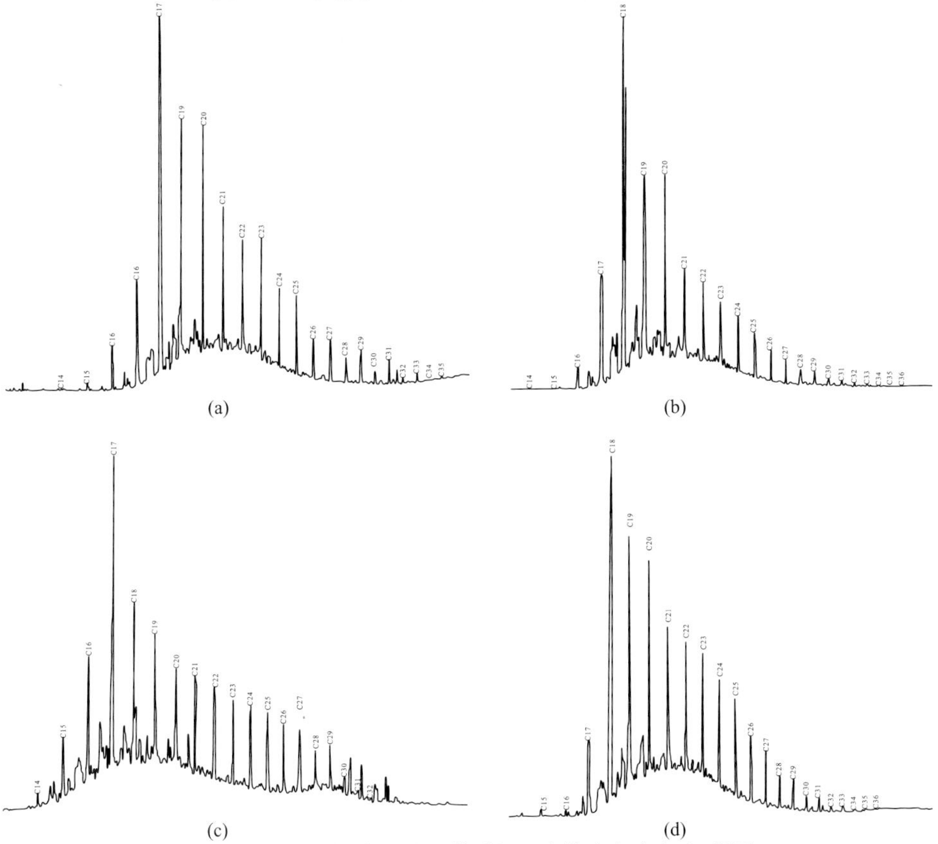

图 5-33 萍乐拗陷二叠纪煤系烃源岩饱和烃气相色谱图
（a）QBS-23 泥岩；（b）SS-16 泥岩；（c）Lp-13 树皮煤；（d）QBS-30 灰岩

原油和煤抽提物的萜烷、甾烷的分布特征相似（图 5-34），也表明二叠纪煤系是主要的油源岩，原油具有自生自储特征。

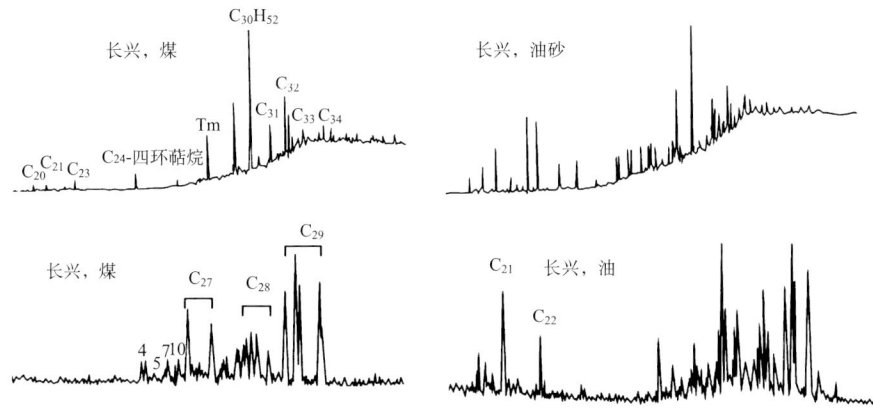

图 5-34　二叠纪煤系源岩和原油的生标对比谱图

此外，随着碳数增加，原油与树皮体热解产物的正构烷烃的 $\delta^{13}C$ 值均降低，原油与煤系腐殖型烃源岩正构烷烃碳同位素模式相似（图 5-35），反映浙皖、萍乐地区树皮煤成油的特征。

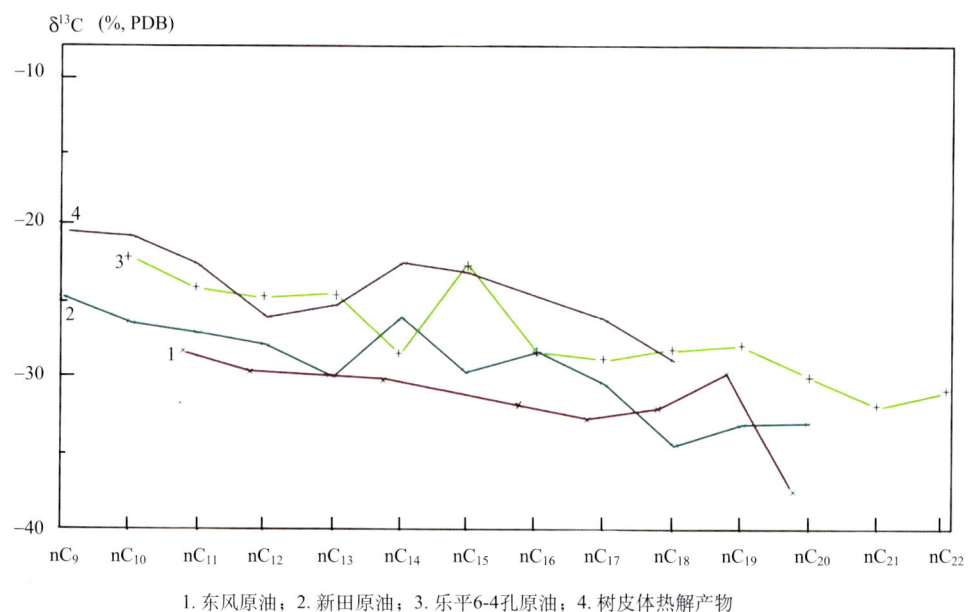

1. 东风原油；2. 新田原油；3. 乐平6-4孔原油；4. 树皮体热解产物

图 5-35　煤系地层原油和树皮体热解产物正构烷烃碳同位素分布特征图

根据上述油岩的族组分对比、饱和烃气相色谱对比、饱和烃色谱-质谱对比，以及正构烷烃碳同位素特征对比等，可见萍乐拗陷、浙皖长兴—广德地区二叠纪煤系地层中的原油为自生自储原油，龙潭组（或乐平组）煤系是重要的烃源岩。

3. 三叠系油气成因与运聚特征

三叠纪的油气主要发现于苏南—浙皖煤矿的下三叠统青龙群灰岩中，油源对比结果认为，油气主要来源于下三叠统青龙灰岩及页岩（罗璋等，1996），此外，也有观点认为，油源主要来自于二叠系，可能有部分三叠系的贡献（宫色等，2007）。近年来，在萍乐拗陷上三叠统安源组地层中也发现有油气显示，如在萍乐拗陷西部高安灰埠曦岭 304 孔安源组底部发现黑色稠油。

萍乐拗陷樟树简家 3803 井中，在泥岩裂隙中发现了油滴和沥青（图 5-36）。简家 3803 井钻孔深度现为 776.1m，红层厚约 260m，晚白垩世红层不整合于三叠系安源组煤系之上。安源组主要为暗色泥岩和碳质泥岩，泥岩占 2/3 以上，达 520m 厚，以暗色泥岩为主，局部夹煤线，黄铁矿十分发育，有大量的成层分布贝壳类

第五章　典型区块油气地质特征与勘探前景

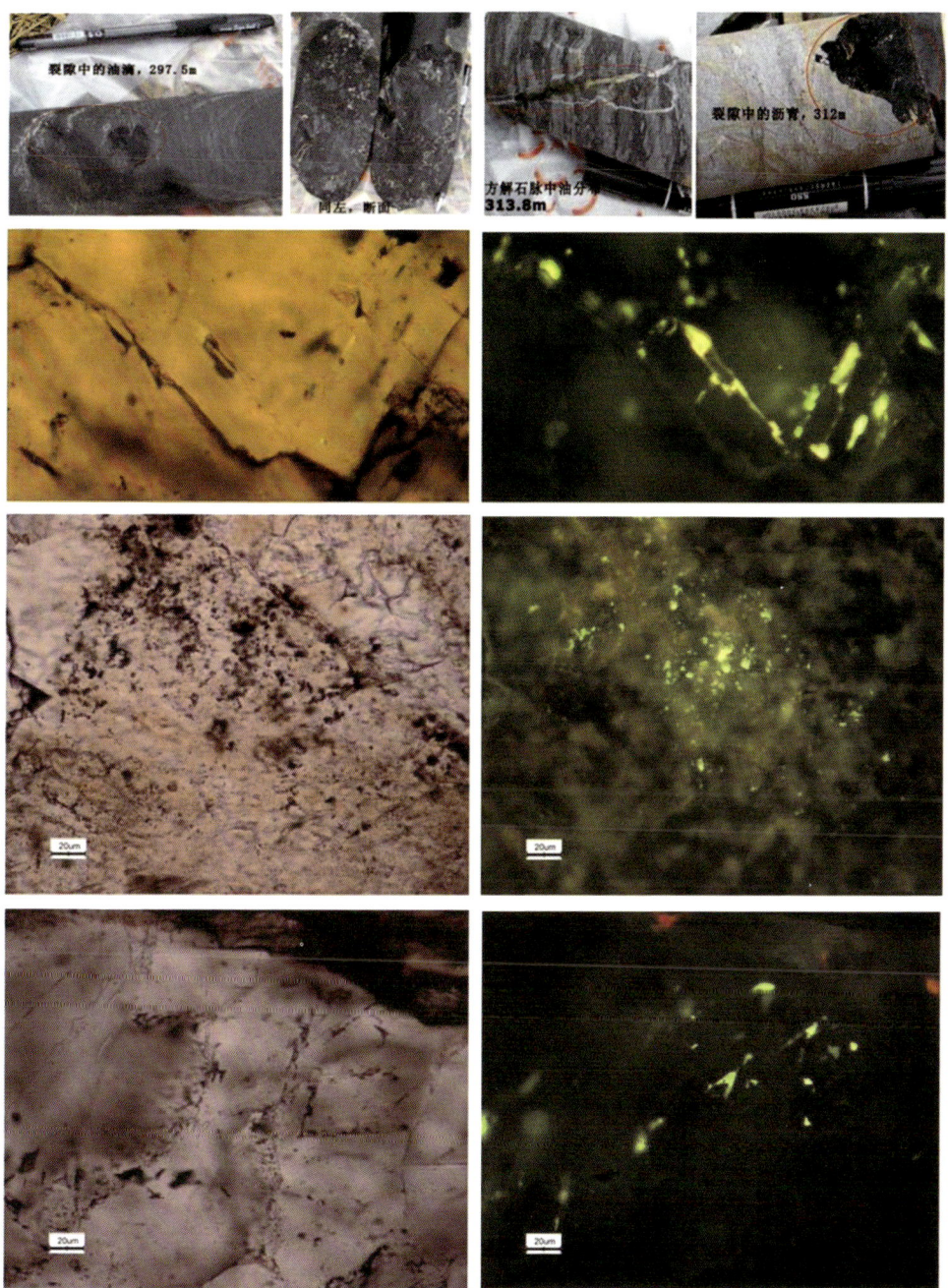

图 5-36　简家 3803 井安源组的油气及油气包裹体

动物化石。因此，岩心观测及有机地球化学测试结果表明安源组煤系是很好的烃源岩。

1）简家3803井油气成因与运聚特征

为查明简家3803井油气来源，对5个含有方解石脉和油气包裹体的样品进行了群体包裹体成分分析。所采用的基本方法是：将样品手工破碎成合适粒级，挑选出一定重量没有被周围泥岩污染的富含油气包裹体的脉；抽提自由态可溶油气组分，用氯仿抽提72h以上，获得脉中油迹、油斑等游离态的氯仿沥青"A"，进行有机地球化学分析；用双氧水-二氯甲烷/甲醇超声抽提，至抽提液GC-MS分析检查无杂质峰为止，去除无机矿物杂质和抽提吸附态有机质，将吸附态烃进行有机地球化学分析；运用球磨仪采用离线方法提取出群体包裹体中的气态烃（C_1～C_5）、轻烃（C_6～C_{15}）和重质烃类（氯仿沥青 A，C_{15}^+）进行相关色谱、色谱-质谱及同位素分析（图5-37）。

群体包裹体实验获得了游离态烃和包裹体态烃，将游离态烃和包裹体态烃的有机地球化学特征与样品所在泥岩氯仿沥青"A"的相关地球化学特征进行对比，可以查明样品中游离烃的来源、包裹体烃的来源，进而得出其与安源组烃源岩可能具有的关系。

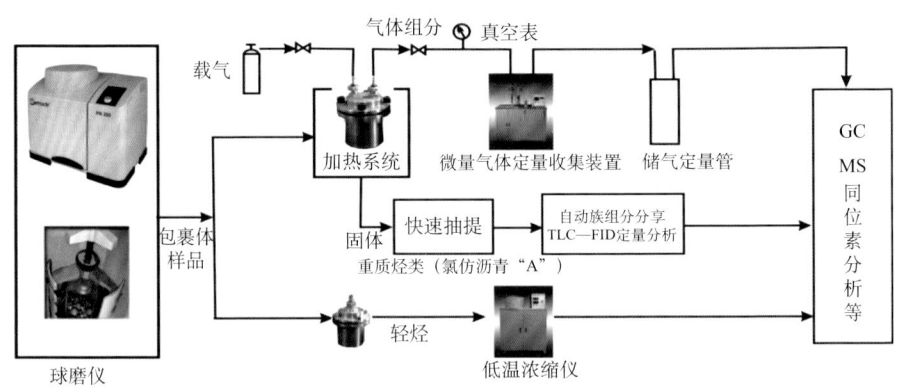

图5-37 群体油气包裹体成分制备仪原理结构图

全岩、游离烃及包裹体烃的氯仿沥青"A"、饱和烃、芳烃、非烃和沥青质等组分的碳同位素结果表明，游离烃和包裹体烃中$\delta^{13}C_{饱和烃}$=-31.0‰～-27.5‰，$\delta^{13}C_{芳烃}$=-28.5‰～-27.5‰，反映属于含腐殖腐泥型干酪根类型，与该区安源组源岩碳同位素较为接近，具有较好的可比性；氯仿沥青"A"及其族组分碳同位素的可比性也较好（图5-38）。

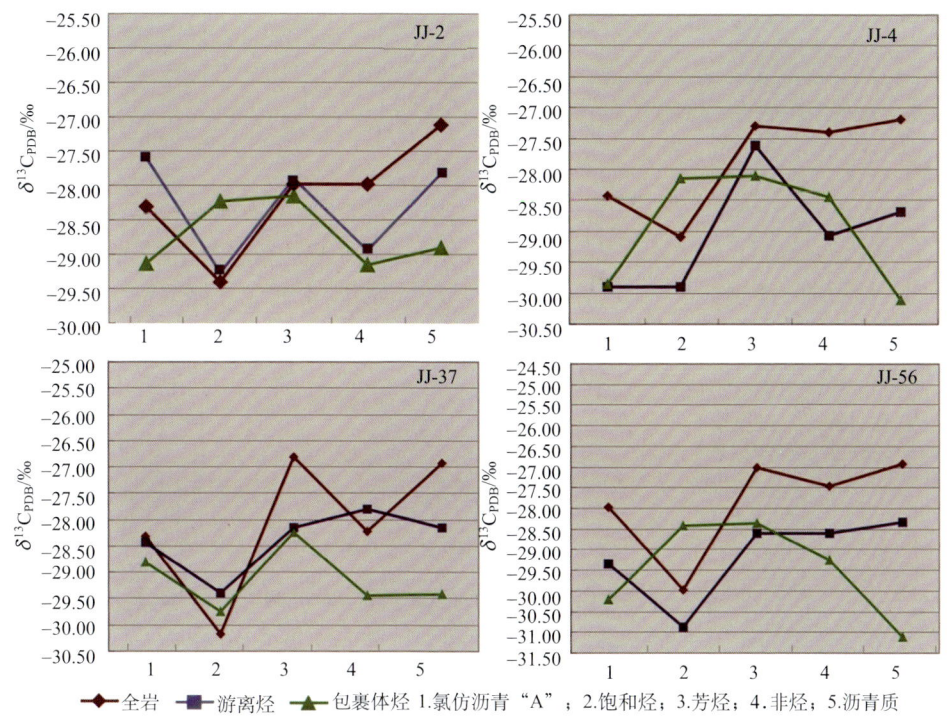

图 5-38　简家 3803 井钻孔全岩、游离烃、包裹体烃碳同位素对比图

饱和烃色谱分析表明，不论是泥岩，还是游离烃和包裹体烃，其正构烷烃主要为单峰型（图 5-39，表 5-9）。并且除 JJ-2 泥岩和游离烃的主峰碳为 C_{18} 外，其余泥岩、游离烃和包裹体烃的主峰碳为 $C_{20} \sim C_{25}$，均显示以陆源高等植物有机质来源为主。碳数分布范围变化不大，基本分布在 $C_{13} \sim C_{41}$，正构烷烃气相色谱普遍不显示奇偶碳优势，奇偶优势指数（OEP）主体分布范围为 0.92～1.06，反映有机质热演化处于成熟演化阶段。类异戊二烯烷烃中，样品姥植比（Pr/Ph）均小于 1.0（表 5-9），反映厌氧、强还原、咸化的沉积或早成岩环境。上述特征表明，从气相色谱看，游离烃、包裹体烃不论是正构烷烃分布特征，还是类异戊二烯烷烃姥植比（Pr/Ph），均与泥岩有较好的可比性。

从饱和烃色谱-质谱谱图（图 5-40，图 5-41）看，简家 3803 井游离烃和包裹体烃甾烷、萜烷碳数分布特征均与泥岩样品一致，可比性好，反映简家 3803 井的油气和包裹体中的油气均主要来源于三叠系安源组煤系泥岩。

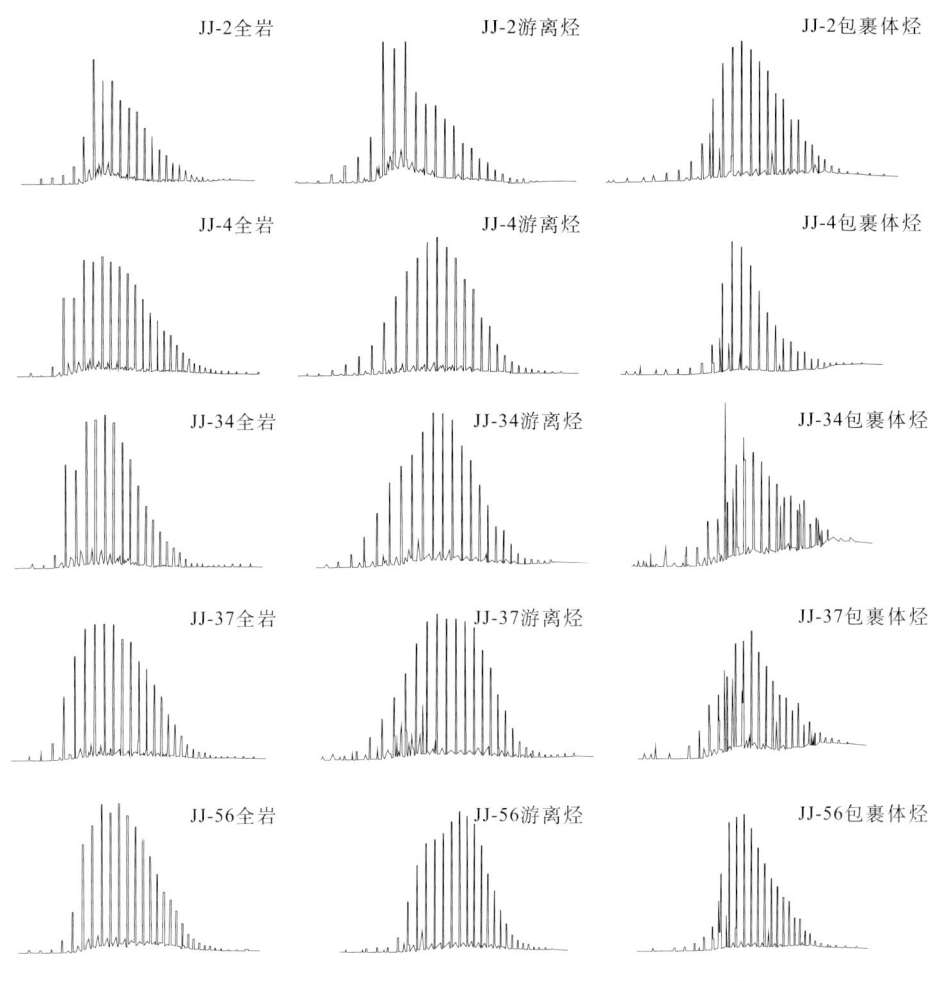

图 5-39　简家 3803 井泥岩、游离烃和包裹体烃饱和烃色谱谱图

表 5-9　简家 3803 井安源组泥岩、游离烃和包裹体烃饱和烃气相色谱地球化学参数

样品	碳数范围	主峰碳	OEP	Pr/nC$_{17}$	Ph/nC$_{18}$	Pr/Ph
JJ-2 岩	C$_{13}$~C$_{38}$	C$_{18}$	0.71	0.77	0.76	0.37
JJ-2 游离烃	C$_{13}$~C$_{36}$	C$_{18}$	0.73	0.57	0.82	0.23
JJ-2 包裹体烃	C$_{14}$~C$_{39}$	C$_{22}$	1.01	0.58	0.32	0.92
JJ-4 岩	C$_{13}$~C$_{42}$	C$_{20}$	0.97	0.52	0.53	0.60
JJ-4 游离烃	C$_{13}$~C$_{39}$	C$_{23}$	1.02	0.43	0.38	0.64
JJ-4 包裹体烃	C$_{14}$~C$_{37}$	C$_{20}$	0.93	0.73	0.34	0.93
JJ-34 岩	C$_{13}$~C$_{41}$	C$_{20}$	0.92	0.32	0.22	0.78
JJ-34 游离烃	C$_{13}$~C$_{36}$	C$_{22}$	1.02	0.43	0.44	0.83

续表

样品	碳数范围	主峰碳	OEP	Pr/nC_{17}	Ph/nC_{18}	Pr/Ph
JJ-34 包裹体烃	$C_{14} \sim C_{36}$	C_{22}	0.98	0.63	0.69	0.91
JJ-37 岩	$C_{13} \sim C_{41}$	C_{20}	0.98	0.19	0.16	0.83
JJ-37 游离烃	$C_{13} \sim C_{39}$	C_{23}	1.03	0.42	0.35	0.92
JJ-37 包裹体烃	$C_{14} \sim C_{37}$	C_{22}	0.95	0.67	0.64	0.90
JJ-56 岩	$C_{13} \sim C_{41}$	C_{22}	0.98	0.32	0.29	0.36
JJ-56 游离烃	$C_{14} \sim C_{39}$	C_{25}	1.06	0.25	0.08	0.82
JJ-56 包裹体烃	$C_{14} \sim C_{39}$	C_{21}	1.02	0.71	0.48	0.85

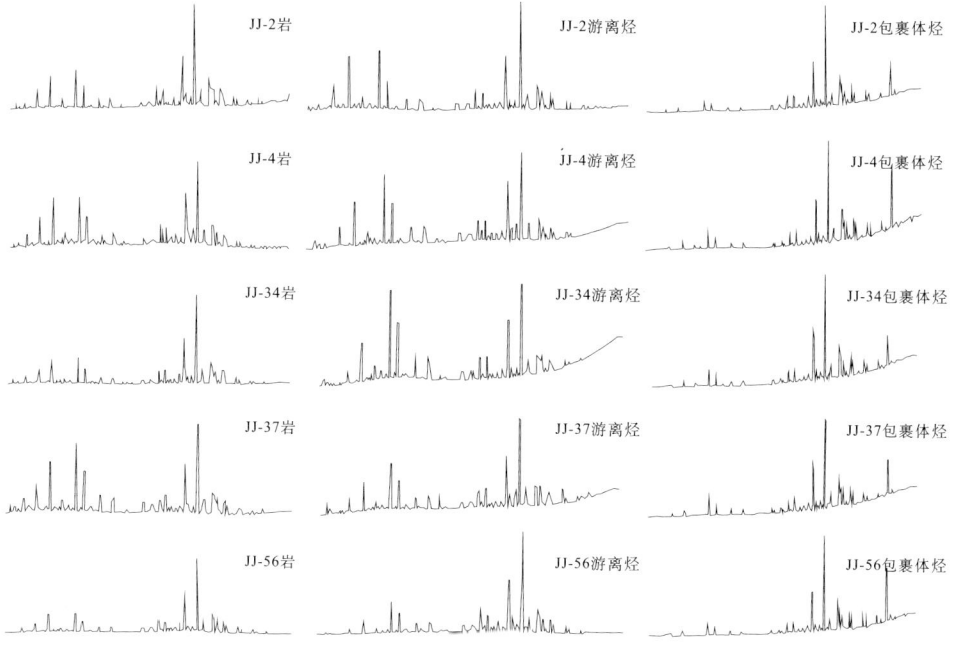

图 5-40 简家 3803 井泥岩、游离烃及包裹体烃 m/z 井 191 色谱-质谱对比图

选取 10 种典型生物标志化合物参数来进行油气来源对比（表 5-10）。

三环萜烷系列的丰度反映沉积环境和母质类型，高的三环萜烷丰度指示较咸化、还原性较强的沉积环境；此外，高的三环萜烷丰度还可能指示有机质的成熟度，因为随热演化程度的升高，五环三萜烷有向三环萜烷裂解的趋势。实验样品中均检测出了丰富的三环萜烷系列，三环+四环萜烷/C_{30} 藿烷值分布范围为 0.51～2.91，反映烃源岩形成的水体含盐度高，还原性较强，也有可能反映了较高的有机质热演化程度。

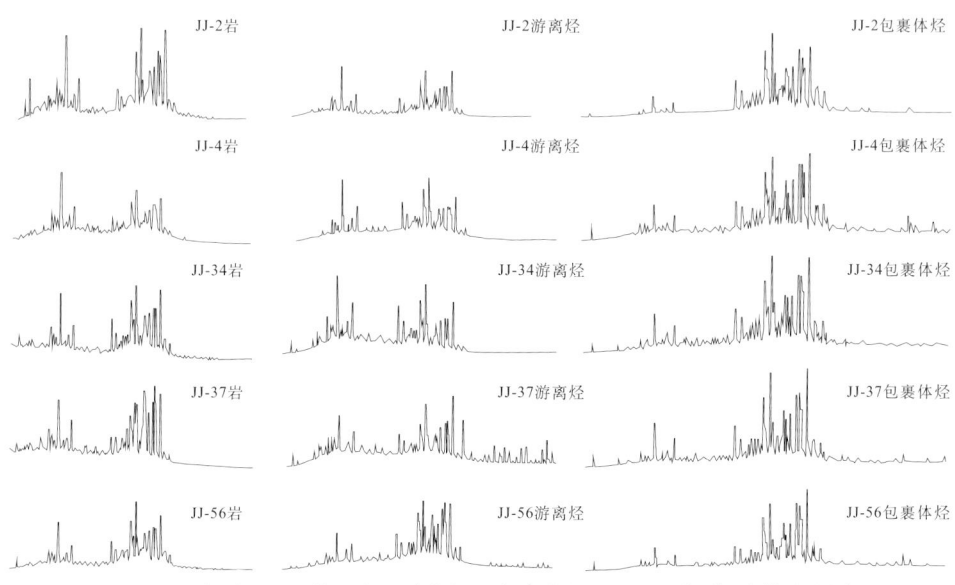

图 5-41 简家 3803 井泥岩、游离烃及包裹体烃 m/z 217 色谱-质谱对比图

表 5-10 简家 3803 井泥岩、游离烃、包裹体烃生物标志化合物参数

样品	萜烷类				甾烷类					
	1	2	3	4	5	6	7	8	9	10
JJ-2 岩	1.41	1.05	0.20	0.57	0.43	0.23	0.46	0.36	0.70	0.41
JJ-2 游离烃	1.90	0.93	0.18	0.54	0.48	0.30	0.44	0.36	0.77	0.43
JJ-2 包裹体烃	0.51	0.91	0.12	0.59	0.08	0.31	0.48	0.41	0.75	0.46
JJ-4 岩	2.32	1.15	0.19	0.58	0.64	0.33	0.45	0.38	0.77	0.46
JJ-4 游离烃	2.65	0.93	0.19	0.56	0.42	0.39	0.44	0.37	1.05	0.47
JJ-4 包裹体烃	0.62	0.67	0.18	0.62	0.15	0.33	0.49	0.42	0.67	0.45
JJ-34 岩	1.16	0.86	0.17	0.56	0.33	0.33	0.46	0.39	0.86	0.49
JJ-34 游离烃	2.91	0.96	0.22	0.53	0.45		0.43	0.37	1.02	0.46
JJ-34 包裹体烃	0.65	0.88	0.18	0.57	0.15	0.34	0.48	0.40	0.66	1.34
JJ-37 岩	2.82	0.67	0.19	0.54	0.43	0.28	0.47	0.46	0.56	0.53
JJ-37 游离烃	1.88	0.83	0.23	0.51	0.39	0.33	0.40	0.35	0.66	0.42
JJ-37 包裹体烃	0.78	0.74	0.17	0.56	0.18	0.33	0.44	0.38	0.61	0.41
JJ-56 岩	1.07	1.05	0.14	0.56	0.33	0.34	0.46	0.39	0.78	0.44
JJ-56 游离烃	1.20	1.40	0.17	0.56	0.19	0.35	0.48	0.41	0.59	0.35
JJ-56 包裹体烃	0.55	0.67	0.13	0.61	0.15	0.28	0.47	0.39	0.55	0.36

注：1．（三环+四环）萜烷/C_{30} 藿烷；2. Ts/Tm；3. 伽马蜡烷/C_{30} 藿烷；4. C_{31} 藿烷 22S/（22S+22R）；5．（孕甾烷+升孕甾烷）/C_{27} 甾烷；6. C_{27} 重排甾烷/规则甾烷；7. C_{29} 甾烷 20S/（20S+20R）；8. C_{29} 甾烷 ββ/（αα+ββ）；9. ααR 甾烷 C_{27}/C_{29}；10. ααR 甾烷 C_{28}/C_{29}

Ts/Tm 比值主要受沉积环境的影响,样品 Ts/Tm 分布范围为 0.67~1.40,反映有机质形成时含盐度较高。

伽马蜡烷指数(伽马蜡烷/C_{30} 藿烷)为 0.12~0.23,指示烃源岩沉积于分层较好的半咸水或咸水环境,还原性好。

升藿烷 C_{31}22S/(S+R) 值可以反映有机质热演化程度,样品该值分布在 0.51~0.61,其热演化刚好达到平衡。

如图 5-42 所示,样品的甾烷类化合物以规则甾烷为主,含有一定的孕甾烷和重排甾烷。其中,孕甾烷的高低通常代表着水体的咸化程度、有机质成熟度、生物降解作用的强度及藻类生源特征。简家 3803 井样品中孕甾烷+升孕甾烷/C_{27} 甾烷值分布在 0.08~0.64,反映了多数样品的有机质处于咸化沉积环境中。

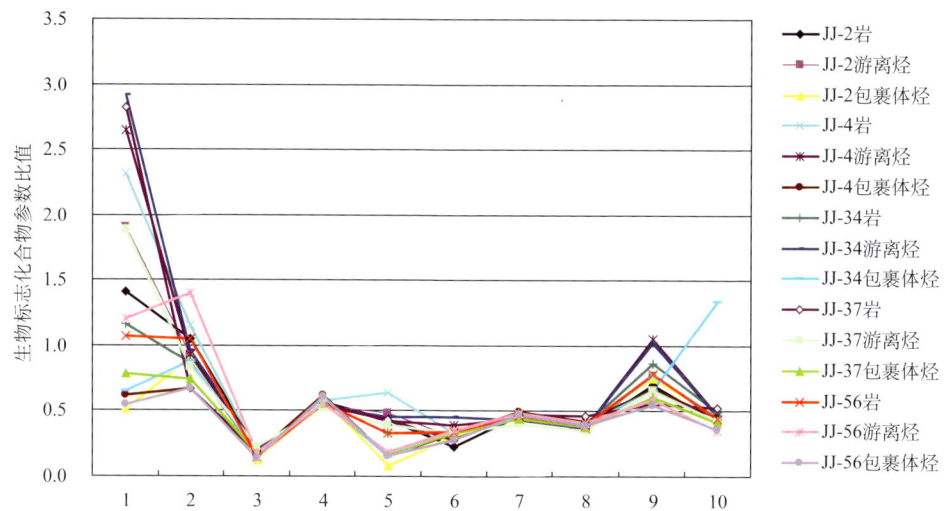

图 5-42　简家 3803 井游离烃、包裹体烃和泥岩生物标志化合物参数对比图

1. 三+四环萜烷/C_{30} 藿烷;2. Tm/Ts;3. G/C_{30}H;4. C_{31}S/(S+R);5. 孕+升孕甾烷/C_{27} 甾烷;6. C_{27} 重排/C_{27} 规则甾烷;7. C_{29}S/(S+R);8. $C_{29}\beta\beta/(\alpha\alpha+\beta\beta)$;9. $\alpha\alpha RC_{27}/C_{29}$;10. $\alpha\alpha RC_{28}/C_{29}$

重排甾烷含量高,一般代表陆源黏土矿物和陆源有机质的淡水输入充分,简家 3803 井样品 C_{27} 重排甾烷/C_{27} 甾烷值分布在 0.23~0.45,反映样品沉积时有外来淡水注入,水体环境处于开放状态。另外,对于高成熟烃源岩来说,重排甾烷也较为发育。

C_{29} 甾烷 20S/(20S+20R) 值和 C_{29} 甾烷 ββ/(αα+ββ) 是常用的有机质热演化程度参数。简家 3803 井样品该比值分别为 0.43～0.49 和 0.36～0.46，反映烃源岩有机质热演化已达到成熟阶段。

C_{27} 和 C_{29} 甾烷的相对含量是反映有机质来源构成的良好参数，C_{29} 甾烷占优势指示较强的陆源输入，母质类型以低等生物（藻类）为主的有机质富含 C_{27} 类甾烷，C_{28} 甾烷则具有双重性。据此，简家 3803 井样品规则甾烷组成分布为不对称的"V"形（$C_{29}>C_{27}>C_{28}$），反映烃源岩有机质来源以陆生水生生物为主，同时也有低等水生生物。

综上，游离烃、包裹体烃与泥岩样品的上述生物标志化合物参数可比性较好，油气为自生自储，并且反映晚三叠世煤系的古沉积环境为较还原，含高等植物的输入。

2）下扬子沥青成因与运聚特征

如前所述，对句容地区三叠系下统青龙群中的油气来源尚存在一定的不确定性，有研究认为主要来自于二叠系或三叠系。根据区域烃源岩发育的背景，下三叠统烃源岩质量低于上二叠统，因此油气可能主要来自于二叠系比较合理。为对该问题进一步查证，选择属于这一区块，镇江大力山的 1 件灰岩样品，其脉中见沥青，生物标志物地球化学分析结果见图 5-43。其基本特征与相邻巢湖地区南陵湖组的灰岩样品有着显著差异（图 5-29（b），图 5-30（b）），说明其沥青来源可能主要还是属于二叠系。

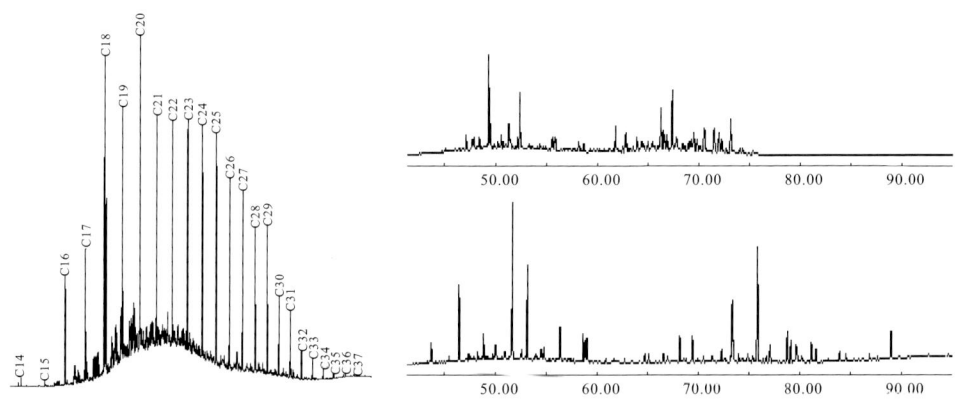

图 5-43 镇江大力山下三叠统青龙群灰岩沥青的饱和烃气相色谱与色谱-质谱分析

5.2 皖南宣泾盆地（泾县港口-峄山地区）油气地质条件分析

1. 构造条件

据煤田地质资料，本区属宣泾煤田（图5-44），地处江南隆起的前缘，宽阔的宣（城）、南（陵）红色断陷盆地的东南侧。位于前陆逆冲带东部边缘和江南隆起北部边缘的宣泾煤田，由于受北西向的逆冲推挤，南东方向受江南隆起的挤压作用，总体为向西南敛聚，向北东开宽的复式向斜，即泾县-水东复式向斜，包括麻菇山背斜、寺门口背斜、宝丰向斜、蔡村坝向斜、新田镇向斜、溪口向斜、东园鼻状构造、大稠村背斜、董村向斜、虾子岭背斜和水东向斜。

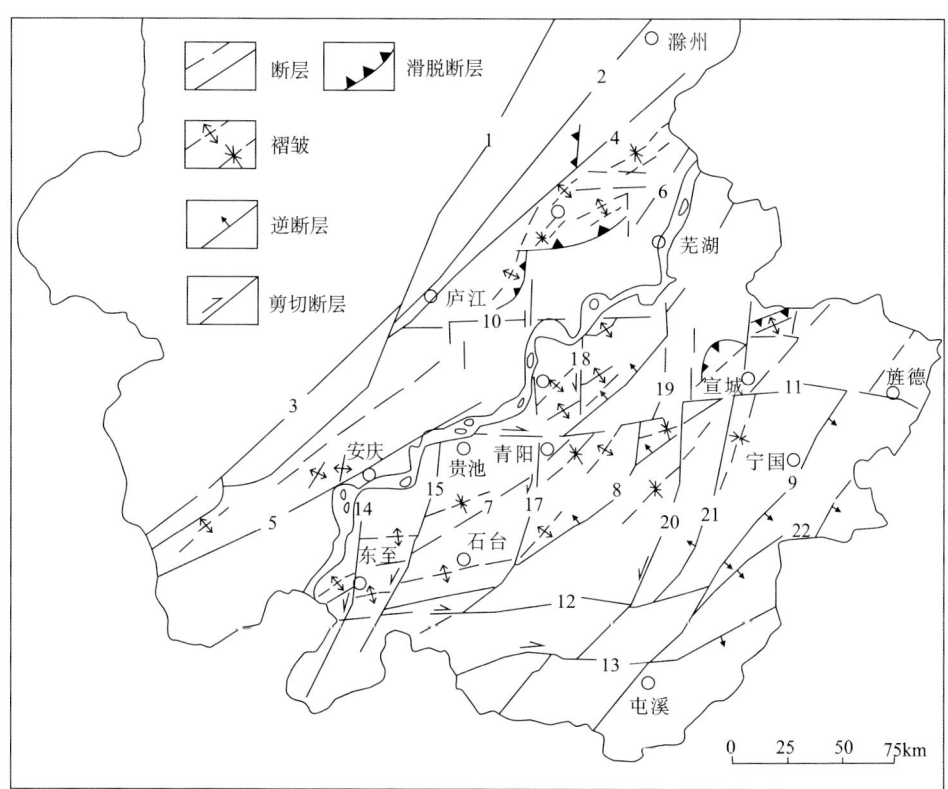

图5-44 皖南煤田构造纲要图（安徽省煤田地质局第二勘探队，1997）

1.嵩山-庐江断裂；2.黄果树断裂；3.太湖断裂；4.滁河断裂；5.头坡断裂；6.江浦-和县断裂；7.东至-青阳断裂；8.江南断裂；9.绩溪断裂；10.新港断裂；11.水镇断裂；12.铺岭-黄山断裂；13.休宁断裂；14.东至断裂；15.高公镇断裂；16.襄安断裂；17.九华山断裂；18.顺安断裂；19.丁桥-清水镇断裂；20.汤口断裂；21.旌德断裂；22.虎岭关断裂

北西翼因受逆冲推挤的影响，断层发育，构造复杂，含煤块段较破碎，勘探开发的煤矿区主要位于南东翼。江南隆起北缘含煤块段赋存较好。主要构造轴线为北东向叠加近东西向和近南北向的剪切改造。如新田和昌桥向斜在剪切断裂的右旋牵引下，褶皱呈东西向改造。泾县的巧峰和宣城的溪口一带，由于断裂的左旋牵引，褶曲表现为南北向的改造。常伴有岩浆岩的侵入，断裂一侧地层强烈下降，形成向南延伸的囊带构造，使江南隆起的后部保留了部分含煤地层。煤田的中北部较宽缓，中深部隐伏区可能含有较好煤层。

港口-峄山地区属于泾县-水东复向斜的一部分（图 5-45），向斜两翼地层浅部陡深部缓。全区皆为正断层，一般断层面倾角 50°～70°。褶皱不甚发育，港口-峄山地区基本为向北倾斜的单斜构造，港口一矿和二矿的钻井显示浅部地层倾角为 20°～30°，深部地层倾角仅为 5°～10°。未见岩浆岩活动，构造较为简单。

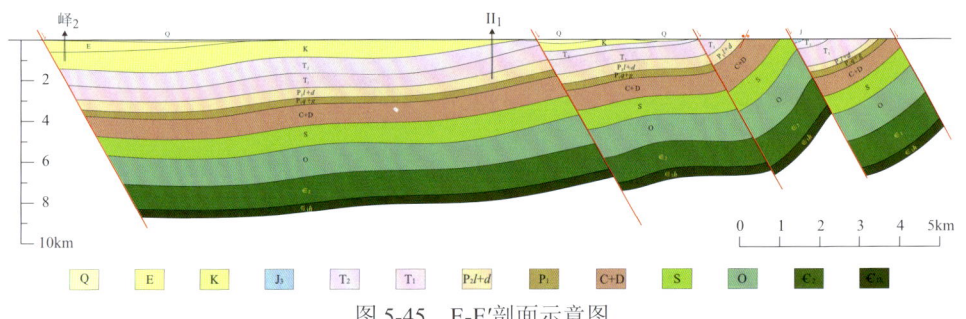

图 5-45 E-E'剖面示意图

2. 地层发育及赋存条件

港口矿区发育地层由老到新是：石炭系高骊山组、壶天群，二叠系栖霞组、孤峰组、龙潭组、大隆组，三叠系殷坑组、和龙山组、南陵湖组，白垩系宣南组，第四系等。泥盆系之前的地层未出露（图5-46）。

中统孤峰组：东及东南低丘岗地有断续出露，属浅海台地相沉积，以硅质页岩为主，夹有含锰泥岩。生物化石以瓣鳃类、菊石类为主，厚约 36m，与下伏地层整合接触。

上统龙潭组：东及东南低丘岗地有断续出露。下部属前三角洲沉积，为无煤段，以粉砂岩及砂页岩为主，厚约 100～160m，与下伏地层整合接触。上部由三角洲前缘向三角洲平原及海陆交互相沉积过渡，是本区主要含煤地层。岩性组合由下到上由粗到细，生物组合由陆相植物化石到海相生物化石。

上统大隆组：东及东南有断续出露，属浅海台地硅质岩相沉积，底部有约 3m 厚的生物灰岩，下部硅质页岩夹硅质灰岩，厚 10～20m，中上部为硅质灰岩及钙质页岩，厚约 40～50m。产腕足类及菊石化石与下伏地层整合接触。化石为：

第五章 典型区块油气地质特征与勘探前景

地层单位				代号	层号	层厚	厚度累计	岩性柱状	岩 性 描 述
界	系	统	组	段					
古生界	二叠系	上统	龙潭组	四段	$P_3^4 l$	23	12.00	220.21		生物灰岩：灰色，厚层状，结晶结构，产丰富的海生动物化石和生物介壳
				三段	$P_3^3 l$	22	8.50	208.21		灰-深灰色细粉砂岩，有较多的黄铁矿晶粒和结核，底部往往为深灰色砂质黏土岩
						21	1.43	199.71		煤（C）
						20	4.07	198.28		浅灰-银灰色含铝黏土岩，灰褐色砂质黏土岩
						19	10.30	194.21		灰色黏土岩，浅灰色粉砂岩，中细砂岩
						18	4.70	183.91		褐灰色黏土岩，灰-灰白色细砂岩
						17	7.40	179.21		
						16	6.50	171.81		灰色粉砂岩，含黏铁矿结核，灰褐色黏土岩，中下部为细砂岩
						15	2.60	165.31		
						14	4.70	162.71		灰-灰褐色粉砂岩和黏土岩，浅灰色细砂岩夹煤（B2）
						13	5.00	158.01		
						12	10.00	153.01		浅灰白色粉砂岩，局部为中细砂岩，顶部局部发育一层碳质页岩
				二段	$P_3^2 l$	11	22.80	143.01		浅灰-灰色含铝鲕状黏土岩，浅灰-灰白色粉细砂岩，顶部有一层煤层（B1）
						10	3.00	123.21		灰褐色黏土岩，含煤（A），夹有碳质页岩，灰色粉砂岩
						9	16.00	120.21		灰色砂质黏土岩、粉砂岩和灰白色细砂岩互层
						8	42.00	104.21		浅灰白微带绿色细-中粒砂岩，有星散状黄铁矿颗粒
										灰褐色砂质黏土岩，有星散状黄铁矿颗粒分布
										粉细砂岩，局部具少量棱角状砂质泥岩包体，具有黄铁矿晶粒散布
										灰色粉砂岩，夹薄层细砂岩和砂质黏土岩
						7	10.00	62.21		浅灰白色细砂岩，含大量的白云母片
				一段	$P_3^1 l$	6	6.00	52.21		灰黑色黏土岩，致密，具微细缓波状层理
						5	4.00	46.21		灰白色细砂岩，上部夹砂质黏土岩
						4	21.00	42.21		深灰色砂质黏土岩夹细砂条带
						3	3.60	21.21		棕灰色菱铁质细砂岩
						2	7.40	17.61		灰色粉砂岩，局部发育呈菱铁质薄层的粉砂岩
						1	10.21	10.21		褐灰-深灰色砂质黏土岩，下部为粉砂岩
		中统	孤峰组		$P_2 g$		2.00			灰黑色含锰页岩

图 例

黏土岩　　页岩　　粉砂岩　　细砂岩　　中砂岩　　灰岩

图 5-46 港口地区地层综合柱状图

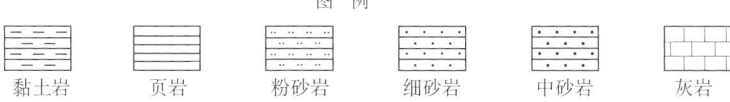

Planodiscoceras gratiosum（娇美平盘菊石），*Konglinggites*（孔岭菊石），*Retiogastrioceras* sp.（网纹假腹菊石），*Huananoceras involutum*（内卷华南菊石）。

皖南地区龙潭组埋深变化较大，其中沿江无为盆地、芜湖-南陵盆地、潜山-望江盆地地层埋藏较深，一般在 2000～6000m，向南埋深逐渐变浅，宣城-泾县-广德地区龙潭组埋深一般在 500～2500m（图 5-47）。

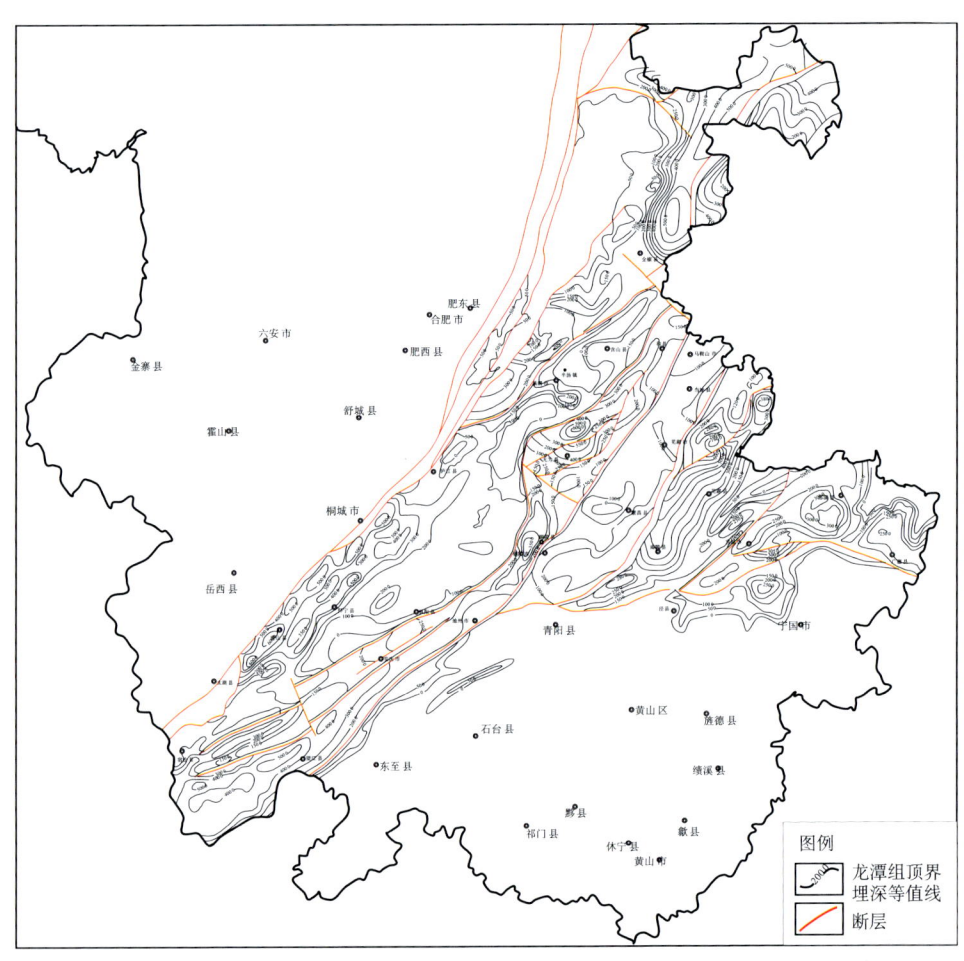

图 5-47　安徽下扬子区龙潭组顶界埋深图

港口-峄山地区二叠系地层埋深大致推测如下（图 5-47）：水东镇东侧出露二叠系—泥盆系地层，港口镇东侧的 CK40 孔二叠系龙潭组的埋深（顶界）为 124.6m。沿 E-E'剖面线至橘林乡北 II$_1$ 钻孔，见上二叠统地层的深度为 603.47m，其上覆三叠系地层厚度为 344m，向北倾斜，倾角 10°；沿 E-E'剖面线向北至峄山乡峄 2 井，其地层倾角只有 5°，向北倾斜，港口地区三叠系的残厚约 1000m，推测龙潭组的埋深约 2500～3000m。该处是港口至峄山单斜构造最深处。因此，该区二叠系埋深约 150～2500m。

3. 烃源条件

区域上皖南地区下寒武统荷塘组以含石煤的硅质页岩、暗色泥页岩为主，厚度一般100～600m，下志留统河沥溪组和霞乡组主要为暗色泥页岩和粉砂质泥岩，厚度为20～250m。二叠系孤峰组烃源岩厚度6～146m，岩性为硅质页岩夹灰岩凸镜体，龙潭组烃源岩厚度30～100m，岩性为含煤碎屑岩，大隆组主要为硅质页岩、硅质灰岩及钙质页岩，厚度一般50～70m。图5-48为研究区龙潭组暗色泥岩等厚图，从图上可以看出，港口-峄山地区总体上龙潭组烃源岩发育较好，大部分在50m以上，有相当部分烃源岩厚度在100m以上。该区煤层厚度一般在1～2m，呈北东东向展布，中间厚，两侧薄，在港口-峄山地区龙潭组煤层多在2m以上，且主要为单一煤层，从港口一矿和港口二矿的勘探结果来看，煤层发育基本稳定。由此可见，该区龙潭组无论是煤还是暗色泥岩均较发育，具有良好的烃源层厚度条件。

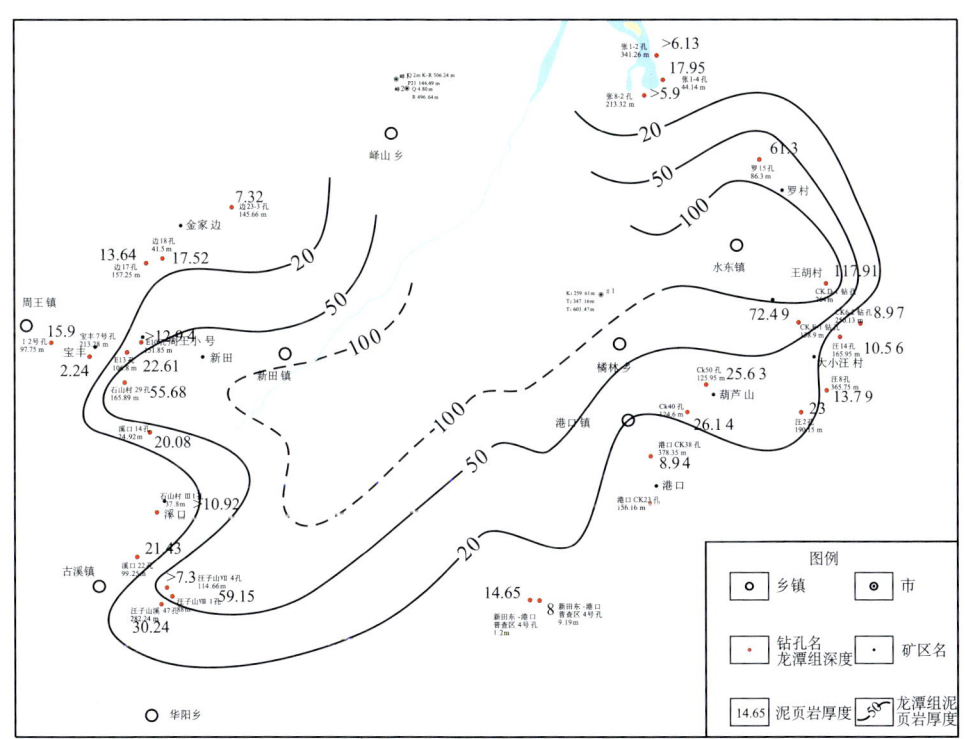

图5-48 龙潭组暗色泥岩等厚图（据白灵麟，2007）

本次测量结果显示区域上皖南上二叠统龙潭煤系泥岩的平均有机碳含量达4.98%，龙潭组煤和暗色泥岩均为Ⅲ型有机质，镜质体反射率0.7%～2.0%。张义楷等（2006）测定结果也表明：孤峰组生烃母质为Ⅱ型干酪根，泥质岩平均有机碳丰度4.27%，镜质体反射率1.0%～1.8%，为好的烃源岩。龙潭组烃源岩生油母质为Ⅱ-Ⅲ型干酪根，平均有机碳丰度2.01%，镜质体反射率1.0%～1.8%，为较好的烃源岩。

由二叠系孤峰组硅质页岩、龙潭组泥岩、大隆组硅质页岩和上覆浦口组泥岩为盖层的一套自生自储组合，在皖南地区发现大量含油气显示，如巢湖马家山中、下三叠统见晶洞裂隙原油，休宁县万安上三叠统见裂隙原油，青阳县木镇长风矿龙潭组见天然气显示，东至县香口张公矶下二叠见油浸，泾县溪口汪子山下三叠、大隆组见溶洞和裂隙油，宣城多处见二叠系原油显示，已被证实主要来自二叠系源岩（曹助发，1994）。

二叠系烃源岩由于处于成熟-高成熟阶段，烃源丰富，埋深合适，烃源对比及地质综合分析均显示现有的油气显示主要来自二叠系烃源岩，因此，二叠系烃源岩应是研究区主要的勘探目的层。

5.3 苏南地区龙潭组油气地质条件分析（以锡澄虞矿区为例）

1. 构造条件

该区以复背、向斜带相间排列为其主要特征，并为北西向断裂分割成三个主要块段（图5-49）。分别为虞山断裂西南部分，虞山断裂至长江和长江东北岸沿江一带。其总体展布方向大致由北东40°～50°，逐渐偏转至60°～70°，自北向西南有：孤山背斜、长江向斜、江阴复背斜（包括黄山背斜、澄江背斜、花山背斜、峭岐-周庄向斜、毗山-沙山倒转背斜等）、祝塘复向斜（包括前洲向斜、长安桥向斜及其间的次级背斜）、无锡-常熟-南通复背斜（包括斗山-福山背斜、张泾桥向斜、胶山背斜、羊尖向斜、嵩山背斜、石桥向斜、鸿山背斜等）、太湖-练塘复向斜以及阳澄湖隆起。

这些褶皱构造一般具有背斜北翼倾角较大、南翼较平缓、北斜核部紧密、向斜比较宽缓的箱状褶皱的特点，背斜核部多为泥盆系五通组和茅山群，向斜核部以青龙群为主，而且各个背向斜之间均发育有纵向断裂，一般具有北压南张的性质，背斜北翼常发育逆断裂，五通组和茅山群由南向北推压在石炭二叠系或三叠系之上，而南翼多为纵向张扭性断裂。同时在一些复背斜核部的主背斜部位常有岩浆岩的分布。如无锡市东的隐伏花岗岩体，可能大体与胶山背斜一致。复向斜中的次级背斜和复背斜中的次级向斜是二叠系煤田赋存的有利部位，如祝塘复向斜中的沙洲背斜和塘桥背斜。

三个主要块段中，南、北两个块段构造相对复杂，断层发育，中部块段构造相对简单，且以凹陷为主，该凹陷包括青阳、祝塘和锦丰三个次级凹陷，呈北东

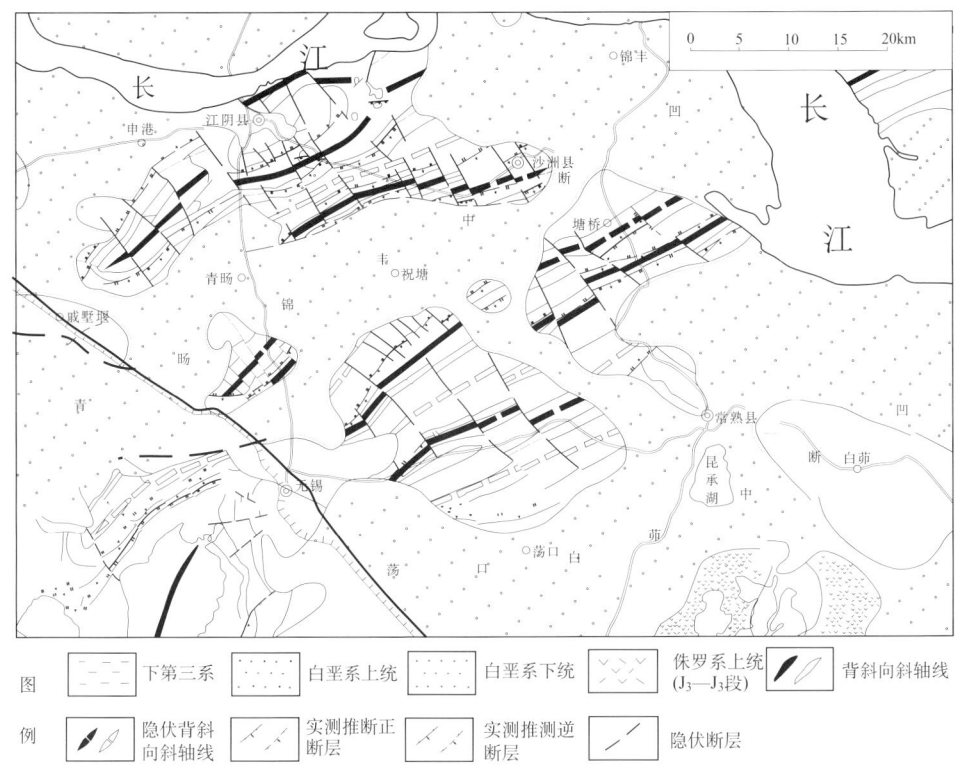

图 5-49　锡澄虞矿区构造纲要图（江苏省地质矿产局，1976）

东向展布，以祝塘凹陷（复向斜）最为完整。祝塘复向斜北起定山，南至文林勘探区，面积约 100～200km²，两翼地层相当平缓，一般倾角仅 10°～20°。包括前洲向斜、长安桥向斜及其间的次级背斜，钻孔证实有白垩纪巨厚沉积的中生代凹陷。侏罗纪末，受燕山运动三幕的影响，构造分异明显，形成地堑式断褶凹陷，白垩纪沉积一套巨厚的内陆湖盆杂色碎屑岩建造，沉积中心厚达 1000m。白垩纪末，燕山运动使白垩纪地层构成平缓褶皱，凹陷相应上隆，缺失第三系沉积，喜马拉雅造山运动时期沉积了厚约 150～200m 的第四系。

祝塘复向斜南部的文林煤田勘探区以褶曲断裂为主要构造特征。轴向北 40°东背向斜是文林煤田勘探区的主要构造线，煤系地层向西北方向逐渐变深。背斜东南翼为一小盆地，宽 600m 左右（煤层露头宽 400m）。盆地中心残存有很薄的青龙-长兴灰岩，倾角 25°。背斜西北翼倾角 30°。复向斜的北部为江阴复背斜，其中花山次级背斜地层倾向 170°，倾角 35°～45°，澄江次级向斜地层倾角 10°～15°。祝塘复向斜中部包括次一级的向斜和背斜，如长安桥向斜，该向斜西起长安桥，东至西阳桥。呈北东 50°方向延伸，经钻探证实，长达 14km，宽 3km，向斜核部大部分为白垩系上统所覆盖，为一隐伏的向斜构造，核部由青龙群组成（图 5-50，图 5-51）。

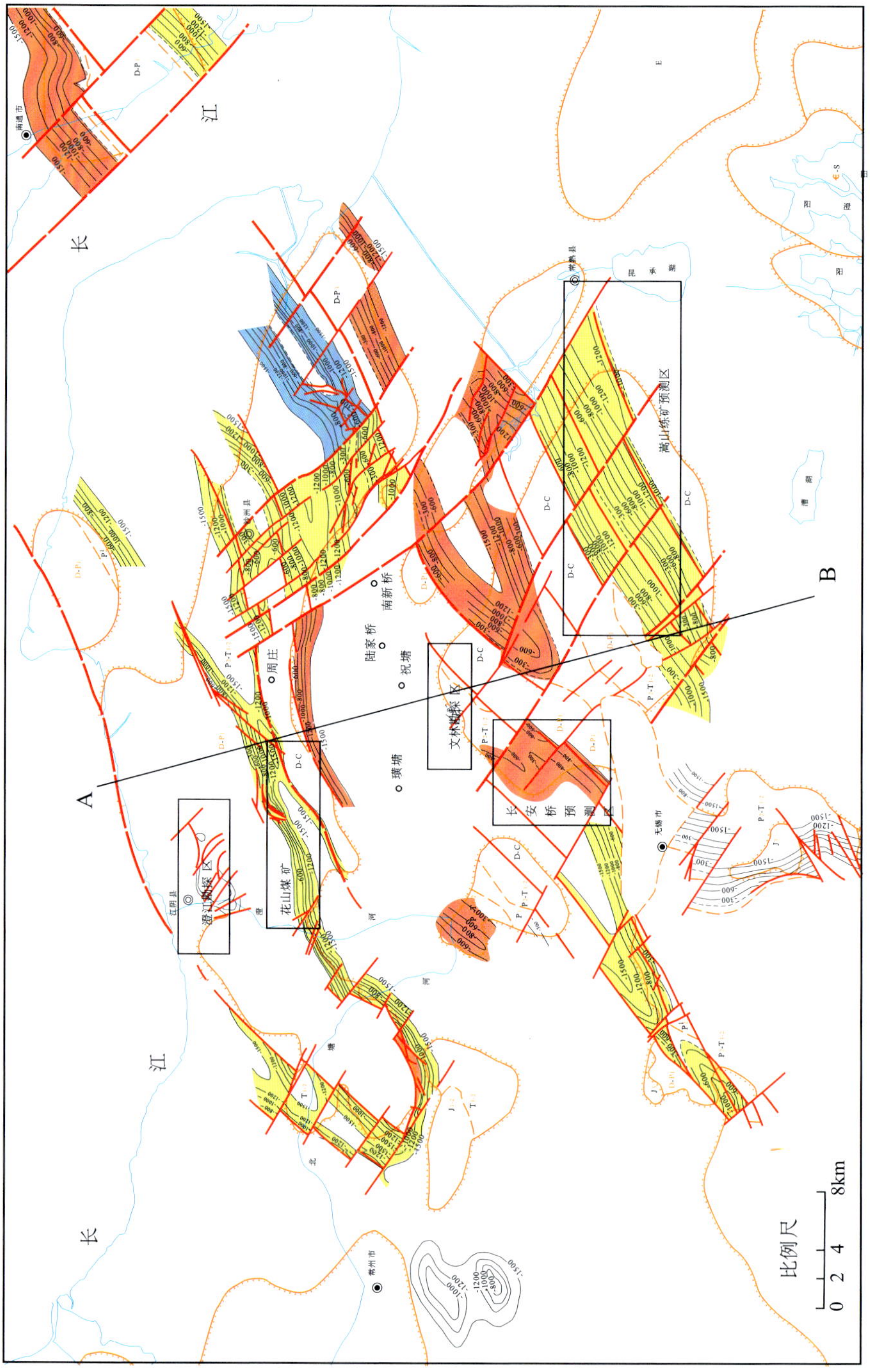

图 5-50 江阴-无锡地区煤田地质及上 1 层煤等深线图（据江苏煤田地质图修改）

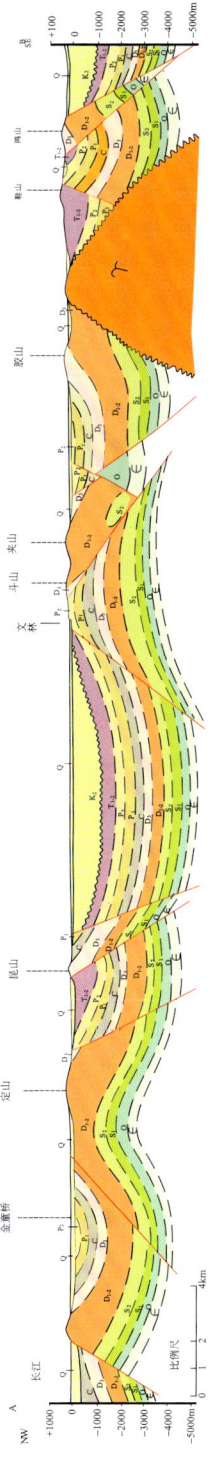

图 5-51 江阴-无锡地区煤田地质 A-B 剖面图(据白灵麟,2007)

总之，该复式向斜总体上较为平缓，煤系地层发育较为完整，构造稳定。

2. 地层发育及赋存条件

研究区地层主要发育泥盆系—第四系，早古生代地层未有出露。以云、花煤勘探区为例，据煤田地质资料，云、花煤勘探区处于花山、沙山两隆起带间的狭长陷落带内。两隆起带由泥盆系的五通组和茅山组构成。二叠系、三叠系分布于陷落带中，上被第四系所覆盖。通过钻探揭露：中上二叠统地层由老至新有（图5-52）：

孤峰组：为深灰色硅质粉砂岩，致密，坚硬，微含碳质。厚10～16m。

龙潭组：根据岩性组合，可分下、中、上三段，厚570m。

下段：以泥岩为主，夹薄层细砂岩，厚193m。

（1）深灰色泥岩及粉砂岩，含黄铁矿及菱铁矿结核，夹碳质泥岩1～5层，厚73m。

（2）深灰、灰黑色粉砂岩，夹薄层细砂岩数层，厚120m。

中段：以中粗砂岩及粉、细砂岩互层为主，次为泥岩，夹中组煤1～3层，厚123m。

（3）浅灰、灰绿色中-粗粒巨厚层状石英长石砂岩，硅质胶结，厚40m。

（4）浅灰色粉砂岩及粉、细砂岩互层，夹中、细砂岩2～5层，含中1、中2、中3极不稳定煤三层，厚48m。

（5）灰、深灰、灰绿色中粒石英长石砂岩，厚35m。

上段：以泥岩为主，夹灰岩1～9层，含上组煤1～11层，厚254m。

（6）深灰色泥岩、粉砂岩和浅灰色薄层细砂岩互层，含上7至上11煤1～5层，厚70m。

（7）深灰色泥岩夹灰岩，含上1至上6煤1～6层。其中上6煤为本区主要可采煤层，厚89m。

（8）深灰、灰黑色泥岩，夹粉砂岩条带，含菱铁矿和黄铁矿结核，厚55m。

（9）深灰色粉砂岩，夹薄层细砂岩和细砂岩条带，厚40m。

二叠系龙潭组的埋深在祝塘复向斜南侧长安桥，向斜约300～600m，张泾和港下向斜埋深为300～1500m，北翼花山勘探区龙潭组埋深为800～1500m，由于向斜两翼地层相当平缓，根据地层平均10°～15°的倾角推算，祝塘复向斜的核部二叠系龙潭组埋深约为2000m（图5-50，图5-51）。

3. 烃源条件

龙潭组在祝塘凹陷南缘文林区残存地层厚约57m，煤层厚度0～5.53m，平均为2m，煤种为瘦煤，矿井为高瓦斯矿井，东部沙洲塘桥地层厚度为193m，暗色

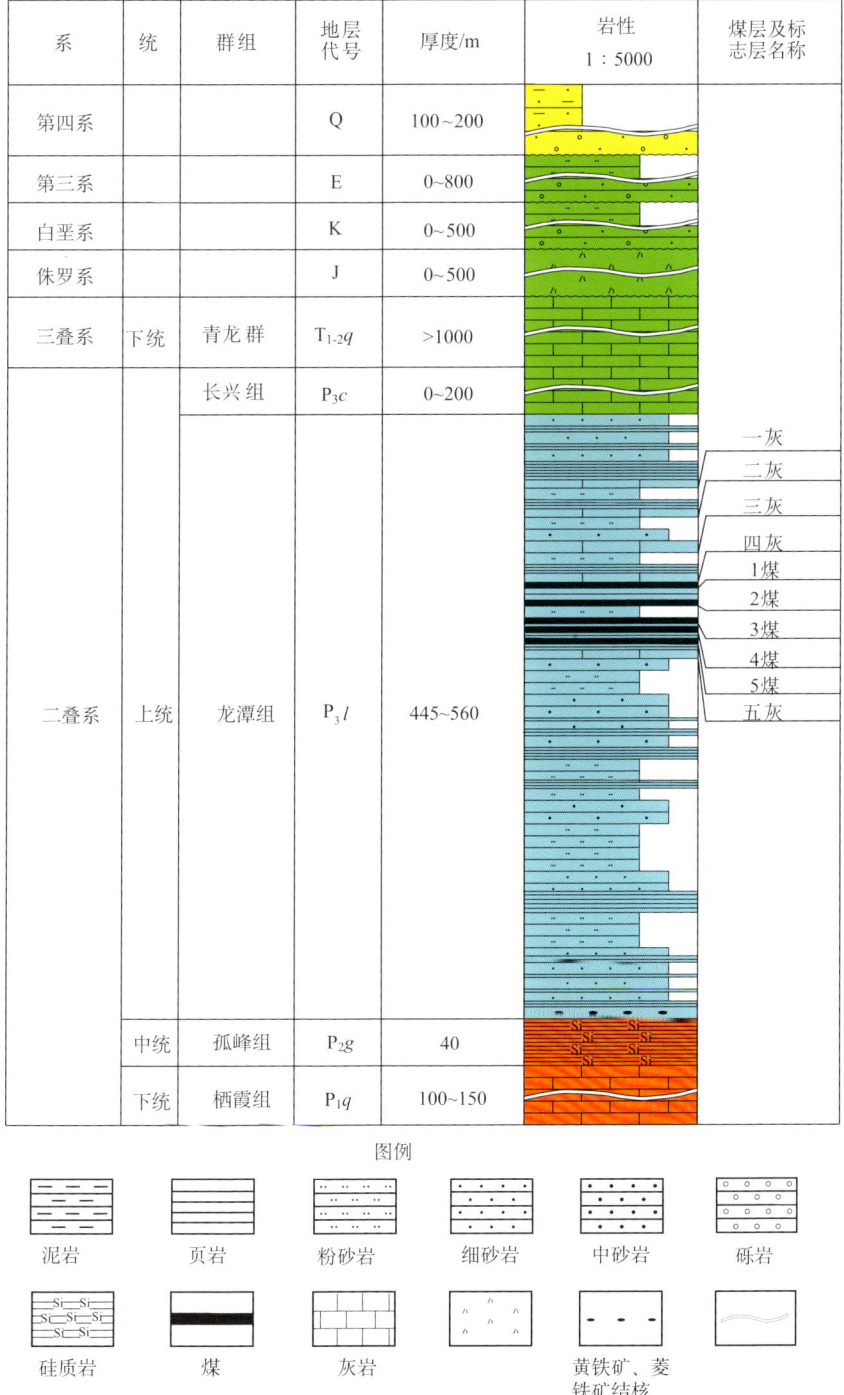

图 5-52 江阴-无锡地区地层综合柱状图（据白灵麟，2007）

泥岩厚度近 80m，为焦煤（主焦煤-焦瘦煤），高突瓦斯矿井。北部的云花区煤田，煤系地层厚达 495m，暗色泥岩厚度约 250m，贫煤为主，有无烟煤。瓦斯涌出量为 29.51m³/(t·d)，也为高突瓦斯矿井。据龙潭组暗色泥岩厚度展布趋势推断，祝塘凹陷覆盖区暗色泥岩厚度可能在 200m 以上（图 5-53），从邻近的煤层厚度分布来看，祝塘凹陷覆盖区的煤层厚度在 3~15m。此外，区域上暗色泥岩平均有机碳含量高达 6.13%。因此，从烃源条件来看，该区龙潭组厚度大，丰度高，处于高演化湿气阶段，无疑具有良好的烃源条件，而且周缘煤矿区均为高突瓦斯矿井也显示了煤层气的巨大潜力。

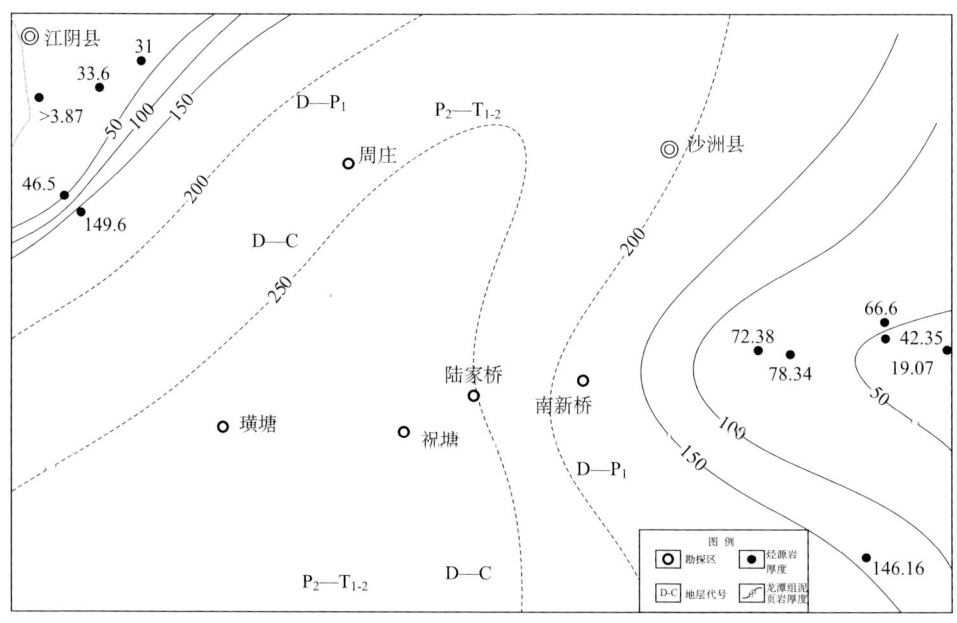

图 5-53　江阴-无锡地区龙潭组暗色泥岩等厚图（据白灵麟，2007）

综上，祝塘复向斜不仅龙潭组煤系地层发育较为完整，构造相对简单，而且其上覆盖的三叠系地层厚达 1000m，中三叠统周冲村组的膏盐沉积厚达 100~200m，具有良好的油气保存条件。因此二叠系油气应具有较好的勘探前景。

5.4　浙北地区龙潭组油气地质条件分析（以煤山向斜为例）

1. 构造条件

根据区域构造演化特征及构造剖面分析，浙北地区也主要是印支和早燕山构造运动产生了本区的断裂、褶皱和岩浆活动。区域上，印支运动形成了一系列的背斜和向斜，比较大的褶皱如张渚向斜、湖纹向斜、五通山背斜和煤山向斜等（图 5-54），

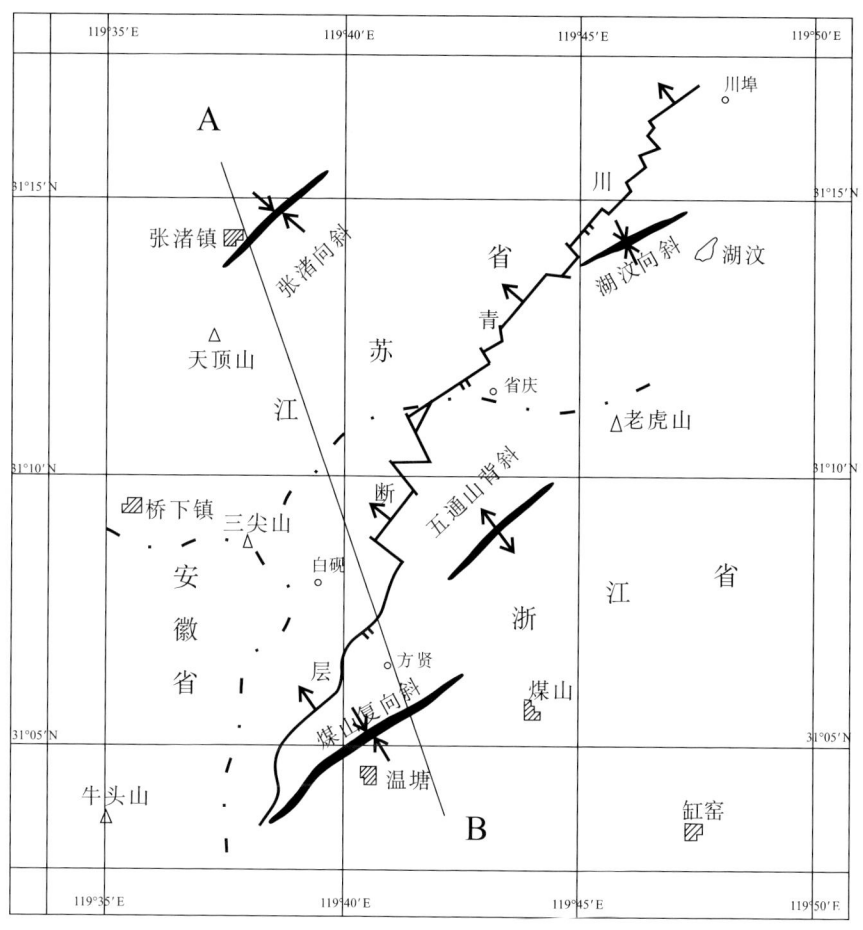

图 5-54 F_1 断层（川青断层）出露位置和煤山复向斜位置示意图

均呈短轴箱状。其中煤山向斜东南侧褶皱剧烈，形成叠瓦式构造，构造线方向北东 $60°$。断裂绝大部分与向斜轴线一致，以压性为主，少量张性的，均倾向北西，倾角 $60°\sim70°$ 左右，最大不超过 $80°$，如 F_2、F_3、NF_1、NF_2 断层等。F_2 断层在温塘被侏罗系掩盖，表明是印支断裂。与构造轴线斜交的压扭、张扭性断裂较少，与构造轴线垂直的张性断裂只有 NF_7 断层。这可能与泥页岩岩性有关。褶皱时因五通山背斜相对隆起，也影响煤山向斜内的断裂，如 NF_3、F_8 断层，均向南突出成弧形，性质相同，都是张性断裂。从图 5-54 和图 5-55 可以看出，研究区构造挤压方向为北西向南东，区域上印支—早燕山时期，构造运动方向呈由南向北的挤压，但在研究区表现为反向逆冲，形成了研究区现今的北东—南西向展布、北陡南缓的不对称背向斜，并伴有北东向南西向推覆的逆掩断层的构造特征。印支运动后煤山地区构造格局基本形成。后经长期剥蚀，褶皱洼地中沉积了侏罗纪地层。侏罗纪沉积以后发生了燕山运动。燕山运动较强烈,岩浆活动也较为剧烈。燕山运动在本区主要产生了断裂,并使原有的褶皱变得更为紧密,地层变陡,向斜谷底加深。研究区内大断层川青断层 F_1 和 F_5 断层即于燕山期形成,对煤山地区构造有很大的影响。煤山区块的西北因受 F_1、F_4 逆掩断裂挤压,地层直立至倒转,产生了一系列的与构造轴线近垂直的压扭、张扭性断裂如 NF_{18}、WF_{13} 等断层,断层坡度陡,倾角一般大于 $80°$,控制了南半个印支期形成的煤山盆地,挤去了盆地的西北部。挤压力与印支运动一样来自北西,不同的是燕山运动时除主要来自北西的挤压应力以外,还有向北的挤压力存在,使青砚岭附近构造呈束状。在煤山向斜的东部,从金鸡岭到新槐有较大面积的、多次岩浆活动。燕山运动时,由于川青大断层的影响,有些印支断裂重新活动,明显的有 NF_3、F_8 等断层。

燕山运动以后煤山区块的构造格局已基本定形,喜马拉雅造山运动使该区某些地区上升,经长期的剥蚀,逐渐形成现在的地形地貌特征。现在的煤山地区是一个构造向斜盆地,北东较浅,南西北山园一带较深,由于箬芥逆断层 F_2 的存在,煤山复向斜从北山园到下家庙连线中点附近往北东经箬芥至大安分隔成两个向斜,北部称石狮山向斜,南部称桃子山向斜(又称桂阳山向斜)。石狮山向斜比较完整,千井湾地区还存在几个次一级的不完整的背向斜,桃子山向斜北翼基本全部切去,只剩下南翼部分,成为一个近似单斜的构造。石狮山向斜北东段未遭到大的破坏,南西段东风芥至仰峰芥地层全部直立。仰峰芥至山西芥青砚岭地层转变为倒转,向斜西北被 F_1 断层切去。两个向斜之间有一个很不完整的鼻状构造(图5-55)。

2. 地层发育及赋存条件

龙潭组为一含煤岩系,同时又是一含油岩系,厚 500m 左右。与孤峰组呈整合接触,界线往往难以确定。由上、中、下三段组成(图5-56)。

下段:岩性由一套灰色、灰黑色泥岩,页岩、粉砂质或砂质泥岩,页岩、泥质粉砂岩和浅灰色粉、细、中粒砂岩组成,局部夹粗粒砂岩。本段属浅海相和淡化潟湖相沉积,岩性及厚度均较稳定,厚 200m 左右。

中段:岩性由一套灰黑色泥页岩、粉砂质泥、页岩,灰色或紫红色铝土质泥岩和含油或不含油灰黄、黄褐色中、细、粗粒砂岩组成,中夹 4~8 层煤和碳质页岩薄层。中粗粒砂岩中一般都具有不同程度的油气显示,有的含油较好。丰产化石。本段属陆相沉积,其中以湖沼相和河流相较为发育。厚 60~80m。

上段:岩性由一套灰色、灰黑色泥岩、页岩、砂质、粉砂质泥、页岩和浅灰色细砂岩,粉砂岩组成。本段以海相和淡化潟湖相沉积为主,末期短时间内为湖沼相沉积。厚 160~190m。

龙潭组是煤山向斜内主要生油层系和储集层,烃源岩主要为其中的泥页岩和

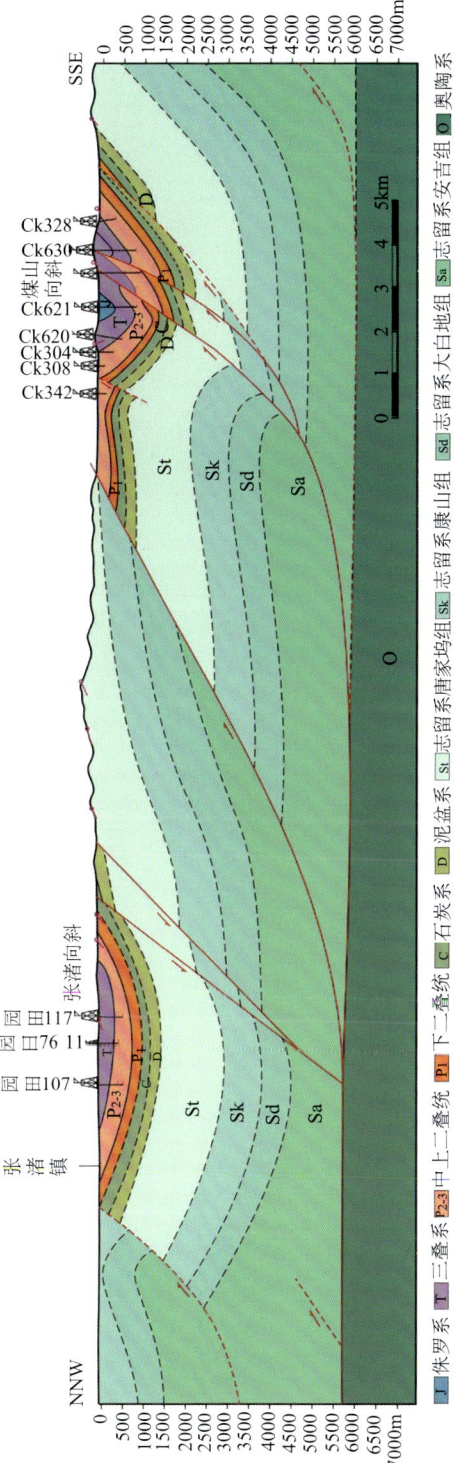

图 5-55　A-B 剖面图

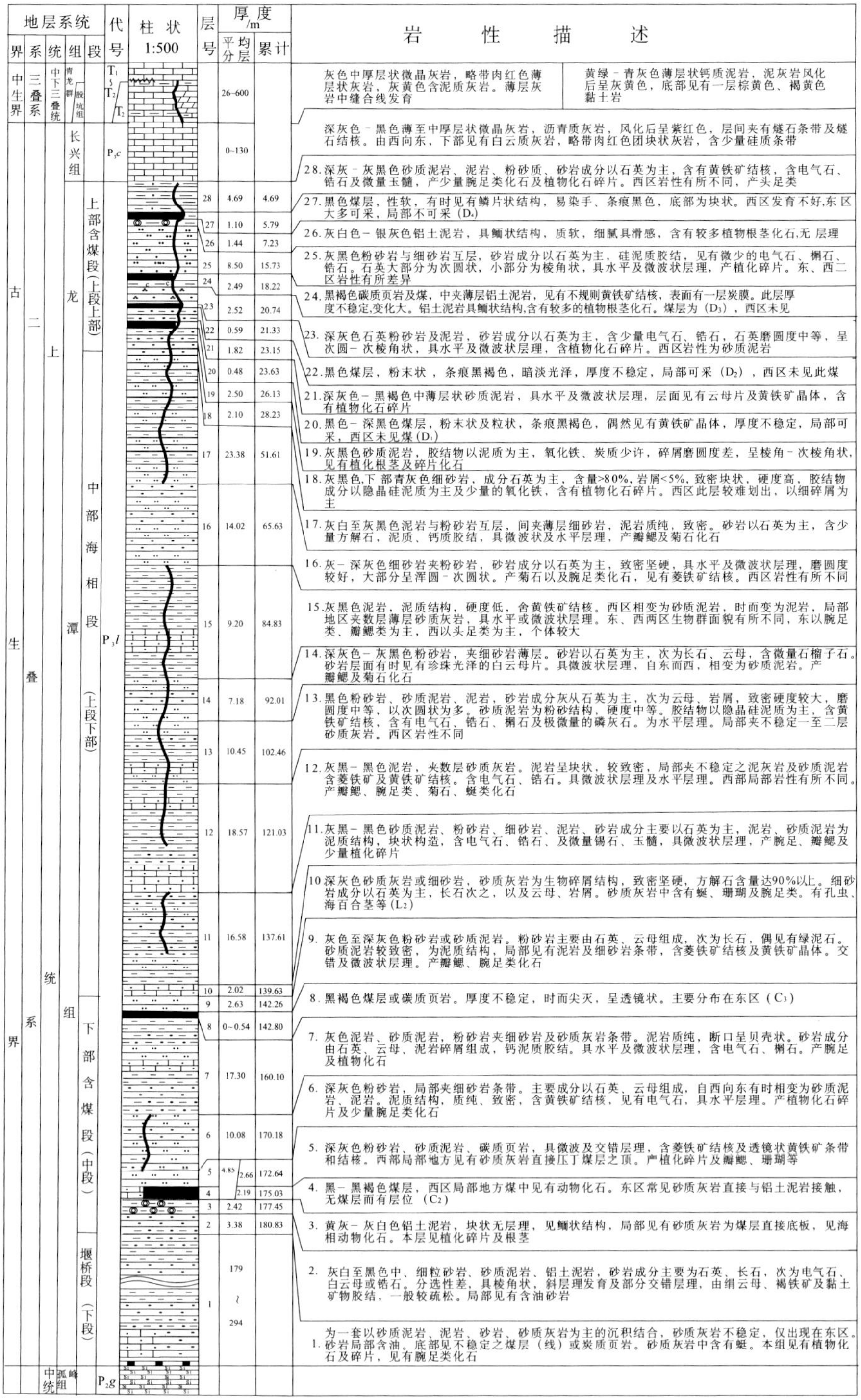

图 5-56 煤山盆地龙潭组综合柱状图

煤。龙潭组在煤山厚 500m 左右，煤山向斜南翼煤山、宝村、新槐一线，北翼千井湾，中部广兴矿一带均有分布。其在煤山周围地区和东北川埠一带厚 320m，东南长兴、湖州一带厚 380～440m，南部泗安盆地厚 280m，西南二道湾地区厚 390m，西部新杭一带厚 380～410m。前人按岩性、岩相特征将其分为下、中、上三段，下段为一套较细的暗色泥、砂质沉积物，厚约 200m。中段为一套较杂乱的泥、砂质物夹煤层沉积，含 4～8 层煤（或煤线），除顶部一层煤（C 煤层）稳定可采外，其他煤层不稳定。C 煤层厚约 0.08～2.78m，一般稳定在 1m 左右，本段一般厚 60～80m。上段为一套较细的暗色泥、砂质沉积物，厚度变化较大，一般为 160～190m。

煤山盆地龙潭组埋深主要为 0～2000m，从 C 煤层底板等高线图（图 5-57）来看，由向斜南北两翼向向斜核部逐渐加深，由向斜仰起端向倾伏端逐渐加深，即龙潭组埋深由东北向西南逐渐加深，西南深部倾伏端煤预测区埋深在 1000～2000m，其他地区基本上在 1000m 以浅范围内。

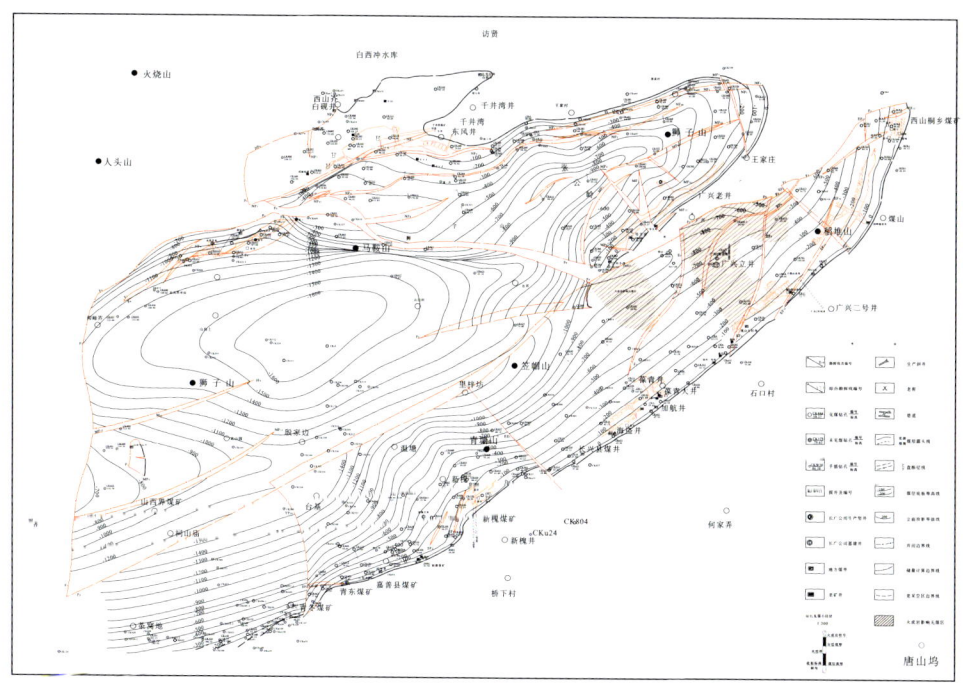

图 5-57　煤山盆地龙潭组煤层底板等高线图（据长广煤矿公司资料修改）

3. 生储盖条件

1）生油条件

龙潭组暗色泥岩残余总有机碳含量范围为 1.52%～6.69%，平均有机碳含量为

3.3%。杭州石油地质研究所（1994）研究结果显示该地区龙潭组下煤层的"A"含量平均达到4%左右，表明其具有较高的转化率和生烃能力。浙江石油勘探处（1989）对煤山地区龙潭组各段有机质丰度及转化率测定结果表明，龙潭组有机质丰度较高，且转化率指标也较好，是有利的生油层，总烃含量不算太高，可能与龙潭组的自生自储有关，烃类运移到储集层中，造成生油层中残烃量偏低。地矿部石油地质中心（1989）测定龙潭组泥页岩有机碳均值多在1.0%～1.5%，烃含量均值100～250ppm。煤山盆地龙潭组油气显示比较丰富，油苗含油砂岩和含油晶洞裂隙分布广泛。浙江省地质局（1959）认为这些油均来自龙潭组煤系地层本身，它是良好的生油岩系。

据浙江省石油地质大队（1974）和浙江省石化厅石油地质大队（1981）资料，孤峰组由一套灰色、灰黑色泥页岩、硅质页岩夹砂质岩组成，有机质丰富，其有机碳含量绝大部分在0.52%～5.41%，最高达9.84%，泥质烃源岩平均有机碳含量达2.29%（40个样品），并在煤山三井和煤三七井中发现了油苗，表明孤峰组具有一定的生油条件。长兴组是一套灰黑色沥青质灰岩夹泥质灰岩及燧石薄层组成，也富含有机质，灰岩的平均有机碳含量为0.23%。剖面上常见油苗显示。长兴组和栖霞组下部硅质岩段平均有机碳含量达0.633%，碳酸盐岩以上部灰岩段最好，平均有机碳含量达0.443%，其次是中部灰岩段，为0.373%，下部灰岩段为0.278%。因此，煤山区块生油岩系较多，除泥盆系外，各系（组）均具有不同程度的生油条件，其总厚度在2000m以上。其中二叠系烃源岩广泛发育，以龙潭组为最好，其次是孤峰组泥岩。栖霞组和长兴组灰岩亦具备一定的生油条件。

研究区龙潭组煤主要为树皮煤类型，成熟度低，壳质组含量高，一般均在10%以上，局部达到70%以上。其次为镜质组，一般在10%～80%，惰性组含量较低，类型指数Ti值大于0，达到II型有机质的标准；泥岩中主要以镜质组为主，含量多在80%以上，类型指数Ti值多小于-10%，为III型有机质。

浙江石油勘探处（1989）通过干酪根镜检，认为煤山向斜龙潭组上段腐殖型即III型有机质占优势，含少量腐泥型干酪根，综合为II型有机质；中段以腐殖型为主，为III型有机质。

龙潭组煤层煤种分布如图5-57所示。浙北煤田龙潭组煤变质程度主要为气煤、肥煤阶段，处于低中煤变质带区域内。煤山盆地龙潭组煤的煤种分布具有一定的规律，大部分井田的煤为气肥煤-肥煤，具有良好的生烃潜力，处于油气生成的高峰期。而葆青井田局部的煤相对来说变质程度较高，达到肥焦煤，甚至少数样品已变为天然焦（浙江省地质局第一地质队，1985）。

煤山地区龙潭组煤的镜质体反射率的变化规律性十分明显，总体上由向斜翼部向向斜核部R_o值逐渐增大（图5-58），向斜翼部大部分煤矿如新槐和千井湾煤矿区，镜质体反射率一般在0.6%～0.7%，处于低成熟阶段，东风岑井田南部和新槐井田北部煤的镜质体反射率值已大于 0.7%，再往向斜核部至石臼村达到 1.1%以上，推测向斜核部深部煤炭预测区龙潭组煤的镜质体反射率值可能大于 1.5 %。煤山复向斜的东南端镜质体反射率有一高值区，主要沿王家庄至葆青一线，并出现焦煤，这主要是由于该区域岩浆活动较强烈，岩浆活动还吞噬了部分煤层，使得煤的镜质体反射率曲线沿着岩浆岩分布，镜质体反射率从岩体向外迅速变化，也使得该区镜质体反射率曲线十分紧密，其附近的煤矿区的煤种由于岩浆烘烤作用由气肥煤变为肥焦煤。因此，煤山地区龙潭组煤系烃源岩热演化程度主要处于生油窗范围内，向斜两翼处于低熟到成熟阶段，而向斜核部可能达到高成熟演化阶段。

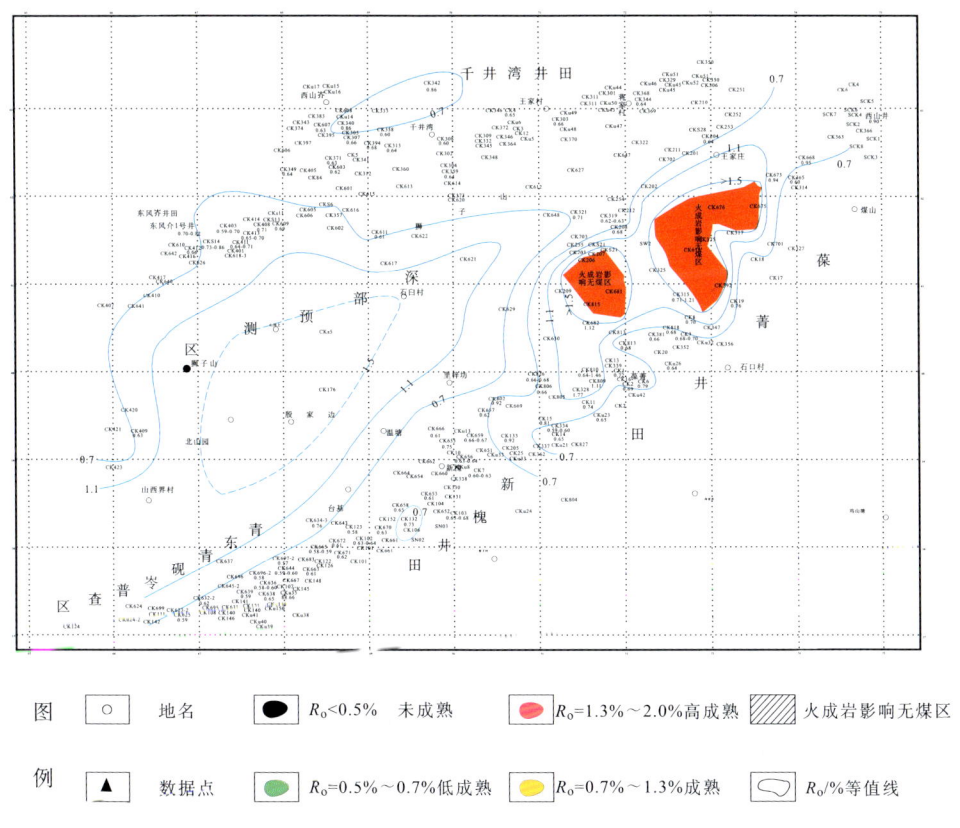

图 5-58 煤山向斜二叠系龙潭组煤系烃源岩现今热演化状态分布

二叠系各层位的生油条件较好，与二叠系的沉积环境密切相关。栖霞期到长兴期，本区总的面貌是由海进（栖霞期—孤峰期）到海退（龙潭期）再到海进（长兴期）的过程，这种多次交互出现的沉积条件及环境对石油的形成是极为有利的。栖霞期和长兴期是浅海潮下低能条件下的碳酸盐沉积，生物及有机质含量都十分丰富。孤峰组属浅海沉积，龙潭组为三角洲及潟湖海湾相沉积，两者均以暗色泥岩为主，生物及有机质含量亦十分丰富。海相沉积的栖霞组、长兴组灰岩和孤峰组泥岩的生油母质类型为腐泥型，而龙潭组烃源岩中含有大量的树皮体显微组分，是一种极好的生油母质，其煤的有机质类型多为Ⅱ型，而泥岩的有机质类型也达Ⅱ-Ⅲ。在整个浙西北地区，二叠系（除长兴组外）沉积中心在煤山向斜，栖霞组最厚达259m，孤峰组也达96m，龙潭组厚300~500m（图5-59）。

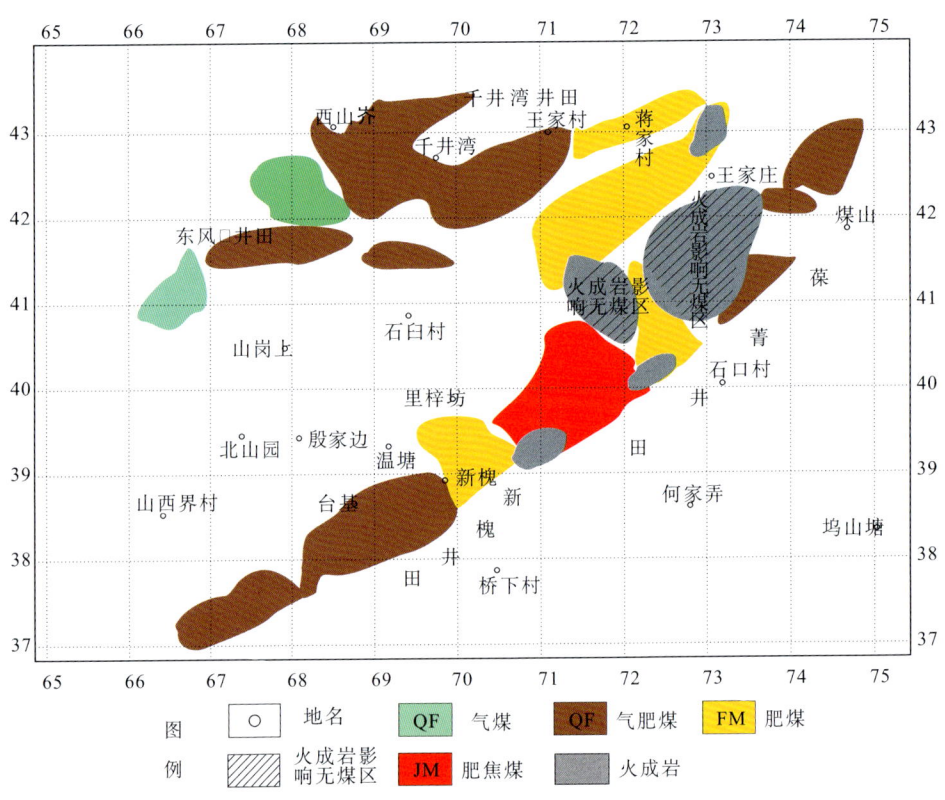

图5-59 煤山地区龙潭组煤层煤种分布图

综上，龙潭组的区域沉积环境显示地壳处于上升下降相持阶段，经历了前期的浅海和潟湖环境，中期的湖沼和河流环境，后期的浅海和潟湖及末期的湖沼环境，在这缓慢频繁的升降运动中所沉积的数百米厚的泥、砂沉积物，且发育有机质极度聚集的龙潭组煤层和暗色泥岩，提供了石油生成的物质基础，即富有机质烃源岩。而且，前人对其进行的有机地球化学分析以及其丰富的油苗显示均表明龙潭组含煤岩系是良好的生油岩。

2）储层条件

浙江省石油地质大队（1974）通过分段分层对比，龙潭组可以对比的砂岩体共有 19 层。为便于进行对比，根据龙潭组各段沉积环境、岩性岩相特征和含油性，将下、中、上三段地层划分为三个含油段，自下而上分别为下部含油段、中部含油段和上部含油段。

下部含油段 5 层，中部含油段 6 层，上部含油段 8 层。每个含油段中的砂岩体自上而下分别以下 1、下 2……中 1、中 2……上 1、上 2……表示（上部含油段中三层砂质灰岩仍按传统习惯编为 L_1、L_2、L_3），其中中 1、中 2、下 1、下 2 及上段三层砂质灰岩标志明显。

下部含油段：可以对比的砂岩体共 5 层，它们都比较稳定，特别是上面的两层（下 1 和下 2）不但稳定，而且油、气显示也很普遍，因此它是作为划分下、中含油段的标示层（图 5-60）。

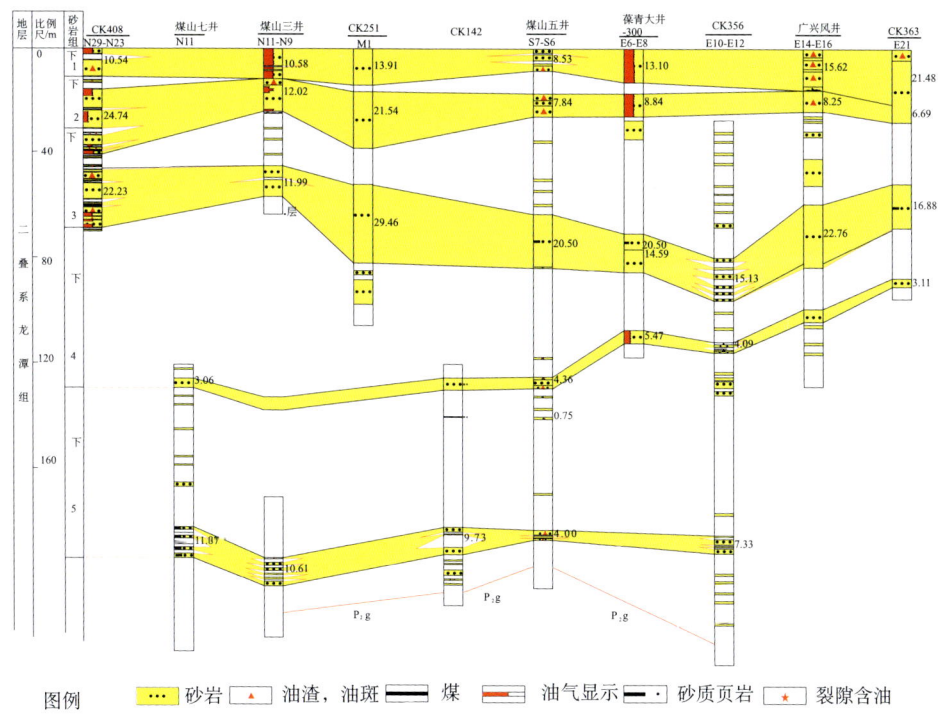

图 5-60　煤山向斜龙潭组下段砂层对比图（据浙江石地质地质大队资料修改）

中部含油段：本段是龙潭组含油性最好的一段，含油层位多，见油情况好，研究对比得也较详细。经对比分析共有 5～6 层具有不同油、气显示的砂岩体。含油最好的为中 1 及中 2。中 5 和中 3 次之，其他几层不佳（图 5-61，图 5-62）。

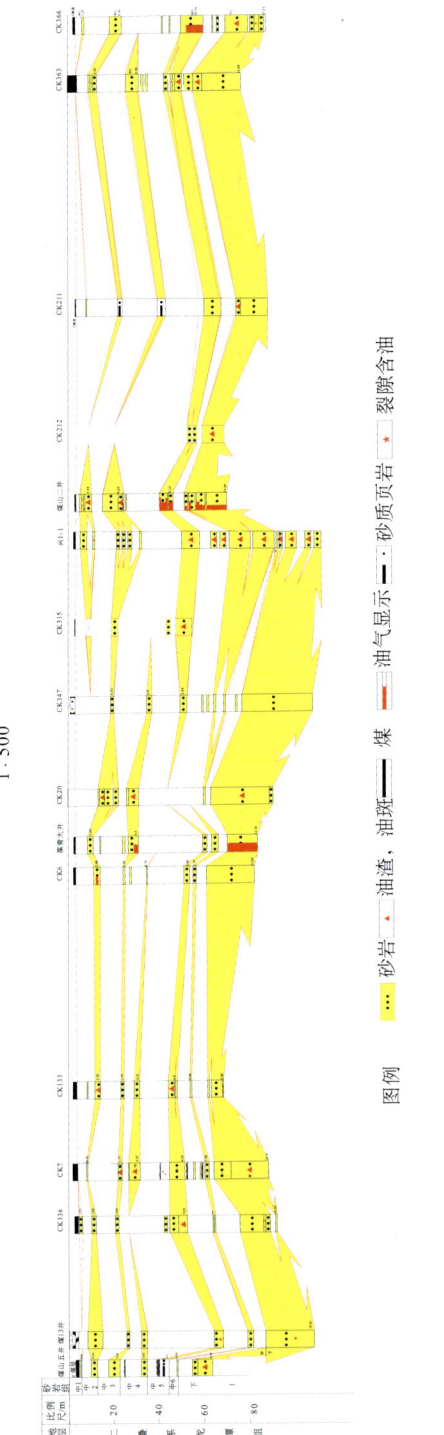

图 5-61 煤山向斜南部龙潭组中段含油段柱状对比

第五章 典型区块油气地质特征与勘探前景 ·309·

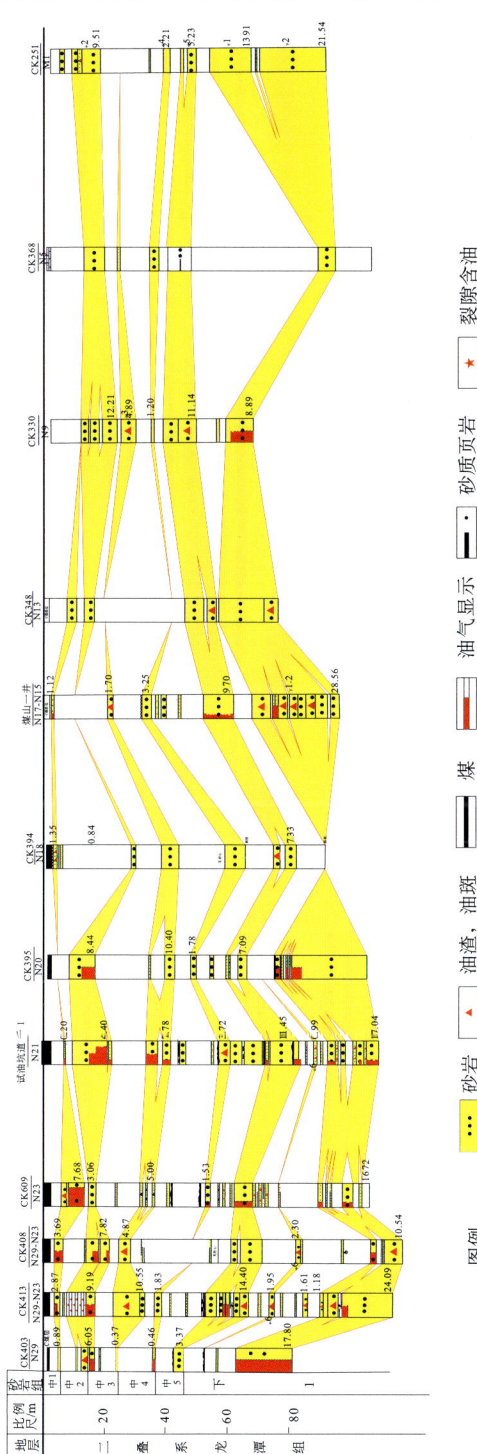

图 5-62 煤山向斜北部龙潭组中段含油段柱状对比图（据浙江石油地质大队资料修改）

中 2：本层位于含油段上部，距 C 煤层数米至十余米不等，一般小于 15m。与中 1 相距较近，一般仅数米之隔。其岩性以一套浅灰黄、黄褐（含油）色中粗粒砂岩为主，粗粒砂岩也常见到，局部夹砂质页岩或页岩薄层。砂岩常常有自上而下变粗的趋势。其成分以石英为主，一般含量为 40%～80%；其次为长石和岩屑，以泥质胶结为主（约占 80%）；最次为泥-铁质和钙质，胶结方式以孔隙式为主，也有一部分为孔隙-基底式、接触式或充填式胶结。砂岩常有溶蚀、压碎等现象，盆地北部千井湾、东风岕、山西岕等地尤为显著。岩性致密坚硬，厚-块状，层理很不发育，但节理裂隙某些地段较发育。如千井湾地区有北东和北西两组张性节理发育，对改变砂岩渗透条件起了较大的促进作用。根据近 100 个物性岩样分析孔隙度在千井湾、东风岕地区一般为 4%～9.5%，其他地区 2.5%～4.5%；渗透率一般小于 1mD，个别略大于 1mD，只有 5 个样品在 7～45.23mD。上述资料表明，中 2 的物性亦是比较差的，但比其他层位（中 1 除外）好得多。

本层物性较差，但其含油性是龙潭组除中 1 外最好的一层，历年来地坑道和钻孔中曾有多处见有流油现象，如盆地最早（1933 年）记载的流油点煤山镇四亩墩四号井北大巷（–190m），此外有四道石门打开后曾连续流油近两年，最高日产达 100kg（可能还伴有水）。此处中 2 油砂体厚 3～5m，长约 400m。东风岕煤矿东大巷–197m 石门，自 1965 年打开近 10 年，一直在流油冒气。千井湾煤矿西大巷–200m 试油坑道，重点试油对象也是这一层，共试出原油 90.35kg。

本层厚度不稳定，剖面上砂体展布呈透镜状和不稳定的条带状（图 5-63）。最厚 13.28m（CK608），一般在 8m 以下。全区平面上呈现 10 多个透镜体，其中较大的砂岩透镜体有 4 个，分别是东风岕矿区砂岩透镜体、千井湾-西山岕砂岩透镜体、五家庄砂岩透镜体、新槐砂岩透镜体和葆青砂岩透镜体。

中 1：距 C 煤层数十厘米到数米（一般在 5m 以内）。其岩性以一套灰黄、黄褐（含油）色中、细粒砂岩为主，粗砂岩也常见到，局部也有相变为粉砂岩，但不多见。砂岩中偶夹薄层泥岩或砂质页岩。岩性自上而下变粗的趋势十分明显。砂岩成分以石英为主，含量在 50%～85%；次为长石和岩屑，大部分为泥质胶结，也有相当一部分为泥铁质、泥钙质、硅质胶结。胶结方式以孔隙式为主，少量为孔隙-接触式、孔隙-基底式和连接式。砂岩常有次生加大、压碎、溶蚀、重结晶等蚀变现象。岩性致密坚硬，层理不发育，厚至块状。砂岩物性根据 160 多个岩样分析，孔隙度一般在 4%～9%，渗透率一般小于 1mD，超过 1mD 者约占 15%，个别可达 399.54mD（新槐加善煤矿–100m 采煤巷）。中 1 层物性是龙潭组诸砂岩体中最好的一层（图 5-64）。

第五章 典型区块油气地质特征与勘探前景

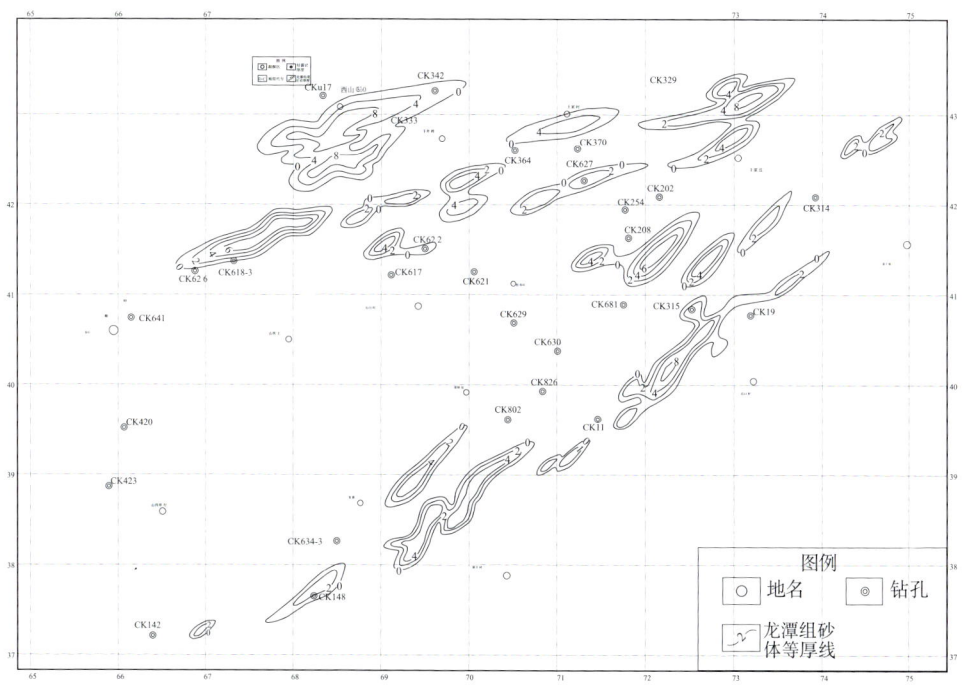

图 5-63 龙潭组中段中 2 砂体等厚图（据浙江石油地质大队资料修改）

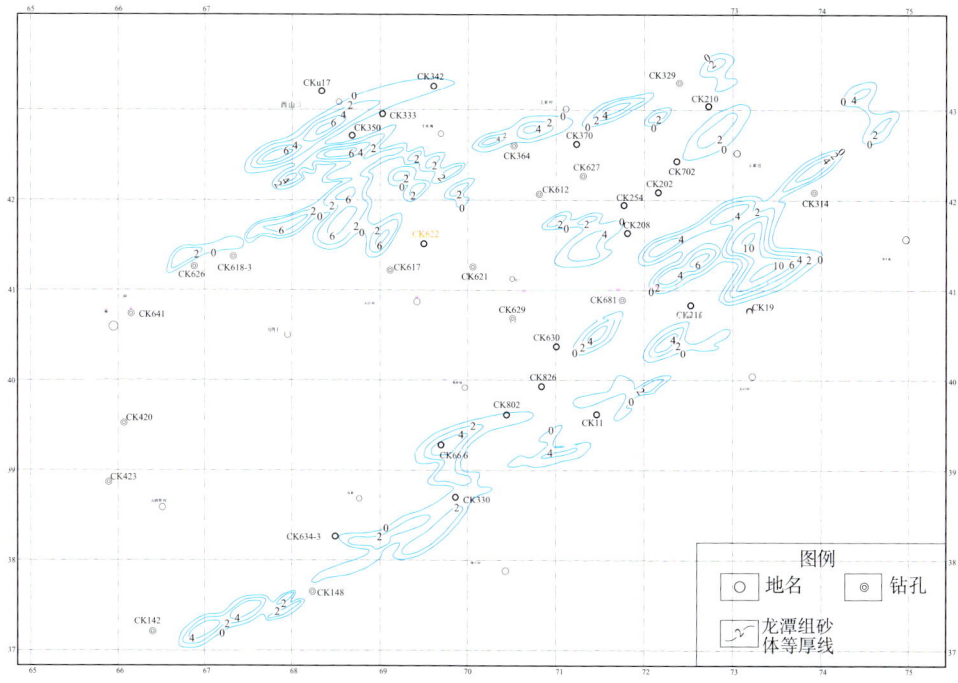

图 5-64 龙潭组中段中 1 砂体等厚图（据浙江石油地质大队资料修改）

本层是龙潭组含油较好的层位之一，在坑道和钻孔中遇此层位，一般均有不同程度的油气显示。如千井湾煤矿西大巷–100m，打开本层（原7.37m）时长期流油冒气，曾一次捞原油（伴有水）一矿车（约1m³）。东风岕东大巷–150m采煤巷打至本层时（厚5m，距C煤层数十厘米）沿顶面有原油流出。特别是新槐加善煤矿–100m平巷，掘进时遇本层，曾有较多原油和水流出，同时还不断冒气。本层在此处6.6m，上部为油味细砂岩，中部为含油中砂岩，下部为饱含油粗砂岩，在一周内断续捞油2.33kg，水593.95kg，油水比为1：255。此外，在CK609孔曾对此进行过试油，共试出原油28kg。

本层厚度很不稳定，剖面上呈透镜状或不稳定的条带状，在短距离内很快尖灭（图5-61，图5-62），最厚21.4m（Su2井），一般在5m以下。在平面上的展布形态呈指形，大致沿北东—南西向分布（图5-64），反映河流砂体的展布特征。较大的指状砂体有三个，分别为北部的东风岕-千井湾砂体指状体、南部的新槐-葆青砂体指状体和中东部的广兴-煤山指状体，从西北向东南方向散开，其中大于10m的次级指状砂体有：CK606井、CK601井、CK609井、Su2井、CK381井、CK18井、CK205井、CK103井、CK251井、CK303井。

上部含油段与中下含油段相比所占比例小得多，以泥岩为主，砂岩仅以薄的夹层出现，且不稳定。除L_1、L_2和L_3三层灰质砂岩外，其他砂体主要以透镜状产状。

总之，龙潭组的物性总体较差，孔隙度一般在4%～8%，渗透率一般小于1mD，个别样品在100mD以上，龙潭组砂岩物性相对较好的样品主要是中部含油段中的中、粗砂岩，其他层段的细砂岩物性仍很差。

导致砂岩物性差的主要因素是沉积环境和成岩作用的影响，龙潭组主要为三角洲及潟湖海湾相沉积，物质组成偏细，又多为泥铁质胶结，砂岩颗粒的磨圆度及分选性较差，并以镶嵌结构为主。砂岩中石英颗粒普遍发生次生加大及破碎现象，因而使其孔、渗条件变坏。

3）盖层条件

研究区龙潭组各段均发育一些厚度较大的泥岩、页岩层，以及一些夹少量粉砂、细砂岩薄层的泥、页岩层，均可作为较好的盖层。此为C煤层厚度为1m左右，全区稳定，亦可作为龙潭组中段的良好盖层。

4. 油气藏控制因素

通过对煤山向斜龙潭组含油、气特征的分析，可以发现：控制煤山向斜龙潭组含油、气性的首要因素是岩性（如中部含油段各含油砂岩体），其次是地层（如下部含油段下1和下2），至于构造因素（无论是背斜或断层遮挡），从目前的实际资料来看并不明显。主要有以下证据：

（1）从各采煤巷道和钻孔所揭露的含油砂岩来看，同一层位在不同水平面，油气显示并不是上好下差（因分异作用，油气往上聚集）或下好上差（无底水，油气受重力作用往下聚集），实际情况是同一砂岩体油气显示好坏受岩性的控制，即岩性粗、厚度大、物性好的地方含油性就好；而一般岩性粗物性也好，反之就差。如新槐加善煤矿中1含油砂岩体（表5-11，图5-65），在该煤矿–100m水平巷中，中1含油砂岩体由于岩性粗而松、厚度大、物性好，因而含油性也好，而在上面–50m水平巷中，由于岩性变得致密，厚度减薄，物性变差，其含油性远不及–100m水平巷道。因此，含油性明显与岩性有关，而与砂体高程无关。

表5-11 新槐加善煤矿中1含油砂岩体不同标高岩性物性变化与含油性关系

位置	岩性特征	厚度/m	物性		含油性
			孔隙度/%	渗透率/mD	
–100m平巷	中、粗砂岩松散	5.60	10.31～14.67	12.03～174.59	饱含油砂岩，有原油流出
–50m平巷	中、粗砂岩致密	1.70	7.27		油味砂岩

注：据浙江省石油地质研究所资料

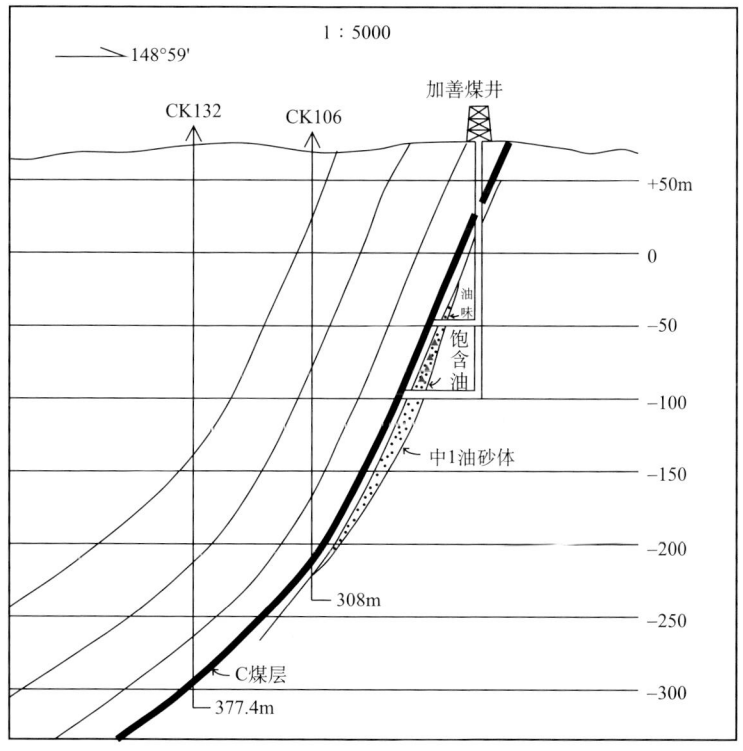

图5-65 新槐加善煤矿中1含油砂岩体不同标高含油性变化
（据浙江省石油地质大队资料改编）

（2）砂岩体除个别地方岩性粗无油、气显示外，一般岩性粗者油气显示好，细者油、气显示差或无油气显示，这种现象在钻孔中屡见不鲜，如新槐煤矿东大巷道–100m左壁中3砂岩体，此处中3为一套深灰色粉砂岩夹细砂岩，在下部粉砂岩中夹若干与层面大致平行排列的中-粗砂岩透镜体，这些中-粗砂岩透镜体均为油浸砂岩，而周围的粉砂岩无油味（图5-66）。CK675井中1砂岩体上部5.67m为细砂岩，无油气显示；下部为中粒石英长石砂岩，含原油，并会冒气泡；CK609孔中1砂岩体上部和下部均为细砂岩，无油气显示，而中部为中粗粒砂岩，为油浸砂岩。说明油气明显受岩性控制。

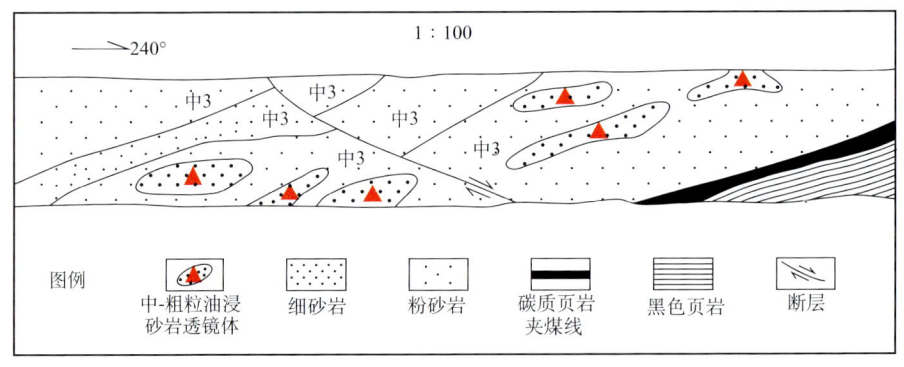

图5-66　新槐煤矿东大巷–100m左壁中3砂岩体素描图（据长广煤矿公司煤田地质资料）

（3）在同一砂岩体中，含油性往往自上而下有变好的趋势，这除了某些地段因下部裂隙发育影响外，绝大多数情况是由于岩性自上而下变粗，物性自上而下变好的缘故。表5-12是东风芥煤矿–197m石门中2砂岩体岩性、物性自上而下变化与含油性关系的资料。

表5-12　东风芥煤矿–197m石门中2砂岩体不同部位岩性变化与含油性关系

层位	厚度/m	岩性	物性		含油性
			孔隙度/%	渗透率/mD	
上部	1.17	粉砂岩	4.37	<1	无油气显示
中上部	3.94	细砂岩	6.32	<1	局部裂隙含油
中下部	1.11	中粗砂岩	6.92～11.54	1.39～1.83	油斑、油浸
下部	3.94	粗砂岩	9.5	3.61	饱含油、流油、冒气

注：据浙江省石油地质研究所资料

（4）按石油运移理论，在有底水的情况下，油、气多聚集在隆起部位，煤山向斜内除个别隆起部位在钻孔中见到油、气显示外，其他油气显示较好的钻孔或坑道，其构造位置并不在背斜隆起上，而多在单斜（如四亩墩）、向斜翼部（东风岕、山西岕等地）和向斜轴部（如千井湾 CK342、CK394、桂阳山向斜 CK675 等）。由此可见，砂岩体中油气分布无疑是受岩性控制的。众所周知，砂体岩性是受沉积相和成岩作用控制的。由于本区龙潭组成岩作用强烈，大部分极低渗透砂岩是成岩型的而非沉积型的，因而成岩致密砂岩构成油藏圈闭或上倾遮挡的条件是具备的。如东风岕–197m 石门中 1 砂岩体中上部 3.94m 细砂岩的物性很差，实际上起了封闭中下部渗透性储层油气的作用。新槐加善煤矿–50m 平巷中 1 致密砂岩也起了封闭其下倾方向渗透性储层油气的作用。这些致密砂岩都是成岩作用形成的，其对油气的封闭作用都属于成岩圈闭的类型，而非一般受沉积因素控制的岩性圈闭。

煤山向斜自上古生界泥盆系至中生界侏罗系，地层总厚在 4000m 以上。石炭至下三叠统为浅海相、潟湖相或海陆过渡相沉积。无论从大地构造位置，还是地层特点及沉积环境来说，都是找油有利区。而煤山地区无论地层岩性或沉积环境，不仅具备了区域地质特征，同时区块中主要含油岩系龙潭组既具备良好的生油条件，又有砂岩夹层作为储油层，其盖层除本组上部大套泥、页岩外，还有长兴灰岩。

总之，煤山向斜岩性是油气藏形成的主要控制因素。根据龙潭组砂岩的发育特征，主要找油方向为中 1、中 2 砂体，其次是下 1 和下 2 砂体。由于二叠系龙潭组含油砂岩较致密，含油性不均匀，不经改造难以形成有经济价值的油流，浅部由于煤矿开采，地层压力损失殆尽，仅在保存条件较好、埋深较大的部分，通过压裂等措施，可能获得少量有经济价值的油流。煤山盆地的勘探结果，展示了该区具有较好的勘探开发前景，是进一步开展滚动勘探开发的基础。

本 章 小 结

（1）下扬子区内油气具有多源多时代（Z—K）、多类型（沥青、油、气）的特征。下古生代油气显示主要为古油藏沥青，主要分布在江绍和江南两大断裂之间的钱塘拗陷区，上古生代—新生代油气显示多表现为油气流或油气藏，主要分布在扬子地层区内。下扬子地区的油气从类型上讲，可大致分为 7 种，分别是油气田、油气藏、工业性油气流、油气流、油气显示、沥青及古油藏。

（2）对不同油气带中的油气成因类型分析结果表明，油气成因类型主要包括古油藏沥青和非常规油气（致密油气、煤成油、煤层气）等，其中古油藏沥青主要来源于下古生界烃源岩，如下寒武统荷塘组、上奥陶统五峰组—下志留统高家边组,油藏和气藏主要来源于二叠系和三叠系烃源岩,多表现为自生自储、古生新储的成藏特征。

(3)下扬子区龙潭煤系具有良好的生盖条件,但储层条件稍差。龙潭早期的滨海和前三角洲相沉积、龙潭晚期的海相、沼泽相沉积是较好的生油层系,而龙潭中期的三角洲前缘相和三角洲平原相沉积则是比较好的自生自储层,生储盖组合多呈互层式,具有近源成藏的特点。岩性是油气藏形成的主要控制因素,浙北的煤山向斜、苏南的江阴复向斜、皖南宣广地区的水东复向斜均具有较好的油气成藏条件。

主要参考文献

安徽区调队. 1987. 安徽地层志二叠系分册. 合肥: 安徽科学技术出版社.
安徽省地质矿产局. 1987. 安徽省区域地质志. 北京: 地质出版社.
白灵麟. 2007. 苏浙皖地区龙潭组暗色泥岩页岩气潜力研究. 南京: 南京大学.
曹助发. 1994. 皖江地区海相中、古生界油气远景评价及勘探方向的探讨. 安徽地质, 2(2): 44-51.
常印佛, 董树文, 黄德志. 1996. 论中-下扬子"一盖多底"格局与演化. 火山地质与矿产, 17(1-2): 1-13.
陈安定. 2002. 苏皖下扬子区中、古生界油气勘探方向. 南方油气, 5(3): 16-20.
陈安定. 2006. 江苏下扬子区下古生界源岩二次生烃. 南方油气, 19(1): 8-14.
陈安定, 黄金明, 杨芝文, 等. 2004. 皖南-浙西下古生界碳沥青成因及南方海相"有效烃源岩"问题探讨. 海相油气地质, 9(1-2): 77-83.
陈安定, 刘东鹰, 刘子满. 2001. 江苏下扬子区海相中、古生界烃源岩晚期生烃的论证与定量研究. 海相油气地质, 6(4): 27-33.
陈安定, 张文正. 1987. 煤系有机质热演化成烃机制. 北京: 石油工业出版社.
陈沪生. 2002. 下扬子地区重建型海相烃源油气领域评价及勘探对策. 海相油气地质, 7(2): 33-41.
陈沪生, 张永鸿, 等. 1999. 下扬子及临区岩石圈结构构造特征与油气资源评价. 北京: 地质出版社.
陈华成, 王云慧. 1981. 江苏、安徽南部晚二叠世早期的海侵. 地质论评, 27(5): 445-446.
陈能贵, 杨斌. 1999. 中国南方海相地层区烃源岩有机质热演化特征. 海相油气地质, 4(1): 1-6.
陈旭, 樊隽轩, 麦尔钦. 2004. 华南奥陶纪末笔石灭绝及幸存的进程与机制. 合肥: 中国科技大学出版社.
戴金星. 1997. 中国气藏(田)的若干特征. 石油勘探与开发, 24(2): 6-9.
地质矿产部石油地质中心实验室. 1989. 扬子区上古生界(含水量中下三叠统)主要油气源岩.
地质矿产部石油地质综合大队. 1982. 中国南方二叠系沉积相及其含水量油气远景研究报告.
富士谷. 1977. 长江中下游成矿带石炭纪海底火山喷发-积黄铁矿型铜矿床的地质特征. 南京大学学报, 1: 43-67.
宫色, 彭平安, 刘东鹰. 2007. 江苏地区句容凹陷油气充注史研究. 石油实验地质, 29(5): 500-505.
顾连兴. 1984. 江西武山中石炭世海相火山岩和块状硫化物矿床. 桂林冶金地质学报, (4): 91-102.
顾连兴, 富士谷. 1999. 下扬子威宁期断裂拗陷、火山活动及块状硫化物成矿作用. 高校地质学报, 5(2): 228-331.
郭德勇, 韩德馨, 陈莹, 等. 1996. 利用对突出煤表面成分定量研究. 煤炭工程师, 1: 1-4.

郭念发. 1996. 下扬子盆地与区域地质构造演化特征及油气成藏分析. 浙江地质, (2): 19-27.
郭念发, 马惠杰, 邱桂芳. 2000. 苏浙皖海相盆地的建造与改造及油气勘探目标选择. 勘探家, 5(4): 15-20.
郭念发, 闫吉柱, 陈红, 等. 2002a. 苏浙皖地区海相油气地质特征及勘探目标的选择. 地质论评, 48(5): 552-560.
郭念发, 姚柏平, 雷一心, 等. 1999a. 下扬子改造型海相盆地的多期生烃及晚期生烃资源评价. 勘探家, 4(3): 15-20.
郭念发, 姚柏平, 吴群. 1999b. 安徽无为盆地油气地质条件评价. 安徽地质, 9(4): 289-295.
郭念发, 尤效忠, 刘德法. 1998. 下扬子区古生界油气地质条件及勘探选区. 石油勘探与开发, 25(1): 4-7.
郭念发, 赵红格, 陈红, 等. 2002b. 下扬子地区海相地层油气赋存条件分析及选区评价. 西北大学学报: 自然科学版, 23(5): 117-122.
郭佩霞, 胡福仁, 吴弘毅, 等. 1987. 安徽铜陵地区的大隆组. 中国地质科学院南京地质矿产研究所所刊, 8(1): 81-91.
郭佩霞, 徐家聪. 1980. 对安徽巢县青龙群时代的认识. 地层学杂志, 4(4): 310-315.
郭小文, 何生. 2007. 珠江口盆地白云凹陷烃源岩热史及成熟史模拟. 石油实验地质, 29(4): 420-425.
韩德馨, 任德贻, 郭敏泰. 1983. 浙江长广煤田树皮残植煤的成因及其沉积环境. 沉积学报, 1(4): 1-14.
韩克从, 陈玉忠, 陈思松, 等. 1985. 茅山地区的推覆构造及其地质意义. 大地构造与成矿学, 9(1): 57-68.
何治亮. 1996. 江苏下扬子地区中、古生界油气保存条件与有利勘探区域研究(内部报告).
胡世忠. 1962. 对苏南二迭纪地层划分及龙潭组下界的新认识. 中国地质学会1962年会论文摘要汇编.
胡世忠. 1979. 关于龙潭组下界及东吴运动位置等问题的商榷. 地层学杂志, 3(4): 251-257.
华东石油勘探局. 1959. 煤山一号井完井总结报告.
黄宝春, 周烑秀, 朱日祥. 2008. 从古地磁研究看中国大陆形成与演化过程. 地学前缘, 15(3): 348-359.
黄钟瑾, 沈修志, 孙岩. 1987. 对隐伏逆冲断层和滑脱构造的预测和分析. 南京大学学报, 23(3): 493-502.
江苏省地质矿产局. 1989. 宁镇山脉地质志. 南京: 江苏科学技术出版社.
金之钧, 王清晨. 2004. 中国典型叠合盆地与油气成藏研究新进展——以塔里木盆地为例. 中国科学(D辑: 地球科学), 34(S1): 1-12.
李臣, 孟元林. 2004. 侵入岩对源岩生烃影响的定量模拟. 新疆石油地质, 25(6): 614-616.
李登华, 李建忠, 王社教, 等. 2009. 页岩气藏形成条件分析. 天然气工业, (5): 22-26.
李海滨. 2013. 下扬子地区早古生代前陆盆地与油气前景分析. 南京: 南京大学.
李海滨, 贾东, 武龙, 等. 2011. 下扬子地区中—新生代的挤压变形与伸展改造及其油气勘探意义. 岩石学报, 27(3): 770-778.

李晋超, 马永生, 张大江, 等. 1998. 中国海相油气勘探若干重大科学问题. 石油勘探与开发, 25(5): 1-2.

李培军, 夏邦栋. 1995. 走滑挤压盆地. 地质科学, 30(2): 130-138.

李新景, 吕宗刚, 董大忠, 等. 2009. 北美页岩气资源形成的地质条件. 天然气工业, (5): 27-32.

李鑫, 尚鸿群, 李继宏, 等. 2007. 烃源岩热演化指标研究现状. 新疆石油地质, 28(3): 379-384.

李亚辉, 段宏亮. 2010. 苏北地区印支面岩溶储层储集空间形成时间探讨——以兴参 1 井为例. 石油天然气学报, 32(3): 22-25.

梁狄刚, 陈建平. 2005. 中国南方高、过成熟区海相油源对比问题. 石油勘探与开发, 32(2): 8-14.

梁兴, 叶舟, 徐克定, 等. 2005. 中国南方海相含油气超系统研究. 天然气工业, 25(2): 1-5.

刘宝珺, 许效松, 潘杏南, 等. 1994. 中国南方古大陆沉积地壳演化与成矿. 北京: 科学出版社.

刘东鹰. 2003. 苏皖下扬子区中古生界油气勘探方向. 石油天然气学报, 25(z2): 46-47.

刘鸿允, 沙庆安, 胡世玲. 1973. 中国南方的震旦系. 中国科学, 2: 202-212.

刘季辰, 赵汝钧. 1924. 江苏地质志. 地质专报, 甲种第四号.

刘同庆, 高尔根, 齐文凯, 等. 1999. 安徽沿江地区地壳结构三维空间特征的探讨. 地质与勘探, 35(6): 48-51.

卢炳雄. 2012. 中国南方下扬子地区下寒武统页岩气资源分布研究. 成都: 成都理工大学.

罗璋. 1995. 余杭泰山古油田. 浙江地质, 11(1): 63-68.

罗璋, 吴士清, 徐克定, 等. 1994. 下扬子区海相地层典型古(今)油藏解剖及三史研究(内部报告).

罗璋, 徐克定. 1996. 下扬子区海相地层典型古油藏剖析. 海相油气地质, (1): 34-39.

马安来, 钟宁宁. 1997. 新疆三塘湖盆地侏罗系烃源岩的显微组分组成及生烃组分剖析. 江汉石油学院学报, 19(4): 20-26.

毛凤鸣, 曾萍, 陈安定, 方轶. 2005. 苏皖下扬子区下古生界油气勘探潜力分析. 南方油气, (4): 1-6.

煤炭工业部北京科学研究院. 1959. 浙江北部长兴吴兴地区地质构造特征及龙潭系的赋存条件.

孟立丰. 2012. 华南中生代构造演化特征——来自沉积盆地的研究证据. 杭州: 浙江大学.

宁芜研究项目编写小组. 1978. 宁芜玢岩铁矿. 北京: 地质出版社.

潘桂棠, 肖庆辉, 陆松年, 等. 2009. 中国大地构造单元划分. 中国地质, 36(1): 1-28.

钱基. 2000. 苏北盆地油气田的形成与分布特征. 石油大学学报(自然科学版), 24(4): 21-25.

邱检生, 王德滋, 彭亚鸣, 等. 1996. 浙江舟山桃花岛碱性花岗岩的岩石学和地球化学特征及成因探讨. 南京大学学报, 32(1): 80-89.

戎嘉余, 詹仁斌, 许红根, 等. 2010. 华夏古陆于奥陶—志留纪之交的扩展证据和机制探索. 中国科学: 地球科学, 40(1): 1-17.

余晓宇, 徐宏节, 何治亮. 2004. 江苏下扬子区中、古生界构造特征及其演化. 石油与天然气地质, 23(2): 226-230.

盛金章. 1962. 中国的二迭系. 全国地层会议学术报告汇编. 北京: 科学出版社.

盛金章, 陈楚震, 王义刚, 等. 1982. 南京近郊的"Otoceras"层及二叠系和三叠系界线. 地层学杂志, 6(1): 1-8.

盛金章, 李星学. 1974. 近年来中国二叠纪生物地层学的进展. 中国科学院南京地质古生物研究所集刊, 5 号.
舒良树. 2012. 华南构造演化的基本特征. 地质通报, 31(7): 1035-1053.
舒良树, 邓平, 余心起, 等. 2005. 中国东南部中、新生代盆地构造研究. 中生代以来中国大陆板块作用过程学术研讨会论文摘要集, 129.
舒良树, 周国庆. 1988. 赣北元古代地体拼贴带中高压变质矿物的发现及其构造意义. 南京大学学报, 24(3): 421-429.
孙淑静, 宋立军. 2007. 我国煤的 R_{max} 与 Vdaf 数据之间的关系. 煤, 16(7): 3-6.
孙肇才. 1994. 南方海相油气勘探领域攻关进展及近期勘探方向. 南方油气地质, 4-7.
孙肇才, 郭正吾. 1991. 板内形变与晚期次生成藏——杨子区海相油气总体形成规律的探讨. 石油实验地质, 13(2): 107-142.
王德滋, 任启江, 邱检生, 等. 1996. 中国东部橄榄安粗岩省的火山岩特征及其成矿作用. 地质学报, 70(1): 23-34.
王剑, 刘宝珺, 潘桂棠. 2001. 华南新元古代裂谷盆地演化 Rodinia 超大陆解体的前奏. 矿物岩石, 21(3): 125-145.
王馨. 2012. 句容地区中、古生界构造特征. 科技与生活, 19: 229.
王文耀. 1988. 苏皖地区的孤峰组. 地层学杂志, 12(1): 76-81.
王文耀. 1993. 苏浙皖地区的龙潭组. 地层学杂志, 17(3): 232-236.
王乙长, 刘学圭, 胡福仁. 1966. 安徽铜陵地区下、中三迭统的划分. 地质学报, 46(2): 163-171.
魏振岱. 2012. 安徽省煤炭资源赋存规律与找煤预测, 北京: 地质出版社.
吴才来, 周殉若, 黄许陈, 等. 1994. 铜陵地区中酸性侵入岩结石群结晶特征及成因. 岩石矿物学杂志, 13(3): 239-247.
吴根耀, 陈焕疆, 马力, 等. 2002. 中国东部燕山期高原的发育及对矿产和油气资源评价的启示. 石油实验地质, 24(1): 3-12.
吴根耀, 马力. 2004. "盆" "山" 耦合和脱耦: 进展现状和努力方向. 大地构造与成矿学, 28(1): 81-97.
吴基文, 琚宜文, 等. 2001. 皖南地区二叠纪含煤地层沉积环境与聚煤规律. 徐州: 中国矿业大学出版社.
夏在连, 史海英, 王馨. 2010. 下扬子盆地黄桥地区构造演化. 内蒙古石油化工, 12: 137-139.
谢增业, 蒋助生, 张英, 等. 2002. 全岩热模拟新方法及其在气源岩评价中的应用. 沉积学报, 20(3): 510-514.
徐树桐, 江来利, 刘贻灿, 等. 1992. 大别山区(安徽部分)的构造格局和演化过程. 地质学报, 66(1): 1-14.
徐伟民, 夏延. 1986. 江苏句容盆地成油特征及含油气远景. 石油勘探与开发, 4: 11-19.
杨爱华, 朱茂炎, 张俊明. 2005. 扬子地台早寒武世古盘虫类的地层分布及其古地理控制. 古地理学报, 7(2): 219-232.
杨方之, 闫吉柱, 苏树桉, 等. 2001. 下扬子地区海相盆地演化及油气勘探选区评价. 江苏地质, 25(3): 134-141.
杨芝文, 陈安定, 刘子满, 等. 2003. 皖南下扬子区盆地模拟. 新疆石油学院学报, 15(2): 22-27.

姚柏平, 陆红, 郭念发. 1999. 论下扬子地区多期构造格局叠加及其油气地质意义. 石油勘探与开发, (4): 10-13.
叶舟, 马力, 梁兴, 等. 2006. 下扬子独立地块与中生代改造型残留盆地. 地质科学, 41(1): 81-101.
余心起, 舒良树, 颜铁增, 等. 2005. 赣杭构造带红层盆地原型及其沉积作用. 沉积学报, 23(1): 12-21.
俞凯, 郭念发. 2001. 下扬子区下古生界油气地质条件评价. 石油实验地质, 23(1): 41-46.
袁玉松, 郭彤楼, 胡圣标, 等. 2005. 下扬子苏南地区构造-热演化及烃源岩成烃史研究——以圣科1井为例. 自然科学进展, 15(6): 753-758.
曾萍. 1999. 江苏下扬子中、古生界构造特征及演化. 江苏油田地质科学研究院"九五"集团公司攻关项目(内部报告).
曾萍. 2005. 古温标在下扬子区构造热演化中的应用. 北京: 中国地质大学.
曾萍. 2010. 下扬子区下组合烃源岩热演化及有效性研究. 天然气地球科学, 21(1): 54-61.
翟裕生, 姚书振, 陈华慧, 等. 1992. 长江中下游鄂城—铜陵一带遥感地质及成矿规律研究. 武汉: 中国地质大学出版社.
张建球. 1996. 下扬子区中、古生界构造演化与油气藏形成史. 石油与天然气地质, 17(2): 146-149.
张井, 唐家祥, 郑雪萍, 等. 1998. 华南晚二叠世"树皮煤"的煤岩特征及沉积环境. 中国矿业大学学报, 27(2).
张抗. 2000. 塔河油田奥陶系油气藏性质探讨. 海相油气地质, 5(3-4): 47-53.
张永鸿. 1991. 下扬子区构造演化中的黄桥转换事件与中、古生界油气勘探方向. 石油天然气地质, 12(4): 439-448.
赵宗举, 俞广, 朱琰. 2003. 中国南方大地构造演化及其对油气的控制. 成都理工大学学报, 30(2): 155-168.
浙江省地质局. 1963. 浙江长兴煤田煤山煤矿最终勘探报告.
浙江省地质矿产局. 1985. 浙江省区域地质志. 北京: 地质出版社.
浙江省第五地质大队. 1972. 浙江省长兴煤山地区1971年石油地质工作小结.
浙江省煤炭地质大队. 1972. 浙江省长兴县煤田煤山矿区地质勘探报告.
浙江省煤炭工业厅科学研究所. 1962. 浙江省长兴县煤山煤田火成岩及其对C煤层的破坏作用.
浙江省石化厅石油地质大队. 1981. 浙江省西北部石油地质构造研究报告.
浙江省石化厅石油地质大队. 1981. 浙江省长兴—安吉地区古生界石油地质调查报告.
浙江省石油地质大队. 1974. 浙江省长兴县煤山盆地石油地质调查报告.
浙江省石油地质大队. 1979. 浙江省长兴县煤山盆地煤深1井完井地质总结报告.
浙江省石油地质大队. 1981. 浙江省长兴县煤山盆地煤10井完井地质总结报告.
浙江省石油地质大队. 1981. 浙江省长兴县煤山盆地煤8井完井地质总结报告.
浙江省石油地质大队. 1981. 浙江省长兴县煤山盆地煤9井完井地质总结报告.
浙江省石油地质研究所. 1987. 煤山盆地龙潭组砂岩储层成岩作用、孔隙演化与油气关系.
浙江省石油地质研究所. 1989. 浙皖长兴广德地区上古生界油气聚集与保存条件研究.

浙江省石油地质研究所. 1990. 浙皖地区下古生界斜坡带沉积构造控制油气圈闭条件的研究(内部报告).

浙江省重工业厅煤炭科学研究所. 1963. 苏浙皖含煤带中部上二叠世龙潭含煤建造、煤层、煤的沉积特征及其规律性.

浙江省重工业厅煤炭科学研究所. 1964. 浙江长兴煤田煤山矿区地质评述.

浙江省重工业厅煤炭科学研究所. 1964. 浙江长兴煤田煤山矿区构造断裂的规律.

浙江石油地质大队. 1974. 浙江省长兴县煤山盆地石油地质调查报告.

浙江石油地质大队. 1984. 煤山向斜盆地石油地质普查新成果小结.

浙江石油地质研究所. 1990. 浙皖长广地区龙潭组砂岩储层成岩作用孔隙演化与油气关系研究.

浙江石油勘探处. 1989. 浙江省煤山向斜石油地质普查新成果报告.

浙江石油勘探处. 1990. 浙西北地区上震旦统和下古生界古油藏解剖及油气保存条件研究.

郑永飞, 张少兵. 2007. 华南前寒武纪大陆地壳的形成和演化. 科学通报, 52(1): 1-10.

朱传庆, 田云涛, 徐明, 等. 2010. 峨眉山超级地幔柱对四川盆地烃源岩热演化的影响. 地球物理学报, 53(1): 119-127.

朱国华. 1985. 陕甘宁盆地南部上三叠统延长组低渗透砂体和次生孔隙砂体的形成. 沉积学报, 3(2): 122-127.

朱日祥, 杨振宇, 吴汉宁, 等. 1998. 中国主要地块显生宙古地磁视极移曲线与地块运动. 中国科学, 28: 1-16.

朱雅林. 1992. 安徽铜官山背斜石炭纪地层中火山岩的发现及其意义. 地质与勘探, 9: 8.

Curtis J B. 2002. Fractured shale-gas systems. AAPG Bulletin, 86(11): 1921-1938.

Guo L Z, Shu Y S, Lu H F. 1989. The pre-Devonian tectonic patterns and evolution of South China. SE Asian Earth Sci, 3: 87-93.

Jarvie D M, Hill R J, Ruble T E, et al. 2007. Unconventional shale-gas systems: the Mississippian Barnett Shale of north-central Texas as one model for thermogenic shale-gas assessment. AAPG Bulletin, 91: 475-499.

Li X, Li W, Li Z, et al. 2009. Amalgamation between the Yangtze and Cathaysia Blocks in South China: Constraints from SHRIMP U-Pb zircon ages, geochemistry and Nd-Hf isotopes of the Shuangxiwu volcanic rocks. Precambrian Research, 174(1-2): 117-128.

Shu L S, Charvet J. 1996. Kinematics and geochronology of the Proterozoic Dongxiang - Shexian ductile shear zone: With HP metamorphism and ophiolitic mélange (Jiangnan Region, South China). Tectonophysics, 267: 291-302.

Shu L S, Deng P, Yu J H. 2008. The age and tectonic environment of the rhyolitic rocks on the western side of Wuyi Mountain, South China. Science in China (D), 51(8): 1053-1063.

Shu L S, Fature M, Yu J H. 2011. Geochronological and geochemical features of the Cathaysia block (South China): new evidence for the Neoproterozoic break-up of Rodinia. Precambrian Research, 187: 263-276.

Shu L S, Faure M, Jiang S Y. 2006. SHRIMP zircon U-Pb age, litho-and biostratigraphic analyses of the Huaiyu Domain in South China- Evidence for a Neoproterozoic orogen, not Late Paleozoic-Early Mesozoic collision. Episodes, 29(4): 244-252.

Shu L S, Zhou X M, Deng P. 2009. Mesozoic tectonic evolution of the Southeast China Block: New insights from basin analysis. Journal of Asian Earth Sciences, 34(3): 376-391.

Torsvik T H. 2003. The Rodinia jigsaw puzzle. Science, 300: 1379-1381.

Wang J, Li Z X. 2003. History of Neoproterozoic rift basins in South China: implications for Rodinia break-up. Precambrian Res, 122: 141-158.

Wang X L, Zhou J C, Qiu J S. 2006. LA-ICP-MS U-Pb zircon geochronology of the Neoproterozoic igneous rocks from Northern Guangxi Province, South China: implications for the tectonic evolution. Precambrian Res, 145: 111-130.

Zhou X, Armstrong R L. 1982. Cenozoic volcanic rocks of eastern Chinasecular and geographic trends in chemistry and strontium isotopic composition. Earth and Planetary Science Letters, 58(3): 301-329.

Zhu M, Zhang J, Yang A. 2007. Integrated Ediacaran (Sinian) chronostratigraphy of South China. Palaeogeography, Palaeoclimatology, Palaeoecology, 254(1-2): 7-61.